高职本科“十四五”系列教材

电气、电子、机电类专业

# 电源技术

主　编　张晓阳　赵　蕾　江国栋
副主编　朱　静
主　审　陈苏婷

扫码加入学习圈
轻松解决重难点

南京大学出版社

## 内容简介

本书贯彻了高等职业本科教育“理论支撑、技能培养、重在应用”的原则。内容上以电源基本理论为基础，突出了电源的新标准、新技术和新工艺、安全与可靠性，LED电源驱动技术等方面的知识，使书的内容更加完善和实用。

本书主要内容包括：直流电源基础；线性稳压电源与集成稳压器原理及应用、线性稳压电源设计需考虑问题；开关稳压电源原理与常用PWM控制芯片的应用、电荷泵DC—DC变换电源；应用线性变换、开关变换和数字电源技术，设计与制作两个电源产品的综合实训；电源产品电磁兼容(EMC)基础知识、抗噪措施及测量方法；电源产品的安全与可靠性设计；LED特性与驱动器设计；两种新型开关电源原理与设计。

本书可作为职业本科、专科院校电子、通信和电气类专业的教材，还可以作为从事电类专业的工程技术人员的参考用书。

**图书在版编目(CIP)数据**

电源技术 / 张晓阳，赵蕾，江国栋主编. --南京 ：南京大学出版社，2024. 12. -- ISBN 978-7-305-28651-3

Ⅰ. TM91

中国国家版本馆CIP数据核字第20248FP191号

出版发行　南京大学出版社
社　　址　南京市汉口路22号　　　邮　　编　210093

**书　　名　电源技术**
DIANYUAN JISHU
主　　编　张晓阳　赵　蕾　江国栋
责任编辑　吴　华　　　编辑热线　025-83596997

教师扫一扫
可免费申请教学资源

照　　排　南京开卷文化传媒有限公司
印　　刷　南京京新印刷有限公司
开　　本　787 mm×1092 mm　1/16开　　印张21　字数524千
版　　次　2024年12月第1版
印　　次　2024年12月第1次印刷
ISBN　978-7-305-28651-3
定　　价　54.80元

网　　址：http://www.njupco.com
官方微博：http://weibo.com/njupco
微信公众号：njupress
销售咨询热线：(025)83594756

# 前　言

随着电力电子技术的发展，特别是微电子技术的迅速发展，电源作为电子设备动力源，也随之快速发展。电源发展趋势呈现高功率密度、低压大电流、数字智能控制和模块化的特点。

电源技术是电子电气类专业的一门重要的专业基础课程。本书由多年从事电源技术教学、致力于全国大学生电子设计竞赛的指导教师和拥有多年企业电子产品研发专家参与编写。本书内容上，对电源技术的基础知识、常用电源电路的设计、元器件技术参数解读及选型、电源产品制作工艺及技术规范、调试测试及故障维修进行了详细介绍；并选用了大量工程应用实例及综合实训，易于不同学校有针对性地开展教学与实验实训。突出了电源 EMC、电源最新技术和工艺、安全与可靠性、LED 电源驱动，使书的内容更加完善和实用。

本教材的主要特点：

1. 内容突出“实用性、技能性、应用性”。

2. 实训内容以培养学生综合技能为要素，强调电源产品工艺制作规范和流程。

3. 应用市场流行电子产品的器件和电路进行讲解，帮助学生学以致用。

4. 教材适用性强，可满足不同学校、不同专业的学生使用。

5. 配备电子教案，以便教师教学和交流。

本书由南京工业职业技术大学电子信息工程系电源技术教学团队张晓阳、赵蕾、江国栋老师编写。其中张晓阳编写了第 1、6、8、10、11 章，指导全书编写及统稿；赵蕾编写第 2、3、4 章；江国栋编写第 5、7、9 章；南京金智乾华电力科技发展有限公司高级工程师朱静编写第 12 章；特邀了苏美达智能技术有限公司高级工程师周国扬担任技术顾问；南京信息工程大学博士生导师陈苏婷教授对教材进行了认真的审阅，并提出了宝贵的修改意见和建议，在此表示衷心的感谢。本书在编写过程中参考了大量国内外书籍、刊物、网站及培训资料，在此向这些资料的作者一并表示感谢。

感谢刘棠青、曹迪、刘梦齐、易成杰、乐鹏翔、崔元泽等人在录制微课方面付出的大量工作。

书中不妥和疏漏之处在所难免，恳请专家、同行和读者指正。

**编者**

**2024 年 11 月**

# 目　录

**第 1 章　直流电源基础** ······ 1
1.1　直流电源的分类与特点 ······ 1
1.2　直流电源设备技术指标 ······ 4
1.3　新型功率器件 ······ 9
1.4　高集成度电源芯片 ······ 13
1.5　开关电源新技术 ······ 17

**第 2 章　线性稳压电源** ······ 21
2.1　整流滤波电路 ······ 21
2.2　稳压二极管稳压电路 ······ 31
2.3　基准电压源 ······ 36
2.4　串联型稳压电路 ······ 40
2.5　单电源转双电源方法及应用 ······ 46

**第 3 章　线性集成稳压器** ······ 50
3.1　固定输出集成稳压器 ······ 50
3.2　可调输出集成稳压器 ······ 55

**第 4 章　低压差线性集成稳压器** ······ 59
4.1　LDO 工作原理与稳定性 ······ 59
4.2　LDO 四种拓扑结构 ······ 60

**第 5 章　线性稳压电源设计需考虑的问题** ······ 75
5.1　电容器选型 ······ 75
5.2　电源变压器选型 ······ 81
5.3　电源散热问题 ······ 83

**第 6 章　开关稳压电源** ······ 87
6.1　开关稳压电源概述 ······ 87

6.2 降压型(Buck)变换器 …… 88
6.3 升压型(Boost)变换器 …… 101
6.4 升降型(Buck－Boost)变换器 …… 108
6.5 反激式变换器 …… 117
6.6 正激式变换器 …… 122
6.7 PWM控制芯片 …… 128
6.8 开关电源电路设计实例 …… 141

**第7章 电荷泵DC/DC变换电源** …… 145
7.1 电荷泵DC/DC性能特点和工作原理 …… 145
7.2 电荷泵DC/DC应用电路 …… 151
7.3 555电荷泵DC/DC变换电路及应用 …… 156

**第8章 电源产品设计与制作综合实训** …… 162
8.1 综合实训目标和实施方法 …… 162
8.2 DC/DC直流稳压电源设计与制作 …… 166
8.3 数字开关稳压电源设计与制作 …… 209

**第9章 电源EMC** …… 222
9.1 EMC/EMI概念与定义 …… 222
9.2 标准 …… 223
9.3 EMI产生 …… 225
9.4 EMI抑制方法 …… 230
9.5 EMI测量 …… 234

**第10章 安全与可靠性** …… 239
10.1 安全 …… 239
10.2 可靠性 …… 248

**第11章 LED特性与驱动器** …… 258
11.1 LED特性 …… 258
11.2 LED驱动方式 …… 259
11.3 LED调光 …… 264
11.4 LED工作寿命 …… 268
11.5 LED散热 …… 269

11.6　LED 照明应用中的光闪烁 …… 272
11.7　LED 驱动器的应用 …… 276

**第 12 章　新型开关电源** …… 282
12.1　140 W USB PD3.1 电源设计 …… 282
12.2　1.5 V/100 A 电源设计 …… 306

**附录** …… 318
附录 A　DC/DC 直流稳压电源元器件组合单元 …… 318
附录 B　DC/DC 直流稳压电源电路图 …… 320
附录 C　DC/DC 直流稳压电源调试说明 …… 321

**参考文献** …… 328

扫一扫
可见本章学习资料

# 第 1 章　直流电源基础

1831 年法拉第发现了电磁感应现象，利用这一原理制造了第一台发电机，标志着电力时代的开始。目前世界各国市电标准有两种，美国、日本的 110 V/Hz 与中国、德国等 220～230 V/Hz 两个类型。

当今社会电子设备给人们带来的便利和享受，交流入户电源可以供给部分交流电气设备工作，其余大部分电子设备则是采用转换后的直流电压供电。任何电子设备中都有一个共同的电路——电源电路。从单片机到超级计算机，所有的电子设备都必须在电源电路的支持下才能正常工作。电源电路的类型多样、复杂程度各异，它是一切电子设备的基础，没有电源电路就不会有如此种类繁多的电子设备。

根据电子电路的特性，电子设备对电源电路的要求就是能够提供持续稳定、满足负载要求的电能，而且通常情况下都要求提供稳定的直流电能。提供这种稳定的直流电能的电源就是直流电源，直流电源在电源技术中占有十分重要的地位。因此，本章综述直流电源类型与特点、电源设备技术指标及如何选购准确适合的直流电源。

## 1.1　直流电源的分类与特点

直流电源根据其工作原理分为化学电源、线性稳压电源和开关稳压电源，它们具有各种不同类型和特性。

### 1.1.1　化学电源

平常所用的干电池、铅酸蓄电池、镍镉、镍氢、锂离子电池等属于化学电源，并有各自的性能特点，常用化学电源如图 1.1.1 所示。化学电源是人类目前可以利用的高效能源之一，是一种能源转换的装置，即将化学反应所释放出来的能量直接转换成直流电能的一种装置。这也是化学电源与物理电源本质的区别。化学电源按其使用性质可分为一次电池、二次电池和燃料电池三类。

干电池

铅蓄电池

燃料电池

图 1.1.1　化学电源

1. 一次电池

一次电池经过放电后，不能用充电的方法使两极的活性物质恢复到初始状态，即反应是不可逆的，电池两极的活性物质只能利用一次，消耗到一定程度就不能再使用。这种电池也称为原电池。

原电池的工作原理如图 1.1.2 所示。它属于放热的氧化还原反应，但区别于一般的氧化还原反应，区别在于电子转移不是通过氧化剂和还原剂之间的有效碰撞完成的；而是还原剂在负极上失电子发生氧化反应，电子通过外电路输送到正极上；氧化剂在正极上得电子发生还原反应，从而完成还原剂和氧化剂之间电子的转移。两极之间溶液中离子的定向移动和外部导线中电子的定向移动构成了闭合回路，使两个电极反应不断进行，发生有序的电子转移过程，产生电流，实现化学能向电能的转化。从能量转化角度看，原电池是将化学能转化为电能的装置；从化学反应角度看，原电池的原理是氧化还原反应中的还原剂失去的电子经外接导线传递给氧化剂，使氧化还原反应分别在两个电极上进行。

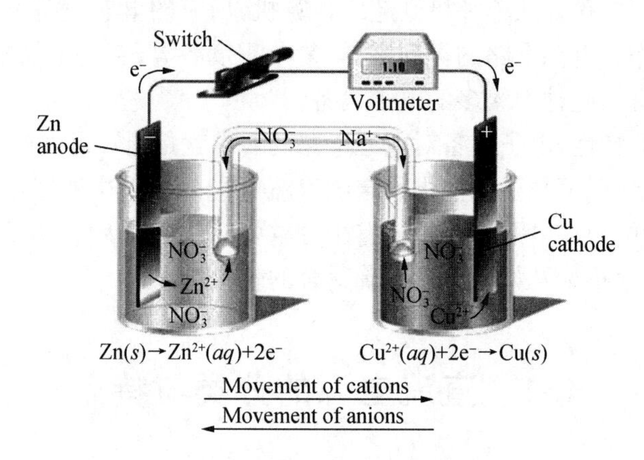


**图 1.1.2　原电池工作原理**

干电池是原电池的一种，其电解质是一种不能流动的糊状物。普通干电池大都是锰锌电池，中间是正极碳棒，外包石墨和二氧化锰的混合物，再外一层是纤维网。干电池不仅适用于手电筒、半导体收音机、照相机、电子钟、玩具等，而且也适用于国防、科研、电信、航海、航空、医学等国民经济中的各个领域。

2. 二次电池

如果电池工作时，两极上进行的反应均为可逆反应，从而可以采用充电方法使两极活性物质恢复到初始状态，获得再次放电的能力，这种电池称为二次电池，又称蓄电池，如铅酸蓄电池、镍镉电池、镍氢电池、锂离子电池等。

3. 燃料电池

利用燃料和氧化剂的氧化还原反应，将化学能直接转化为电能。如氢氧燃料电池，利用氢气和氧气的氧化还原反应产生电能。燃料电池理论上可在接近 100%的热效率下运行，具有很高的经济性，且反应清洁、完全，很少产生有害物质，正在成为理想的能源利用方式。燃料电池在能源领域的应用主要体现在电网储能和分布式能源方面。

### 1.1.2　线性稳压电源

线性稳压电源的组成如图 1.1.3 所示，有串联型和并联型两种方式。线性稳压电源的功率器件调整管工作在线性区，靠调整管之间的电压降来稳定输出。由于其很少产生电气噪声，直流输出电压包含的纹波较小，可以充当稳定性相当好的直流电源。当输出电流较大时，调整管静态损耗大，需要配置一个很大的散热器给它散热；直流电源通常需用变压器对市电进行降压变换，由于变压器工作在工频(50 Hz)上，所以质量大、体积大和效率低。

线性稳压电源具有电路结构简单、纹波小、成本低、输出稳定、噪音小等优点，但缺点是效率较低、体积较大、较笨重。因此，小功率应用场合多采用小型的线性稳压电源。

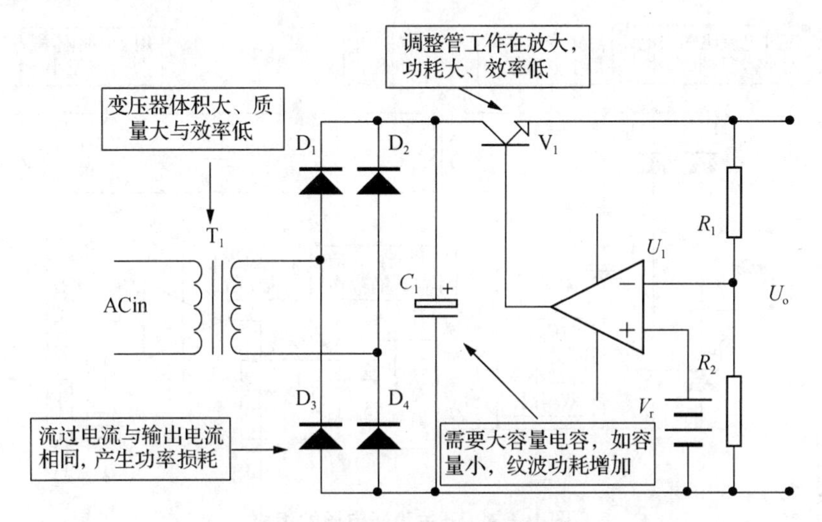


**图 1.1.3　线性稳压电源的组成**

### 1.1.3　开关稳压电源

与线性稳压电源相比，开关稳压电源的组成如图 1.1.3 所示。开关稳压电源的开关管工作频率在几十 kHz 以上的高频，转换效率高且产生大量噪声；输入端交流电直接整流滤波，无需市电工频变压器；整流二极管流过电流小、功耗小；滤波电容耐压高、能量大、容量小和效率高；由于开关变压器工作在高频，输出端采用小容量电容滤波即可。

开关稳压电源具有体积小，重量轻，效率高，对电网电压要求不高，电路稳定可靠等优点，但其缺点是电路复杂，电源纹波与噪声大，成本高。因此，大功率电源设备采用开关稳压电源。

开关稳压电源一般可分为以下几类：

1. AC/DC 电源

该类电源也称一次电源，它自电网取得能量，经过高压整流滤波得到一个直流高压，供 DC/DC 变换器在输出端获得一个或几个稳定的直流电压，功率从几瓦到几千瓦均有产品，用于不同场合。

2. DC/DC 电源

在通信系统中也称二次电源，它是由一次电源或直流电池组提供一个直流输入电压，经DC/DC 变换以后在输出端获得一个或几个直流电压。

3. 通信电源

通信电源其实质上就是 DC/DC 变换器式电源，只是它一般以直流－48 V 或－24 V 供电，并用后备电池作 DC 供电的备份。

4. 特种电源

指专用技术领域专用的开关电源设备，高电压小电流电源、大电流电源。如航空器用400 Hz 的 AC/DC 电源等。

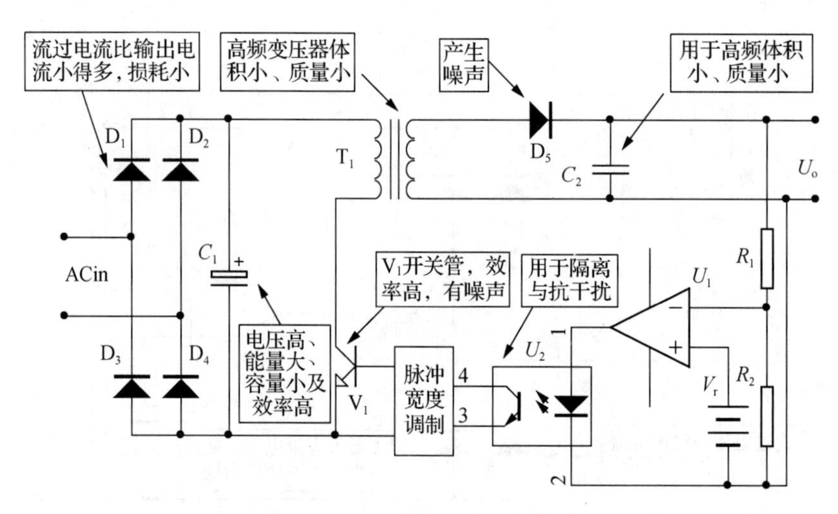


图 1.1.4　开关稳压电源的组成

# 1.2　直流电源设备技术指标

初看直流电源设备似乎很简单，其实它是一种极为复杂、准确而且耐用的高负荷电子设备。无论是阻性、感性、容性、低阻抗、高阻抗、稳态，还是可变负载，电源设备都必须可靠地提供稳定、精密和清洁的电压及电流。电源技术指标是电源选择、设计制造和衡量产品性能高低的技术依据。

## 1.2.1　电源技术指标测量方法

1. 直流特性测量

DC/DC 转换器的电器性能是由很多技术参数决定的。在电源设备测试的时候，必须确保 DC/DC 转换器的连接线是低阻抗的。直流特性测试连接图如图 1.2.1 所示，可以用功率电阻器或者功率变阻器作为 DC/DC 转换器的负载，但用电子负载是更好的选择。

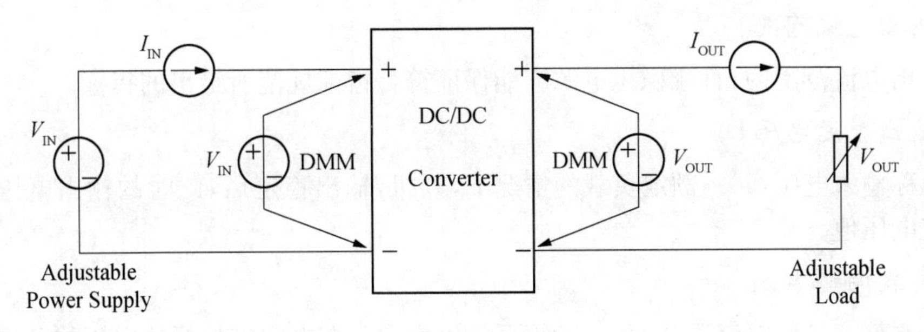


**图 1.2.1　直流特性测试连接图**

2. 交流特性测量

示波器测量交流特性时，差模干扰同时均匀地出现在两个连接点上，可以忽略差模干扰。另一个 AC 测量的误差源自示波器的带宽会影响到交流特性测量的误差。一般规格书上输出波纹是在 20 MHz 带宽以内测量的。20 MHz 以上的共模分量可以通过增加一个小电容进行滤除。在示波器如果没有 20 MHz 带宽的限制下，由于额外的共模干扰，输出纹波的读数总是偏高的。探针的地连线尽可能短，使用接地夹是绝对不允许，因为地线回路形成了一个天线，它会接收许多外来的噪音。

如果探针的连线不可能很短，那么可以参考使用图 1.2.2 所示的交流特性测量方法。阻抗匹配 *RC* 元件能够滤除可能干扰读数的高频反射。测量得到的波形被两个 50 欧姆电阻组成的分压器减半，所以示波器的显示波形应该有 2 倍的幅值增益。即使有匹配元件，连线应尽可能短。

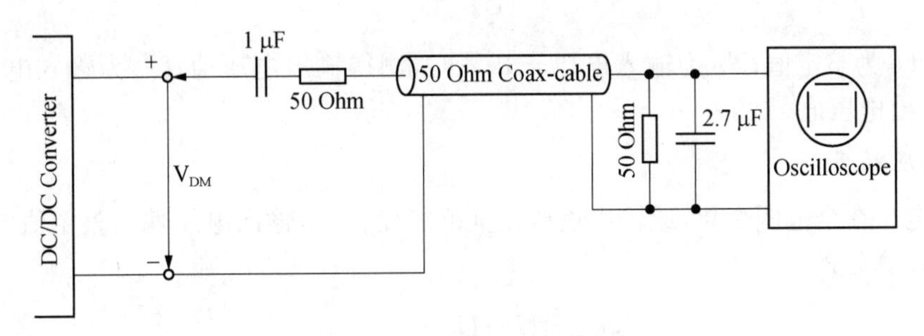


**图 1.2.2　交流特性测量方法**

## 1.2.2　电源技术指标

1. 输入电压

测试直流电源在正常工作的输入电压范围内，在额定负载条件下，电源应能稳定工作，正常开关机。笔记本电脑采用国际通用电压范围，即单相交流电压 85 V～265 V，这一范围覆盖了全球各种民用电源标准所限定的电压。

2. 输出电压

符合直流稳压电源工作条件情况下，输出电压通常给出额定值和调节范围两项技术参数。

3. 输出电流范围

在输出电流范围内，直流稳压电源应能保证符合指标规范所给出的指标。

4. 输出整定电压 $U_o$

在标称输入电压，50%额定负载的情况下，开机，输出稳定后，此时的输出电压值，即为输出整定电压值。

5. 负载调整率 $S_I$

负载调整率又称电流调整率，一般用百分比表示。在电源施加标称电压的条件下，电源设备在负载电流发生变化时，使输出电压保持恒定的能力。负载调整率是衡量电源设备品质高低的重要指标。负载调整率计算公式

$$S_I = \frac{|U_{o1} - U_{o2}|}{U_o} \times 100\% \tag{1.2.1}$$

式中，$U_o$为整定值；$U_{o1}$为接 10%负载时，测得输出电压值；$U_{o2}$为接 100%负载时，测得输出电压值。

6. 电压调整率 $S_U$

电压调整率指的是，在负载电流满载的条件下，在输入电压变化±10%时引起的输出电压 $U_o$的相对变化量。可以验证电源在最恶劣之电源电压环境下，电源输出的电压稳定度。电压调整率计算公式

$$S_U = \frac{|U_{o1} - U_{o2}|}{U_o} \times 100\% \tag{1.2.2}$$

式中，$U_o$为整定值；$U_{o1}$为输入电压+10%时，测得输出电压值；$U_{o2}$为输入电压-10%时，测得输出电压值。

7. 稳压精度 $S_r$

输入电压在全范围变化，或输出负载在全范围变化时，输出电压偏离整定值的百分比。稳压精度计算公式

$$S_r = \frac{|U - U_o|}{U_o} \times 100\% \tag{1.2.3}$$

式中，$U_o$为整定值；$U$ 为 $U_{o1}$和 $U_{o2}$中相对 $U_o$的偏差最大值。

8. 输出电压的温度系数

虽然内部的带隙基准电压源可以在工作温度范围内保持非常稳定的电压，但事实上还是会有一些浮动。输出电压的温度系数（$T_C$）定义为极端温度下的输出电压与室温下的输出电压在温度差之间的相对偏差。通常单位用%/C 或者 ppm/K。低于室温时温度系数通常为正值，高于室温时为负值。

为了得到温度系数，需要一个可以产生所需环境温度的热处理室。在室温 $t_{RT}$和额定负载的条件下，DC/DC 转换器先工作 20 分钟。当到达热稳定后，测得室温下的额定输出 $V_{OUT}$(TRT)。用类似的方法还可以测得其他温度下的输出电压。温度系数可按照如下公式计算。

$$T_C(t)[\%/C]=\frac{\Delta V_O(t)}{V_N\Delta t}=\frac{V_O(t)-V_O(t_{RT})}{V_O(t_{RT})\cdot|t_{RT}-t|}\times 100\% \tag{1.2.4}$$

典型的温度系数等于±0.02%/C,规格书上的额定电压表示在25℃环境温度下的值。在+85℃时输出电压会下降1.2%,而在−35℃时会上升1.2%。

9. 纹波与噪声

纹波是电源直流输出上叠加的交流成分。直流电压本来应该是一个固定值,但很多时候它是通过交流电压整流滤波后得来的。由于滤波不干净,就会有剩余的交流成分。事实上,即便是最好的基准电压源,其输出电压也有纹波的。电源的输出纹波成分较复杂,纹波与噪声波形如图1.1.5所示。

叠加在纹波上的开关尖峰(噪声),是由寄生效应在每次开关状态改变时产生的。它出现在每个纹波的波峰或者波谷。开关瞬变的频率通常要比纹波频率高好几个数量级,在MHz的区域。这两者组合形成了输出端的波纹噪声图,通常以毫伏的峰峰值来衡量(mVpp)。在纹波测试时,需要使用20 MHz的带宽限制。规范的纹波测试可参照日本的纹波测量标准JEITA-RC9131 A。

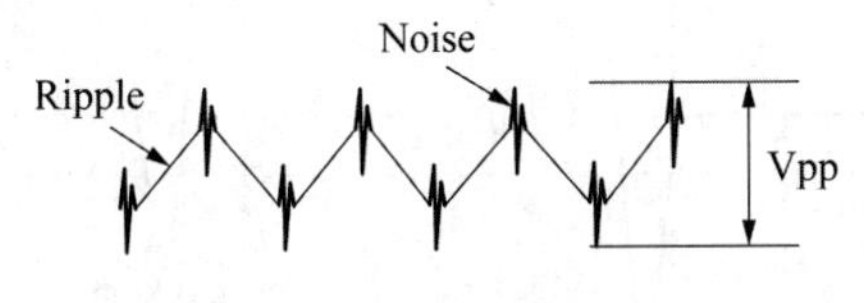


**图1.1.5　纹波与噪声波形**

10. 效率 $\eta$

通常所说效率是在额定输入电压、额定输出电流条件下测定的。电源效率是指电源转换效率,即输入功率与输出功率之比,用百分比表示为

$$\eta=\frac{P_O}{P_I}=\frac{\sum_{i=1}^{n}U_{Oi}I_{Oi}}{P_I}\times 100\% \tag{1.2.5}$$

式中,$i$ 为输出路数,测试时负载电流应调至额定值。

11. 输出电阻 $R_o$

输出电阻又称为等效内阻。额定输入电压下,由于负载电流变化引起输出电压变化,则输出电阻为

$$R_O=\frac{\Delta U_O}{\Delta I_O} \tag{1.2.6}$$

由上式可知,电源内阻愈小,负载电流变化时,输出电压就愈稳定。

12. 动态响应

动态负载响应(Dynamic Load Response,DLR)描述了转换器对于负载阶跃变化的响应。它可以通过两种方式来定义,一是通过输出电压回到规定的其允许偏差范围内所需的时间;二是输出电压相对于额定输出电压的最大偏差。如果要对转换器的DLR做出完整评

估，那么上述两者参数都需要测量。

图 1.1.6 展示了稳压器对负载阶跃变化的响应，在负载突然变小时会出现过冲，而在负载突然变大时会出现负过冲。稳定时间（$T_{OS}$或者 $T_{US}$的最大值）主要取决于 PWM 控制器的补偿电路。电路必须要对阶跃变化做出快速反应并且不会过度响应而使输出波动，要满足这两个条件，设计时必须折中考虑。最佳的响应是波形无振铃现象，输出电压中的上升或下降只出现一次。

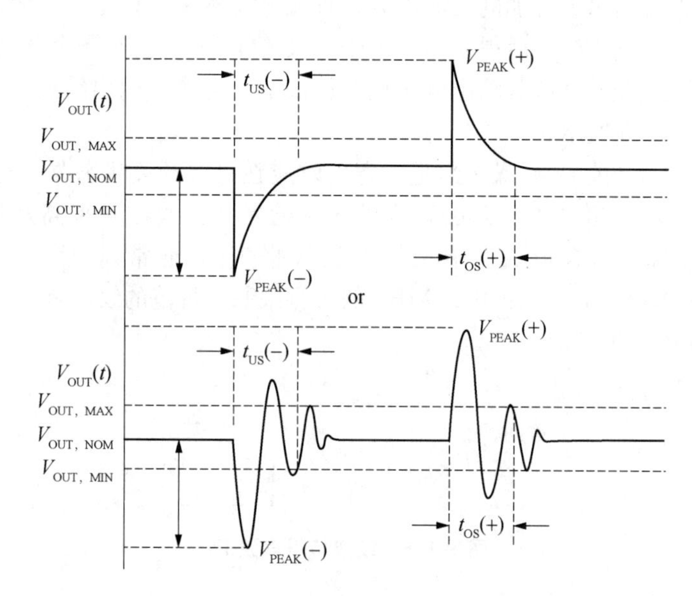


**图 1.1.6 稳压器对负载阶跃变化的响应**

## 1.2.3 直流电源选购的技术依据

### 1. 电压和电流范围

这是两个最容易确定指标的参数，只要根据电路中所需的最大电压、电流和功率，选择额定输出超过最大值的直流电源即可。

### 2. 直流电源工作模式

绝大部分直流电源都工作在恒电压模式，也就是说整个电流变化范围内电压恒不变。然而，现代新型直流电源，当电路中电流大于电源设定的输出电流时，直流电源会工作在恒电流模式下，提升电源使用的灵活性。

### 3. 电源稳压精度和分辨率

电压稳压精度：衡量电压稳定性的度量。比如我们说一个稳压电源的电源稳压精度为 10 V±1％，则表示该稳压电源实际输出电压范围为 9.9～10.1 V。

电压分辨率：电源输出电压最小变化量。

精度愈高说明测量值与真实值之间的误差越小，测量结果愈准确。分辨率愈高，观测到的误差精细程度就愈高，选购电源时要理解这两者之间的区别。分辨率的高低与测量的精度无关。

以上的三个条件是电源设备基本技术要求，可作为选购电源设备的条件，如果用户没有特殊要求，可以在此范围内选择性价比高的电源。

## 1.3　新型功率器件

Si 半导体的功率器件，就其开关频率来说，开关速度的增加和开关损耗的减小已达到极限。SiC/GaN 等宽禁带半导体的功率器件，可实现低导通电阻、高耐压、高速开关和高温工况，由于开关损耗和电容较小，使其比 Si 半导体有更高的工作频率并减少外围器件的尺寸。

SiC/GaN 的禁带宽度约为 Si 的 3 倍或更多，因此被称为禁带半导体。表 1.3.1 所示的宽度半导体的迁移率 $\mu$ 略低于 Si，击穿电压 $E_C$ 大约是 10 倍，杂质浓度 Nd 可以增加 10 倍，漂移层宽度 wd 可以减小到原来的 1/10，而导通电子 Ron 可以降到原来的 1/1 000。

**表 1.3.1　半导体材料物理特性值**

| 材料 | Si | SiC(4H) | GaN | 金刚石 |
|---|---|---|---|---|
| 禁带宽度/eV | 1.12 | 3.26 | 3.39 | 5.47 |
| 电子迁移率 $\mu$/[$cm^2$/(V·s)] | 1 400 | 1 000/850 | 900 | 2 200 |
| 击穿场强 $E_C$/(kV/cm) | 300 | 2 500 | 3 300 | 10 000 |
| 热导率 $\lambda$/[W/(cm·K)] | 1.5 | 4.9 | 2 | 20 |
| 相对介电常数 ε | 11.8 | 9.7 | 9 | 5.5 |
| 单晶生长 | ◎ | ○ | △ | ▽ |
| 外延生长 | ◎ | ○ | △ | ▽ |

图 1.3.1 所示为根据每种半导体材料的物理特性值计算得到的导通电阻 $R_{on}$ 和击穿电压 $V_{hd}$ 之间的关系。与常规的 Si 半导体相比，SiC、GaN 和金刚石一个比一个小。但从制造功率器件的难度来说，一个比一个难。

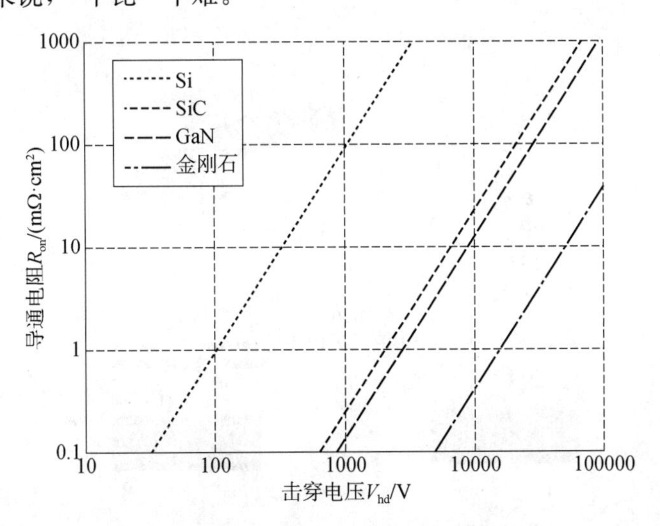


**图 1.3.1　击穿电压与导通电阻关系**

SiC/GaN 性能特点及应用范围如表 1.3.2 所示。GaN 有望在中等耐压范围实现出色的高频工作性能。

**表 1.3.2 SiC/GaN 性能特点及应用范围**

| | 性能特点 | 应用 |
|---|---|---|
| SiC | ● 大功率<br>● 高电压(>600 V)<br>● 高频率(20 kHz～200 kHz) | ● EV 逆变器、HV DC/DC、OBC<br>● 服务器电源(一次侧)<br>● 太阳能、风力<br>● 工业设备电源<br>● 铁路 |
| GaN | ● 中等功率<br>● 中等电压(100 V～600 V)<br>● 高频率(200 kHz 以上) | ● 数据中心服务器电源<br>● 基站电源<br>● 小型 AC 适配器(消费电子)<br>● 车载 OBC、48 V DC/DC |

## 1.3.1 SiC 功率器件

SiC 功率器件的特征是低导通电阻、高温工况和高速运行。SiC 功率器件之所以具有高性能,是因为 SiC 的介电击穿电场约为 Si 的 10 倍,因此,击穿电压相同的情况下所需的耐压层(外延层)的掺杂浓度可增加约 100 倍,厚度可以减小到大约 1/10,并且作为功率器件主要电阻来源的外延层电阻可以减小到 Si 理论值的大约 1/500(考虑载流子迁移率),SiC 带来的双扩散金属氧化物半导体场效应管(Double-diffused Metal Oxide Semiconductor,DMOS)的性能提高如图 1.3.2 所示,其外形尺寸大幅度缩小。另外,SiC 的禁带宽度为 Si 的 3 倍左右,且热导率为 Si 的 2.5 倍左右,因此散热性能优异,可以在 200 ℃以上的高温下工作。所以,散热机构有望变小,用于系统时有很大优势。SiC 功率器件分为 SiC 肖特基势垒二极管和 SiC 晶体管。

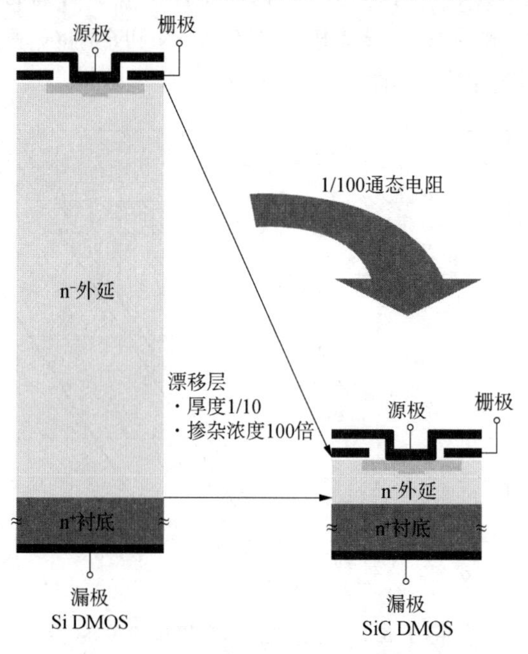


**图 1.3.2 SiC 带来的 DMOS 的性能提高**

1. SiC 肖特基势垒二极管

半导体做成的二极管大致可分为 SiC 肖特基势垒二极管(Schottky Barrie Diode,SBD)和 PN 结二极管两类。由于 Si 的禁带宽度不够,无法制造高耐压的 SBD,PN 结二极管的耐压大约 200 V;而 SiC 禁带宽度大,可以制造耐压高达几千伏的 SBD,不过 SiC PN 结二极管的启动电压高达 2~3 V,远高于 Si 二极管的约 0.6 V,可能引起导通损耗恶化。因此,600 V~2 kV 耐压水平的器件通常使用 SiC SBD 结构。图 1.3.3 显示了 ROHM 公司 SiC SBD 的典型特性。

SiC SBD 有两个主要特征,一是它可以在高温下工作,由于 SiC 的禁带宽度大,使得其 SBD 可以在 200 ℃以上的高温下工作;二是反向恢复电流小。PN 结二极管工作中 PN 结的累积电荷在关断过程中需要排出,因而形成很大的反向电流,导致较大的开关损耗。由于 SBD 是单极型器件,不存在这种累积电荷,因此,原则上没有反向恢复电流,只有少量电容充放电流,但比 PN 结二极管的反向恢复电流小得多。此外,因为没有反向恢复电流这样的温度依赖性,所以在高温下开关损耗也不高,通常开关损坏可减少 60%。

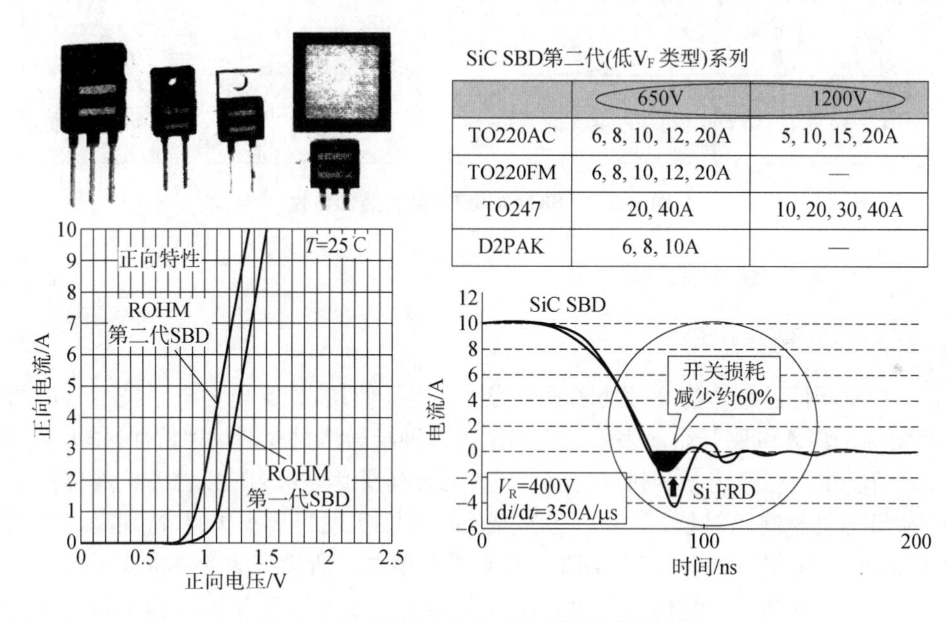
SiC SBD第二代(低$V_F$类型)系列

| | 650V | 1200V |
|---|---|---|
| TO220AC | 6, 8, 10, 12, 20A | 5, 10, 15, 20A |
| TO220FM | 6, 8, 10, 12, 20A | — |
| TO247 | 20, 40A | 10, 20, 30, 40A |
| D2PAK | 6, 8, 10A | — |



图 1.3.3 ROHM 公司 SiC SBD 的典型特性

2. SiC 晶体管功率器件

功率转换电路中的晶体管的作用非常重要,为进一步实现低损耗和应用产品的小型化,一直在对晶体管进行各种改良。SiC DMOS 与 Si 半导体功率管比较,其具有低损耗、高速开关和在高温环境下工作等特点,这些优点在功率转换应用中非常有用。

目前,可以认为 SiC MOSFET 的耐压范围在 600 V—3.3 kV,成功实现更高耐压。SiC MOSFET 的导通电阻更小,在相同导通电阻条件下可以实现更小的芯片面积,还可以显著降低反向恢复损耗。SiC MOSFET 属于多数载流子器件,工作频率更高,有助于应用设备小型化。SiC MOSFET 的封装和特性如图 1.3.4 所示,由图可知,其开关损耗减少可达 90%;在高温工况下,保持稳定低阻值的通态电阻 0.22~0.24 Ω。

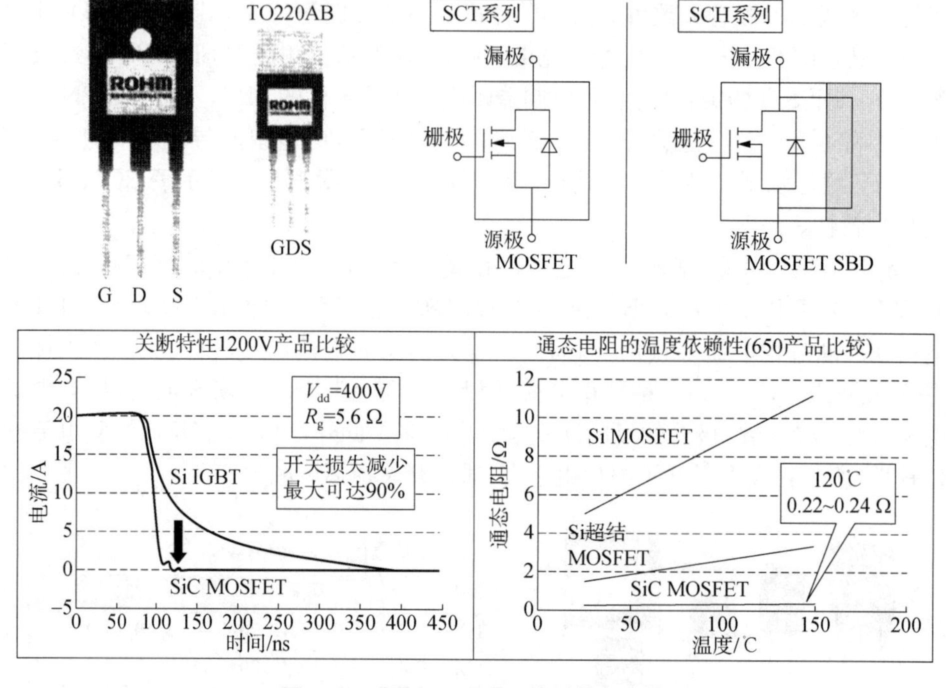


**图 1.3.4 SiC MOSFET 的封装和特性**

## 1.3.2 GaN 功率器件

### 1. GaN 功率器件特征

GaN 功率器件已经作为高频功率放大器投入实际使用，作为电力电子技术领域的功率器件，其实际应用才刚刚开始。表 1.3.1 列出了各种半导体材料的物理特性，作为功率器件应用，GaN 比 SiC 稍好，由于其衬底价格和工艺限制等原因，GaN 难以像 SiC 那样简单地替换现有的 Si 器件材料。但是，GaN 具有 Si 或 SiC 无法实现的某些功能，特别是二维电子气(Two-Dimensional Electron Gas，2DEG) 现象是其他材料所没有的主要特点。

GaN 功率器件的基本结构与 Si 和 SiC 器件不同。图 1.3.5 为 GaN 电子器件的典型结构，其有源极、栅极和漏极三个电极。Si 和 SiC 功率器件具有“垂直”结构，其中源极和栅极在同一表面上，而漏极在衬底下方。GaN 器件为通常所称的“横向结构”，其所有电极都在同一表面上。采用水平结构是为了要将在 AIGaN/GaN 界面上自发形成的具有高电子迁移率的二维电子气(2DEG)用作电流路径。这种结构的晶体管统称为高电子迁移率晶体管(High Electron Mobility Transistor，HEMT)。GaN 的另一特点是其晶体可以生长在各种衬底上，因此，尽管目前能够生产的单晶体材料直径不大，但是可以在相对便宜的 Si 衬底上生长成 GaN 晶体，对于横向结构，可以使用大直径 Si 衬底制造 GaNHEMT，将来可以降低价格。横向 GaN 功率器件的特征在于使用 2DEG 来实现极高的迁移率，与 Si 或 SiC 的垂直结构相比，各个部分的电容都可以减小，特别是栅极电容可降低约一个数量级(同等性能下)。因此，响应速度比常规功率器件高几个数量级，这是 GaN 功率器件最重要的特征。

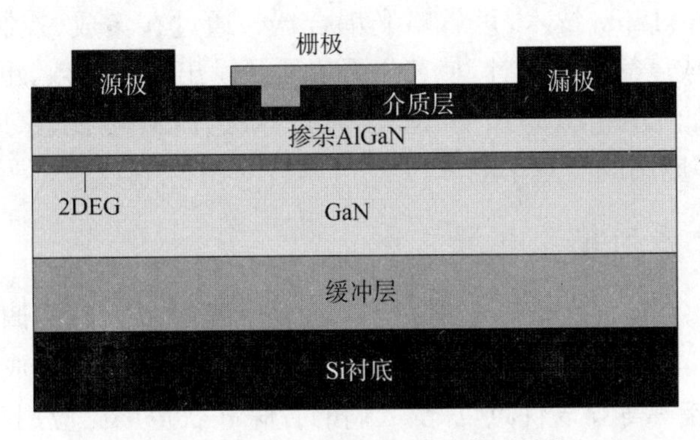


**图 1.3.5　GaN 电子器件的典型结构**

2. GaN 功率器件的特性

由于上述技术因素，GaN 功率器件在相对较低电压下工作。首要的目标是利用其出色的高速响应，不仅降低了开关损耗，而且更高的频率可以减小外围组件的尺寸和降低损耗。图 1.3.6 为常开型 GaN HEMT 在不同频率下的开关波形，图中细黑线为 $V_{ds}$，粗黑线为 $V_{gs}$。对约 30 V 源漏电压的开关，即使在 10 MHz 时，也可获得几乎无振荡的理想开关波形。通常 HEMT 结构是常开的，也就是栅极电压为 0 V 时处于导通状态。在功率器件的电力应用中，从使用安全考虑，多选用常关器件。

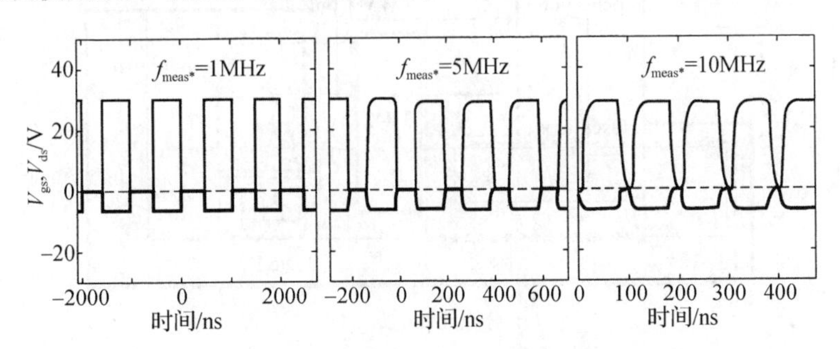


**图 1.3.6　常开型 GaN HEMT 在不同频率下的开关波形**

## 1.4　高集成度电源芯片

PI(Power Integrations，https://www.powerint.cn/)公司是用于高能效电源转换的高压模拟集成电路业界的领先供应商。由于 PI 公司在高压集成电路方面所取得的技术创新，实现了高集成化、尺寸小、结构紧凑、用于各种电子产品的高效率电源。PI 公司 90 年代在世界上率先研制成功三端隔离式脉宽调制型单片开关集成电路 TOP 系列产品，在业内得到广泛应用成主流芯片。自 1998 年问世以来，PI 公司专利 EcoSmart 技术已节省了数十亿美元的待机能耗，避免了数以百万吨的 $CO_2$ 排放量。进入 21 世纪，在推出 TinySwitch™或 LinkSwitch 系列芯片后，又连续不断开发了几代 InnoSwitch 系列芯片。InnoSwitch IC 融合了一次测 FET、一次测控制器、氮化镓(GaN)的功率开关、二次测控制器来进行同步整流，并引入创新的 FluxLink 技术，可省略光耦合器。通过在集成、控制、拓扑等方面的创新，满足客户更高集成度简化的设计，使客户更快地开发出简单高效、更高功率、更低成本、更小尺寸的电源产品。适用 LED 照明、适配器、计算机、LCD 电视、家用电器产品、电信网络设备以及其他更多应用的高效率电源。

## 1.4.1 TOP 系列单片电源芯片

PI 公司 20 世纪 90 年代在世界上率先研制成功三端隔离式脉宽调制型单片开关集成电路，它属于 AC/DC 电源变换器。单片开关电源集成电路具有高集成度、高性价比、最简外围电路、最佳性能指标等显著优点，深受人们的青睐并获得广泛应用，小功率开关电源的优选器件。选用 TOP 系列单片集成芯片可简化电路设计，图 1.4.1 给出了两种开关电源电路结构比较，单片集成芯片电路可节省 50%元件。

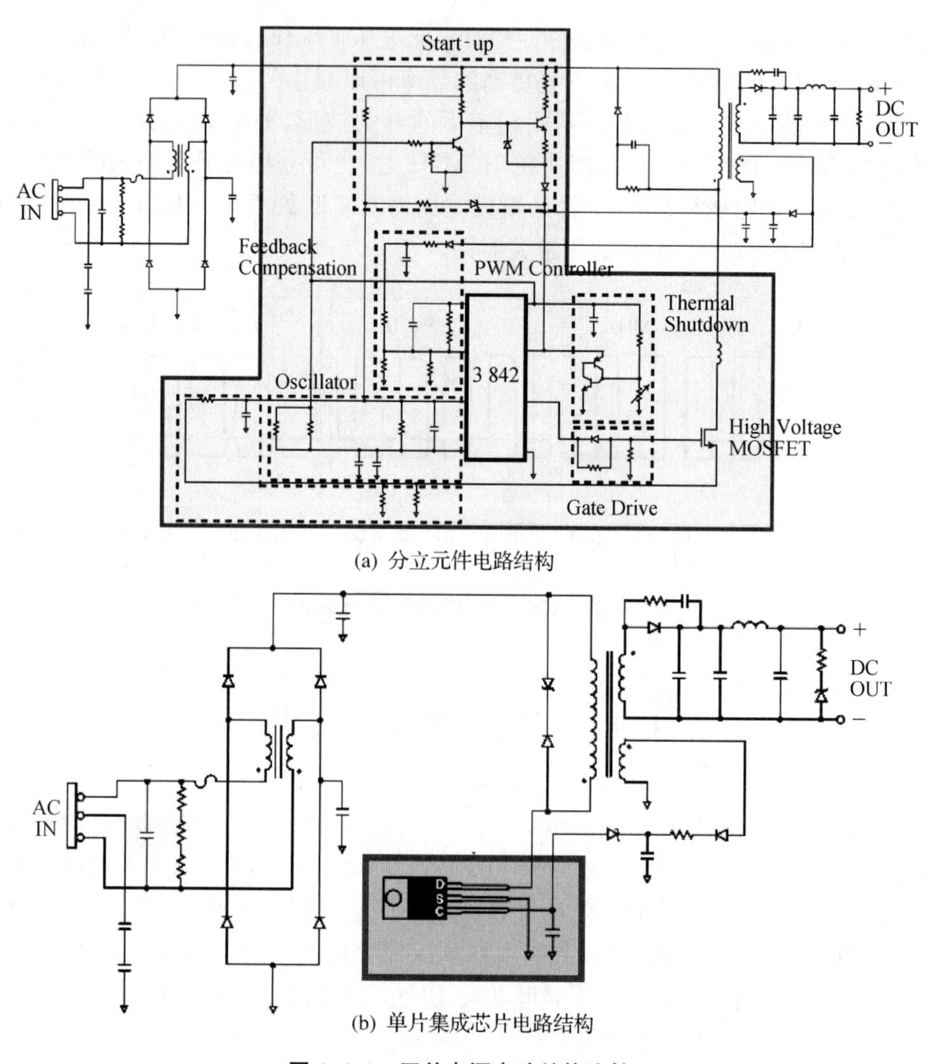


图 1.4.1 开关电源电路结构比较

## 1.4.2　InnoSwitch 系列单片电源芯片

InnoSwitch 开关 IC 在经历了 TOPSwitch™、TinySwitch™或 LinkSwitch 系列芯片的基础上，进一步集成或减去电源中的众多元件，芯片中创新引入新技术、新器件和新工艺，这样可以免除个别元件的设计、规格制定、采购及组装。高集成的结果是大幅缩减元件数，提高效率及可靠性的电源设计，降低了产品设计开发成本。

1. InnoSwitch IC 集成过程

用分立元件设计 USB PD 开关电源设备如图 1.4.2 所示。这些分立元件都必须进行单独设计，制定规格并独立采购才能完成制造，而且这些元件还会占用大量的电路板空间。图 1.4.2 中高亮部分 1－10 模块涉及需集成各个模块电路。各模块电路原理和功能如下。

(1) 模块 1：GaN 和驱动电路，作为主要高压功率开关，其负责开关电源的开关操作功能，最终将能量在变压器两侧进行传输。

(2) 模块 2：外部的电流检测电路，该电路需要接口逻辑、放大器电路及相应的设计，同时限制电源的电压和电流动态范围。

(3) 模块 3：偏置电路，需要大量的分立元件，这是因为电源本身需要在较宽的动态范围内工作，这意味着控制器芯片本身的供电电源，需要稳定地控制在控制器可接受的范围。

(4) 模块 4/5：初级控制器电路及光耦合器，控制器与光耦合器连接，光耦从次级侧到初级侧提供反馈进行稳压调整。

(5) 模块 6：用于初级抗干扰 $L$、$C$，需要在功率环路中采取一些缓冲措施来降低电磁干扰(EMI)，$L$、$C$ 会对电源工作和效率产生影响。

(6) 模块 7/8：同步整流器电路，这是一个高端驱动的同步整流器电路。其电路相当复杂，由多个元件组成，所有元件都需要制定相应的规格，进行详细的设计保证电路能在预期的宽范围内正常工作。

(7) 模块 9/10：USB PD 控制器电路，由多个元件组成，需要单独偏置供电，保证其正常工作。

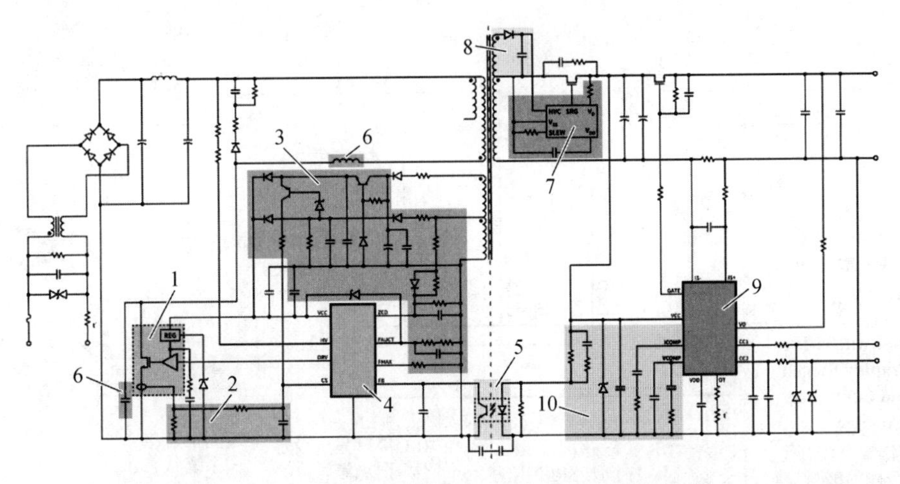


**图 1.4.2　用分立元件设计 USB PD 开关电源设备**

InnoSwitch IC 以其集成高而著称，把 1－10 模块集成在一个 InnoSwitch 器件中，极大地简化了电源的设计，从而实现了更加高效节能、成本更低、可靠性更高的电源产品。InnoSwitch 器件综合了检测功能、EMI 抑制功能、初级控制器、隔离反馈电路，同时节省了大量分立元件。隔离反馈电路至关重要，称为磁感耦合(Fluxlink)，其不仅可以用来取代光耦合器，而且 Fluxlink 响应速度更快、精度更高，能够在非常宽的动态范围内，更好地控制初级开关和同步整流器管的工作，从而使产品更可靠、更高效、更节能。基于 InnoSwitch IC 的 USB PD 电源如图 1.4.3 所示。元件数量从 101 个缩减至 45 个，这就是集成的强大之处。

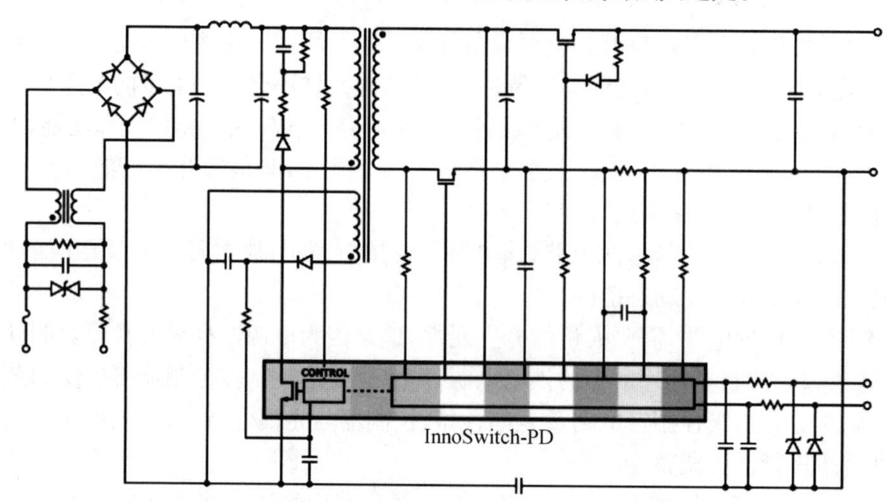


**图 1.4.3 基于 InnoSwitch IC 的 USB PD 电源**

2. InnoSwitch IC 系列产品

InnoSwitch IC 系列产品经历了 InnoSwitch 3、InnoSwitch 4、InnoSwitch 5 发展历程。目前，PI 宣布推出第五代 InnoSwitch 系列，名为 InnoSwitch 5－Pro 的高效率、可数字控制的反激式开关 IC，采用创新的次级侧控制方式，无需额外使用高成本的专用高压开关即可实现零电压开关(ZVS)，效率超过 95%。InnoSwitch 5－Pro 主要功能展示如图 1.4.4 所示。

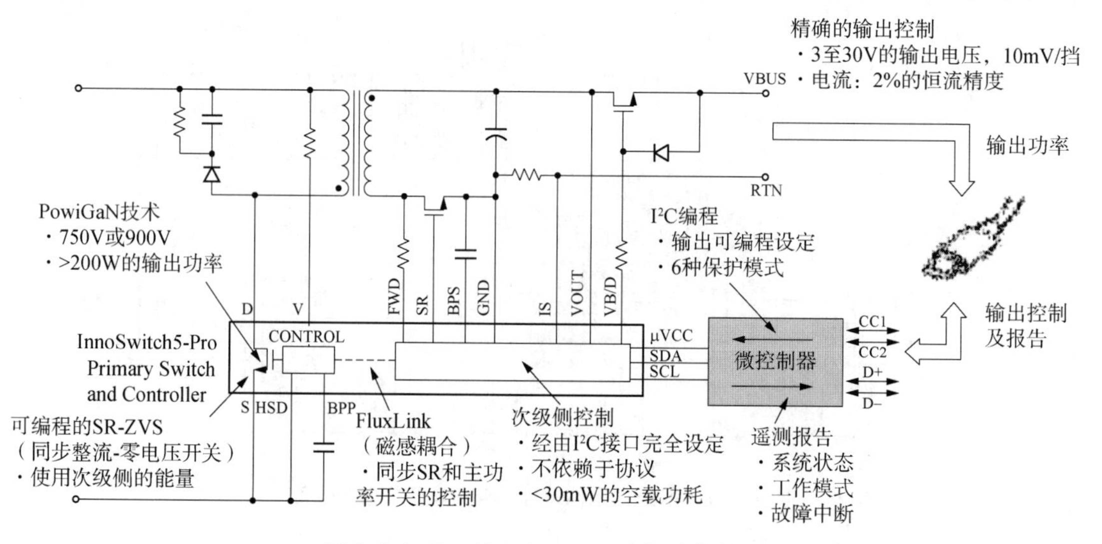


**图 1.4.4 InnoSwitch 5－Pro 主要功能展示**

这款新IC内部集成750 V或900 V PowiGaN初级开关、初级侧控制器、FluxLink隔离反馈功能和具有$I^2C$接口的次级控制器，可优化紧凑型、高效率单口或多口USB PD适配器的设计和制造。其应用领域包括笔记本电脑、高端手机和其他便携式消费电子产品，包括要求支持新的USB PD EPR(Extended Power Range)协议的设计。

使用了零电压开关(ZVS)技术，以及变频的开关电路，实现了高转换效率并降低了温升，使设计人员能够省去热管理所需的散热片、导热片和灌封材料，从而进一步减小尺寸，降低元件成本和制造复杂性。

InnoSwitch 5－Pro支持$I^2C$可编程，因此适合不同国家或地区的标准，且适用于任何MCU，并且故障响应也可编程，以便及时做出快速反应。$I^2C$支持多种协议如表1.4.1所示。

**表1.4.1　$I^2C$支持多种协议**

<table>
<tr><th>规格要求</th><th>USB PD</th><th>UFCS</th><th>InnoSwitch 5－Pro的使用</th></tr>
<tr><td>协议通信(物理层)</td><td>CC线</td><td>D+/D−</td><td rowspan="3">没问题：可与应用于微控制器而非InnoSwitch 5－Pro IC的CC或D+/D−线配合使用</td></tr>
<tr><td>连接/分离和方向检测</td><td>CC1/CC2</td><td>可选(USB A)<br>CC1/CC2 (USB－C)</td></tr>
<tr><td>电缆的电子标识通信</td><td>CC线</td><td>D+/D−</td></tr>
<tr><td>电子标识电缆的供电电压</td><td>VCONN</td><td>VBUS</td><td rowspan="3">不影响InnoSwitch 5－Pro IC的操作</td></tr>
<tr><td>对电缆电子标识的要求</td><td>>3 A</td><td>>4 A</td></tr>
<tr><td>最大输出电流</td><td>5 A</td><td>10 A</td></tr>
<tr><td>电压范围</td><td>3.3 V—21 V<br>(SPR－PPS)<br>15 V—48 V<br>(EPR－AVS)</td><td>3.4 V—36 V</td><td>InnoSwitch 5－Pro的30 V最高输出电压的限制并不是使用于USB PD(同样也是UFCS)的主要障碍，因为大量市场应用的要求是输出电压≤30 V</td></tr>
</table>

作为快充及氮化镓市场的引领者，PI近年来始终专注于这一技术领域，不断致力于提升产品的功率效率，减少尺寸和成本。以InnoSwitch 5－Pro为例，通过在集成、控制、拓扑等方面的创新，使客户可以更快开发出简单高效、更高功率、更低成本、更小尺寸的适配器。

## 1.5　开关电源新技术

1. 高频化技术

开关电源开关频率越高，其感性储能元件转换速度越快，储能元件体积和重量大大减小；同时，开关电源的滤波电容量和体积变小，PCB尺寸也相应变小，其结果电源功率密度就越高，电源产品体积和重量大大减小，实现产品小型化。

现在通常开关电源工作频率范围是50 kHz—150 kHz，如频率再提高，目前这个阶段来说真正阻碍功率密度提高的是散热系统和电磁设计(包括EMI滤波器和变压器)和功率集成技术，高频确实产生很多很难解决的电磁干扰(EMI)、开关频率引起的损耗、温升散热设计等一系列工程问题。为了继续维持电力电子变换器功率密度的不断增长，高频化肯定是趋势。随着新型功率器件 SiC、GaN 应用，开关电源高频化技术研究方兴未艾，开发了诸多更高工作频率开关电源产品，有望给电力电子技术领域带来一次新的革命。

2. 软开关技术

在开关电源发展初期阶段，功率开关管的开通或关断是在器件上的电压或电流不为零的状态下进行的，这种工作状态称为“硬开关”。这种硬开关技术使开关损耗增大，且随频率的提高而增大。所以，硬开关技术限制了开关电源的工作频率和效率的提高。

20 世纪 70 年代，软开关技术的出现，是开关电源的工作频率和效率大大提高。所谓“软开关”是指零电压开关(ZVS)或零电流开关(ZCS)。它是应用准谐振原理，开关器件中电压(或电流)按正弦规律变化，电压为零时器件开通，或是电流为零时器件关断。这样，开关损耗可以做到为零。应用软开关技术，可以使开关电源的工作频率达到兆赫的量级。

3. 同步整流技术

随着高速超大规模集成电路的尺寸的不断减小，要求供电电压也越来越低，功耗不断降低，而输出电流则越来越大，这要求开关电源具有低电压、大电流、高频化(500 kHz—1 MHz)和高效率的性能。在这种情况下，如用肖特基二极管二次侧整流，当输出电压降低时，这种整流方式会使电源效率大幅度下降。用低导通电阻 MOSFET 代替常规肖特基整流/续流二极管，可以大大降低整流部分的功耗，提高变换器的效率，实现电源的高效率和高功率密度。

4. 功率因数校正(PFC)技术

开关电源的电磁干扰是其主要缺点之一。为了减小开关电源对电网的污染和对外部电子设备的干扰，电源中普遍采用了功率因数校正技术。功率因数校正技术的主要作用是使电网输入到电源的电流波形近似正弦波，并与输入电压保持同相位，即实现功率因数为 1。

功率因数校正有两种方法，有源和无源功率因数校正技术。无源功率因数校正电路是采用电感、电容和二极管构建低通滤波器，对电路中的电流脉冲谐波含量进行抑制，其提高 PFC 效果不理想，并且体积大、笨重，考虑到成本等因素，常在民用产品应用。有源功率因数校正电路由电感、电容及电子电路组成，体积小，通过专用 IC 去调整电流的波形，对电流电压间的相位差进行补偿。其 PFC 可以达到较高的功率因数——通常可达 98%以上，但成本也相对较高。

5. 开关电源数字化

近年来，数字电源的研究势头与日俱增，成果也越来越多，在电源数字化走在前面的公司有 TI 和 Microchip。其以数字信号处理器(DSP)或微控制器(MCU)为核心，将数字电源驱动器、PWM 控制器等作为控制对象，能实现控制、管理和监测功能的电源产品。它是通过设定开关电源的内部参数来改变其外在特性，并在“电源控制”的基础上增加了“电源管理”和通信功能。所谓电源管理是指将电源有效地分配给系统的不同组件，最大限度地降低损耗。数字电源的管理(如电源排序)必须全部采用数字技术。

数字电源虽已开发成功，由于技术和产品成本等因素，其发展还有很长的路要走。

6. 多相交错技术

根据摩尔定律，单片微处理器晶体管数量按几何指数增加。微处理器逻辑工作电压低至0.8 V，而电流达100 A以上，其供电DC/DC变换器应具有低电压、大电流输出能力、快速响应、低输出纹波电压和高效率高密度的特性。在低压、大电流工况下，分析单个同步Buck变换器工作原理，存在以下技术问题，其一是：输出低电压势必造成低的占空比(D)，可能使D≤10%，这增加变换器上臂管子开关损耗和下臂管子传导损耗；其二是：提高工作频率降低纹波与增加损耗相互冲突，降频可以降低损耗提高效率，需用输出低通滤波器来抑制纹波，势必增加滤波电感量和电容量，限制电压调节器模块(Voltage Regulator Module，VRM)瞬态响应，影响脉冲载荷响应速度。结果是这些技术瓶颈不仅增加了成本和牺牲了功率密度，而且使变换器很难满足未来微处理器供电要求。

近年来，提出了一种多相交错技术Buck变换器拓扑结构，解决上述讨论的技术难题。开关频率是基础频率与相数的乘积，变换器开关频率大幅提高。随着开关频率增加，输出纹波得到改善，滤波电感和电容的数值及物理尺寸变小，也改善了瞬态响应。四相Buck变换器结构框图如图1.5.1所示。系统由高频多相控制器、四路功率驱动器及半桥MOS电路、输出滤波电路和I取样网络组成。对一个四相Buck变换器来说，每相占用90度相位。每相工作可以高达1 MHz，结果在输入输出端有效纹波频率高达4 MHz，大大提高纹波频率。采用峰值电流模式构建Buck变换器，实现一定深度相电流均衡；同时，引入补偿器构建闭环系统，对环路进行幅频和相频补偿，保证环路稳定可靠工作。

多相变换器与单相变换器比较，其特点有：输入与输出电容端低的电流纹波；负载变化快速响应；提高功率容量和转换效率。

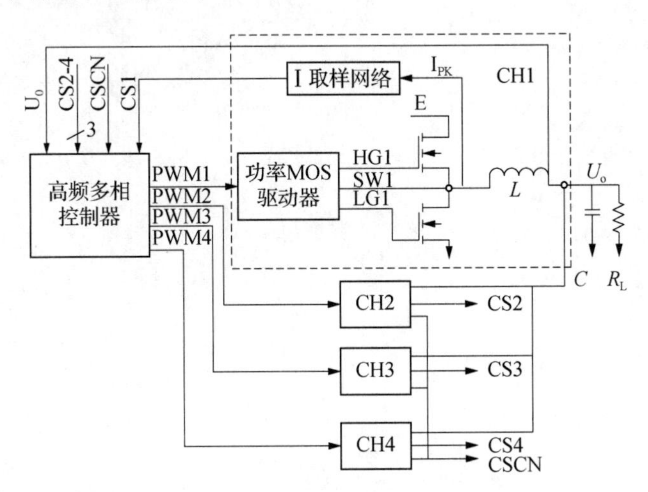


**图1.5.1　多相交错Buck变换器结构框图**

## 思考题与习题

1.1　直流电源的类型有哪几种？噪声最小的电源是哪一种？

1.2　线性稳压电源与开关稳压电源各自特点是什么？

1.3　小信号检测时选用哪种电源比较合适？说明原因？

1.4　家用LCD电视机，功率为80 W，为什么选用开关稳压电源供电？
1.5　开关稳压电源技术进展主要体现在哪几个方面？
1.6　测量交流特性时为什么探针的连线要尽可能短？
1.7　说明直流电源技术指标的负载调整率和电压调整率有什么区别？
1.8　电源纹波和噪声测量分别需要注意什么？
1.9　直流电源选购技术依据是什么？
1.10　说明禁带半导体器件物理特征？
1.11　说明SiC/GaN的性能特点及应用？
1.12　开关电源有哪些新技术？

# 第 2 章　线性稳压电源

扫一扫
可见本章学习资料

线性稳压电源是一种发展最早、技术成熟、稳压性能良好、应用非常广泛的直流稳压电源。所谓“线性”，其输出稳定直流电压自动调整的关键器件调整管工作在线性放大状态。利用晶体管放大作用，增大或减小负载电流，且其调整方式是连续的，调整管功能相当于一个可变电阻。线性稳压电源经典电路是串联型稳压电路。普通的串联稳压电源配置电源变压器，具有输出电压稳定、波纹小等优点，但存在输出电压范围小、效率低的缺点。

线性稳压电源电路框图如图 2.0.1 所示。电路由电源变压器、整流电路、滤波电路和稳压电路组成。电源变压器：对输入市电 220 V 进行降压，变压器副边电压有效值决定于后续电路的需要；整流电路：将变压器副边输出交流电压转换成脉动直流电压；滤波电路：滤除整流后直流电压中交流成分，尽可能减小电压脉动幅值；稳压电路：使输出直流电压基本不受电网电压波动和负载电阻变化的影响，从而获得足够高的稳定性。

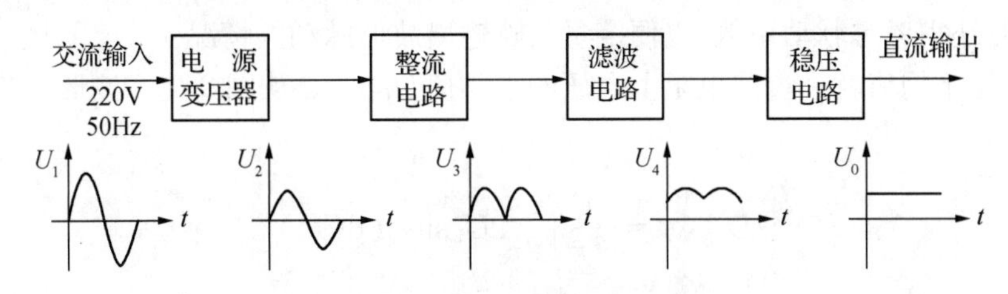


图 2.0.1　线性稳压电源电路框图

## 2.1　整流滤波电路

本节主要讲述如何把单相交流电压通过整流、滤波后转换成直流电压工作原理。滤波电路应用电容器充放电原理将脉动直流电压变成平滑的直流电压。

### 2.1.1　整流电路

整流电路应用二极管单向导电性原理将交流电压转化成脉动直流电压，常用的电路有半波整流、全波整流和桥式整流电路。

1. 半波整流电路

单相半波整流电路是最简单的一种整流电路，只有一个二极管，如图 2.1.1 所示。设变压器副边瞬态值为 $u_2=\sqrt{2}U_2\sin\omega t$ 。根据二极管的单向导电性原理，当 $u_2$ 在正半周时，二极管 D 导通，电流流过负载电阻 $R_L$，$u_2=\sqrt{2}U_2\sin\omega t(\omega t=0\sim\pi)$；当 $u_2$ 在负半周时，二极管D截止，$u_2=0(\pi\sim2\pi)$。无论正负都只有半个周期能够通过，因此称为单相半波整流电路。半波整流电路波形图如图2.1.2所示。

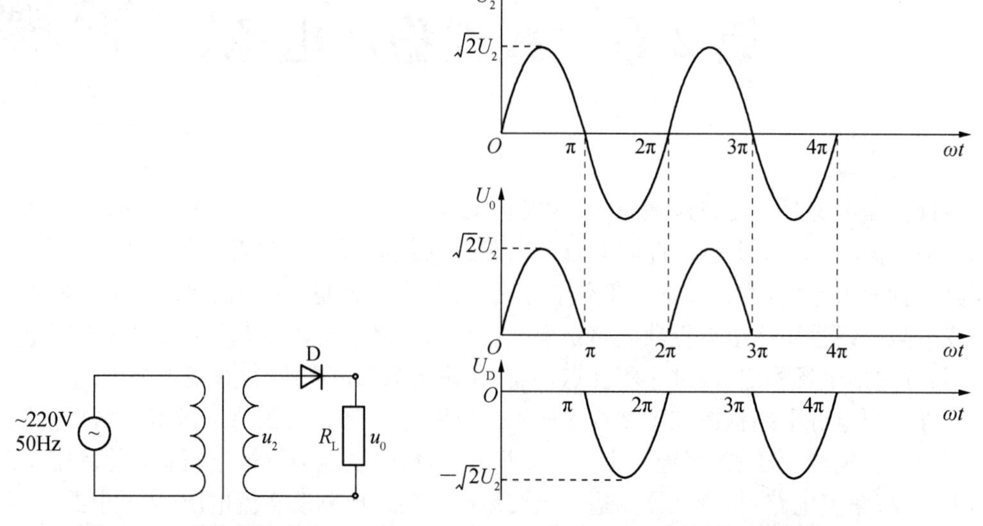


**图2.1.1 半波整流电路** **图2.1.2 半波整流电路波形图**

在研究整流电路时，需要考查整流电路的输出电压平均值和输出电流平均值这两项性能指标，有时还需考虑脉动系数，以便定量反映输出波形脉动的情况。

输出电压平均值就是负载电阻上电压的平均值$U_{O(AV)}$。从图2.1.2波形可知，$U_{O(AV)}$表达式为

$$U_{O(AV)}=\frac{1}{2\pi}\int_0^{\pi}\sqrt{2}U_2\sin\omega t\,\mathrm{d}(\omega t)$$

解得

$$U_{O(AV)}=\frac{\sqrt{2}U_2}{\pi}\approx0.45U_2 \tag{2.1.1}$$

负载平均电流值为

$$I_{O(AV)}=\frac{U_{O(AV)}}{R_L}\approx\frac{0.45U_2}{R_L} \tag{2.1.2}$$

整流输出电压的脉动系数$S$定义为整流输出电压的基波峰值$U_{O1M}$与电压平均值$U_{O(AV)}$之比，即

$$S=\frac{U_{O1M}}{U_{O(AV)}} \tag{2.1.3}$$

因而S愈大，脉动愈大。

通过傅立叶级数谐波分析可得$U_{O1M}=U_2/\sqrt{2}$，故半波整流电路输出电压的脉动系数

$$S=\frac{U_2/\sqrt{2}}{\sqrt{2}U_2/\pi}=\frac{\pi}{2}\approx1.57 \tag{2.1.4}$$

由上式说明，半波整流电路的输出脉动系数很大，其基波峰值约为平均值的 1.57 倍。

2. 全波整流电路

为了克服单相半波整流电路的缺点，在实际应用电路中多采用单相全波整流电路，如图 2.1.3 所示。采用 2 只二极管，可以对正弦波的正负半周期分别进行整流，因此叫作双二极管全波整流电路。

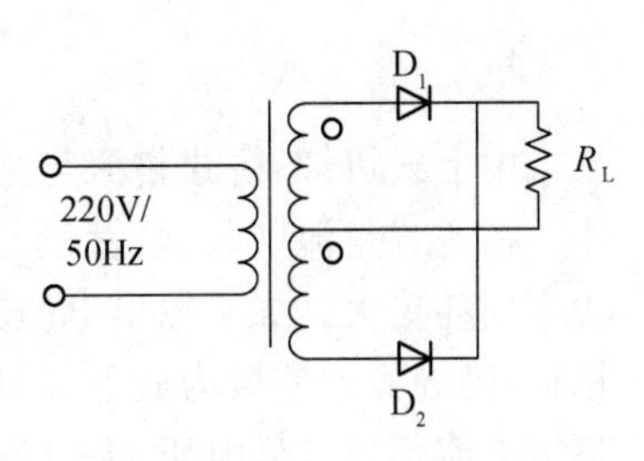

**图 2.1.3　双二极管全波整流电路**

在图 2.1.3 中，变压器在中心抽头后形成两个绕组，将变压器的两个绕组按照相异极性连接。由此，在正半周期，二极管 $D_1$ 导通；在负半周期，二极管 $D_2$ 导通。这种接法利用两个变压器绕组，产生两个相位差 180°正弦波对输入交流电压进行整流。其缺点是变压器只有半个周期工作，降低了变压器的利用率，不利于电源体积小型化。

3. 单相桥式整流电路

在全波整流电路，最常用的是单相桥式整流电路，电源变压器可得到充分利用。单相桥式整流电路如图 2.1.4 所示，由 4 只二极管组成。其工作原理与双二极管全波整流电路相同。不同之处在于，变压器只有一个绕组，为实现输出电压和输出电流方向不变，必须采用 4 只二极管构成极性变换电路。

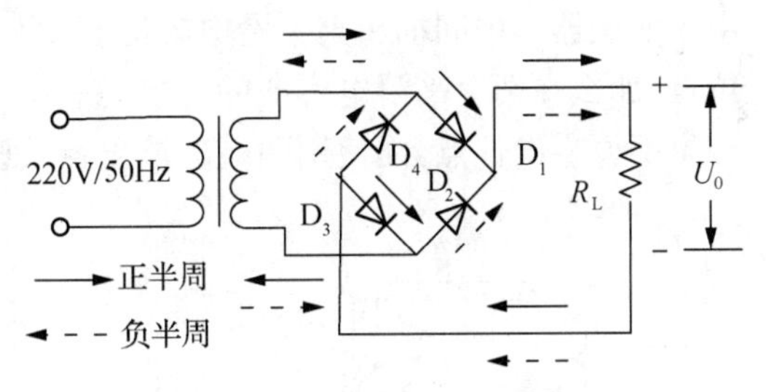

**图 2.1.4　单相桥式整流电路**

在实现全波整流的过程中，每半个周期电流流过 2 个二极管，二极管整流功耗增大一倍。单相桥式整流电路波形图如图 2.1.5 所示。

由图 2.1.5 可知，输出电压平均值 $U_{O(AV)}$ 为

$$U_{O(AV)}=\frac{1}{\pi}\int_0^{\pi}\sqrt{2}U_2\sin\omega t\,\mathrm{d}(\omega t)$$

解得

$$U_{O(AV)}=\frac{2\sqrt{2}U_2}{\pi}\approx 0.9U_2 \quad (2.1.5)$$

由于桥式整流把 $U_2$ 负半周利用起来，其输出电压平均值为半波整流时 2 倍。

输出电流平均值为

$$I_{O(AV)}=\frac{U_{O(AV)}}{R_L}\approx\frac{0.9U_2}{R_L} \quad (2.1.6)$$

根据谐波分析，桥式整流电路的基波 $U_{O1M}$

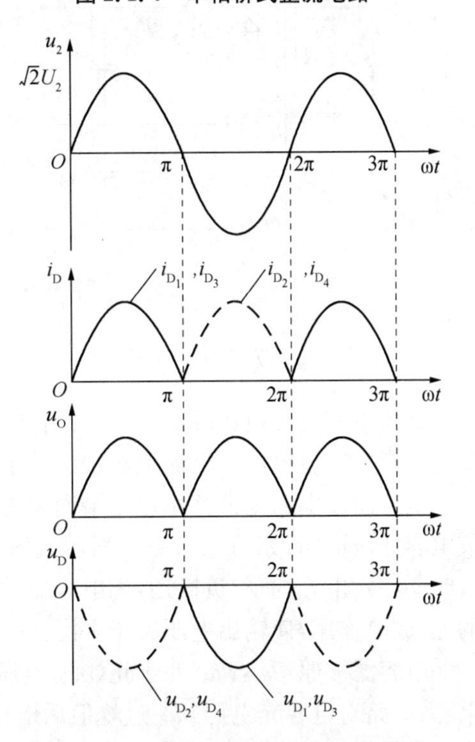

**图 2.1.5　单相桥式整流电路波形图**

角频率是$U_2$的2倍，即100 Hz。$U_{O1M}=\frac{2}{3}\times 2\sqrt{2}U_2/\pi$，故脉动系数

$$S=\frac{U_{O1M}}{U_{O(AV)}}=\frac{2}{3} \tag{2.1.7}$$

由上式可知，桥式整流与半波整流电路相比，其输出电压的脉动电流小得多。

在桥式整流中，二极管正方向的电压降$V_F$是双二极管全波整流电路的2倍，也就是说功率损耗更大。如果输出电压较小，那么二极管上的电压降导致的功率损耗将与输出功率相近，则导致效率极为低下；同理，如果输出电流较大，也会导致效率低下。因此，桥式全波整流电流不适合低电压、大电流的整流电路。

4. 输出正负电源的桥式全波整流电路

如果变压器仍然有两个绕组，且变压器次级中心抽头接地，其后接桥式整流电路，那么可实现输出正负电源的整流电路，如图2.1.6所示。在图中，a和A每半个周期分别有电流同时流过，并对$C_a$进行充电；b和B每半个周期分别有电流同时流过，并对$C_b$进行充电。由于变压器的中间抽头与平滑电容器$C_a$、$C_b$之间的连线相接，若设$C_a$、$C_b$间的连线为零电位点，那么在两个平滑电容器的各自另一端，可分别输出大小相等且方向相反的输出电压；如果不设零电位点，而使用两端的输出点，则可以得到一个两倍于原电路的输出电压。

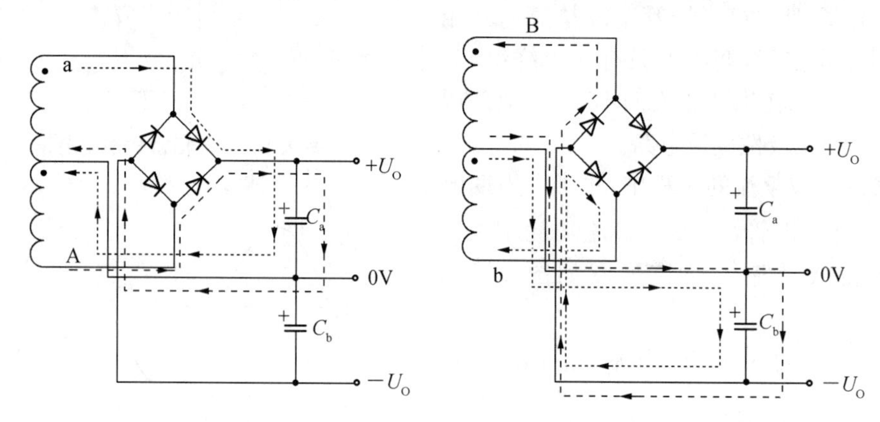


**图2.1.6 电源的整流电路**

## 2.1.2 滤波电路

整流电路输出电压脉动较大，含有较大的谐波成分，需利用滤波电路将脉动的直流电平变为平滑的直流电压。直流电源中滤波电路的显著特点是采用无源电路。

电容滤波电路是最常用也是最简单的滤波电路，在整流电路输出端并联一个电容即构成电容滤波电路，如图2.1.7(a)所示。滤波电容容量较大，因此一般采用电解电容器，在焊接时要注意电容的正、负极性，如电容极性焊反，会造成电容爆炸。电容滤波电路利用电容的充、放电作用，使输出电压趋于平滑。

电容滤波原理：当$u_2$处于正半周电压大于$u_C$时，$D_1$、$D_3$导通，电流一路给负载$R_L$供电，另一路对电容充电；当$u_2$过峰值后电压下降小于$u_C$时，$D_1$、$D_3$截止，电容向负载$R_L$按指数规律缓慢放电。$u_2$处于负半周工作原理同上，这样通过电容不断充放电循环，实现了

电压脉动滤波。从图 2.1.7(b)所示波形可以看出，经过滤波后的输出电压不仅变得平滑，而且平均值也得到提高。若考虑变压器和二极管的导通内阻，则输出波形如图 2.1.7(c)所示，阴影部分为整流电路内阻上的压降。

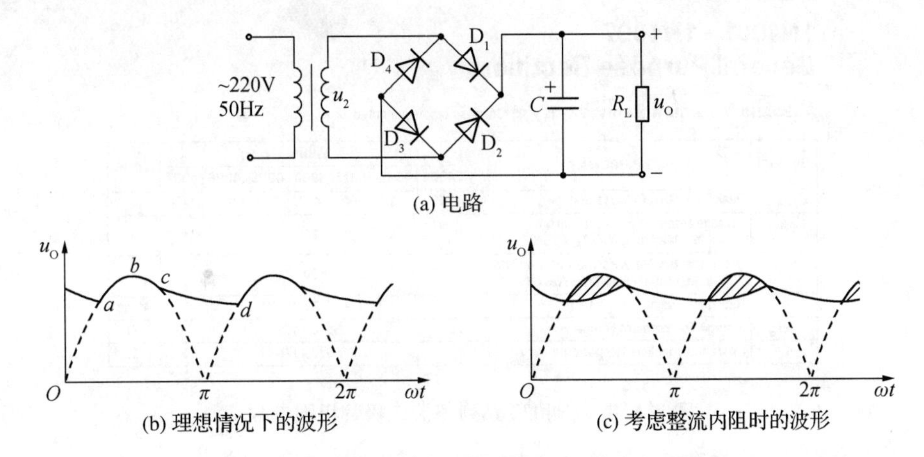


**图 2.1.7　桥式整流电容滤波电路及稳态波形分析**

以上分析可知，电容充电时间常数为整流电路内阻与电容乘积，其数值很小；放电时间常数 $R_L C$，远大于充电时间常数。因此，滤波效果取决于放电时间常数。$R_L C$ 愈大，滤波后输出电压愈平滑，并且其平均值愈大。

滤波后电压波形难以用解析式来描述，输出电压平均值近似估算为

$$U_{O(AV)} = \sqrt{2}U_2\left(1 - \frac{T}{4R_L C}\right) \tag{2.1.8}$$

上式表明，当负载开路 $R_L = \infty$ 时，$U_{O(AV)} = \sqrt{2}U_2$。当 $R_L C = (3\sim5)T/2$ 时，

$$U_{O(AV)} \approx 1.2U_2 \tag{2.1.9}$$

为了获得较好的滤波效果，在实际电路中，应选择滤波电容的容量满足 $R_L C = (3\sim5)T/2$ 的条件。

滤波后脉动系数为

$$S = \frac{T}{4R_L C - T} \tag{2.1.10}$$

## 2.1.3　整流二极管选型

无论是半波整流电路还是全波整流电路，均需要使用整流二极管。在搭建整流电路的过程中，需要对整流二极管进行选型。美国仙童公司 1N4000 系列整流二极管极限参数如图 2.1.8 所示。由此可见，二极管选型需要考虑以下几个参数：

- 二极管正向导通时的平均电流 $I_F$
- 二极管所能承受的最大反向电压 $U_{RM}$
- 二极管的浪涌电流 $I_{FSM}$

以下将详细论述二极管技术参数及选型。

Absolute Maximum Ratings* $T_A$ = 25°C unless otherwise noted

| Symbol | Parameter | Value | | | | | | | Units |
|---|---|---|---|---|---|---|---|---|---|
| | | 4001 | 4002 | 4003 | 4004 | 4005 | 4006 | 4007 | |
| $V_{RRM}$ | Peak Repetitive Reverse Voltage | 50 | 100 | 200 | 400 | 600 | 800 | 1000 | V |
| $I_{F(AV)}$ | Average Rectified Forward Current .375 " lead length @ $T_A$ = 75°C | 1.0 | | | | | | | A |
| $I_{FSM}$ | Non-Repetitive Peak Forward Surge Current 8.3ms Single Half-Sine-Wave | 30 | | | | | | | A |
| $I^2t$ | Rating for Fusing (t<8.3ms) | 3.7 | | | | | | | $A^2$sec |
| $T_{STG}$ | Storage Temperature Range | -55 to +175 | | | | | | | °C |
| $T_J$ | Operating Junction Temperature | -55 to +175 | | | | | | | °C |

**图 2.1.8 1N4000 系列整流二极管极限参数**

1. 二极管正向导通时的平均电流 $I_F$

通常，整流二极管的正向电流 $I_F$，其最大额定值由 $i_c$ 的平均值来决定。前文已述，整流二极管的电流 $i_c$ 的平均值与整流后的直流输出电流 $I_o$ 相等，具体见式(2.1.2)、(2.1.6)。因此，输出电流 $I_o$ 的数值可决定 $I_F$ 最大额定值。但是一般情况下，电网电压会有±10%的波动，因此 $I_F$ 的额定值需要留有 10%的裕量，以保证二极管安全工作，即 $I_F>1.1I_o$。在实际应用中，所选用的整流二极管的最大额定值大约为 $I_o$ 的 1.5 倍。

2. 二极管所能承受的最大反向电压 $U_{RM}$

对桥式整流电路来说，整流二极管承受的最大反向电压等于变压器副边的峰值电压，即 $U_{Dmax}=\sqrt{2}U_2$。实际上电网电压会有±10%的波动，因此在最大输入电压下，必须保证 $U_{Dmax}$不能超过整流二极管的耐压 $U_{RM}$；与此同时，在整流电路中还存在外部噪声和冲击，因此整流二极管的耐压必须留有较大裕量，通常取 $U_{RM}=2U_{Dmax}$。

3. 二极管的浪涌电流 $I_{FSM}$

在电容滤波型整流电路中，在电源开关闭合瞬间，平滑电容器两端的电压为 0 V。因此从变压器看来，二极管导通，电容器处于短路状态。就是说，在开机一瞬间，电容器的充电电流很大，该电流称为冲击电流 $I_F$，图 2.1.9 给出了电容器冲击电流波形。在大充电电流作用下，电容器两端的电压上升，然后充电电流慢慢回落到正常状态。当整流电压在 40～50 V之间时，开机瞬间冲击电流可达到 30 A，在某些整流器中甚至超过 100 A。在整流电路中，冲击电流将流经整流二极管对电容器进行充电，因此所选二极管必须能够承受该电流值。

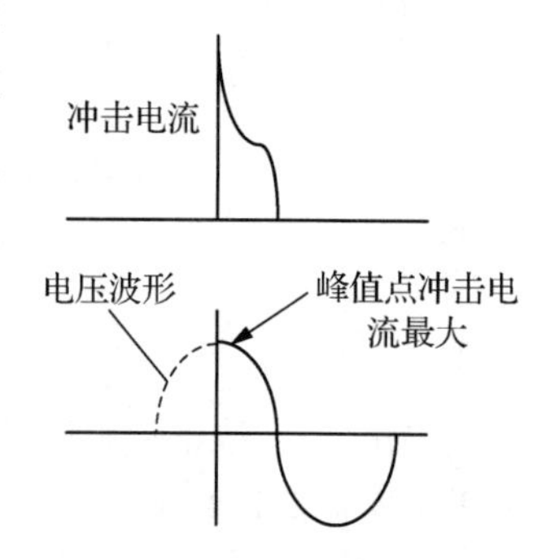


**图 2.1.9 电容器冲击电流**

通常整流二极管的耐浪涌电流量 $I_{FSM}$的容许值为 $10I_F$。但是，当二极管的温度很高时，它的容许值将降低。因此，必须选用额定裕值足够大的二极管。

以上讨论二极管 3 个主要技术参数，给出二极管选用的技术依据。但是，选用整流二极管时考虑其市场销售的因素，可使选用问题大大简化。以小功率整流二极管1N4000系列为例，市场上销售主要有直插1N4004/4007和贴片M7（相当于1N4007）等，直插1N4004/4007价格一样，选用1N4007可以满足所有小功率整流二极管技术要求。

### 2.1.4　滤波电容选型

根据以上整流电路分析，无论是半波整流电路还是全波整流电路，均需要连接滤波电容器，将脉动的直流电压变为平滑的直流电压。因此，滤波电容又称为平滑电容器。

由于需要在同体积条件下得到最大电容量，并要求电容器有足够高的耐压，所以通常选用铝电解电容器。此类电容的构造比较简单，价格低廉，相对于其他电容器，其性能略差，对电源设备可靠性起着重要作用。

铝电解电容结构与电路模型如图2.1.10所示。铝电容是由铝箔刻槽氧化后再夹绝缘层卷制，然后再浸电解质液制成的。其按照化学原理工作，通过化学反应完成电容充放电，电容的响应速度受电解质中带电离子的移动速度限制，一般都应用在频率较低（1 MHz以下）的滤波场合。

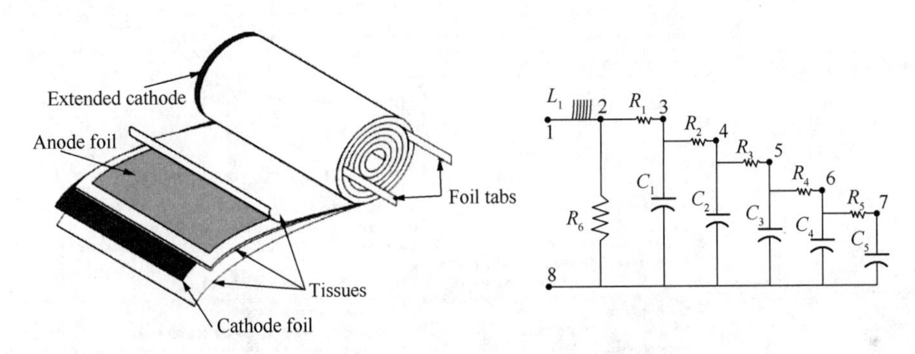


**图2.1.10　铝电解电容结构与电路模型**

图2.1.11是电解电容器等效电路，由标称电容$C$、等效串联电阻ESR和等效串联电感ESL组成。

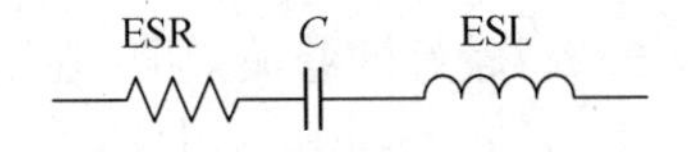


**图2.1.11　电解电容器等效电路**

ESR主要为铝箔电阻和电解液等效电阻的和，其值比较大。铝电容的电解液会逐渐挥发而导致电容减小甚至失效，随温度升高挥发速度加快。温度每升高10℃，电解电容的寿命会减半。如果电容在室温27℃时能使用10 000小时的话，57℃的环境下只能使用1 250小时。所以铝电解电容尽量不要太靠近热源。由电容电路模型可知，电容是并联结构组合，ESR是串联结构组合，由此得到电容卷数愈多，电容容量愈大，ESR就愈大。

对照图2.1.12铝电解电容器技术规格书，铝电解电容器选型要考虑以下参数：

- 电容器的额定电压
- 电容器的容量
- 电容器的介质损耗

- 等效串联电阻 ESR
- 电容器纹波电压和纹波电流
- 漏电流
- 寿命

以下将详细论述电解电容器技术参数及选型。

**技术规范表 SPECIFICATIONS**

| 项目 Item | 特性参数 Performance Characteristics | |
|---|---|---|
| 工作温度范围 Operating Temperature Range | -40 to + 105℃ | |
| 额定工作电压范围 Rated Voltage Range | 10 to 100Vdc | 160 to 400Vdc |
| 容量范围 Nominal Capacitance Range | 0.47 to 4,700μF | |
| 电容量允许偏差 Capacitance Tolerance | ±20%(120Hz，+20℃) | |
| 漏电流 Leakage Current | I≤0.01CV or 3(μA) whichever is greater | I≤0.02CV or 10(μA) whichever is greater |
| | I:Max,Leakage Current(μA);C: Nominal Capacitance(μF);V: Rated Voltage(V) (at +20℃ after 2 minutes) | |

损耗角正切值 tan δ(120Hz，+20℃)

| Working Voltage(Vdc) | 10 | 16 | 25 | 35 | 50 | 63 | 100 | 160 | 200 | 250 | 350 | 400 | 450 |
|---|---|---|---|---|---|---|---|---|---|---|---|---|---|
| tan δ(max.) | 0.16 | 0.14 | 0.12 | 0.10 | 0.10 | 0.10 | 0.10 | 0.10 | 0.10 | 0.10 | 0.08 | 0.08 | 0.08 |
| When nominal capacitance exceeds 1,000μF,add 0.02 to the value above for each 1,000μF increae | | | | | | | | | | | | | |

低温特性 Low Temperature Characteristics

Impedance ratio max at 120Hz

| Working Voltage(Vdc) | 10 | 16 | 25 | 35 | 50 | 63 | 100 | 160 | 200 | 250 | 350 | 400 | 450 |
|---|---|---|---|---|---|---|---|---|---|---|---|---|---|
| Z(-25℃)/Z(+20℃) | 4 | 3 | 2 | 2 | 2 | 2 | 2 | 2 | | | | | |
| Z(-40℃)/Z(+20℃) | 5 | 5 | 4 | 4 | 4 | 4 | 4 | 4 | 7 | 7 | 7 | 7 | 7 |

| 项目 Item | Test conditions | Post test requirements at +20℃ |
|---|---|---|
| 耐久性 Endurence | Duration :2000 hours<br>Ambient temp :+105℃<br>Applied voltage :Rated DC working voltage with rated ripple current | Leakage current :≤ Initial specified value<br>Cap.change :within±20% of initial measured value(6.3V,10V: ±30%)<br>tan δ. :≤200% of initial specified value |
| 高温储存特性 Shelf Life | Duration :1000 hours<br>Ambient temp :+105℃<br>Applied voltage :(None) | Leakage current :≤ 200%The initial specified value<br>Cap.change :within±20% of initial measured value(6.3V,10V: ±30%)<br>tan δ. :≤ 200% of initial specified value |
| 其他 Others | | |

图 2.1.12 铝电解电容器技术规格书

## 1. 电容器的额定电压

在滤波电路电容选型中，为了获得较好的滤波效果，在实际电路中，滤波电容的耐压值必须要大于变压器的副边电压 $\sqrt{2}$ 倍，考虑到电网电压±10%的波动，滤波电容的耐压值 $U_C \geqslant 1.1\sqrt{2}U_2$ 。常用电容器耐压值有 6.3 V、10 V、16 V、25 V、35 V、50 V、63 V、100 V、160 V、250 V、400 V、450 V、630 V。

## 2. 电容器的容量

通常电容容量越大，电路带载能力越强，滤波效果越好，但同时电容容量越大，体积越大，成本也越高，因此电容容量也不是越大越好。在实际应用中，能够获得较好的滤波效果，选择滤波电容的容量通常满足如下条件：$R_L C=(3\sim5)T/2$，其中 $R_L$ 为负载电阻，$T$ 为交流电压频率，$C$ 为所求电容容量。

在半波整流电路中，为获得较好的滤波效果，电容容量应选得更大些。

## 3. 电容器的介质损耗

电容器在电场作用下消耗的能量，通常用损耗功率和电容器的无功功率之比，即损耗角

的正切值 $\tan\delta$ 表示，即

$$\tan\delta = \frac{I^2 \cdot \mathrm{ESR}}{\frac{I^2}{\omega C}} = \omega C \cdot \mathrm{ESR} \tag{2.1.11}$$

电容等效电路与矢量图如图 2.1.13 所示。在电容器的等效电路中，串联等效电阻 ESR 同容抗 $1/\omega C$ 之比称为 $\tan\delta$，即

$$\tan\delta = \omega C \cdot \mathrm{ESR} \tag{2.1.12}$$

这里的 ESR 是在 120 Hz 下计算获得的值。显然，$\tan\delta$ 随着测量频率的增加而变大，随测量温度的增加而增大。损耗角愈大，电容器的损耗愈大，损耗角大的电容不适于高频情况下工作。

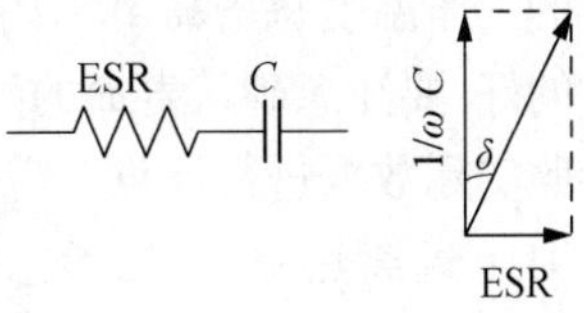

ESR　C　1/ω C　δ　ESR

**图 2.1.13　电容等效电路与矢量图**

4. 等效串联电阻 ESR

一只电容器会因其构造而产生各种阻抗、感抗，如图 2.1.11 所示。ESR 等效串联电阻及 ESL 等效串联电感是一对重要参数，是容抗的基础。一个等效串联电阻(ESR)很小的电容能很好地吸收快速转换时的峰值(纹波)电流。ESR 阻值判定基本原则：电容器容量愈大，ESR 愈大；电容器耐压愈高，ESR 愈小。通过电容并联方式可降低电容器 ESR。然而，这需要在 PCB 面积、器件数目与成本之间寻求折衷。

5. 电容器纹波电压和纹波电流

电容器纹波电压(ripple voltage)和纹波电流(ripple current)就是电容器所能耐受纹波电压/电流值。纹波电压等于纹波电流与 ESR 的乘积。

当纹波电流增大的时候，即使在 ESR 保持不变的情况下，纹波电压也会成倍提高。换言之，当纹波电压增大时，纹波电流也随之增大，这也是要求电容具备更低 ESR 值的原因。当电容叠加纹波电流后，由于电容内部的等效串联电阻(ESR)而引起发热，从而影响到电容器的使用寿命。一般情况，纹波电流与频率成正比，因此低频时纹波电流也比较低。额定纹波电流是在最高工作温度条件下定义的数值。而实际应用中，电容的纹波承受度还跟其使用环境温度及电容自身温度等级有关。规格书中通常会提供一个在特定温度条件下各温度等级电容所能够承受的最大纹波电流。甚至提供一个详细图表以帮助使用者迅速查找到，在一定环境温度条件下，要达到某期望使用寿命所允许的电容纹波参量。

6. 漏电流

电容器的介质对直流电流具有很大的阻碍作用。然而，由于铝氧化膜介质上浸有电解液，在施加电压时，会产生漏电流。通常，漏电流会随着温度和电压的升高而增大。漏电流 $I$ 的计算公式为

$$I = KCU_C \tag{2.1.13}$$

式中，$K$ 是常数；$C$ 是电容器容量；$U_C$ 是电容器耐压；漏电流的单位是 μA。一般来说，电容器容量愈高，漏电流就愈大。从公式可得知额定电压愈高，漏电流也愈大，因此降低工作电压亦可降低漏电流。

7. 寿命

首先要明确一点,铝电解电容一定会坏,只是时间问题。影响电容寿命的原因有很多,如过电压、逆电压、高温、急速充放电等等。正常使用的情况下,最大的影响就是温度,因为温度越高,电解液的挥发损耗越快。需要注意的是,这里的温度不是指环境或表面温度,而是指铝箔工作温度。厂商通常会将电容工作温度标注在电容本体上,通常是85℃/105℃。因电容的工作温度每增高10℃寿命减半,所以不要以为2 000小时寿命的铝电解电容就比1 000小时的好,要注意确认寿命的测试温度。每个厂商都有温度和寿命的计算公式,在设计电容时要参照实际数据进行计算。需要了解的是要提高铝电解电容的寿命,第一要降低工作温度,在PCB上远离热源;第二考虑使用最高工作温度高的电容,当然价格也会高一些。

**【例2.1.1】** 在图2.1.7(a)所示电路中,要求输出电压平均值$U_{O(AV)}=12$ V,负载电流平均值为$I_{L(AV)}=100$ mA,$U_{O(AV)}\approx 1.2U_2$。求解:

(1) 滤波电容大小;

(2) 考虑到电网电压波动范围为±10%,滤波电容的耐压值。

**解**:(1) 根据$U_{O(AV)}\approx 1.2U_2$可知,$C$的取值满足$R_LC=(3\sim5)T/2$的条件。

$$R_L=\frac{U_{O(AV)}}{I_{L(AV)}}=\frac{12}{0.1}\,\Omega=120\,\Omega$$

由式$R_LC=(3\sim5)T/2$,电容量为

$$C=\left[(3\sim5)\frac{20\times10^{-3}}{2}\cdot\frac{1}{120}\right]\text{F}\approx 250\sim416\,\mu\text{F}$$

(2) 变压器副边电压有效值为

$$U_2\approx\frac{U_{O(AV)}}{1.2}=\frac{12}{1.2}\,\text{V}=10\,\text{V}$$

电容的耐压值为

$$U_C\geqslant 1.1\sqrt{2}U_2\approx 1.1\sqrt{2}\times 10\,\text{V}=15.5\,\text{V}$$

查找电容器标称参数,其参数为470 μF/16 V,考虑到电容器16 V耐压裕量太小,电容器合理参数为470 μF/25 V。选用某一型号铝电解电容器为:CD110－25 V－470 μF±20%,这种定义方式确保电解电容器选型唯一性。

## 2.1.5 冲击电流抑制

由图2.1.9曲线可知,在接通电源的瞬间,电容器两端电压为0 V,相当于短路,因此具有较大的电容充电电流,此即冲击电流。这样就可能导致输入侧的电源开关触点烧坏,保险丝烧断,这些后果必须特别引起注意。为了抑制冲击电流,可以考虑在整流电路中连接一个线性阻抗。假定线性阻抗用$Z_L$表示,电源峰值电源为$U_m$,冲击电流的最大值为$I_{P(rush)}$为

$$I_{P(rush)}=\frac{U_m}{Z_L}\qquad(2.1.14)$$

可见冲击电流峰值的大小是由线性阻抗的大小决定的。但如果在整流电路中仅仅通过增加阻抗来抑制冲击电流，阻抗在抑制冲击电流之后，在整流过程中也会引起很大的功率损耗。因此直接在整流电路中串接阻抗并不合适。

解决这一问题的简单有效方法是利用负温度系数功率热敏电阻(NTR)，NTR 应用电路与温度特性曲线如图 2.1.14 所示。温度特性曲线给出了温度升高时，电阻阻值变小。当开关接通时，其阻值非常大，能起到抑制冲击电流的作用；随后，电流流过，NTR 发热，阻值下降，NTR 电阻功耗相应减小。这种方式特点是电路简单、有效及低成本，在电源设备中得到广泛应用。

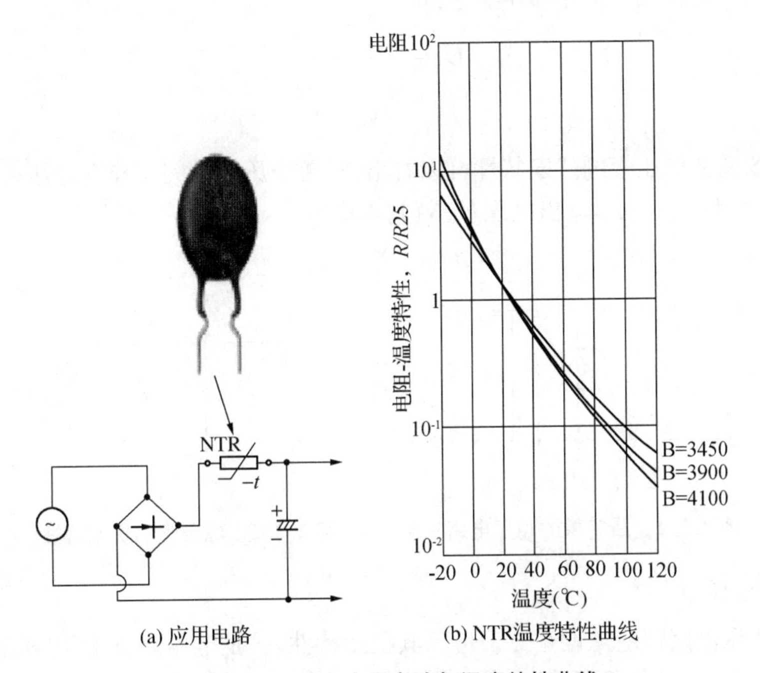


(a) 应用电路　　(b) NTR温度特性曲线

**图 2.1.14　NTR 应用电路与温度特性曲线**

比较理想的方法是阻抗和继电器的触点组合在一起，如图 2.1.15 所示。电源开关合上后，继电器的触点最初处于断开状态，此时阻抗起限流作用，经过一段时间延时后，继电器动作，阻抗被短路，因此不会再产生功率损耗。其实这种设计方式不是很实用，涉及继电器工作电流及其定时控制等问题，实现过程不简单。

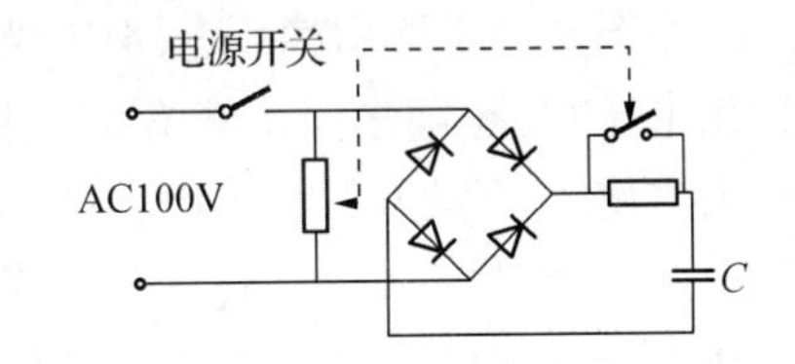


**图 2.1.15　继电器冲击电流防止电路**

## 2.2　稳压二极管稳压电路

虽然整流滤波电路能够将正弦交流电压转换成较为平滑的直流电压，但由于电网电压的波动以及整流滤波电路内阻的存在，导致电网电压波动时，输出电压产生相应波动；负载变化时，输出电压也会发生相应波动。为了获得稳定性比较好的直流电压，必须采用稳压措施，其中最基本、最简单的方法是利用稳压二极管构成稳压电路。

## 2.2.1 稳压原理与性能指标

### 1. 稳压电路的组成

对稳压电路的分析需要考虑两个方面：一是当电网电压波动时，研究其输出电压是否稳定；二是当负载变化时，研究其输出电压是否稳定。一个最简单的稳压电路如图 2.2.1 所示，仅由一个电阻和一个稳压二极管构成。其输入电压 $U_i$ 是整流滤波后的电压，输出电压 $U_o$ 是稳压管的稳定电压 $U_Z$，$R$ 为限流电阻，$R_L$ 为负载电阻。

由图 2.2.1 可得如下两个基本关系式

$$U_i = U_R + U_o \tag{2.2.1}$$

$$I_R = I_{D_Z} + I_L \tag{2.2.2}$$

根据图 2.2.2 稳压管的伏安特性可以看出，只要稳压管始终工作在稳压区，即保证稳压管的电流 $I_Z \leqslant I_{D_Z} \leqslant I_{ZM}$，输出电压 $U_o$ 就基本稳定。

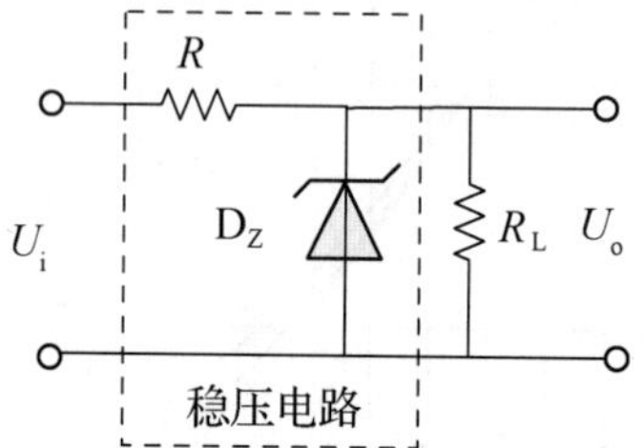


**图 2.2.1 最简单的稳压电路**

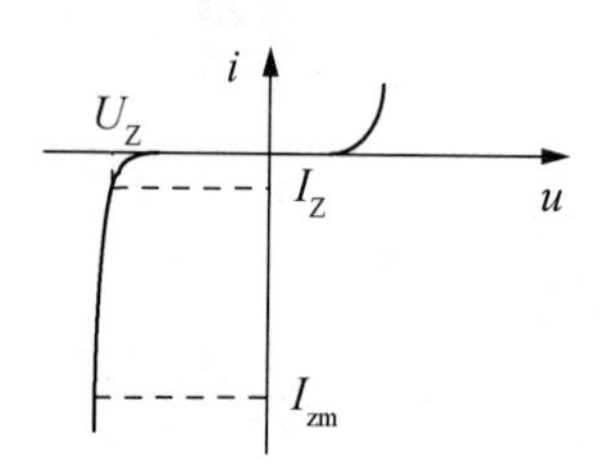


**图 2.2.2 稳压管的伏安特性**

### 2. 稳压原理

对任何稳压电路都应从两个方面考察其稳压特性，一是电压调整率，电网电压波动其输出电压是否稳定；二是负载调整率，负载变化其输出电压是否稳定。

在图 2.2.1 所示稳压电路中，当电网电压升高时，稳压电路的输入电压 $U_i$ 也随之增大，输出电压 $U_o$ 也随之同比例增大。由电路结构可知 $U_o = U_Z$，根据稳压管的伏安特性，$U_Z$ 的增大将使 $I_{D_Z}$ 急剧增大；再由式(2.2.2)可知 $I_R$ 也将随之急剧增大，进而 $U_R$ 急剧增大。根据公式(2.2.1)可知，$U_o$ 将减小。因此在参数选择合适的情况下，$R$ 上的电压增量可以与 $U_i$ 电压增量近似相等，从而使 $U_o$ 基本保持不变。上述过程描述如下：

$$\text{电网电压}\uparrow \longrightarrow U_i\uparrow \longrightarrow U_o\uparrow \rightarrow I_{D_Z}\uparrow \longrightarrow I_R\uparrow \longrightarrow U_R\uparrow \longrightarrow U_o\downarrow$$

当电网电压降低时，各个电量变化过程与上述过程相反。可见电网电压变化时，稳压电路通过限流电阻 $R$ 上的电压变化来抵消 $U_i$ 的变化，进而使 $U_o$ 基本保持不变。

当负载电阻 $R_L$ 减小，即负载电流 $I_L$ 增大时，由式(2.2.2)可知，$I_R$ 将随之增大，进而 $U_R$ 也跟着增大，由式(2.2.1)得，$U_o$ 会随之减小，即 $U_Z$ 减小。由稳压二极管的伏安特性可知，$I_{D_Z}$ 将大幅度减小，从而 $I_R$ 急剧减小。如果参数配置得当，可使 $\Delta I_{D_Z} \approx -\Delta I_L$，进而保持 $I_R$ 基本不变，从而 $U_o$ 也基本保持不变。上述过程描述如下：

$$I_L\uparrow \longrightarrow I_R\uparrow \longrightarrow U_R\uparrow \longrightarrow U_o\downarrow \longrightarrow U_Z\downarrow \longrightarrow I_{D_Z}\downarrow \longrightarrow I_R\downarrow \longrightarrow U_R\downarrow \longrightarrow U_o\uparrow$$

当负载电阻 $R_L$ 增大时，各个电量变化与上述过程也相反。由此可见，在电路中只要保持 $\Delta I_{D_Z} \approx -\Delta I_L$，就可使 $I_R$ 基本保持不变。

综上所述，在稳压二极管组成的稳压电路中，稳压效果的实现主要依赖于稳压二极管的电流调节作用，通过限流电阻 $R$ 上的电压或电流的变化进行补偿，来实现输出电压保持稳定的目的。

3. 性能指标

衡量一个稳压电路是否具有良好的稳定性，通常用稳压系数 $S_r$ 和输出电阻 $R_o$ 来描述。当 $R_L$ 一定时，稳压电路输出电压的相对变化量与其输入电压的相对变化量之比为 $S_r$，即

$$S_r = \left.\frac{\Delta U_o/U_o}{\Delta U_i/U_i}\right|_{R_L=\text{常数}} = \left.\frac{U_i}{U_o}\cdot\frac{\Delta U_o}{\Delta U_i}\right|_{R_L=\text{常数}} \tag{2.2.3}$$

$S_r$ 表明电网电压波动时对稳压电路输出电压的影响，其值越小，电网电压变化时对稳压电路的影响越小。

输出电阻 $R_o$ 定义为 $U_i$ 一定时，输出电压变化量与输出电流变化量之比，即

$$R_o = \left.\frac{\Delta U_o}{\Delta I_o}\right|_{U_i=\text{常数}} \tag{2.2.4}$$

式中，$R_o$ 表明输出电阻对稳压性能的影响。

图 2.2.3 为稳压管稳压电路的交流等效电路，由图可将稳压系数 $S_r$ 进行简化，即

$$\frac{\Delta U_o}{\Delta U_i} = \frac{r_Z//R_L}{R+r_Z//R_L} \approx \frac{r_Z}{R+r_Z}(R_L \gg r_Z)$$

所以稳压系数

$$S_r = \frac{U_i}{U_o}\cdot\frac{\Delta U_o}{\Delta U_i} \approx \frac{r_Z}{R+r_Z}\cdot\frac{U_i}{U_Z} \tag{2.2.5}$$

式(2.2.5)表明，为使 $S_r$ 数值变小，需增大 $R$；而在 $U_o$ 和 $i_L$ 一定时，$R$ 取值增大，$U_i$ 也增大，这势必使 $S_r$ 增大，$R$ 与 $U_i$ 合理配置，可使 $S_r$ 较小。

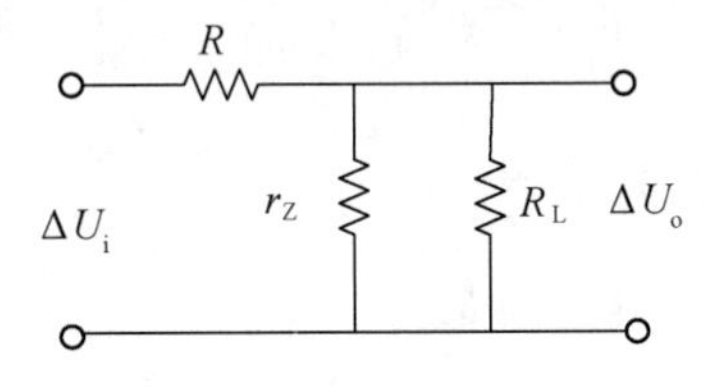


**图 2.2.3　交流等效电路**

4. 稳压二极管技术参数

设计一个稳压管电路，就是合理地选择稳压二极管的参数。以通用产品 1N47XX 系列硅稳压二极管为例，其技术参数表如图 2.2.4 所示。1N47XX 极限参数：稳压管功耗 $P_{Dmax}$ $=1$ W，最大正向电压 $V_{Fmax}=1.2$ V；电性能参数：稳压值 $V_Z(U_Z)$，稳压管阻抗 $Z_{ZT}(r_Z)$，稳压管最小稳定电流 $I_{ZT}(I_Z)$，稳压管最大稳定电流 $I_{ZM}$。

**SILICON ZENER DIODES**

**1N4728 - 1N4764**
**Z1110 - Z1200**

**Vz : 3.3 - 200 Volts**
**PD : 1 Watt**

0.108(2.74)
0.078(1.99)
1.00(25.4) MIN
DO-41
0.205(5.20)
0.161(4.10)
0.034(0.86)
0.028(0.71)
1.00(25.4) MIN

**MAXIMUM RATINGS**
Rating at 25 °C ambient temperature unless otherwise specified

| Rating | Symbol | Value | Unit |
|---|---|---|---|
| DC Power Dissipation at $T_L$ = 50 °C (Note1) | $P_D$ | 1.0 | Watt |
| Maximum Forward Voltage at $I_F$ = 200 mA | $V_F$ | 1.2 | Volts |
| Maximum Thermal Resistance Junction to Ambient Air (Note2) | $R_{\theta JA}$ | 170 | K / W |
| Junction Temperature Range | $T_J$ | - 55 to + 175 | °C |
| Storage Temperature Range | $T_{STG}$ | - 55 to + 175 | °C |

**ELECTRICAL CHARACTERISTICS** (Rating at 25 °C ambient temperature unless otherwise specified)

| Type No. | Nominal Zener Voltage | | Maximum Zener Impedance | | | Maximum Reverse Leakage Current | | Maximum DC Zener Current | Maximum Surge Current |
|---|---|---|---|---|---|---|---|---|---|
| | $V_Z^{(1)}$ @ $I_{ZT}$ | $I_{ZT}$ | $Z_{ZT}$ @ $I_{ZT}$ | $Z_{ZK}$ @ $I_{ZK}$ | $I_{ZK}$ | $I_R$ @ | $V_R$ | $I_{ZM}$ | $I_{RM}^{(2)}$ |
| | (V) | (mA) | (Ω) | (Ω) | (mA) | (μA) | (V) | (mA) | (mApk) |
| 1N4728 | 3.3 | 76.0 | 10 | 400 | 1.0 | 100 | 1.0 | 276 | 1380 |
| 1N4729 | 3.6 | 69.0 | 10 | 400 | 1.0 | 100 | 1.0 | 252 | 1260 |
| 1N4730 | 3.9 | 64.0 | 9.0 | 400 | 1.0 | 50 | 1.0 | 234 | 1190 |

图 2.2.4 1N47XX 技术参数表

## 2.2.2 稳压管稳压电路设计

首先需要明确稳压电路的设计要求，即输出电压 $U_o$，输出电流 $I_L$ 的范围，允许输入电压 $U_i$ 的波动范围；其次通过电路计算确定参数并选择元件。

1. $U_i$ 的选择

根据实际应用经验，稳压管稳压电路的输入电压取值满足：$U_i=(2\sim3)U_o$。$U_i$ 确定后，即可对后续电路进行相关元件参数选择。

2. 稳压管选择

在选择稳压二极管时要满足如下条件：

$$\begin{cases} U_Z = U_o \\ I_{ZM} - I_Z > I_{Lmax} - I_{Lmin} \\ I_{ZM} \geqslant I_{Lmax} + I_Z \end{cases} \tag{2.2.6}$$

3. 限流电阻 $R$ 的选择

稳压管流过的电流应满足稳压管稳定电流范围，即 $I_Z \leqslant I_{D_Z} \leqslant I_{ZM}$。根据图 2.2.1 可得

$$I_R = \frac{U_i - U_Z}{R} \tag{2.2.7}$$

$$I_{D_Z}=I_R-I_L=\frac{U_i-U_Z}{R}-I_L \Rightarrow R=\frac{U_i-U_Z}{I_{D_Z}+I_L} \tag{2.2.8}$$

根据上式可知，当$U_i$最小且负载电流最大时，流过稳压管的电流最小，由此可以得到限流电阻的上限，即

$$R_{max}=\frac{U_{imin}-U_Z}{I_Z+I_{Lmax}} \tag{2.2.9}$$

当$U_i$最大且负载电流最小时，流过稳压管的电流最大，由此可以得到限流电阻的下限，即

$$R_{min}=\frac{U_{imax}-U_Z}{I_{ZM}+I_{Lmin}} \tag{2.2.10}$$

$R$阻值一旦确定，可算出其功率，由此完成限流电阻的选型。

**【例 2.2.1】** 在图 2.2.1 所示电路中，已知$U_i=24$ V，波动±10%，负载电流为 20～30 mA；稳压管的稳定电压$U_Z=12$ V，选用 1N4742，查数据手册得：$P_D=1$ W，最小稳定电流$I_Z=21$ mA，最大稳定电流$I_{ZM}=67$ mA，$r_Z=9\ \Omega$。

(1) 求解$R$取值范围，并确定电阻标称值和功率；

(2) 计算稳压电路稳压系数$S_r$；

(3) 计算稳压管实际功耗，验证稳压管是否符合设计要求。

**解：**(1) 根据式(2.2.9)、(2.2.10)

$$R_{max}=\frac{U_{imin}-U_Z}{I_Z+I_{Lmax}}=\frac{21.6-12}{21+30}\ \Omega=188\ \Omega$$

$$R_{min}=\frac{U_{imax}-U_Z}{I_{ZM}+I_{Lmin}}=\frac{26.4-12}{67+20}\ \Omega=165\ \Omega$$

因此$R$取值范围是 165～188 Ω，实取标称电阻为 180 Ω。$R$消耗最大功率为

$$P_R=\frac{(U_{imax}-U_Z)^2}{R}=\frac{(26.4-12)^2}{180}\text{W}=1.2\ \text{W}$$

考虑到设计裕量要求，$R$选用 180 Ω/2 W 电阻。

(2) 根据式(2.2.5)

$$S_r\approx\frac{r_Z}{R+r_Z}\cdot\frac{U_i}{U_Z}=\frac{9}{180+9}\times\frac{24}{12}=0.095$$

(3) 稳压管实际功耗$P_D$为

$$P_D=\left(\frac{U_{imax}-U_Z}{R}-I_{Lmin}\right)\cdot U_Z=\left(\frac{26.4-12}{180}-20\times10^{-3}\right)\times 12\ \text{W}=0.72\ \text{W}$$

计算结果表明，虽然稳压管功耗$P_D<P_{Dmax}=1$W，但是设计裕量不够大，需对上述设计进行适当修正。按工业电子产品功率器件 50%余量要求，应选用$P_D=2$ W 稳压管。

# 2.3 基准电压源

进入IC时代后，利用稳压二极管构成稳压电源的应用模式逐渐减少，其原因在于稳压二极管的特性决定了它的稳定性，精度无法满足当前电子产品的技术要求。基准电压源具有高精度和低温漂系数而得到广泛的应用。

## 2.3.1 基准电压源原理及性能指标

基准电压源是一种输出高稳定度电压的电压源。在电源设备、传感器电路、自动控制系统、单片机应用系统等方面均有广泛应用，如作为比较电路参考电压、A/D或D/A变换的参考电源等。集成基准稳压源的重要指标是电压温度系数，它的温度稳定性以及抗噪声能力是影响电路精度和性能的关键因素。电压源输出电流通常较小，不能作为电源为其他电路供电。

### 1. 带隙基准电压源原理

带隙基准电压源的实现是由两个具有完全互补温度特性的电压相加实现的。一般方法是在一个随温度上升而下降的具有负温度系数的电压，加上一个随温度上升而上升的具有正温度系数的电压，从而实现零温度系数。

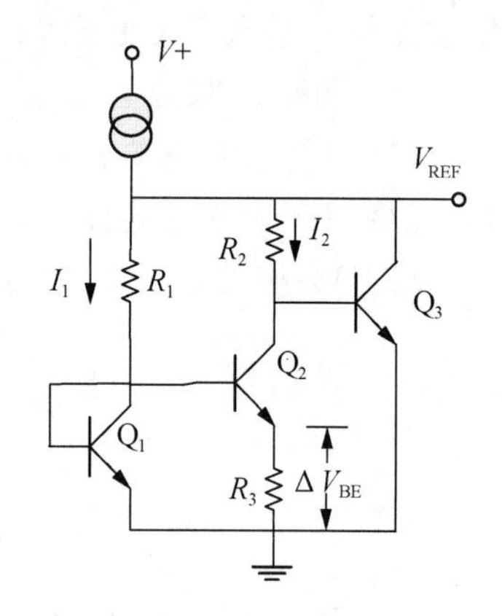

图 2.3.1 带隙基准电压源的电路

带隙基准电压源的电路如图2.3.1所示。若$Q_1$与$Q_2$的特性完全相同，则有

$$V_{REF} = V_{BE3} + \Delta V_{BE}\frac{R_2}{R_3} \tag{2.3.1}$$

式中，$V_{BE3}$为$Q_3$的$V_{BE}$。

根据半导体理论，$V_{BE}=(KT/q)\cdot\ln(I/I_S)$，则有

$$V_{REF} = V_{BE3} + \frac{KT}{q}\cdot\frac{R_2}{R_3}\ln\frac{R_2}{R_1} \tag{2.3.2}$$

式中，$q$为电荷量；$K$为玻尔兹曼常数；$T$为热力学温度。该式的第一项为负温度系数（−1.5 mV/℃），第二项为正温度系数。因此，该式特点就是选择合适的参数，以便使正负温度系数相互抵消。

所谓能带间隙是指硅半导体材料在热力学温度为零度（0K）时的带隙电压，其值为1.205 V。

市场上销售的通用基准电压源包括：TL431、LM385−1.2/LM385−2.5、MC1403和ICL8069。基准电压源精度范围在±0.2%～3%（$T$=25℃）；电压温度系数$\alpha_T$范围在10 ppm～200 ppm/℃（ppm=$10^{-6}$）；工作电流范围在10 μA～100 mA。目前市场上用量最大基准电压源是TL431芯片，主要应用在开关电源设备中。

### 2. 基准电压源性能指标

基准电压源性能指标是IC选用的技术依据，其性能指标包括：

- 参考电压值
- 电压基准源误差
- 电压温度系数 $\alpha_T$
- 工作电流范围
- 动态输出电阻

此外，还有 IC 工作的温度范围及电压基准源的噪声电压。

### 2.3.2　可编程基准电压源 TL431 及应用

TL431 是由美国德州仪器公司(TI)生产的 2.5 V～36 V 可编程精密并联基准电压源。它属于具有电流输出能力的可调基准电压源。其性能好、价格低，可广泛应用于电源设备、传感器电路、A/D 或 D/A 变换等电路中。

TL431 系列产品包括 TL431C、TL431AC、TL431I、TL431AI、TL431M、TL431Y、TL431CP 共 7 个型号。它们的内部电路完全相同，技术指标略有差异，可分别适用于商用、工业和军用技术要求。如 TL431C 和 TL431AC 的工作温度是 0℃～70℃，即商用级产品；TL431M 的工作温度是－45℃～＋125℃，即军用级产品。

#### 1. TL431 性能指标

- 可编程参考电压范围：2.5 V～36 V
- 电压基准源误差：±0.4%
- 电压温度系数 $\alpha_T$：50 ppm/℃(典型值)
- 工作电流范围：1.0 mA～100 mA
- 低动态阻抗 $Z_o$：0.22 Ω(典型值)
- 低输出噪声电压

#### 2. TL431 工作原理

TL431 大多采用 DIP－8 或 TO－92 封装形式，引脚排列及等效电路如图 2.3.2 所示。TL431 等效电路主要包括 4 部分：

(1) 误差放大器，其同相输入接从分压电阻器上得到的取样电压 $U_{REF}$，反相输入端接内部 2.50 V 基准电压 $V_{REF}$，并使设计的 $U_{REF}=V_{REF}$，$U_{REF}$ 端常态下应为 2.50 V，因此又称基准端。

(2) 内部 2.50 V(2.495 V)基准电压源 $V_{REF}$。

(3) NPN 型晶体管，它是电路中起调节负载电流的作用。

(4) 保护二极管，并在晶体管两端，可防止 K－A 间的电源极性接反而损坏芯片。

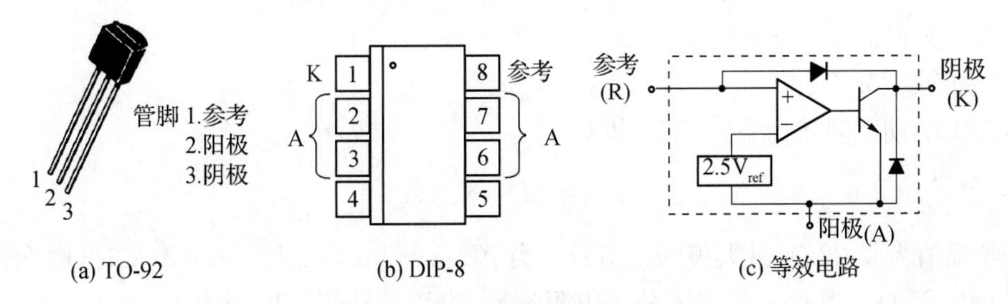

(a) TO-92　(b) DIP-8　(c) 等效电路

**图 2.3.2　引脚排列及等效电路**

TL431 的电路符号和基本接线图如图 2.3.3 所示。它相当于一只可调齐纳稳压管，输出电压由外部精密电阻 $R_1$ 和 $R_2$ 来设定，其输出为

$$U_o = U_{KA} = \left(1 + \frac{R_1}{R_2}\right) \cdot V_{REF} \tag{2.3.3}$$

图中，$R_3$ 为 $I_{KA}$的限流电阻。选取 $R_3$ 的原则是，当输入电压为 $U_i$ 时，必须保证 $I_{KA}$在 1～100 mA 范围内，以便 TL431 能正常工作。

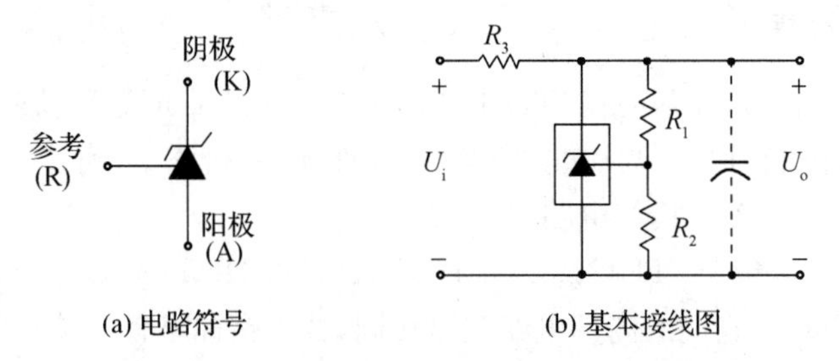


**图 2.3.3　TL431 的电路符号和基本接线图**

TL431 稳压原理分析如下：当由于某种原因致使 $U_o$ 升高时，取样电压 $U_{REF}$ 也随之升高，使 $U_{REF} > V_{REF}$，比较器输出高电平，晶体管导通，$U_o$ 下降。反之，

$$U_o\downarrow \rightarrow U_{REF}\downarrow \rightarrow U_{REF} < V_{REF} \rightarrow \text{比较器翻转} \rightarrow \text{晶体管截止} \rightarrow U_o\uparrow$$

这样循环下去。从动态平衡的角度来看，$U_o$ 趋于稳定，达到稳压的效果，即 $U_{REF} = V_{REF}$。

3. TL431 的 $\alpha_T$ 与 $Z_o$

$\alpha_T$ 与 $Z_o$ 是两个重要参数，从某种意义上来说，决定了基准稳压源的品质高低。

(1) 平均温度系数 $\alpha_T$

$\alpha_T$的定义如下：

$$\alpha_T = \frac{\Delta V_{REF}}{V_{REF}\Delta T_A} \tag{2.3.4}$$

式中，$\Delta V_{REF}$表示基准电压在允许温度范围内的变化量；$\Delta T_A$ 表示器件工作温度范围。

**【例 2.3.1】** 已知 TL431 的 $V_{REF}$ 在 25℃ 时典型值为 2.495 V；30℃ 时为 2.496 V (max)；0℃ 时为 2.492 V(min)，在 $\Delta T_A = 0 \sim 70$℃ 范围内，求解其 $\alpha_T$。

**解：**

$$\alpha_T = \frac{\Delta V_{REF}}{V_{REF}\Delta T_A} = \frac{2.496 - 2.492}{2.495 \times 70}/℃ = 23 \times 10^{-6}℃ = 23\ \text{ppm}/℃$$

略低于典型值 50 ppm/℃。

(2) 动态阻抗 $Z_o$

TL431 的动态阻抗由下式确定，即

$$Z_o = \Delta U_{KA}/\Delta I_{KA} \tag{2.3.5}$$

其典型值为 0.22 Ω，最大值为 0.5 Ω。当 $\Delta U_{KA} = 5$ mV、$\Delta I_{KA} = 20$ mA 时，由上式不难算出 $Z_o = 0.25$ Ω。当 $U_{REF}$端接入分压电阻器后，电路的动态阻抗变为

$$Z' = \left(1+\frac{R_1}{R_2}\right)\frac{\Delta U_{KA}}{\Delta I_{KA}} \tag{2.3.6}$$

显然，$Z'>Z_。$，特别地，当 $R_1=R_2$ 时，$Z'=2Z_。=0.44\ \Omega$。

4. TL431 应用电路

将电路稍加改动，就可以得到很多应用电路。

（1）三端固定稳压器的输出控制

将 TL431 与 LM7805 三端集成稳压器组合，即可实现可调稳压电源，三端稳压器的输出控制电路如图 2.3.4 所示。由于 LM7805 的静态电流为几毫安至十几毫安，并从接地端流出，恰好为 TL431 提供阴极电流 $I_{KA}$，故 7805 地端与 TL431 之间不需要接限流电阻。TL431 提升 7805 地端电位，使 $V_{KA}=V_{GND}$，因此稳压器的最低输出电压 $V_{outmin}=V_{REF}+5\ V=7.5\ V$，并满足 $R_1\geqslant R_2$。

通过调节 $R_1$ 来改变输出电压，最高输出电压 $V_{outmax}=37.5\ V$。

（2）大电流分路稳压器

大电流分路稳压器如图 2.3.5 所示。PNP 晶体管 $V_1$ 用来实现大电流并联分流，调整 $R_1$ 可改变 $V_{out}$ 值。

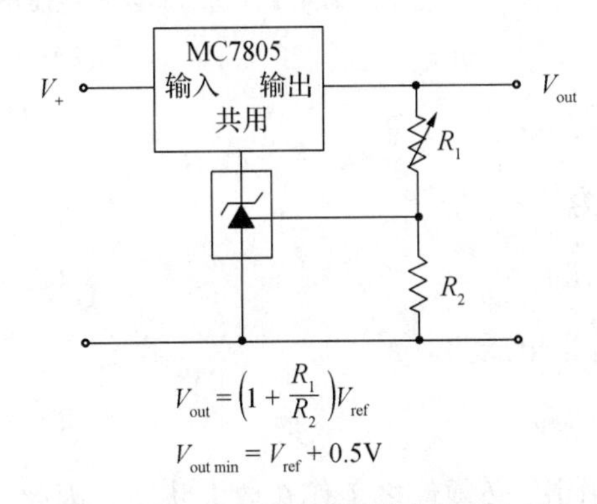


图 2.3.4 端稳压器的输出控制电路

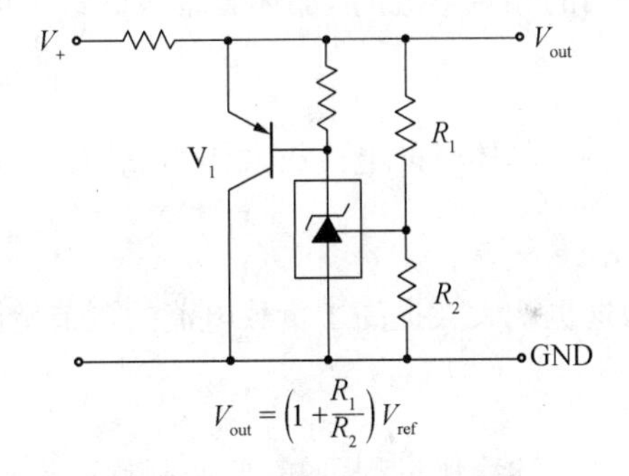


图 2.3.5 大电流分路稳压器

（3）串联稳压器

TL431 与 NPN 晶体管组合构成简易 5 V 串联稳压器，如图 2.3.6 所示。

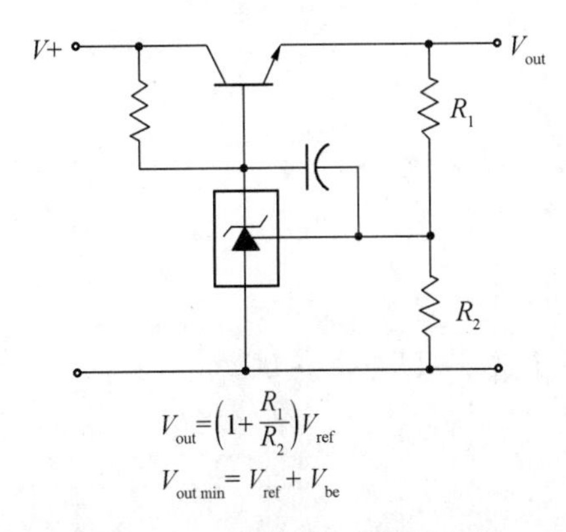


图 2.3.6 简易 5V 串联稳压器

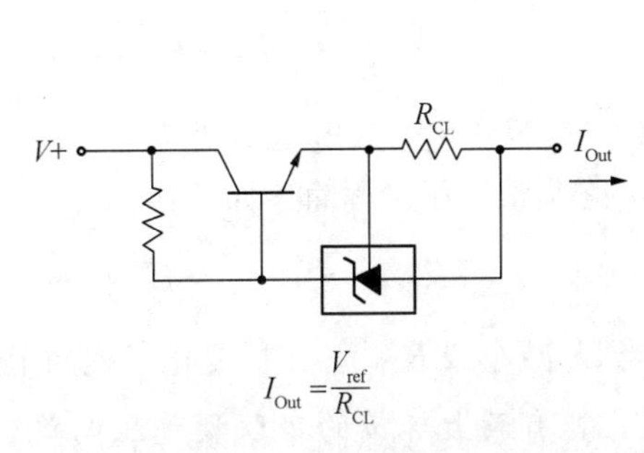


图 2.3.7 恒流源

(4) 恒流源

TL431 与 NPN 晶体管组合构成恒流源，如图 2.3.7 所示。

# 2.4 串联型稳压电路

## 2.4.1 串联型稳压电路的工作原理

### 1. 基本调整管电路

串联型稳压电路的基本思想是调整管与负载串联，调整管相当于一个可变电阻起到稳压调节作用。最简单的稳压电路由稳压管、调整管和负载电阻组成，稳压管作为稳压的基准源，调整管自身来控制自己的导通程度，基本调整管稳压电路如图 2.4.1 所示。

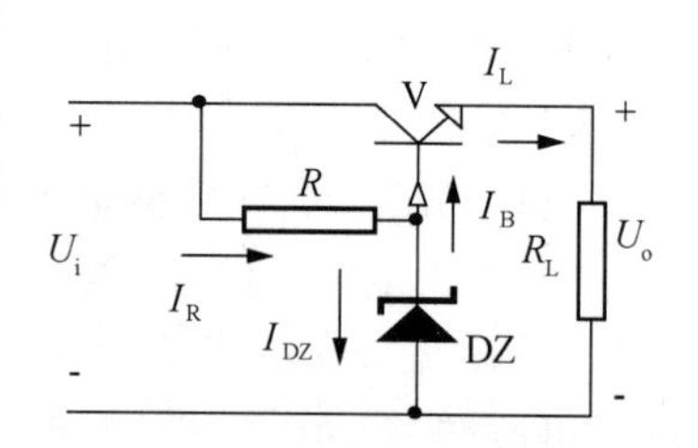


**图 2.4.1 基本调整管稳压电路**

其稳压原理简述如下：

根据稳压二极管工作原理分析可知，$R$ 给稳压二极管提供适当的偏置电流 $I_R$，晶体管基极的最大电流为

$$I_B = I_R - I_{DZ} \tag{2.4.1}$$

由于晶体管的电流放大作用，最大负载电流为

$$I_L = (1+\beta) I_B \tag{2.4.2}$$

这也就大大提高了负载电流的调节范围。输出电压为

$$U_o = U_{DZ} - U_{BE} \tag{2.4.3}$$

从上述稳压过程可知，要使调整管起到调整作用，必须使之工作在放大状态。因此其管压降大于饱和压降 $U_{CES}$。换言之，电路应满足 $U_i \geqslant U_o + U_{CES}$ 的条件。

串联型晶体管稳压电路的具体稳压过程，分输入电压变化负载不变或负载变化输入电压不变两种情况进行分析。

(1) 输入电压变化负载不变

电路调整稳压过程简述如下：

$$U_i\uparrow \rightarrow U_o\uparrow \rightarrow U_{BE}\downarrow \rightarrow I_B\downarrow \rightarrow U_{CE}\uparrow \rightarrow U_o\downarrow$$

(2) 负载变化输入电压不变

电路调整稳压过程简述如下：

$$R_L\downarrow \rightarrow I_L\uparrow \rightarrow U_o\downarrow \rightarrow U_{BE}\uparrow \rightarrow I_B\uparrow \rightarrow U_{CE}\downarrow \rightarrow U_o\uparrow$$

当 $U_i$ 减小或 $R_L$ 增大时，变化过程与上述相反。

### 2. 具有放大环节的串联型稳压电路

式(2.4.3)表明基本调整管稳压电路的输出电压仍然不可调，且输出电压因 $U_{BE}$ 和 $U_{DZ}$

的变化而变，稳定性较差。为了使输出电压可调且稳定，电路引入深度负反馈，并在基本调整管电路基础上引入放大环节。

(1) 电路的组成

电路在基本调整管电路基础上增加了取样电路和比较放大电路，带有放大环节的串联稳压电源结构框图如图2.4.2所示。调整管、基准电压电路、取样电路和比较放大电路是串联型稳压电路的基本组成部分。

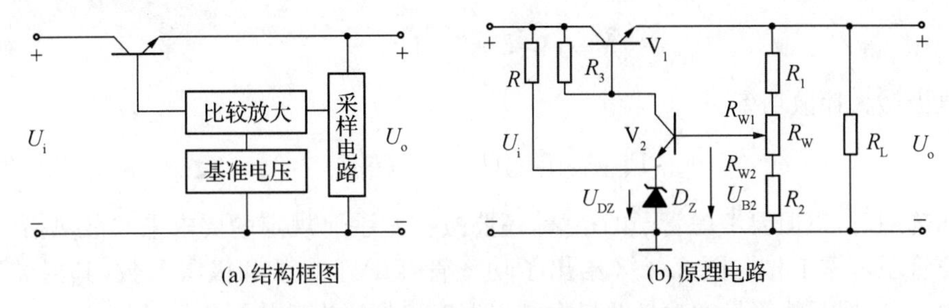


**图2.4.2　带有放大环节的串联稳压电路**

在图(b)所示电路中，晶体管 $V_1$ 为调整管，$R$ 与稳压管 $D_Z$ 构成基准电路，$R_1$、$R_2$ 和 $R_W$ 为采样电路，$V_2$ 构成了比较放大电路。其输出电压为

$$U_o = \left(1 + \frac{R_1 + R_{W1}}{R_2 + R_{W2}}\right)(U_{DZ} + U_{BE2}) \tag{2.4.4}$$

调节 $R_W$ 可以改变输出电压大小，当 $R_{W1}=0$，$U_o$ 最小；当 $R_{W2}=0$，$U_o$ 最大。

(2) 稳压原理

其工作原理是采用一个压控电流源以强制在稳压器输出端上产生一个固定电压；控制电路连续监视(检测)输出电压，并调节电流源(根据负载的需求)以把输出电压保持在期望的数值。

当由于某种原因(如电网电压波动或负载电阻变化等)使 $U_o$ 升高(或降低)时，电路的负反馈系统可自动调节 $U_o$，简述如下：

$$U_o\uparrow \rightarrow U_{B2}\uparrow \rightarrow I_{B2}\uparrow \rightarrow I_{C2}\uparrow \rightarrow I_{B1}\downarrow \rightarrow I_{E1}\downarrow \rightarrow U_o\downarrow$$

(3) 调整管的选择

在串联型稳压电路中，调整管是核心元件，它的安全工作是电路正常工作的保证。调整管是功率管，主要考虑其极限参数：集电极最大电流 $I_{CM}$、最大管压降 $V_{CEO}$ 和集电极最大功耗 $P_{CM}$。

调整管极限参数的确定，必须考虑到输入电压 $U_i$ 由于电网电压波动而产生的变化，以及输出电压调节和负载电流的变化所产生的影响。

从图2.4.2(b)所示电路可知，调整管工作的最大电流 $I_{Cmax}$ 为

$$I_{Cmax} \approx I_{Lmax} \tag{2.4.5}$$

当 $U_i$ 最高时，同时 $U_o$ 最低时，调整管承受的管压降最大，即

$$U_{CEmax} = U_{imax} - U_{omin} \tag{2.4.6}$$

当晶体管的集电极电流最大，且管压降最大时，调整管的功耗最大，即

$$P_{\mathrm{Cmax}} = I_{\mathrm{Cmax}} U_{\mathrm{CEmax}} \tag{2.4.7}$$

根据式(2.4.5)、(2.4.6)、(2.4.7)，在选择调整管 $V_1$ 时，应保证其集电极电流

$$I_{\mathrm{CM}} > I_{\mathrm{Cmax}} \tag{2.4.8}$$

晶体管 CE 间反向击穿电压

$$V_{\mathrm{CEO}} > U_{\mathrm{imax}} - U_{\mathrm{Omin}} \tag{2.4.9}$$

集电极最大耗散功率

$$P_{\mathrm{CM}} > I_{\mathrm{Lmax}}(U_{\mathrm{imax}} - U_{\mathrm{omin}}) \tag{2.4.10}$$

实际选用时，不但要考虑管子的裕量，还要按技术手册规定的要求采取散热措施，这样才能保证管子可靠工作。图 2.4.3 给出了功率管 TIP41 封装和极限参数，其封装形式为 TO-220，并根据调整管最大功耗及最大结点温度选择适当散热器给管子散热。

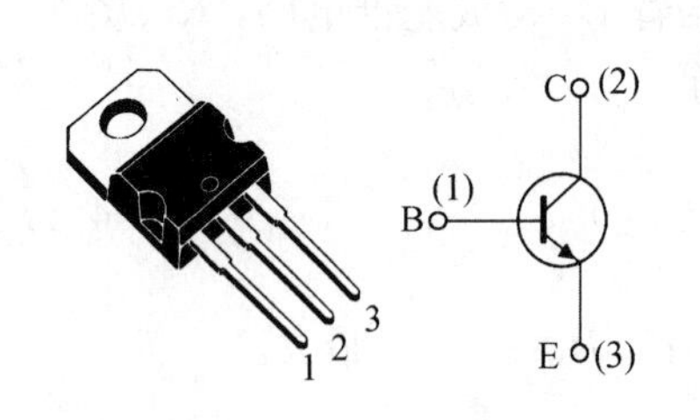


(a) 封装图

**ABSOLUTE MAXIMUM RATINGS**

| Symbol | Parameter | | Value | | | Unit |
|---|---|---|---|---|---|---|
| | | NPN | TIP41A | TIP41B | TIP41C | |
| | | PNP | TIP42A | | TIP42C | |
| $V_{CBO}$ | Collector-Base Voltage ($I_E$ = 0) | | 60 | 80 | 100 | V |
| $V_{CEO}$ | Collector-Emitter Voltage ($I_B$ = 0) | | 60 | 80 | 100 | V |
| $V_{EBO}$ | Emitter-Base Voltage ($I_C$ = 0) | | 5 | | | V |
| $I_C$ | Collector Current | | 6 | | | A |
| $I_{CM}$ | Collector Peak Current | | 10 | | | A |
| $I_B$ | Base Current | | 3 | | | A |
| $P_{tot}$ | Total Dissipation at $T_{case} \le 25$ °C<br>$T_{amb} \le 25$ °C | | 65<br>2 | | | W<br>W |
| $T_{stg}$ | Storage Temperature | | -65 to 150 | | | °C |
| $T_j$ | Max. Operating Junction Temperature | | 150 | | | °C |

(b) 极限参数

**图 2.4.3 TIP41 封装和极限参数**

## 2.4.2 串联型稳压电路的仿真实验

### 1. Multisim 软件介绍

Multisim 是一种电子电路计算机仿真设计软件，它被称为电子设计工作平台或虚拟电子实验室。该软件是 NI(Electronics Wordbench)公司推出的以 Windows 为基础的电路仿真工具，适用于模拟电路、数字电路的设计及仿真。

Multisim 最突出的特点是用户界面友好，它可以使电路设计者方便、快捷地使用虚拟元器件、仪表进行电路设计和仿真。Multisim 软件应用面广，已作为高校电路实验和设计等实践环节的配套软件。学生在 Multisim 环境中不仅可以精确地进行电路设计与分析，还能深入理解电子电路的原理，并与电路工程设计相结合，加快产品研发的进程。Multisim 用户界面如图 2.4.4 所示。

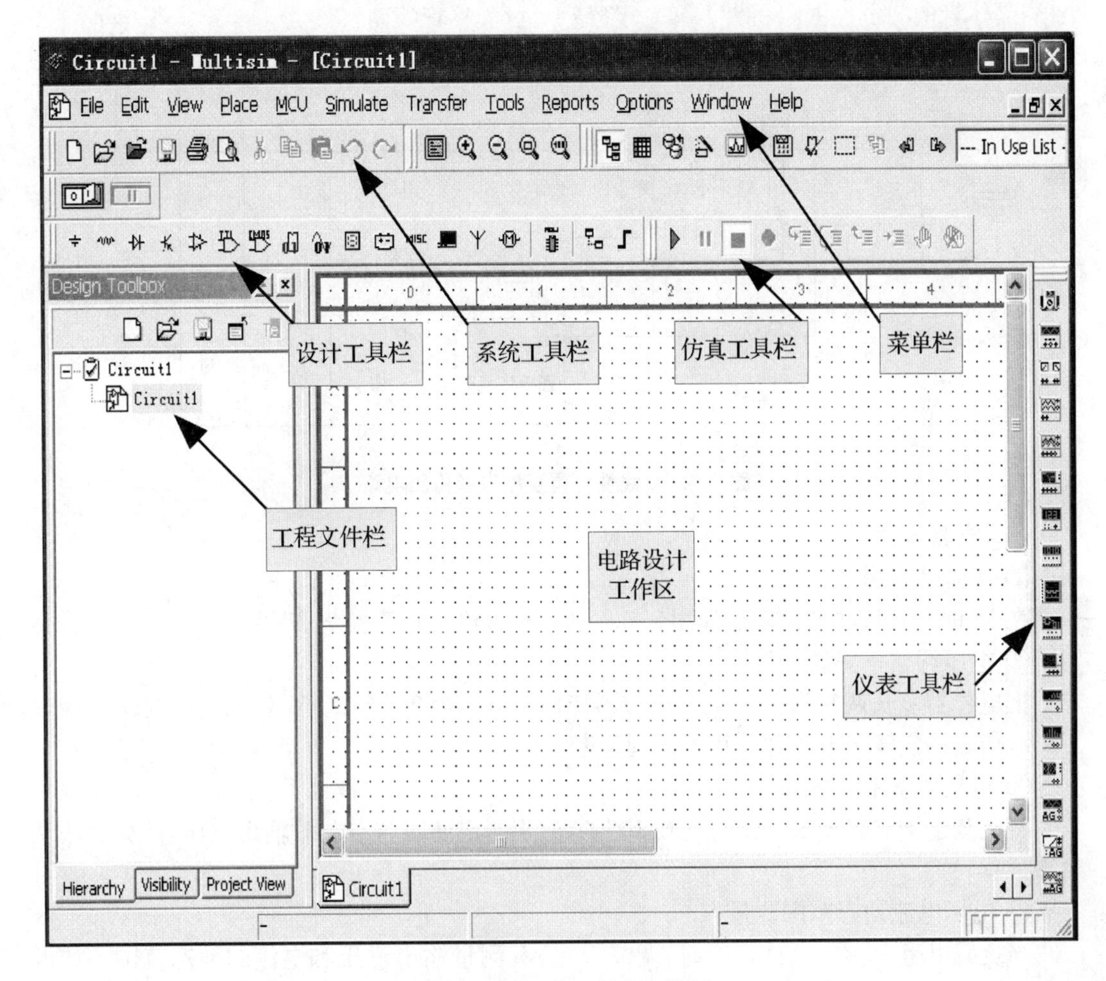


**图 2.4.4　Multisim 用户界面**

2. 线性可调直流串联稳压电路仿真实验

(1) 实验要求与目的

① 建立线性可调直流串联稳压电路。

② 分析串联稳压电路的原理与性能。

(2) 实验原理

串联稳压电路主要由基准电压电路、取样电路、比较放大电路和调整管组成，实验电路如图 2.4.5 所示。在电路中，稳压管 $D_1$ 构成的稳压电路作为基准电压电路；电阻 $R_2$、$R_3$ 和 $R_4$ 组成取样电路；晶体管 $Q_2$ 用作比较放大电路；晶体管 $Q_1$ 和 $Q_3$ 组成达林顿管用作调整管。在电路工作时，取样电路从输出端取得比例电压，与基准电压在比较放大电路中进行比较、放大。然后，以电流控制方式控制调整管的输出电流，从而使负载上的输出电压保持基本不变。由于调整管与负载是串联的，所以该电路称为串联稳压电路。

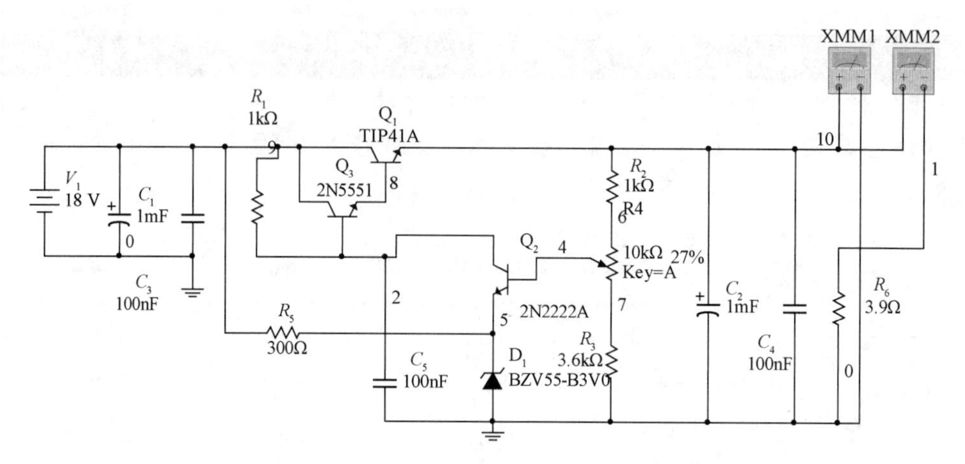


**图 2.4.5　线性可调直流串联稳压电路**

(3) 实验步骤

① 实验平台构建

在 Multisim 软件平台构建如图 2.4.5 所示的线性可调直流串联稳压电路。

② 电压调整率测量

把电位器步长调整为 1%，调节电位器使输出电压为 9 V±0.1 V，输入电压变化 18 V±1.8 V，仿真测定输出电压并计算电压调整率。

③ 负载调整率测量

将负载连接成满载 3.9 Ω 与空载 10 kΩ，分别测定满载与空载时输出电压，计算负载调整率。

④ 电压电流动态范围测量

当负载电阻 $R_L$=3.9 Ω 不变时，调节 $R_4$ 仿真测量输出电压和电流的动态范围。如设 $D_1$ 稳压值为 3 V、$Q_2$ 的 $U_{BE}$=0.7 V，计算输出电压和电流的动态范围，并比较两者之间的差异。

⑤ 电流驱动管 $Q_3$ 作用实验

如省略电流驱动管 $Q_3$，在负载 3.9 Ω 和 50 Ω 时，分别计算输出电压范围，并分析负载 3.9 Ω 输出电压动态范围变小的原因。

(4) 实验数据与分析

仿真实验效果图如图 2.4.6 所示。

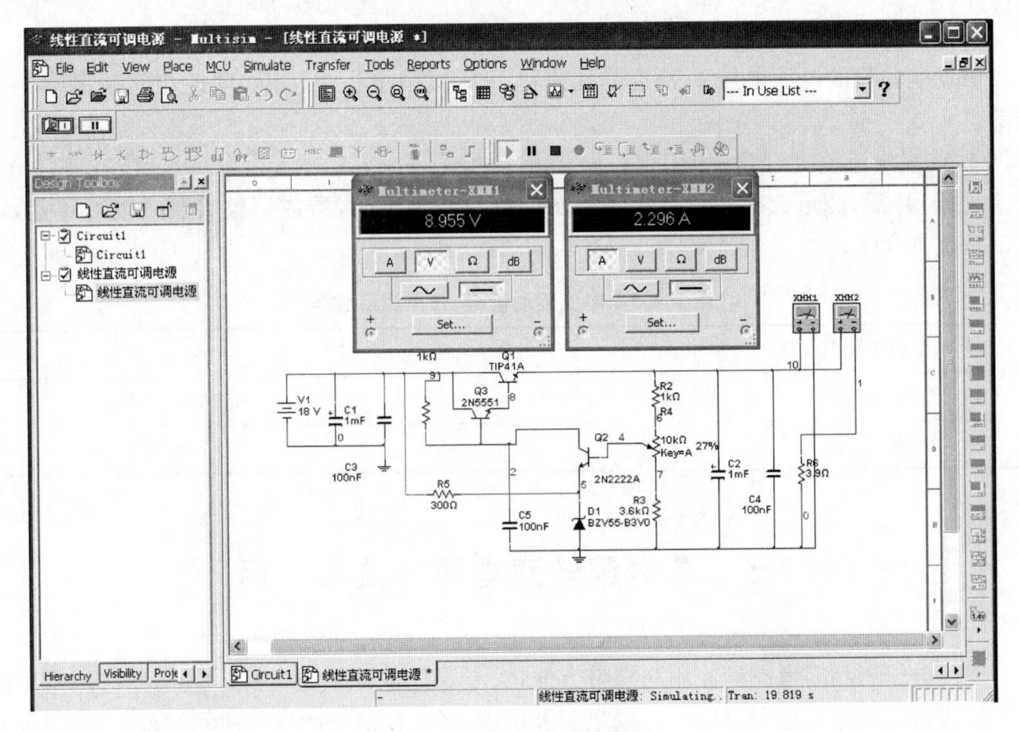


**图 2.4.6　仿真实验效果图**

① 电压调整率测量

电压调整率测量数据如表 2.4.1 所示。由表可知，当输入电压变化±10%时，输出电压的 $S_u=2\%$，说明串联稳压电路有良好的稳压性能。

**表 2.4.1　电压调整率测量数据**

| 输入电压(V) | 19.8 | 16.2 |
| --- | --- | --- |
| 输出电压(V) | 9.04 | 8.86 |
| 电压调整率($S_u$) | $S_u=\frac{\lvert U_{o1}-U_{o2}\rvert}{U_o}\times 100\%=\frac{\lvert 9.04-8.86\rvert}{9.0}\times 100\%=2\%$ | |

② 负载调整率测量

负载调整率测量数据如表 2.4.2 所示。由表可知，电流调整率 $S_i=0.11\%$，说明串联稳压电路有很强负载调整能力。

**表 2.4.2　负载调整率测量数据**

| 负载电阻(Ω) | 3.9 | 10 K |
| --- | --- | --- |
| 输出电压(V) | 9.0 | 9.01 |
| 电压调整率($S_i$) | $S_i=\frac{\lvert U_{o1}-U_{o2}\rvert}{U_o}\times 100\%=\frac{\lvert 9.0-9.01\rvert}{9.0}\times 100\%=0.11\%$ | |

③ 电压电流动态范围测量

仿真实验值：4.13 V/1.06 A～14.8 V/3.8 A；

理论计算值:3.97 V/1.02 A～15.0 V/3.85 A;

仿真实验值的电流电压动态范围比理论计算值稍小且很接近,理论与实验基本是一致的。

④ 前级电流放大管 $Q_3$ 作用

去掉 $Q_3$ 后,测量数据如表 2.4.3 所示。当负载加重时,造成调整管驱动能力不足,电压动态范围变小。

**表 2.4.3　电流驱动管 $Q_3$ 作用测量数据**

| 负载电阻(Ω) | 3.9 | 50 |
| --- | --- | --- |
| 输出电压(V) | 3.96 V～4.11 V | 4.14 V～14.5 V |
| 动态范围 | 很小 | 比正常略偏小 |

## 2.5　单电源转双电源方法及应用

现代电子产品需考虑到使用与携带方便,大量采用电池供电方式。最典型应用是民用的便携式数码产品和数字万用表。以数字万用表为例,在信号产生和检测过程中,需对被测信号进行放大、A/D 变换和数字处理。放大、振荡和滤波检波等电路常用到运算放大器。如用单电源供电方式,由于涉及运算放大器输入端偏置问题,而使电路设计变得复杂;另一重要因素偏置会使运算放大器输入不对称而使其共模抑制比(CMRR)下降,影响仪器的测量精度。根据以上技术分析,数字万用表运算放大器电路采用双电源供电,把电池供电单电源转成双电源,电路设计可大大简化,产品性能和可靠性提高。下面以数字万用表常用芯片 ICL7106 为例进行分析和讨论。

### 2.5.1　数字万用表单双电源转换原理

ICL7106 是美国 Intersil 公司推出的世界首款数字万用表专用芯片,ICL7106 结构框图如图 2.5.1 所示,ICL7106 单电源转双电源电路如图 2.5.2 所示。

COMMON 脚主要为电池供电的应用场合或输入信号相对于供电电源是浮动的系统中,建立一个公共电压而设置的,即单电源转双电源设置虚拟地。COMMON 脚设置的电压比正电源约低 2.8 V,即 $V_+=2.8$ V,这样的选择可以使电池电压低至 6 V 时仍能工作。然而,此模拟公共端有一些参考电压的特征,只有当总的供电电压足够高使得稳压管能工作时(>7 V),公共点的电压才有较低的电压系数(0.001%/V)和较低的输出阻抗(≈15 Ω)。

在芯片内部,模拟公共端连接一 N 沟道场效应管,该管有 30 mA 的吸电流能力,在额定电流下,使模拟公共端的电压维持在比电源正电压低 2.8 V。由于稳压二极管 $ZD_1$(6.2 V)有正温度系数特性,随着温度变化 $V_+$ 也跟着变化,这样会影响数字万用表测量精度。用普通 Si 二极管 $D_1$ 的负温度系数与稳压二极管的正温度系数相抵消,只剩下很小的残余量,使电源 $V_+$ 温度特性明显改善,提高数字万用表测量精度,所以 $D_1$ 起温度补偿作用。

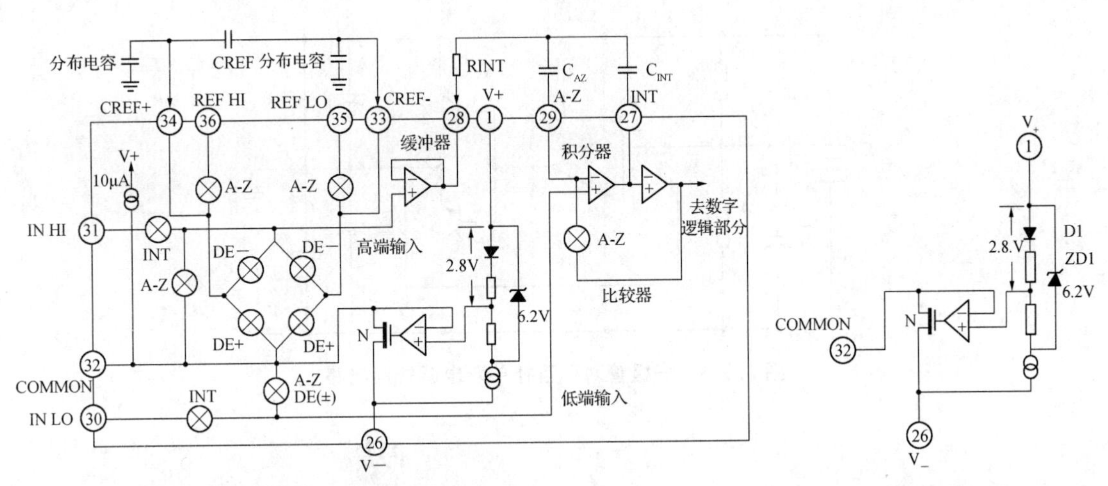


**图 2.5.1　ICL7106 结构框图**　　　　**图 2.5.2　单电源转双电源电路**

## 2.5.2　单双电源转换应用电路

根据对数字万用表单电源转双电源原理分析，典型运算放大器驱动单双电源转换电路如图 2.5.3 所示。在图中，将运算放大器接成电压跟随器形式，输出电流取决于运放的负载能力，其正电源 $V_+$ 为

$$V_+=\left(\frac{R_1}{R_1+R_2}\right)\cdot E \tag{2.5.1}$$

调整 $R_1$、$R_2$ 阻值可改变 $V_+$ 和 $V_-$ 大小且可以不对称，通常其正负电源最大驱动电流为 30～50 mA。

为了提高电源的负载能力，在运算放大器输出端引入射极输出互补电路，对正负电源电流通过射极跟随器方式进一步放大，三极管对称互补单双电源转换电路如图 2.5.4 所示。通常其正负电源驱动电流为 100～200 mA，电源负载能力大大增强。对称互补单双电源转换电路仿真实验结果如图 2.5.5 所示。在输出各自接上 47 Ω 负载条件下，输出电压分别是 5.998 V 和 −6.002 V，电源能输出对称正负电压且两者间误差很小，完全可以满足多种双电源供电模拟电路应用。在实际应用时，三极管 $Q_1$($V_1$)、$Q_2$($V_2$)封装有贴片(SOT－23)和直插两种选择，考虑到三极管功耗与散热等因素，最好选用直插封装三极管，有利于提高电源负载能力。

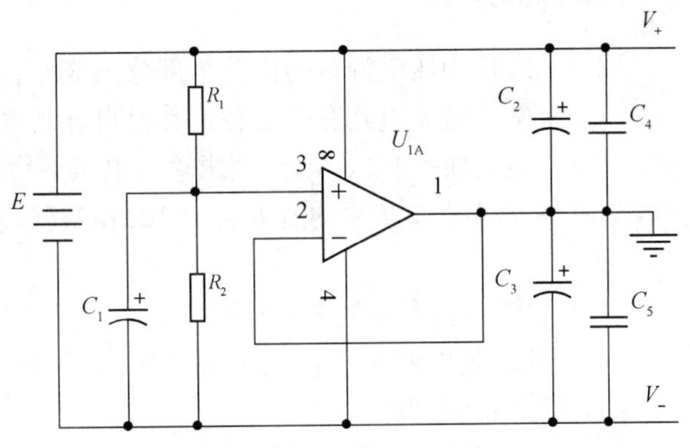


**图 2.5.3　运算放大器驱动单双电源转换电路**

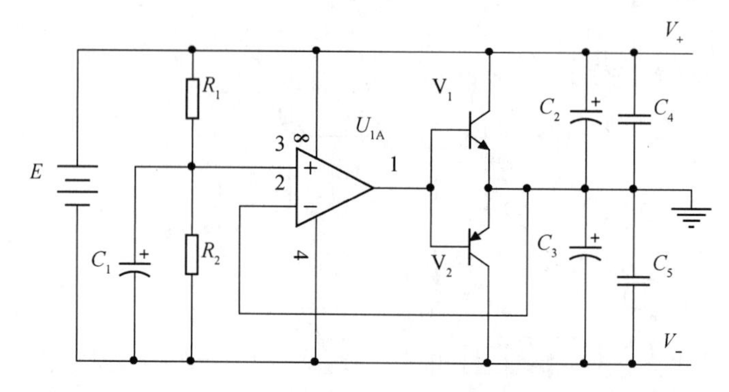


图 2.5.4 三极管对称互补单双电源转换电路

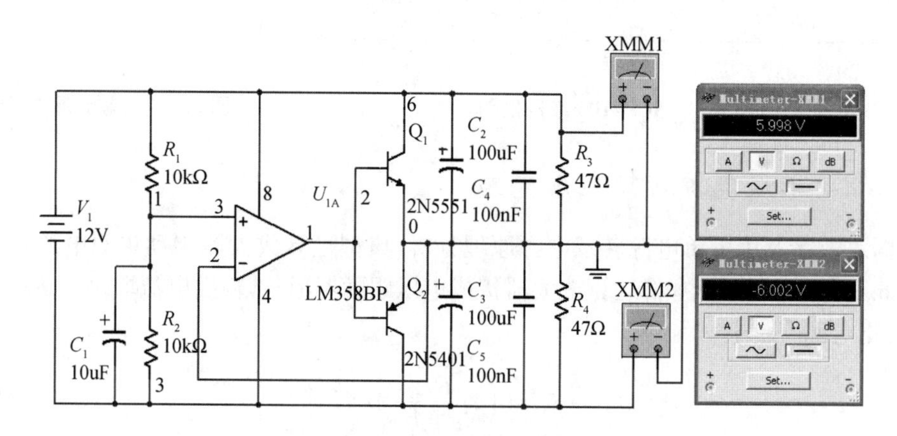


图 2.5.5 电路仿真实验结果

## 思考题与习题

2.1 线性稳压电源电路由几个部分组成？各部分作用是什么？

2.2 常用整流电路有哪三种？其各自脉动系数是多少？

2.3 电路如图 P2.3 所示，要求输出电压平均值 $U_{O(AV)}=15$ V，负载电流平均值 $I_{L(AV)}=100$ mA，$U_{O(AV)}\approx1.2U_2$。

(1) 滤波电容容量是多少？

(2) 考虑到电网电压波动范围为±10%，滤波电容的耐压值是多少？

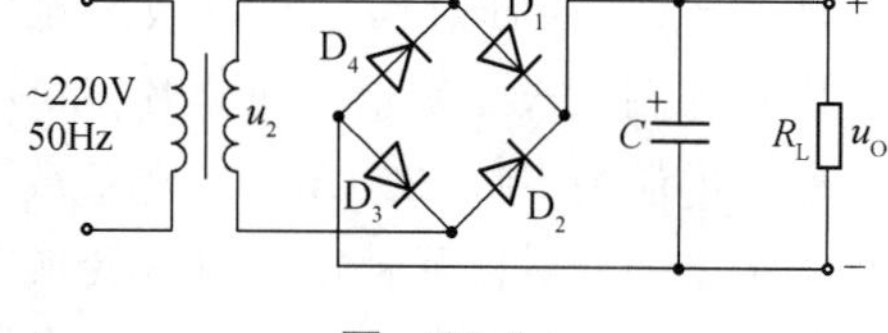


图 P2.3

2.4 说明热敏电阻(NTR)技术特点，以及 NTR 如何抑制电源开机瞬间冲击电流？

2.5 说明稳压管稳压电路特点及存在问题，并说明其稳压原理。

2.6 电路如图 P2.6 所示，已知 $U_I=15$ V，负载电流为 30～40 mA；稳压管的稳定电压 $U_Z=6.2$ V，选用 1N4735，查数据手册得：$P_D=1$ W，最小稳定电流 $I_Z=41$ mA，最大稳定电流 $I_{ZM}=146$ mA，$r_Z=2\ \Omega$。

(1) 求解 $R$ 取值范围，并确定电阻标称值和功率。

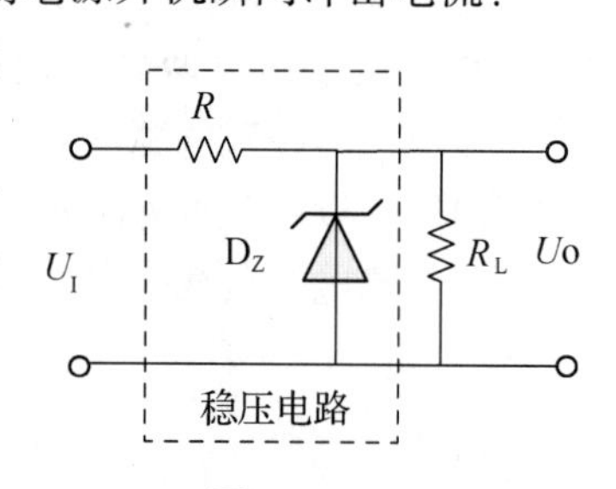


图 P2.6

（2）计算稳压电路稳压系数 $S_r$。

（3）计算稳压管实际功耗，验证稳压管是否符合设计要求。

2.7　基准电压源与稳压二极管相比，其优点是什么？带隙基准电压源如何实现温度补偿。

2.8　根据电路图说明基准电压源 TL431 如何实现可编程基准电压源输出。

2.9　基准电压源 ICL8069 温度特性曲线如图 P2.9 所示。已知 ICL8069 标称电压为1.23 V，根据如图曲线温度范围在 $\Delta T_A$＝0℃～75℃和－50℃～125℃时，分别计算 ICL8069 的 $\alpha_T$。

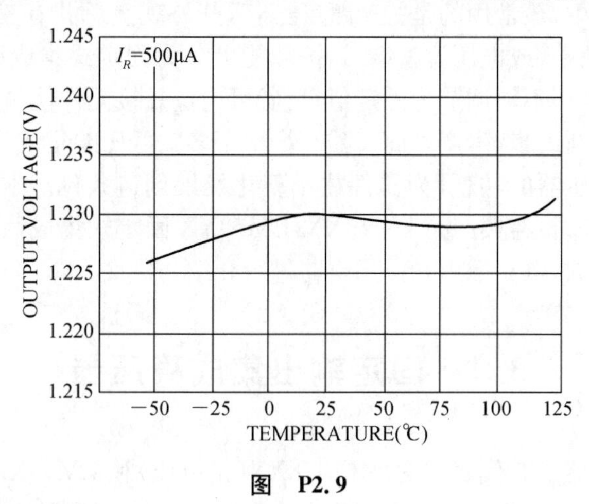


**图　P2.9**

2.10　直流稳压电源如图 P2.10 所示。

（1）电路的滤波电路、调整管、基准电路、比较放大电路及取样电路等部分各有哪些元件组成？

（2）已知稳压管 $D_1$ 稳压值为 3 V，$Q_2$ 的 $U_{BE}$＝0.7 V，负载电阻 $R_L$＝12 Ω。调节电位器 $R_4$ 使输出电压为 12 V，计算电位器 $R_4$ 上下两部分数值。

（3）计算 $Q_1$ 的功耗 $P_C$。

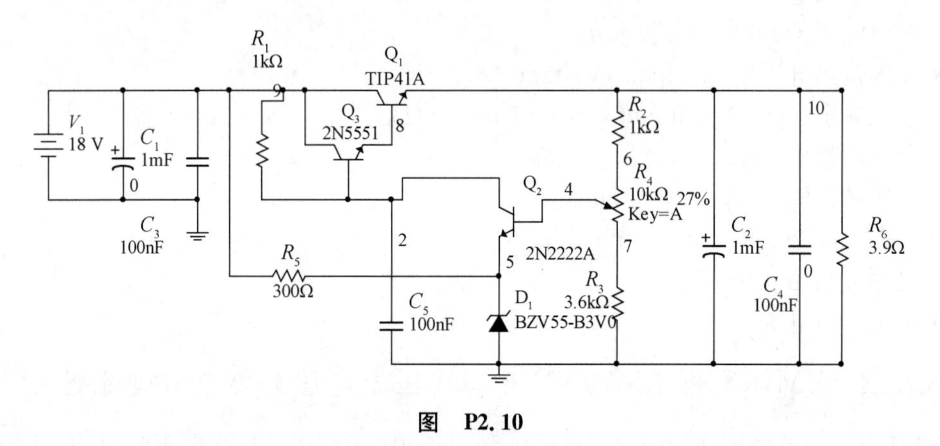


**图　P2.10**

# 第3章　线性集成稳压器

扫一扫
可见本章学习资料

集成稳压器电路中，最常用的是“三端稳压器”，其外观上总共有三个引脚，分别是输入端、输出端和公共接地端(或电压调整端)。按功能可分为固定式集成稳压电路和可调式稳压电路，前者的输出电压不能调节为固定值；后者可通过外接元件使输出电压得到很宽的调节范围。随着技术不断进步，生产厂商又陆续推出了多款低压差集成稳压器，即LDO，这样就大大降低了集成稳压器的功耗，为器件往小型化发展创造条件。本章将对美国TI公司(原美国国家半导体公司)经典产品LM78XX/LM79XX固定式集成稳压器、LM317可调式集成稳压器的技术参数、电路原理和应用电路进行介绍。

## 3.1　固定输出集成稳压器

固定式集成稳压器最有代表性的是LM78XX(正电压)和LM79XX(负电压)系列产品。该系列IC与整流滤波电路组合一起可作为直流电源，能提供各种稳定的直流输出电压。

### 3.1.1　线性集成稳压器主要技术参数

查看LM78XX系列/LM79XX系列线性集成稳压器数据手册，生产厂商给出器件详细技术参数、功能、封装和典型应用。技术人员根据芯片技术资料选择器件，最重要的是芯片技术参数。线性集成稳压器主要技术参数：

- 最大输入电压 (Maximum Input Voltage)$U_{imax}$
- 输出电压 (Output Voltage)$U_O$
- 输入输出电压差 (Dropout Voltage)$U_{imin}-U_O$
- 最大输出电流 (Maximum Output Current)$I_{Omax}$
- 负载调整率 (Load Regulation)$S_I$
- 电压调整率 (Line Regulation) $S_u$
- 静态电流 (Quiescent Current)$I_Q$
- 电源抑制比(PSSR)
- 输出噪声电压

### 3.1.2　LM78XX/ LM79XX三端稳压器电压分类与引脚配置

LM78XX三端稳压器为固定式稳压电路，型号中“XX”表示输出电压值，其输出有5 V、6 V、9 V、12 V、15 V、18 V和24 V七个挡位；LM79XX三端稳压器电压输出有−5 V、−6 V、−9 V、−12 V、−15 V、−18 V和−24 V七个挡位。如LM7805，表示输出电压为5 V，输出额定电流为1 A，其因性能稳定、价格低廉而得到广泛应用。LM78XX/LM79XX

封装及引脚配置如图 3.1.1 所示。LM78XX 三个引脚是输入端 INPUT(1)、接地端 GND(2)和输出端 OUTPUT(3);LM79XX 三个引脚是输入端 INPUT(2)、接地端 GND(1)和输出端 OUTPUT(3)。

注意:LM78XX 与 LM79XX 引脚配置是不同的。

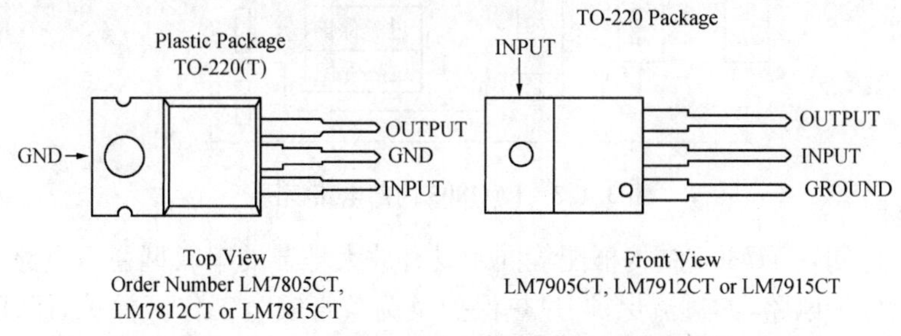


图 3.1.1 LM78XX/LM79XX 封装及引脚配置

## 3.1.3 LM78XX 电路原理

LM7805 电路原理如图 3.1.2 所示,其内部电路框图如图 3.1.3 所示。

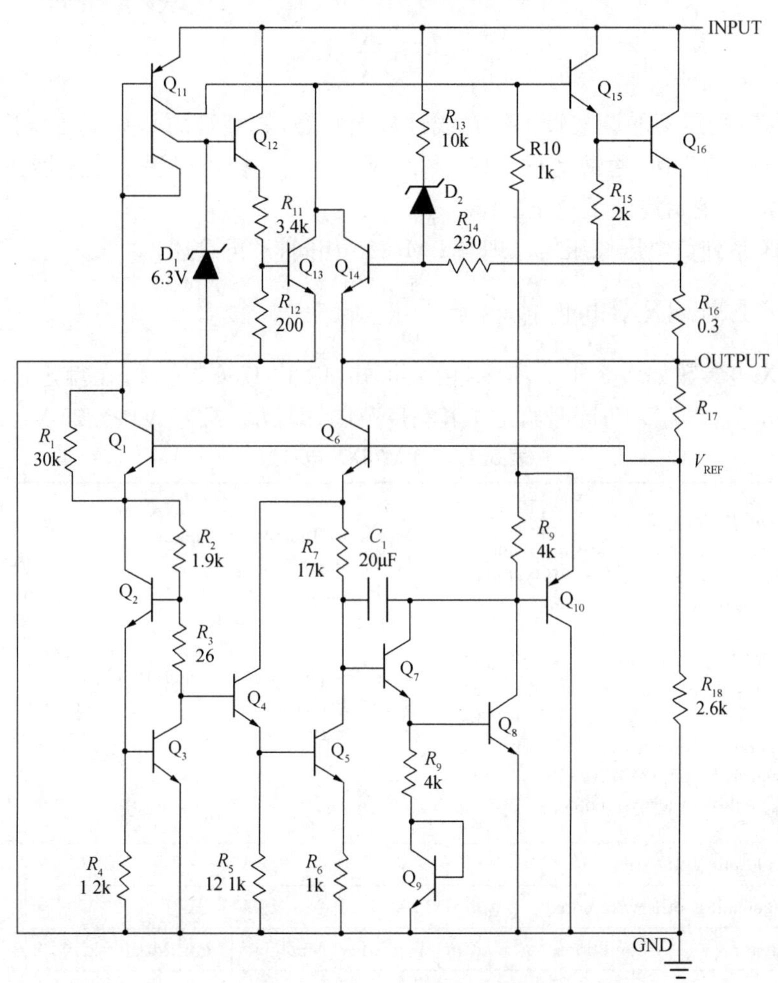


图 3.1.2 LM7805 电路原理图

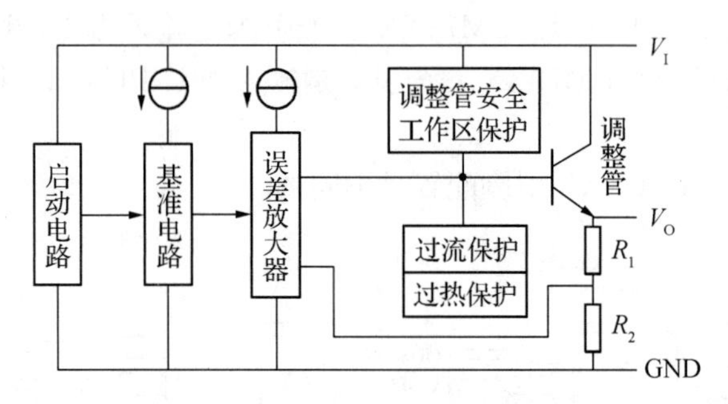


**图 3.1.3 LM7805 内部电路框图**

由 3.1.3 可知，LM7805 结构框图等同于具有放大环节的串联型稳压电路，只是芯片中又增加了安全保护电路，如过流保护、过热保护及调整管安全工作区保护，保证稳压电路更加安全可靠工作。

输出电压采用一个负反馈环路进行控制，其需要某种类型的补偿以确保环路稳定性。集成稳压器具有内置补偿功能电路，无需外部组件就能保持输出电压稳定。

输出电压为

$$U_o = \left(1 + \frac{R_1}{R_2}\right) U_{REF} \tag{3.1.1}$$

为了使集成稳压器的调整管工作在线性放大状态，调整管的 $U_{CE}$ 必须大于稳压器数据手册(Datasheet)给定值，通常是 $U_i - U_o \geqslant 2.5\ V \sim 3\ V$，这样可以保证稳压器在额定输出电压电流(5 V/1 A)下始终处于稳压工作状态。

LM79XX 系列负电压稳压器原理与 LM7805 相同，不再重述。

## 3.1.4 LM78XX 电性能参数

LM78XX 电参数如表 3.1.1 所示，由表可知，以 LM7805 为例，在额定输出电压电流(5 V/1 A)下，$U_{imin} \geqslant 7.5\ V$；同时给出了其精度范围，即 $U_o = 4.75\ V \sim 5.25\ V$。

**表 3.1.1 LM78XX 电参数**

**Absolute Maximum Ratings**(Note 3)
If Military/Aerospace specified devices are required, please contact the National Semiconductor Sales Office/Distributors for availability and specifications.
Input Voltage
($V_O$=5 V, 12 V and 15 V) 35 V
Internal Power Dissipation (Note 1) Internally Limited
Operating Temperature Range($T_A$) 0℃ to+70℃
Maximum Junction Temperature
(K Package) 150℃
(T Package) 150℃
Storage Temperature Range −65℃ to +150℃
Lead Temperature(soldering, 10 sec.)
TO-3 Package K 300℃
TO-220 Package T 230℃

**Electrical Characteristics LM78XXC**(Note 2)
0℃≤$T_J$≤125℃ unless otherwise noted.

| Output Voltage | | | 5 V | | | 12 V | | | 15 V | | | Units |
|---|---|---|---|---|---|---|---|---|---|---|---|---|
| Input Voltage(unless otherwise noted) | | | 10 V | | | 19 V | | | 23 V | | | |
| Symbol | Parameter | Conditions | Min | Typ | Max | Min | Typ | Max | Min | Typ | Max | |

续表

| | | | | | | | | | | | | | |
|---|---|---|---|---|---|---|---|---|---|---|---|---|---|
| $V_O$ | Output Voltage | $T_J$=25℃, 5 mA≤$I_O$≤1 A | | 4.8 | 5 | 5.2 | 11.5 | 12 | 12.5 | 14.4 | 15 | 15.6 | V |
| | | $P_D$≤15W, 5 mA≤$I_O$≤1 A<br>$V_{MIN}$≤$V_{IN}$≤$V_{MAX}$ | | 4.75 | | 5.25 | 11.4 | | 12.6 | 14.25 | | 15.75 | V |
| | | | | (7.5≤$V_{IN}$≤20) | | | (14.5≤$V_{IN}$≤27) | | | (17.5≤$V_{IN}$≤30) | | | V |
| $\Delta V_O$ | Line Regulation | $I_O$=500 mA | $T_J$=25℃ | | 3 | 50 | | 4 | 120 | | 4 | 150 | mV |
| | | | $\Delta V_{IN}$ | (7≤$V_{IN}$≤20) | | | (14.5≤$V_{IN}$≤30) | | | (17.5≤$V_{IN}$≤30) | | | V |
| | | | 0℃≤$T_J$≤+125℃ | | | 50 | | | 120 | | | 150 | mV |
| | | | $\Delta V_{IN}$ | (8≤$V_{IN}$≤20) | | | (15≤$V_{IN}$≤27) | | | (18.5≤$V_{IN}$≤30) | | | V |
| | | $I_O$≤1 A | $T_J$=25℃ | | | 50 | | | 120 | | | 150 | mV |
| | | | $\Delta V_{IN}$ | (7.5≤$V_{IN}$≤20) | | | (14.6≤$V_{IN}$≤27) | | | (17.7≤$V_{IN}$≤30) | | | V |
| | | | 0℃≤$T_J$≤+125℃ | | | 25 | | | 60 | | | 75 | mV |
| | | | $\Delta V_{IN}$ | (8≤$V_{IN}$≤12) | | | (16≤$V_{IN}$≤22) | | | (20≤$V_{IN}$≤26) | | | V |
| $\Delta V_O$ | Load Regulation | $T_J$=25℃ | 5 mA≤$I_O$≤1.5 A | | 10 | 50 | | 12 | 120 | | 12 | 150 | mV |
| | | | 250 mA≤$I_O$≤750 mA | | | 25 | | | 60 | | | 75 | mV |
| | | 5 mA≤$I_O$≤1 A<br>0℃≤$T_J$≤+125℃ | | | | 50 | | | 120 | | | 150 | mV |
| $I_Q$ | Quiescent Current | $I_O$≤1 A | $T_J$=25℃ | | | 8 | | | 8 | | | 8 | mA |
| | | | 0℃≤$T_J$≤125℃ | | | 8.5 | | | 8.5 | | | 8.5 | mA |

## 3.1.5 LM78XX 典型应用

LM78XX 系列集成稳压器的典型应用电路如图 3.1.4 所示。旁路电容 $C_1$、$C_2$ 可保证稳压电路有好的稳定性和瞬态响应。根据负载电流大小决定 $C_1$、$C_2$ 取值，可适当取大点，有利于电路稳定工作；由于钽电容有很低的等效串联电阻(ESR)，如用钽电容替换铝电解电容器，稳压电路性能会更好。当输入高电压时，最好加一个辅助电阻 $R$ 来分担稳压器的热功耗，其电路如图 3.1.5 所示。电阻 $R$ 取值为

$$R = \frac{U_i - U_o - 3}{I_o} \tag{3.1.2}$$

电阻 $R$ 功率为

$$P_R = I_o^2 R \tag{3.1.3}$$

考虑到电路工作可靠性问题，电阻功率取值要有裕量，即电阻标称功率取值 $1.5P_R$ 以上。

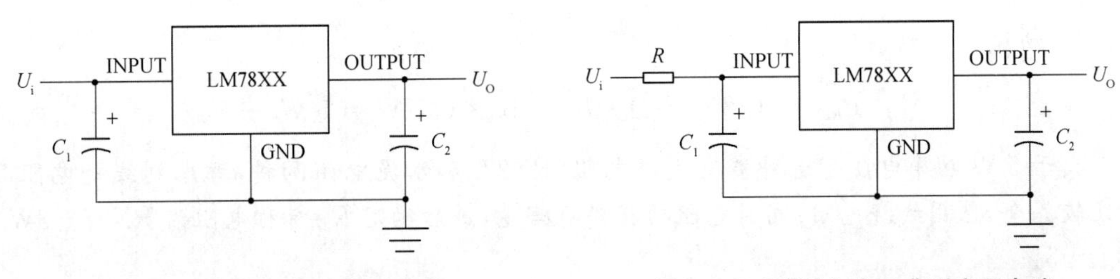


**图 3.1.4　LM78XX 典型应用电路**　　**图 3.1.5　高输入电压典型应用电路**

LM79XX(负电压)系列工作原理与 LM78XX 相同。基于 LM78XX/LM79XX 系列的正负稳压电源如图 3.1.6 所示。

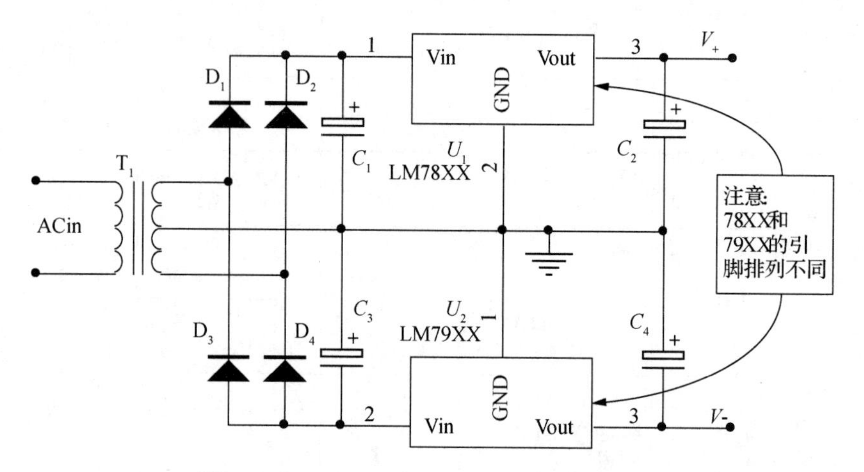


**图 3.1.6 LM78XX/LM79XX 系列的正负电源**

**【例 3.1.1】** 在图 3.1.7 所示电路中,$R_{27}$ 用于 7805 辅助散热,$D_1$ 压降可忽略不计。

(1) 计算其电阻值及电阻功耗,并选择一个适当的标称电阻。

(2) $D_1$ 的作用是什么?

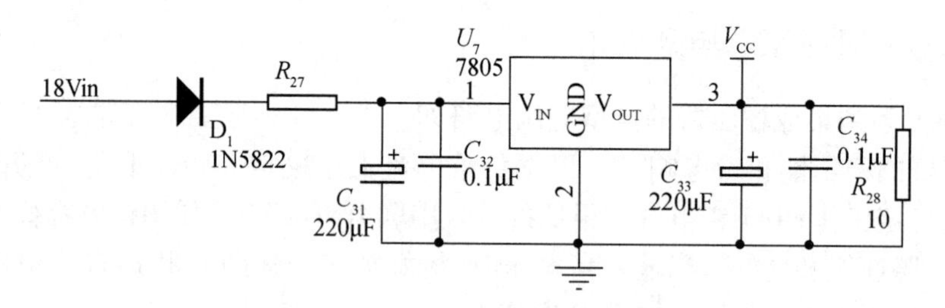


**图 3.1.7 LM7805 应用电路**

**解:**(1) 查 7805 数据手册知:$V_{IN}-V_{OUT} \geqslant 2.5$ V~3 V,取 3 V。

负载电流

$$I_L = V_{OUT}/R_{28} = 5/10 \text{ A} = 0.5 \text{ A}$$

$R_{27}$ 阻值

$$R_{27} = \frac{18V - V_{IN}}{I_L} = \frac{18-8}{0.5}\Omega = 20\ \Omega$$

$R_{27}$ 功耗

$$P_{R27} = (18 - V_{IN}) \cdot I_L = 10 \times 0.5 \text{ W} = 5 \text{ W}$$

大于 5 W 功率电阻可选种类有线绕电阻(RX27)和水泥电阻两种,考虑到线绕电阻品种比较齐全,选用线绕电阻;同时电阻功耗要有裕量,最后确定 $R_{27}$ 标称电阻为 RX27 - 8W - 20 Ω±5%。

(2) $D_1$ 是起保护作用,防止输入电源接反。反向电源接入,会对电源的供电电路造成严重后果，特别是 IC 电路。一旦 IC 电源接反，会产生闩锁效应，形成大电流而烧坏 IC。

## 3.2　可调输出集成稳压器

LM78XX/LM79XX 系列集成稳压器尽管使用方便，但由于输出电压值固定，就无法满足在"固定标称值"以外的电压值需要。针对这些问题，芯片制造商推出了可调输出集成稳压器，常用的有可调正电压输出的 LM117/LM217/LM317 系列和可调负电压输出的 LM137/LM237/LM337 系列。

### 3.2.1　LM317/LM337 三端可调式稳压器封装及引脚配置

LM317 为 1.5 A 可调节正电压稳压器，输出电压 1.25 V～37 V 连续可调，输出额定电流为 1.5 A；LM337 为 1.5 A 可调节负电压稳压器，输出电压 −1.25 V～ − 37 V 连续可调，输出额定电流为 1.5 A。LM317/LM337 封装及引脚配置如图 3.2.1所示。LM317 封装是 TO－220，三个引脚是调整端 ADJ（1）、输出端 $V_{out}$（2）和输入端 $V_{in}$（3）；LM337 封装是 TO－220，三个引脚是调整端 ADJ（1）、输出端 $V_{out}$（3）和输入端 $V_{in}$（2）。

注意：LM317 与 LM337 引脚配置是不同的。

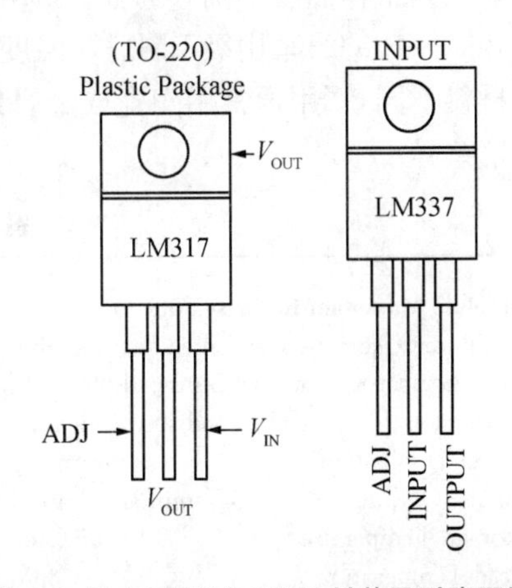


图 3.2.1　LM317/LM337 封装及引脚配置

### 3.2.2　LM317 电路原理

LM317 原理框图如图 3.2.2 所示。从电路原理上分析，同固定式三端稳压器一样，采用串联型稳压电路工作模式，引入电压负反馈使输出电压稳定，只是把输出电压调节部分引到片外，便于输出电压的设定。

因为调整端的电流很小，约为 50 μA，可忽略，所以输出电压为

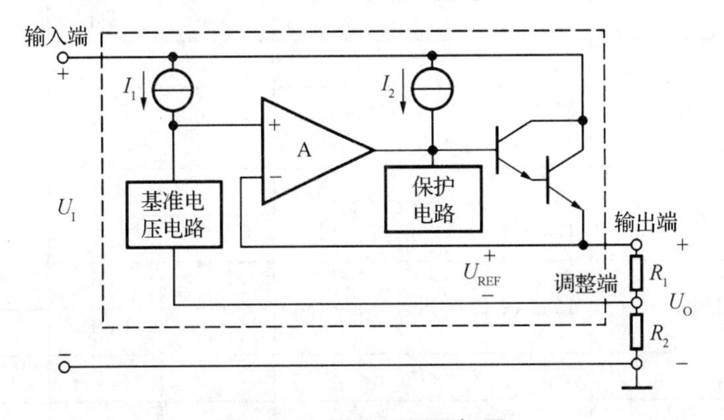


图 3.2.2　LM317 原理框图

$$U_O = \left(1+\frac{R_2}{R_1}\right)\cdot V_{REF} \tag{3.2.1}$$

式中，$V_{REF}$典型值为 1.25 V；数据手册给定的 $R_1$ 典型值为 240 Ω，调节 $R_2$ 可改变输出电压的值。

### 3.2.3 LM317 电性能参数

LM317 电参数如表 3.2.1 所示。由表可知，最大输入电压 $V_{imax} \leqslant 40$ V，额定电流 1.5 A，$V_{OUT}=1.25$ V～37 V。为使稳压器工作在线性稳压状态，其必须满足 3 V$\leqslant V_{IN}-V_{OUT}\leqslant$40 V，过低时不能保证调整管工作在放大区；过高时调整管可能因管压降过大而击穿。通常 IC 器件都有温度等级，可调集成稳压块也不例外，分为商业级、工业级和军用级，主要是其工作温度不同。商业级 LM317，温度范围 0℃～125℃；工业级 LM217A，温度范围 −40℃～125℃；军用级 LM117，温度范围−55℃～150℃。器件温度等级不同，只表现在封装材料不同，军用通常用陶瓷或金属封装，商业级多采用塑料封装，价格往往存在几倍到几十倍差异。

**表 3.2.1 LM317 电参数**

**Absolute Maximum Ratings**(Note 1)
If Military/Aerospace specified devices are required, please contact the National Semiconductor Sales Office/Distributors for availability and specifications.

Power Dissipation — Internally Limited
Input-Output Voltage Differential — +40V, −0.3V
Storage Temperature — −65℃ to +150℃
Lead Temperature
  Metal Package (Soldering 10 seconds) — 300℃
  Plastic Package (Soldering 4 seconds) — 260℃

ESD Tolerances (Note 5) — 3kV

**Operating Temperature Range**
LM117 — $-55℃\leqslant T_J\leqslant+150℃$
LM317A — $-40℃\leqslant T_J\leqslant+125℃$
LM317 — $0℃\leqslant T_J\leqslant+125℃$

**Preconditioning**
Thermal Limit Burn-In — All Devices 100%

**Electrical Characteristics**(Note 3)
Specifications with standard type face are for $T_J=25℃$, and those with boldface type apply over full Operating Temperature Range. Unless otherwise specified. $V_{IN}-V_{OUT}=5$ V, and $I_{OUT}=10$ mA.

| Parameter | Conditions | LM117(Note 2) | | | Units |
|---|---|---|---|---|---|
| | | Min | Typ | Max | |
| Reference Voltage | | | | | V |
| | $3V\leqslant(V_{IN}-V_{OUT})\leqslant40V$, $10\ mA\leqslant I_{OUT}\leqslant I_{MAX}$, $P\leqslant P_{MAX}$ | 1.20 | 1.25 | 1.30 | V |
| Line Regulation | $3V\leqslant(V_{IN}-V_{OUT})\leqslant40V$ (Note 4) | | 0.01 | 0.02 | %/V |
| | | | 0.02 | 0.05 | %/V |
| Load Regulation | $10\ mA\leqslant I_{OUT}\leqslant I_{MAX}$ (Note 4) | | 0.1 | 0.3 | % |
| | | | 0.3 | 1 | % |
| Thermal Regulation | 20 ms Pulse | | 0.03 | 0.07 | %/W |
| Adjustment Pin Current | | | 50 | 100 | μA |

续表

| | | | | | |
|---|---|---|---|---|---|
| Adjustment Pin Current Change | 10 mA≤$I_{OUT}$≤$I_{MAX}$<br>3 V≤($V_{IN}$−$V_{OUT}$)≤40V | | 0.2 | 5 | μA |
| Temperature Stability | $T_{MIN}$≤$T_J$≤$T_{MAX}$ | | 1 | | % |
| Minimum Load Current | ($V_{IN}$−$V_{OUT}$)=40 V | | 3.5 | 5 | mA |

## 3.2.4　LM317典型应用

LM317集成稳压器的典型应用电路如图3.2.3所示，调整端(ADJ)加旁路电容$C_2$可改善稳压电路的纹波抑制。由于稳压电路加了旁路电容$C_1$、$C_2$，需配置保护二极管$D_1$、$D_2$。在关机时，阻止$C_1$、$C_2$通过芯片内部低电流路径放电造成芯片损坏，其中$D_1$应对$C_1$，$D_2$应对$C_2$。电阻$R_1$(240 Ω)是LM317给出的经典值。

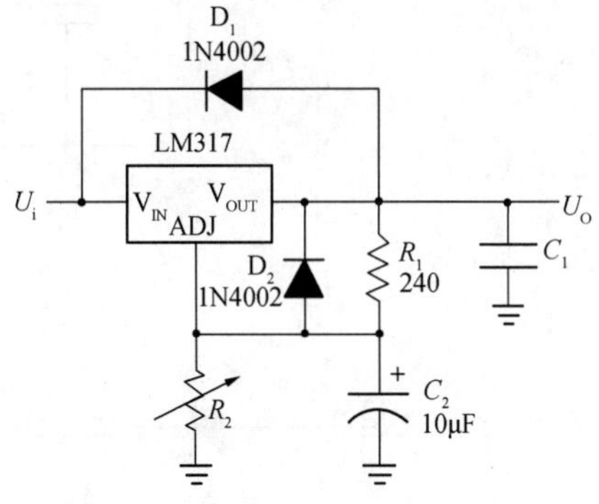


图3.2.3　LM317典型应用电路

**思考题与习题**

3.1　线性集成稳压器分为几个系列产品？79XX系列产品(TO-220封装)和LM337(TO-220封装)产品3个引脚怎么配置？

3.2　LM7805稳压系统采用了何种电路结构？与传统典型电路相比，增加了哪些功能模块？

3.3　LM7805与LM317两种电路主要区别是什么？ADJ端与OUT端典型电阻值是多少？两端间参考电压是多少？

3.4　电路如图P3.4所示。合理连线，构成5 V的直流电源。如电源电压波动±10 %，变压器效率为100%，在稳压电路满足正常工作的前提下，变压器初次级匝数比是多少？如$R_L$=10 Ω，LM7805消耗的最大功率是多少？

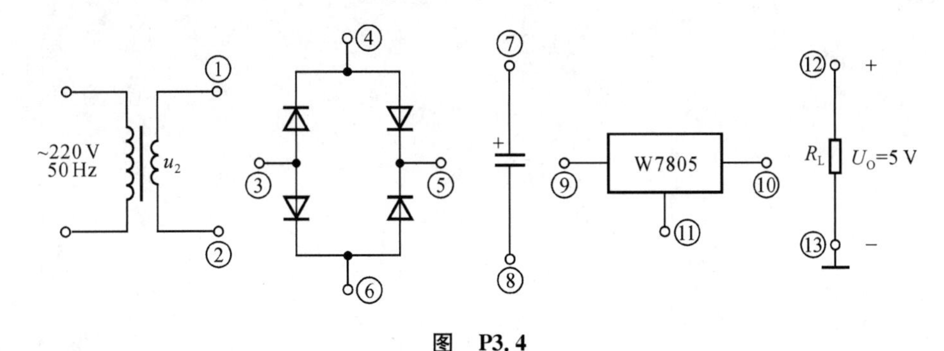


图　P3.4

3.5　电路如图P3.5所示，$R_1$=240 Ω，$R_2$=3 kΩ；LM317输入端电压允许范围为3～40 V，输出端和调整端之间的电压$U_{REF}$为1.25 V。

(1) 输出电压的调节范围是多少？

(2) 如要求输出为6 V/0.5 A，计算$R_2$值以及负载电阻损耗的功率？

(3) LM317/217/117各自代表哪类等级器件，其温度范围是多少？

3.6　电路如图P3.6所示，$R_1$用于7805辅助散热，$D_1$压降可忽略不计，计算与分析电路。

(1) 计算 $R_1$ 电阻值及电阻功耗，并选择一个适当标称电阻。

(2) $D_1$ 的作用是什么？为什么 $D_1$ 选用 1N5822 肖特基管？

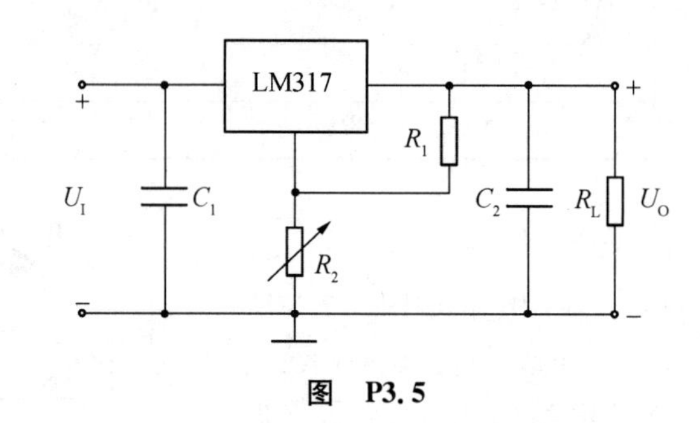


图 P3.5

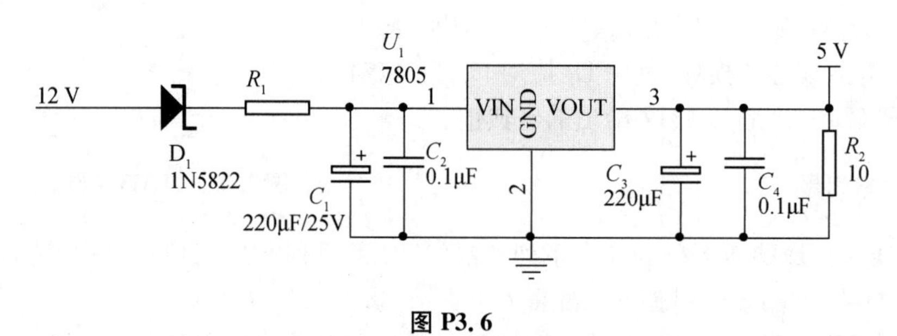


图 P3.6

3.7 网络查询 LM78L05 技术手册，说明其与 LM7805 在功能与性能方面的相同点与不同点？如稳压器负载电流为 50 mA，选哪种稳压器合适，说明理由？

# 第4章　低压差线性集成稳压器

扫一扫
可见本章学习资料

随着电池供电的手持产品不断涌现，如何有效提高电池的使用寿命和解决电路功耗问题变得更加突出。这一问题的技术关键是降低线性稳压器功率调整管的功耗，促使调整管从晶体管向 MOS 管过渡，大大降低了调整管的功耗。但由于 MOS 管的一些技术不足，目前是两种模式共存，在技术上进行互补。

降低电源电压可以减小器件工作期间的动态功耗，因此，近年来大量数字逻辑器件的工作电压从 5 V 降到 3.3 V 甚至更低（如 2.5 V 和 1.8 V）。在这样的工作条件下，常需要电源 5 V转 3.3 V，而输入与输出的压差只有 1.7 V，而传统的线性稳压器，如 78XX 系列要求$V_{IN}-V_{OUT}\geqslant 2.5$ V～3 V，显然是不满足条件的，针对这种情况，生产厂商设计制造低压差的电源转换芯片。

LDO，即 Low Dropout Regulator，意为低压差线性集成稳压器。相比于传统的线性集成稳压器，它能实现更小的输入/输出压差，降低芯片自身功耗；同时，LDO 能够提供固定的或可调节的输出电压芯片，满足多种电路设计要求。

## 4.1　LDO 工作原理与稳定性

LDO 由线性集成稳压器发展而来，其工作原理与线性集成稳压器有很多相似之处；同时采用 PNP 管或 MOS 管（NMOS/PMOS）电压调整技术，两者在技术上又存在差异。

### 4.1.1　LDO 工作原理

典型 PNP LDO 稳压器如图 4.1.1 所示。LDO 线性稳压器能够实现稳压的主要原因是调整管为一个 PNP 晶体管（或者为 P 与 N 沟道 MOS 管），可以被驱动至完全饱和状态，其输入输出电压差是所有稳压器件中最低的。

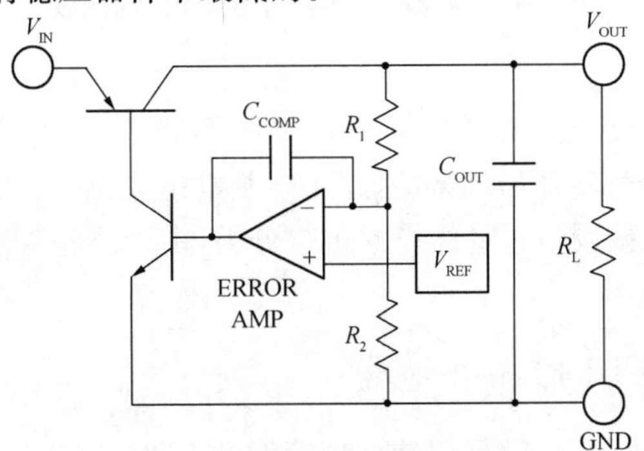


图 4.1.1　典型 PNP LDO 稳压器

LDO之所以能调节其输出电压，是通过一个误差放大器，根据负载需要来增加或减小PNP调整管的驱动电流。电阻 $R_1$ 和 $R_2$ 从输出端提供电压反馈至误差放大器，将该电压与固定的基准电压进行比较。环路内的负反馈电路总是强制误差放大器输入端的电压相等。由两个电阻之比设定输出电压为

$$V_{OUT} = (1 + R_1/R_2) \times V_{REF} \tag{4.1.1}$$

### 4.1.2 LDO环路补偿与稳定性

如图4.1.1，LDO的P型调整管从集电极（或漏极）驱动负载，这种结构具有固有的高输出阻抗。正因为如此，连接至输出的电容负载阻抗形成极点，负载极点的频率随着阻抗而变化。如果对LDO环路中的极点不采取零点补偿，就会产生振荡，造成电路不稳定。

1. 增加相位超前补偿

传统方法之一是在电阻 $R_1$ 上并联一个前馈电容，这会形成一个极点-零点对。零点引入一个明显的相位超前，同时关联的极点仅引入一个幅度稍小的相位延迟，结果是产生相位超前的净增加并提高了相位裕度，可有效抑制环路的振荡。

2. 输出电容ESR补偿

每个电容都包含了某些类型的寄生电阻，这意味着可以将实际电容建模为一个电阻和一个电容串联形式。这个电阻称为等效串联电阻（ESR）。电容的ESR与输出电容构成了一个零点，其频率为

$$Z_{ESR} = 1/(2\pi \cdot \mathrm{ESR} \cdot C_{OUT}) \tag{4.1.2}$$

LDO数据手册给出ESR值的稳定范围，即输出电容必须满足其范围以确保稳压器工作稳定。ESR零点是环路的主导补偿因素，ESR的“最大”边界值为零点频率设定了较低的限值，这个限值不能太低，因为它会增加环路零点与高频极点间的带宽，从而会造成系统不稳定。ESR的“最小”边界值为零点设定了最大频率，该值不能太高，因为它产生在单位增益交点频率之后，无法再增加足够的相位超前以获得充分的相位裕度来保证工作的稳定性。满足这个ESR值的稳定范围电容是钽电容，其ESR范围在10至500 mΩ是最合适的，而陶瓷电容ESR太小，铝电解电容ESR太大。具体见5.1电容器选择章节。

## 4.2 LDO四种拓扑结构

LDO有NPN型、PNP型、NMOS型和PMOS型四种不同拓扑结构。从拓扑结构来看，它们具有典型集成线性稳压器的特征，即4个基本组成部分：调整管、取样电路、误差放大器和基准电压。LDO按调整管组件技术进行分类，由于调整管组件不同，其输入输出最小电压差存在很大差异。

### 4.2.1 NPN型LDO拓扑结构

NPN型LDO分两大类：一种是用达林顿管做的LDO，因为当时的单个晶体管的放大

倍数不是很大，所以要用达林顿管来构成更大的放大倍数；另一种就是单个NPN型晶体管构成的LDO，单个NPN型晶体管LDO结构框图如图4.2.1所示。

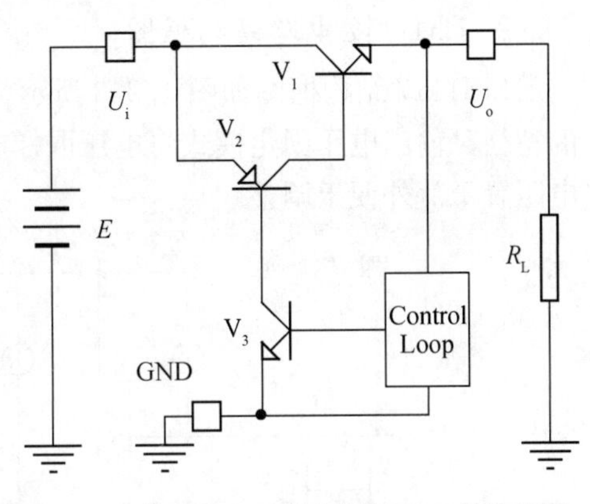

**图 4.2.1　单个 NPN 型晶体管 LDO 结构框图**

由图可知，经过输出采样之后，通过一个小型号NPN三极管 $V_3$ 来控制一个PNP型的前级晶体管 $V_2$，这个前级的晶体管是通过集电极的电流来控制功率NPN晶体管 $V_1$。当器件工作时，$V_1$、$V_2$ 和 $V_3$ 工作在放大状态，LDO中的损耗主要来源于此。由图分析可见，芯片的静态电流是会随负载电流的增加而增加的，而且是成比例增加的，而三极管当中这种电流的总值还是比较小的，LDO功耗比早期的集成稳压器要小得多。

1. LM1117 封装及引脚配置

这种结构LDO要求输入电压至少比输出电压高0.9 V～1.5 V，典型代表器件是TI公司LM1117-XX系列产品，型号中“XX”表示输出电压值，其固定式输出有1.8 V、2.5 V、2.85 V、3.3 V、5 V和可调(ADJ)六个挡位。LM1117封装及引脚配置如图4.2.2所示，除PLL封装外，三个引脚是ADJ/GND(1)、输出端OUTPUT(2)和输入端INPUT(3)。由图可知，其有六种封装型式，除直插封装TO-220外，其余为SMT封装，其中SOT-223和LLP为小型封装。多种封装型式，方便了用户的选型，也为产品小型化创造了条件。

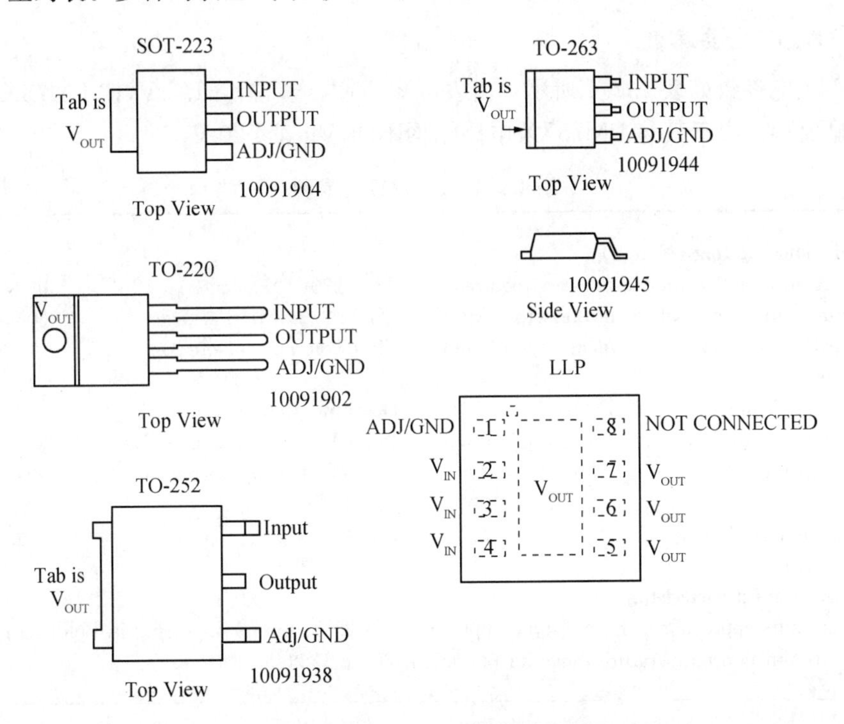

**图 4.2.2　LM1117 封装及引脚配置**

2. LM1117 电路结构框图

LM1117 结构框图如图 4.2.3 所示。由图可知，电路结构符合 NPN 型 LDO 拓扑结构的特征。输出电压固定模式将电压取样电阻置于芯内；输出电压可调模式将两个电压取样电阻置于片外便于调整。

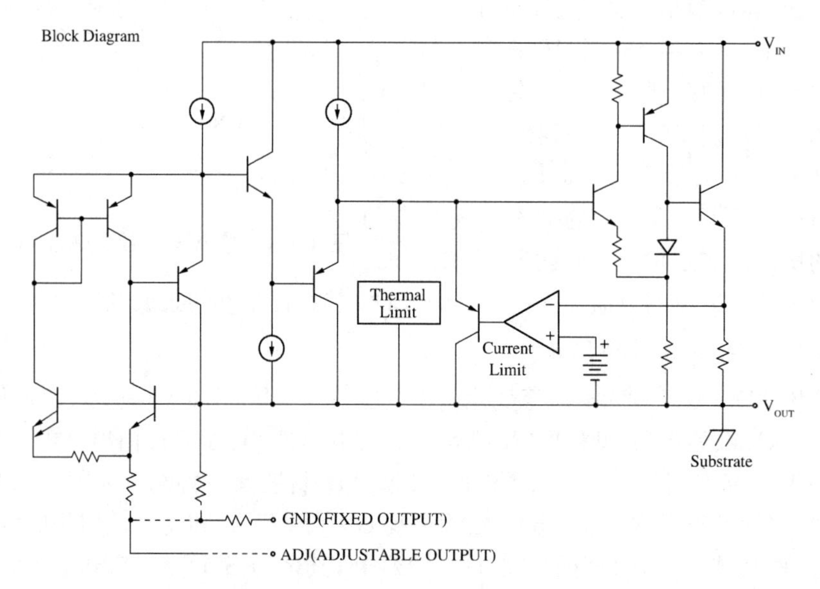


**图 4.2.3 LM1117 结构框图**

3. LM1117 主要参数

LM1117 电参数如表 4.2.1 所示。由表可知，$V_{IMIN}-V_{OUT}\geqslant 1.5$ V，比 LM78XX 稳压器 2.5 V 明显要小。由于其与 LM78XX 电路结构不同，$V_{IMAX}\leqslant 20$ V。

**表 4.2.1 LM1117 电参数**

**Absolute Maximum Ratings**(Note 1)

If Military/Aerospace Specified devices are required, please contact the National Semiconductor Sales Office/Distributors for availability and specifications.

| | |
|---|---|
| Maximum Input Voltage ($V_{IN}$ to GND) | 20V |
| Power Dissipation(Note 2) | Internally Limited |
| Junction Temperature($T_J$) (Note 2) | 150℃ |
| Storage Temperature Range | −65℃ to 150℃ |
| Lead Temperature | |
| TO-220(T)Package | 260℃, 10 sec |
| SOT-223(IMP)Package | 260℃, 4 sec |
| ESO Tolerance (Note 3) | 2000 V |

**Operating Ratings** (Note 1)

Input Voltage ($V_{IN}$ to GND)

Junction Temperature Range ($T_J$)(Note 2)

| | |
|---|---|
| LM1117 | 0℃ to 125℃ |
| LM11171 | −40℃ to 125℃ |

**LM1117 Electrical Characteristics**

Typicals and limits appearing in normal type apply for $T_J=25$℃. Limits appearing in Boldface type apply over the entire junction temperature range for operation, 0℃ to 125℃.

**续表**

| Symbol | Parameter | Conditions | Min (Note 5) | Typ (Note 4) | Max (Note 5) | Units |
|---|---|---|---|---|---|---|
| $V_{REF}$ | Reference Voltage | LM1117 - ADJ<br>$I_{OUT}$ 10mA, $V_{IN}-V_{OUT}=2V$, $T_J=25℃$<br>10 mA $\leqslant I_{OUT} \leqslant$ 800 mA, 1. 4 V $\leqslant V_{IN}-V_{OUT} \leqslant$ 10V | 1. 238<br>1. 225 | 1. 250<br>1. 250 | 1. 262<br>1. 270 | V<br>V |
| $V_{OUT}$ | Output Voltage | LM1117 - 1. 8<br>$I_{OUT}=10mA$, $V_{IN}=3.8$ V, $T_J=25℃$<br>$0 \leqslant I_{OUT} \leqslant 800mA$, 3. 2V $\leqslant V_{IN} \leqslant$ 10V | 1. 782<br>1. 746 | 1. 800<br>1. 800 | 1. 818<br>1. 854 | V<br>V |
| | | LM1117 - 2. 5<br>$I_{OUT}=10$ mA, $V_{IN}=4.5$ V, $T_J=25℃$<br>$0 \leqslant I_{OUT} \leqslant 800$ mA, 3. 9V $\leqslant V_{IN} \leqslant$ 10V | 2. 475<br>2. 450 | 2. 500<br>2. 500 | 2. 525<br>2. 550 | V<br>V |
| | | LM1117 - 2. 85<br>$I_{OUT}=10mA$, $V_{IN}=4.85$ V, $T_J=25℃$<br>$0 \leqslant I_{OUT} \leqslant 800$ mA, 4. 25V $\leqslant V_{IN} \leqslant$ 10V<br>$0 \leqslant I_{OUT} \leqslant 500$ mA, $V_{IN} \leqslant$ 4. 10 V | 2. 820<br>2. 790<br>2. 790 | 2. 850<br>2. 850<br>2. 850 | 2. 880<br>2. 910<br>2. 910 | V<br>V |
| | | LM1117 - 3. 3<br>$I_{OUT}=10$ mA, $V_{IN}=5$ V, $T_J=25℃$<br>$0 \leqslant I_{OUT} \leqslant 800$ mA, 4. 75V $\leqslant V_{IN} \leqslant$ 10V | 3. 267<br>3. 235 | 3. 300<br>3. 300 | 3. 333<br>3. 365 | V<br>V |
| | | LM1117 - 5. 0<br>$I_{OUT}=10$ mA, $V_{IN}=7$ V, $T_J=25℃$<br>$0 \leqslant I_{OUT} \leqslant 800$ mA, 6. 5V $\leqslant V_{IN} \leqslant$ 12V | 4. 950<br>4. 900 | 5. 000<br>5. 000 | 5. 050<br>5. 100 | V<br>V |
| $\Delta V_{OUT}$ | Line Regulation (Note 6) | LM117 - ADJ<br>$I_{OUT}=10$ mA, 1. 5V $\leqslant V_{IN}-V_{OUT} \leqslant$ 13. 75V | | 0. 035 | 0. 2 | % |
| | | LM117 - 1. 8<br>$I_{OUT}=0mA$, 3. 2V $\leqslant V_{IN} \leqslant$ 10V | | 1 | 6 | mV |
| | | LM117 - 2. 5<br>$I_{OUT}=0mA$, 3. 9V $\leqslant V_{IN} \leqslant$ 10V | | 1 | 6 | mV |
| | | LM117 - 2. 85<br>$I_{OUT}=0mA$, 4. 25V $\leqslant V_{IN} \leqslant$ 10V | | 1 | 6 | mV |
| | | LM117 - 3. 3<br>$I_{OUT}=0mA$, 4. 75V $\leqslant V_{IN} \leqslant$ 15V | | 1 | 6 | mV |
| | | LM117 - 5. 0<br>$I_{OUT}=0mA$, 6. 5V $\leqslant V_{IN} \leqslant$ 15V | | 1 | 10 | mV |

4. LM1117 典型应用

LM1117 集成稳压器的典型应用电路如图 4.2.4 所示，其中图(a)为固定输出，图(b)为可调输出，可调输出电压设定方式同 LM317 设定方式。

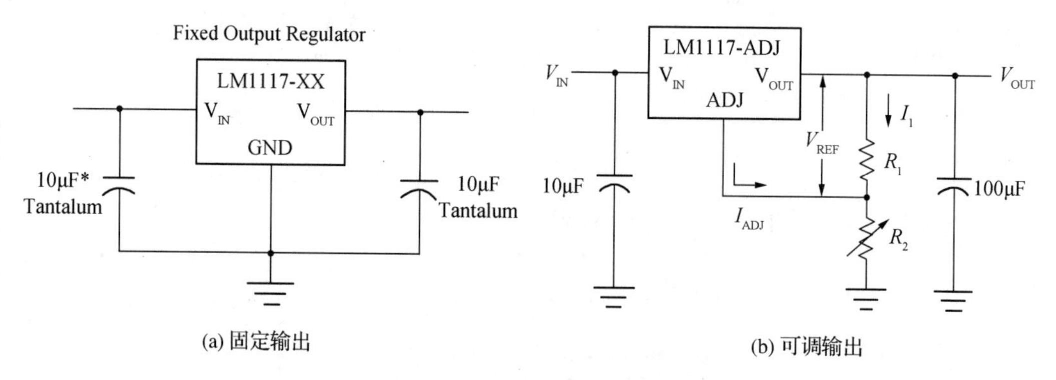


图 4.2.4 LM1117 典型应用电路

## 4.2.2 PNP 型 LDO 拓扑结构

PNP 型 LDO 的拓扑结构如图 4.2.5 所示。一个 PNP 型的 LDO 的压控恒流源是由一个功率型的 PNP 管($V_1$)来构成的；同时，在它的基极也会连接一个对地的 NPN 型的晶体管($V_2$)，这就是一个典型的 PNP 型 LDO 的架构。图右边两个电阻分压得取样电压，与基准作比较放大，放大之后对 $V_2$ 进行控制。$V_2$ 集电极上的电流直接控制 $V_1$ 上基极电流。由于功率晶体管($V_1$)是 PNP 型的晶体管，其输出端在集电极，因此，这种结构输出阻抗是比较大的。在这种输出阻抗比较大的情况下，我们必须给输出端增加电容器容量；也要控制这个电容器的 ESR 在一定范围之内，才能保证这种 LDO 的工作稳定。

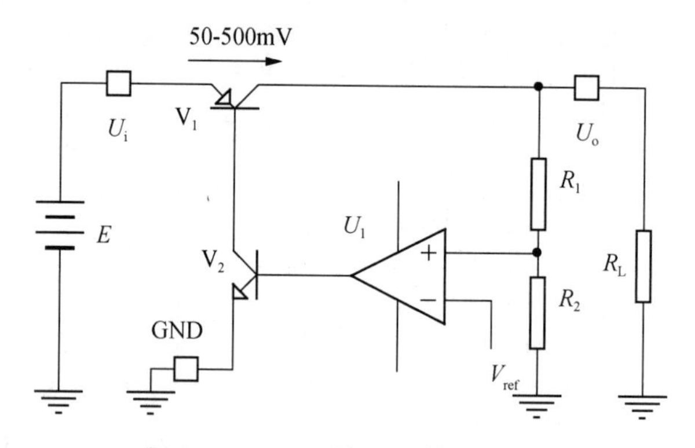


图 4.2.5 PNP 型 LDO 的拓扑结构

从上图可知，PNP 型的 LDO 与 NPN 型的 LDO 一样，芯片的静态电流也是会随负载电流的增加而增加的，而且是成比例增加的。

1. MIC29XXX 封装及引脚配置

PNP 的 LDO 要求输入电压至少比输出电压高 100 mV～700 mV，市场上典型代表器件是美国麦瑞半导体公司(Micrel)的产品，如 MIC29XXX 系列，型号中“XXX”表示输出电流值，其额定电流值有 1.5 A、3 A、5 A 和 7.5 A 四个挡位。固定式输出有 12 V、5 V、3.3 V 和可调（ADJ）四个档次。MIC29XXX 封装及引脚配置如图 4.2.6 所示。由图可知，按器件功能分为固定模式和可调模式；按封装型式分为直插和 SMT。

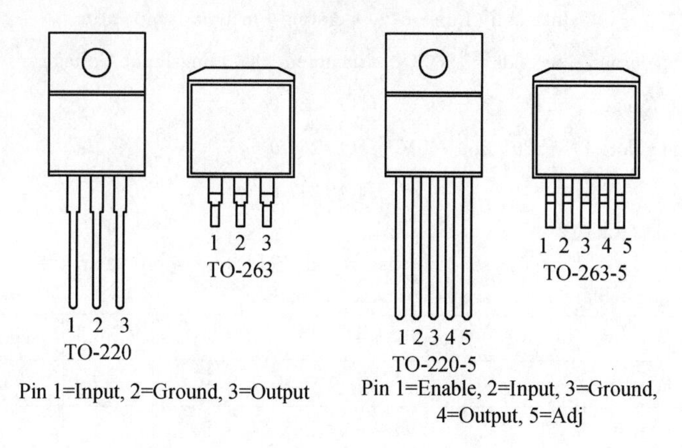


**图 4.2.6　MIC29XXX 封装及引脚配置**

2. MIC29XXX 电路结构框图

MIC29XXX 结构框图如图 4.2.7 所示。由图可知，电路结构符合 PNP 型 LDO 拓扑结构的特征。输出电压固定模式将电压取样电阻置于芯内；输出电压可调模式增加了使能控制端（EN）控制芯片 ON/OFF，并将两个电压取样电阻置于片外便于调整。

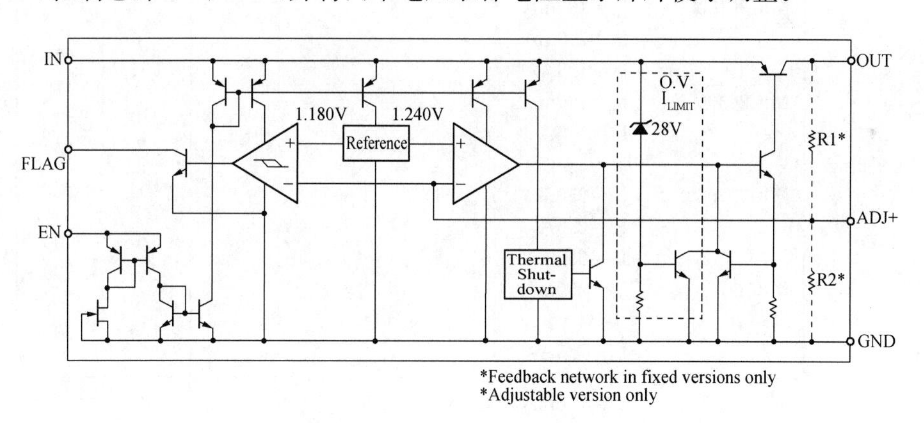


**图 4.2.7　MIC29XXX 结构框图**

3. MIC29XXX 主要参数

MIC29XXX 电参数如表 4.2.2 所示。由表可知，以 MIC29750 为例，当 $I_O=7.5$ A 时，压差 $V_{IN}-V_{OUT}\leqslant 600$ mV，典型值为 425 mV。因此，即使在高电流输出情况下，芯片自身功耗也可大幅度降低。此类电源芯片大量应用在电池供电的手持设备，如手机、笔记本电脑等。

**表 4.2.2 MIC29XXX 电参数**

MIC29150/29300/29500/29750 Micrel

**Absolute Maximum Ratings**

| | |
|---|---|
| Power Dissipation | Internally Limited |
| Lead Temperature(Soldering, 5 seconds) | 260℃ |
| Storage Temperature Range | −65℃ to +150℃ |
| Input Supply Voltage (Note 1) | −20V to +60V |

**Operating Ratings**

| | |
|---|---|
| Operating Junction Temperature | −40℃ to +125℃ |
| Maximum Operating Input Voltage | 26℃ |
| TO-220 $\theta_{JC}$ | 2℃/W |
| TO-263 $\theta_{JC}$ | 2℃/W |
| TO-247 $\theta_{JC}$ | 1.5℃/W |

**Electrical Characteristics(Note 12)**

All Measurements at $T_J = 25℃$ unless otherwise noted. Bold values are guaranteed across the operating temperature range. Adjustable versions are programmed to 5.0V.

| Parameter | Condition | | Min | Typ | Max | Units |
|---|---|---|---|---|---|---|
| Output Voltage | $I_O = 10$ mA | | −1 | | 1 | % |
| | 10 mA $\leqslant I_O \leqslant I_{FL}$, $(V_{OUT}+1V) \leqslant V_{IN} \leqslant 26V$ (Note 2) | | −2 | | 2 | % |
| Line Regulation | $I_O = 10mA$, $(V_{OUT}+1V) \leqslant V_{IN} \leqslant 26V$ | | | 0.06 | 0.5 | % |
| Line Regulation | $V_{IN} = V_{OUT}+5V$, $10mA \leqslant V_{OUT} \leqslant I_{FULL\ LOAD}$ (Note 2,6) | | | 0.2 | 1 | % |
| $\frac{\Delta V_O}{\Delta T}$ | Output Voltage(Note 6) Temperature Coef. | | | 20 | 100 | ppm/℃ |
| Dropout Voltage | $\Delta V_{OUT} = -1\%$, (Note 3) | | | | | mV |
| | MIC29150 | $I_O = 100mA$ | | 80 | 200 | |
| | | $I_O = 750mA$ | | 220 | | |
| | | $I_O = 1.5A$ | | 350 | 600 | |
| | MIC29300 | $I_O = 100mA$ | | 80 | 175 | |
| | | $I_O = 1.5A$ | | 250 | | |
| | | $I_O = 3A$ | | 370 | 600 | |
| | MIC29500 | $I_O = 250mA$ | | 125 | 250 | |
| | | $I_O = 2.5A$ | | 250 | | |
| | | $I_O = 5A$ | | 370 | 600 | |
| | MIC29750 | $I_O = 250mA$ | | 80 | 200 | |
| | | $I_O = 4A$ | | 270 | | |
| | | $I_O = 7.5A$ | | 425 | 600 | |
| Ground Current | MIC29150 | $I_O = 750mA$, $V_{IN} = V_{OUT}+1$ V | | 8 | 20 | mA |
| | | $I_O = 1.5A$ | | 22 | | |
| | MIC29300 | $I_O = 1.5A$, $V_{IN} = V_{OUT}+1$ V | | 10 | 35 | |
| | | $I_O = 3A$ | | 37 | | |
| | MIC29500 | $I_O = 2.5A$, $V_{IN} = V_{OUT}+1$ V | | 15 | 50 | |
| | | $I_O = 5A$ | | 70 | | |
| | MIC29750 | $I_O = 4A$, $V_{IN} = V_{OUT}+1$ V | | 35 | 75 | |
| | | $I_O = 7.5A$ | | 120 | | |
| $I_{GNDDO}$ Ground Pin Current at Dropout | $V_{IN} = 0.5$ V less than specified $V_{OUT}$. $I_{OUT} = 10$ mA | | | | | mA |
| | MIC29150 | | | 0.9 | | |
| | MIC29300 | | | 1.7 | | |
| | MIC29500 | | | 2.1 | | |
| | MIC29750 | | | 3.1 | | |

续表

| | | | | | |
|---|---|---|---|---|---|
| Current Limit | MIC29150 $V_{OUT}$=0V(Note 4)<br>MIC29300 $V_{OUT}$=0V(Note 4)<br>MIC29500 $V_{OUT}$=0V(Note 4)<br>MIC29750 $V_{OUT}$=0V(Note 4) | | 2.1<br>4.5<br>7.5<br>9.5 | 3.5<br>5.0<br>10.0<br>15 | A |
| $e_n$:Output Noise Voltage (10Hz to 100kHz) $I_L$=100 mA | $C_L$=10 μF<br>$C_L$=33 μF | | 400<br>260 | | μV(rms) |
| Ground Current In Shutdown | MIC29150/1/2/3 only $V_{EN}$=0.4 V | | 2 | 10<br>30 | μA |

4. MIC29XXX 典型应用

MIC29XXX 集成稳压器的典型应用电路如图 4.2.8 所示，其中图(a)为固定输出，图(b)为可调输出。其输出电压为

$$V_{OUT} = 1.24\ \mathrm{V} \times \left(1 + \frac{R_1}{R_2}\right) \tag{4.2.1}$$

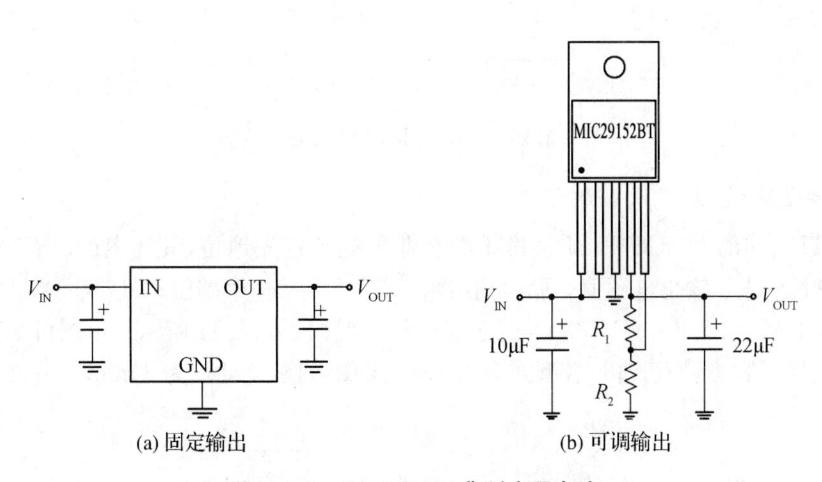


图 4.2.8　MIC29XXX 典型应用电路

为了电源电路稳定工作和减小噪声，其输出端必须加旁路电容，电容容量大小取决于输出电流值，电流大则电容容量也大。MIC29XXX 稳压器满载工作时最小电容取值如图 4.2.9所示。

| 器件 | 电容容量 |
|---|---|
| MIC29150 | 10 μF |
| MIC29300 | 10 μF |
| MIC29500 | 10 μF |
| MIC29750 | 22 μF |

图 4.2.9　MIC29XXX 电容取值

## 4.2.3　NMOS 型 LDO 拓扑结构

NMOS 型 LDO 的拓扑结构如图 4.2.10 所示。从电路结构来说，只是功率型的晶体管

变成了 N 型 MOS 管，其余未变；调整管的控制方式由晶体管的电流控制转为 MOS 管的电压控制，即栅源电压($U_{GS}$)控制调整管，这个电压信号不需要消耗电流。NMOS 管 LDO 相对于晶体管而言，静态电流是一大优势；另一方面，存在的技术不足是 NMOS 管输入输出压差受到 $U_{GS}$限制，其值不可能很小。输入输出电压差由 MOS 管 $U_{DS}$决定，通常 MOS 管导通电阻 $R_{DS}$很小，只有几十 mΩ，即使安培级流过，其 $U_{DS}$也是相当小的，这样 NMOS 管功耗还是很小的。综合上述，相比于晶体管 LDO，NMOS 管 LDO 功耗要小得多；其次，它具有高负载稳定性和快速响应的特点。

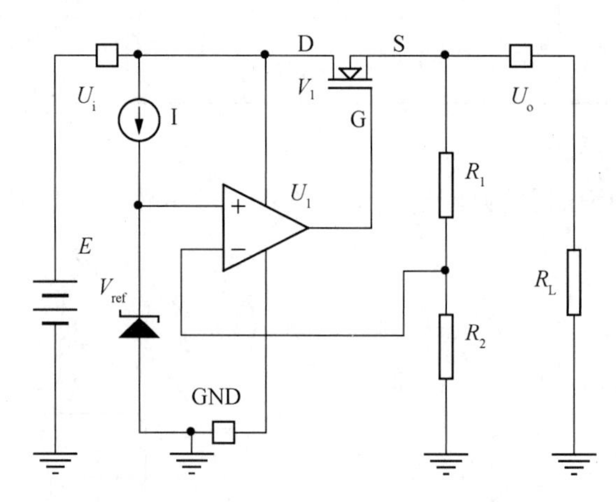


**图 4.2.10 NMOS 型 LDO 的拓扑结构**

1. TPS732XX 封装及引脚配置

美国 TI 公司的 NMOS 管 LDO 稳压器在业界处于领先地位，其代表产品 TPS732XX 系列，型号中“XX”表示输出电压值。固定输出由 1.2 V~5 V 多个挡位；“01”表示“ADJ”，电压可调范围为 1.2 V~5.5 V。TPS732XX 封装及引脚配置如图 4.2.11 所示。由图可知，按器件功能分为固定模式和可调模式；封装型式全为 SMT，DRB 封装尺寸仅为 3 mm×3 mm。

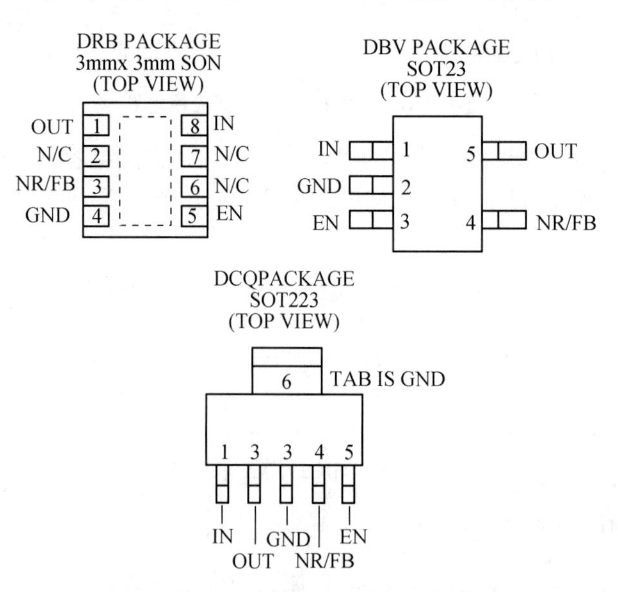


**图 4.2.11 TPS732XX 封装及引脚配置**

2. TPS732XX 电路结构框图

TPS732XX 结构框图如图 4.2.12 所示。由图可知，电路结构符合 NMOS 型 LDO 拓扑结构的特征。

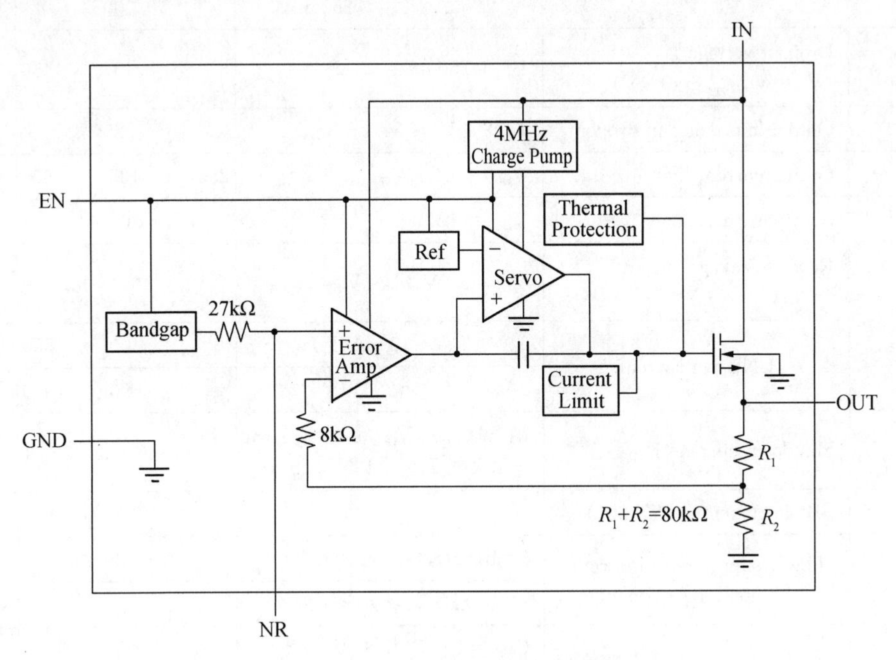


**图 4.2.12　TPS732XX 结构框图**

3. TPS732XX 主要参数

TPS732XX 电参数如表 4.2.3 所示。由表可知，当 $I_O=250$ mA 时，压差 $V_{IN}-V_{OUT}\leqslant$ 150 mV，典型值为 40 mV，芯片自身功耗很低；其次，稳压器的地脚电流最大值为 950 $\mu$A，典型值为 650 $\mu$A，相比晶体管 LDO 要小得多。

**表 4.2.3　TPS732XX 电参数**

<table>
<tr><td colspan="7">ELECTRICAL CHARACTERISTICS<br>Over operating temperature range ($T_J=-40$℃ to $+125$℃), $V_{IN}=V_{OUT}$(note)$+0.5V^{(1)}$, $I_{OUT}=10$ mA, $V_{EN}=1.7$V, and $C_{OUT}=0.1$ $\mu$F, unless otherwise noted. Typical values are at $T_J=25$℃.</td></tr>
<tr><td colspan="3">PARAMETER</td><td>TEST CONDITIONS</td><td>MIN</td><td>TYP</td><td>MAX</td><td>UNIT</td></tr>
<tr><td>$V_{IN}$</td><td colspan="2">Input voltage range(1)</td><td></td><td>1.7</td><td></td><td>5.5</td><td>V</td></tr>
<tr><td>$V_{FB}$</td><td colspan="2">Internal reference(TPS73201)</td><td>$T_J=+25$℃</td><td>1.198</td><td>1.20</td><td>1.210</td><td>V</td></tr>
<tr><td rowspan="3">$V_{OUT}$</td><td colspan="2">Output voltage range (TPS73201)(2)</td><td></td><td>$V_{FB}$</td><td></td><td>$5.5-V_{DO}$</td><td>V</td></tr>
<tr><td rowspan="2">ACCURACY(1)(3)</td><td>Nominal</td><td>$T_J=+25$℃</td><td>−0.5</td><td></td><td>+0.5</td><td rowspan="2">%</td></tr>
<tr><td>$V_{IN}$, $I_{OUT}$, and T</td><td>$V_{OUT}+0.5$ V$\leqslant V_{IN}\leqslant 5.5$V,<br>10 mA$\leqslant I_{OUT}\leqslant$250 mA</td><td>−1.0</td><td>±0.5</td><td>+1.0</td></tr>
<tr><td>$\Delta V_{OUT}\%/\Delta V_{IN}$</td><td colspan="2">Line regulation(1)</td><td>$V_{OUT(nom)}+0.5V\leqslant V_{IN}\leqslant 5.5V$</td><td></td><td>0.01</td><td></td><td>%/V</td></tr>
</table>

续表

| PARAMETER | | TEST CONDITIONS | MIN | TYP | MAX | UNIT |
|---|---|---|---|---|---|---|
| $\Delta V_{OUT}\%/\Delta I_{OUT}$ | Load regulation | 1 mA$\leqslant I_{OUT}\leqslant$250 mA | | 0.002 | | %/mA |
| | | 10 mA$\leqslant I_{OUT}\leqslant$250 mA | | 0.0005 | | |
| $V_{DO}$ | Dropout voltage[4] ($V_{IN}=V_{OUT(nom)}-0.1$V) | $I_{OUT}$=250 mA | | 40 | 150 | mV |
| $Z_o$(DO) | Output impedance in dropout | 1.7V$\leqslant V_{IN}\leqslant V_{OUT}+V_{DO}$ | | 0.25 | | Ω |
| $I_{CL}$ | Output current limit | $V_{OUT}=0.9\times V_{OUT(nom)}$ | 250 | 425 | 600 | mA |
| $I_{SC}$ | Short-circuit current | $V_{OUT}$=0 V | | 300 | | mA |
| $I_{REV}$ | Reverse leakage current[5] ($-I_N$) | $V_{EN}\leqslant$0.5V, 0V$\leqslant V_{IN}\leqslant V_{OUT}$ | | 0.1 | 10 | μA |
| $I_{GND}$ | GND pin current | $I_{OUT}$=10 mA($I_Q$) | | 400 | 550 | μA |
| | | $I_{OUT}$=250 mA | | 650 | 950 | |
| $I_{SHDN}$ | Shutdown current($I_{GND}$) | $V_{EN}\leqslant$0.5V, $V_{OUT}\leqslant V_{IN}\leqslant$5.5, −40℃$\leqslant T_J\leqslant$+100℃ | | 0.02 | 1 | μA |
| $I_{FB}$ | FB pin current(TPS73201) | | | 0.1 | 0.3 | μA |
| PSRR | Power-supply rejection ratio (ripple rejection) | f=100 Hz, $I_{OUT}$=250 mA | | 58 | | dB |
| | | f=10 kHz, $I_{OUT}$=250 mA | | 37 | | |
| $V_N$ | Output noise voltage BW=10 Hz~100 kHz | $C_{OUT}$=10 μF, No $C_{NR}$ | | 27×$V_{OUT}$ | | $\mu V_{RMS}$ |
| | | $C_{OUT}$=10 μF, $C_{NR}$=0.01 μF | | 8.5×$V_{OUT}$ | | |
| $t_{STR}$ | Startup time | $V_{OUT}$=3 V, $R_L$=30 Ω, $C_{OUT}$=1 μF, $C_{NR}$=0.01 μF | 600 | | | μS |
| $V_{EN}$(HI) | EN pin high (enabled) | | 1.7 | | $V_{IN}$ | V |
| $V_{EN}$(LO) | EN pin low (shutdown) | | 0 | | 0.5 | V |
| $V_{EN}$(HI) | EN pin current (enabled) | $V_{EN}$=5.5 V | | 0.02 | 0.1 | μA |
| $T_{SD}$ | Thermal shutdown temperature | Shutdown Temp increasing | | +160 | | ℃ |
| | | Reset Temp decreasing | | +140 | | |
| $T_J$ | Operating junction temperature | | −40 | | +125 | ℃ |

4. TPS732XX 典型应用

TPS732XX 集成稳压器的典型应用电路如图 4.2.13 所示。其中图(a)为固定输出，图(b)为可调输出，其输出电压为

$$V_{OUT}=1.2\text{ V}\times\left(1+\frac{R_1}{R_2}\right) \tag{4.2.2}$$

从原理上来说，稳压器不需要加输入输出电容，加了以后可以改善其性能，输入端加 0.1 μF~1 μF 低 ESR 电容，可以改善源阻抗、噪声和 PSRR。输出端多个低 ESR 电容并联，降低输出端总的 ESR，可以改善负载瞬态响应、噪声和 PSRR。

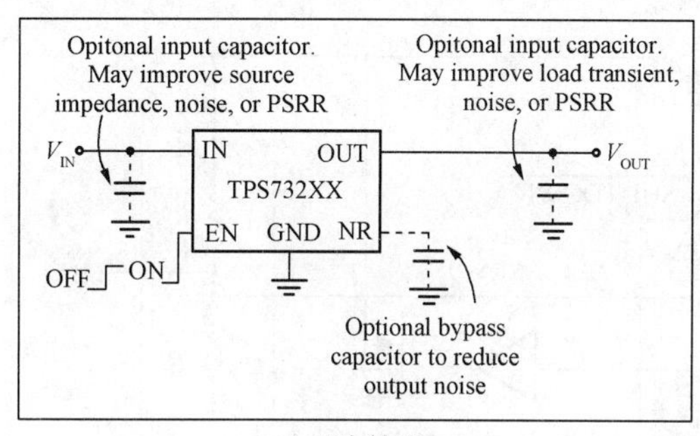


(a) 固定输出

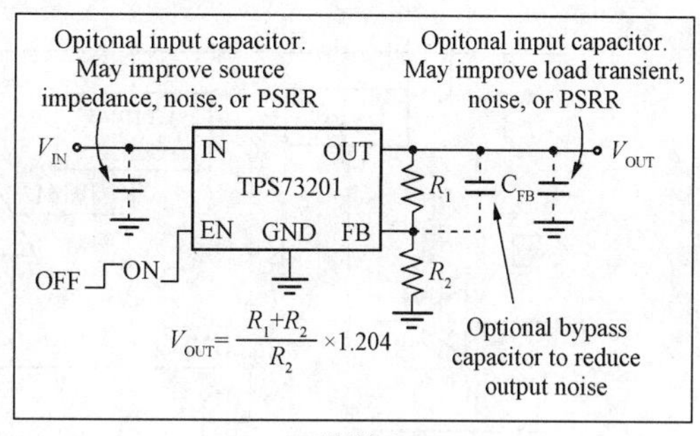


(b) 可调输出

**图 4.2.13 TPS732XX 典型应用电路**

## 4.2.4 PMOS 型 LDO 拓扑结构

PMOS 型 LDO 的拓扑结构如图 4.2.14 所示。相比于 NMOS 管 LDO，PMOS 管克服了输入输出压差受到 $U_{GS}$的限制。PMOS 的 LDO 驱动电路要比 NMOS 的 LDO 简单。

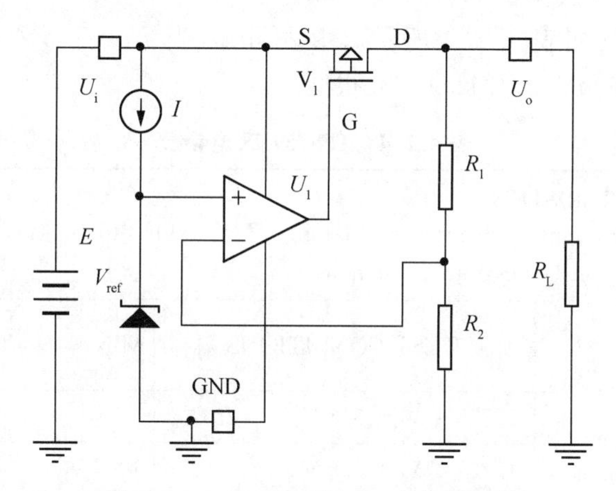


**图 4.2.14 PMOS 型 LDO 的拓扑结构**

### 1. TPS759XX 封装及引脚配置

美国 TI 公司的 NMOS 管 LDO 稳压器在业界处于领先地位，其代表产品 TPS759XX 系列，型号中"XX"表示输出电压值，固定输出由 1.5 V、1.8 V、2.5 V、3.3 V 四个挡位；"01"表示"ADJ"，电压可调范围为 1.5 V～5.5 V。TPS759XX 封装及引脚配置如图 4.2.15 所示。由图可知，按器件功能分为固定模式和可调模式。封装型式直插为 TO－220－5，SMT 为 TO－263－5。

### 2. TPS759XX 电路结构框图

TPS759XX 结构框图如图 4.2.16 所示。由图可知，电路结构符合 PMOS 型 LDO 拓扑结构的特征。

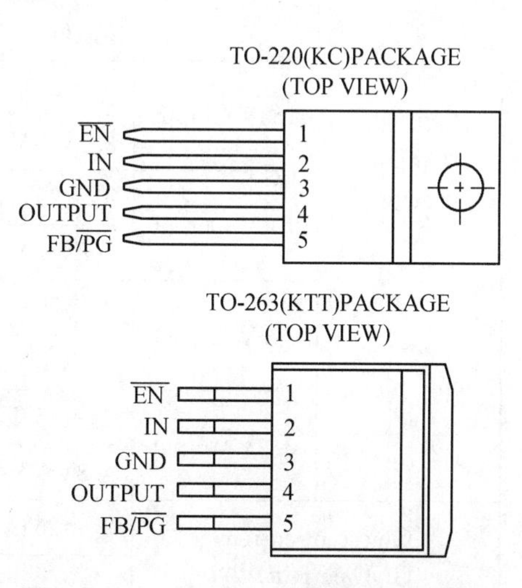


**图 4.2.15 TPS759XX 封装及引脚配置**

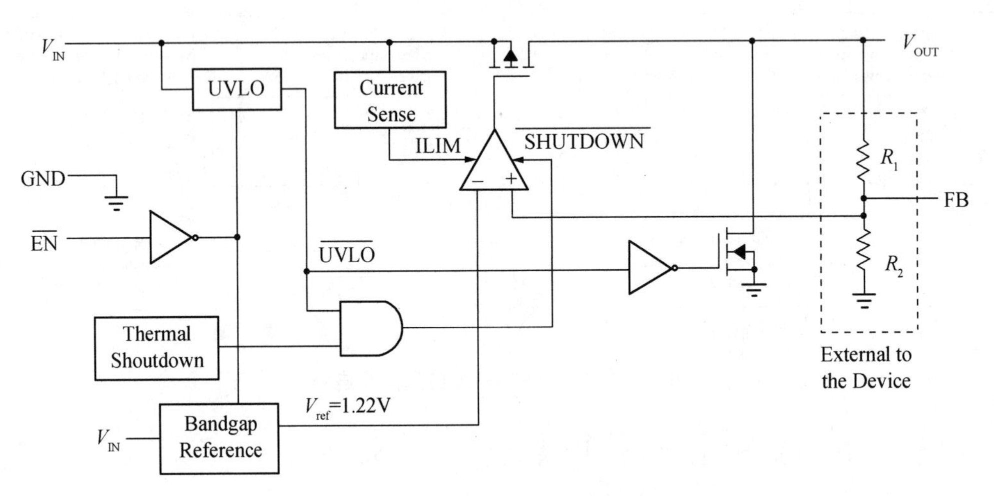


**图 4.2.16 TPS759XX 结构框图**

### 3. TPS759XX 主要参数

TPS759XX 电参数如表 4.2.4 所示。由表可知，当 $I_O=7.5$ A 时，压差 $U_I-U_O\leqslant$ 750 mV，典型值为 400 mV，芯片自身功耗很低。

**表 4.2.4 TPS759XX 电参数**

| ELECTRICAL CHARACTERISTICS<br>over recommended operating junction temperature range($T_J=-40$℃ to 125℃), $V_I=V_{O(typ)}+1V$, $I_O=$ 1 mA, $\overline{EN}=0$ V, $C_O=100$ $\mu$F(unless otherwise noted) | | | | | | |
|---|---|---|---|---|---|---|
| PARAMETER | | TEST CONDITIONS | MIN | TYP | MAX | UNIT |
| Output voltage(1) | Adjustable voltage | $1.22V\leqslant V_O\leqslant 5.5$ V, $T_J=25$℃ | | $V_O$ | | V |
| | | $1.22V\leqslant V_O\leqslant 5.5$ V | $0.97V_O$ | | $1.03V_O$ | |
| | | $1.22V\leqslant V_O\leqslant 5.5$ V, $T_J=0$ to 125℃(2) | $0.98V_O$ | | $1.02V_O$ | |
| | 1.5V Output | $T_J=25$℃, $2.8V<V_I<5.5V$ | | 1.5 | | V |
| | | $2.8V\leqslant V_I\leqslant 5.5V$ | 1.455 | | 1.545 | |
| | 1.8V Output | $T_J=25$℃, $2.8V<V_I<5.5V$ | | 1.8 | | V |
| | | $2.8V\leqslant V_I\leqslant 5.5V$ | 1.746 | | 1.854 | |
| | 2.5V Output | $T_J=25$℃, $3.5V<V_I<5.5V$ | | 2.5 | | V |
| | | $3.5V\leqslant V_I\leqslant 5.5V$ | 2.425 | | 2.575 | |
| | 3.3V Output | $T_J=25$℃, $4.3V<V_I<5.5V$ | | 2.5 | | V |
| | | $4.3V\leqslant V_I\leqslant 5.5V$ | 3.201 | | 3.399 | |
| Quiescent current (GND current)(3)(4) | | $T_J=25$℃ | | 125 | | $\mu$A |
| | | | | | 200 | |

续表

| | | | | | | |
|---|---|---|---|---|---|---|
| Output voltage line regulation($\Delta V_O/V_O$)(4) | | $V_O+1V\leqslant V_I\leqslant 5.5V, T_J=25℃$ | | 0.04 | | %/V |
| | | $V_O+1V\leqslant V_I\leqslant 5.5\ V$ | | | 0.1 | |
| Load regulation(3) | | | | 0.35 | | %/V |
| Output noise voltage | TPS75915 | BW = 300 Hz to 50 kHz, $T_J$ = 25℃, $V_I$ = 2.8 V | | 35 | | μVrms |
| Output current limit | | $V_O=0\ V$ | 8 | 10 | 14 | A |
| Thermal shutdown junction temperature | | | | 150 | | ℃ |
| Standby current | | $\overline{EN}=V_I, T_J=25℃$ | | 0.1 | | μA |
| | | $\overline{EN}=V_I$ | | | 10 | μA |
| FB input current | TPS75901 | FB=1.5 V | −1 | | 1 | μA |
| Power supply ripple relection | TPS75915 | f = 100 Hz, $T_J$ = 25℃, $V_I$ = 2.8 V, $I_O$ = 7.5 A | | 58 | | dB |
| $V_o$ | Dropout voltage (3.3 V output)(5) | $I_O=7.5\ A, V_I=3.2\ V, T_J=25℃$ | | 400 | | mV |
| | | $I_O=7.5\ A, V_I=3.2\ V$ | | | 750 | mV |
| | Discharge transistor current | $V_O=1.5\ V, T_J=25℃$ | 10 | 25 | | mA |

4. TPS759XX 典型应用

TPS759XX 集成稳压器的典型应用电路如图 4.2.17 所示。其输出电压为

$$V_{OUT} = 1.224\ V\times\left(1+\frac{R_1}{R_2}\right) \tag{4.2.3}$$

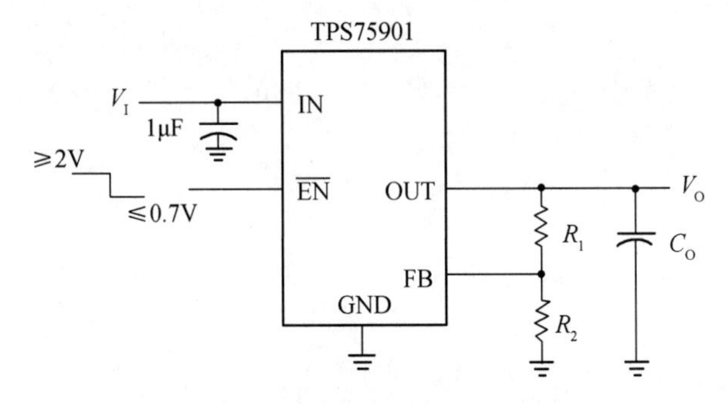


**图 4.2.17　TPS759XX 典型应用电路**

**思考题与习题**

4.1　低压差线性集成稳压器 LDO 有哪几种拓扑结构并画出电路图？市场上最早上市是哪一系列产品？

4.2　LDO 与线性集成稳压器两者之间性能差异是什么？

4.3 PNP管拓扑结构LDO调整管工作在哪种电路组态？其输出阻抗对电路稳定性有什么影响？

4.4 PNP调整管LDO对输出滤波电容的ESR有什么要求？最好选用哪种电容器？

4.5 电路如图P4.5所示，已知$R_1=240\ \Omega$，$V_{REF}=1.25\ V$，LM1117－ADJ输入端5 V。

(1) 输出电压为3.3 V时，$R_2$阻值为多少？

(2) 如果负载接$R_L=10\ \Omega$，芯片功耗是多少？

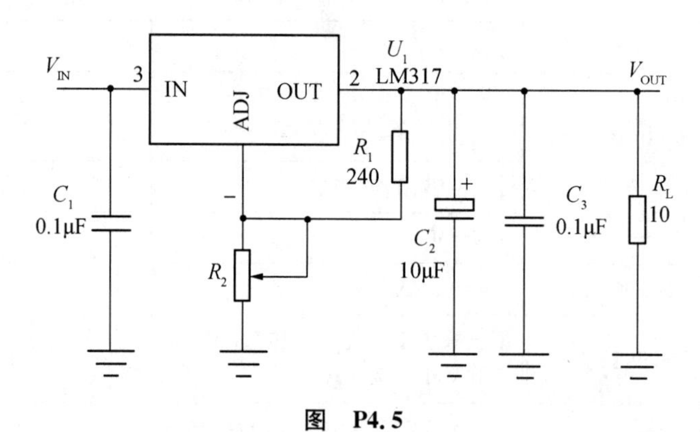


图 P4.5

# 第 5 章　线性稳压电源设计需考虑的问题

扫一扫
可见本章学习资料

线性串联型稳压电路的突出特点是噪声小、稳压性能好和容易制作。但对设计者来说，都面临以下几个问题：

1. 如何合理选择电容器
2. 变压器选用
3. 稳压电路散热问题

由于电源电路种类繁多，技术要求存在差异，只有合理有效地解决好上述问题，才能达到产品设计的技术要求，并使电源产品具有高的稳定性和可靠性。

## 5.1　电容器选型

在直流稳压电路中，通常采用三大类电容用作输入输出端滤波或旁路电容：多层陶瓷电容、固态钽电解电容和铝电解电容。

### 5.1.1　电容器技术

电容器具有多种规格、各种尺寸、额定电压和其他特性，能够满足不同应用的具体要求。常用电介质材料有油、纸、玻璃、空气、云母、聚合物薄膜和金属氧化物。每种电介质均具有特定属性，决定其应用范围。实际电容的等效电路如图 5.1.1 所示，其由标称电容 $C$、等效串联电阻 ESR 和等效串联电感 ESL 组成。

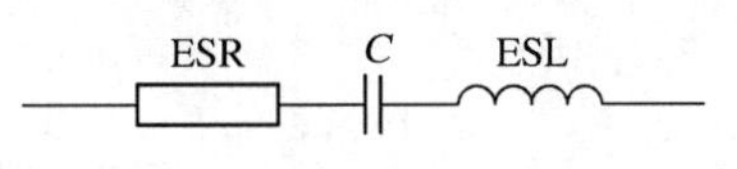


图 5.1.1　电容的等效电路

1. 标称电容 $C$

一般是指在 1 kHz，1 V 等效 AC 电压，直流偏压为 0 V 情况下测到的。

2. 等效串联电感 ESL

ESL 是由于电容的管脚引线产生电感。在低频应用时感抗较小，可以不考虑；当频率较高时，就要考虑这个电感。如选用贴片电容，一般不考虑电感的 ESL。

3. 等效串联电阻 ESR

无论哪种电容都会有一个等效串联电阻，当电容工作在谐振点频率时，电容的容抗和感抗大小相等，于是等效成一个电阻，这个电阻就是 ESR。

ESR 是电容内所有损耗的综合，由介质损耗和金属损耗组成。介质损耗由介质材料的特性决定，每种介质材料有自己的损耗，这一损耗的效果是使电容发热；金属损耗由电容结构中金属材料的导电性决定，其包括电极、引脚和其他金属。这类损耗包括欧姆损耗和高频的“趋肤效应”损耗，因电容结构不同而有很大差异。铝电解电容 ESR 一般有几百毫欧到几欧；瓷片电容一般小于几十毫欧；钽电容介于铝电解电容和瓷片电容之间。

4. 电容器频率特性

贴片电容 X7R 材质瓷片电容的频率特性如图 5.1.2 所示。由图可知，电容 ESR 与电容封装大小无关，与电容容量（标称值）和工作频率相关。电容相关的参数有很多，电路设计中最重要的电容参数是电容标称值 $C$ 和 ESR。

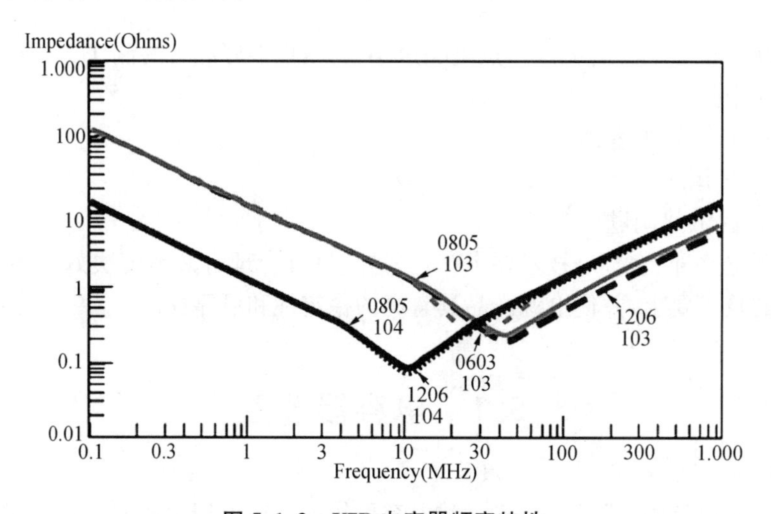


图 5.1.2 X7R 电容器频率特性

### 5.1.2 电源电路中常用电容

电源电路中常用的三种电容：陶瓷电容、钽电容和铝电解电容，三种电容器实物如图 5.1.3所示。

图 5.1.3 电容器实物

1. 陶瓷电容

陶瓷电容结构与电路模型如图 5.1.4 所示。由电极和陶瓷电介质材料交替层构成。瓷片电容充放电按照物理原理工作，因而具有很高的响应速度，可以应用到 GHz 的场合。不过，瓷片电容由于采用介质不同，也呈现很大的差异。贴片电容目前使用 NPO、X7R、Y5V 等不同的材质规格，不同的规格有不同的用途。

NPO、X7R、Y5V 的主要区别是，它们的填充介质不同。在相同的体积下，由于填充介质不同，所组成的电容器的容量就不同，随之带来的电容器的介质损耗、容量稳定性等也就不同。

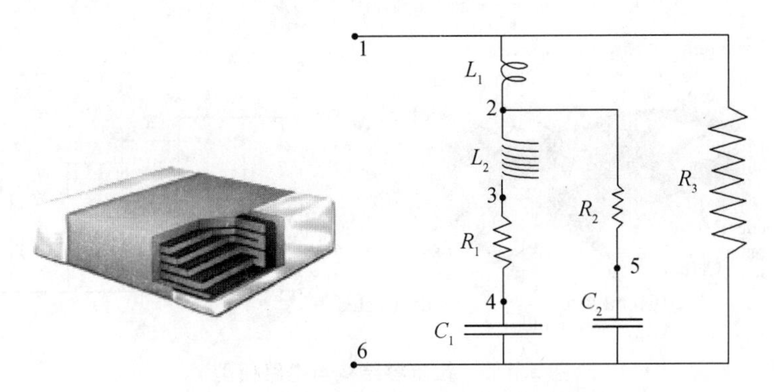


**图 5.1.4　多层陶瓷电容结构与电路模型**

(1) NPO 电容器

NPO 是一种最常用的具有温度补偿特性的单片陶瓷电容器。它的填充介质是由铷、钐和一些其他稀有氧化物组成的。NPO 电容器是电容量和介质损耗最稳定的电容器之一。不过材质介电常数小,所以容值不可能做太大,其最大电容容量约为 0.033 μF。

在温度从 −55℃到 +125℃时,容量变化为 0±30 ppm/℃,电容量随温度的变化小于 ±0.3ΔC。NPO 电容的漂移或滞后小于 ±0.05%,相对 ±2% 的薄膜电容来说,是可以忽略不计的。其典型的容量相对使用寿命的变化小于 ±0.1%,可满足绝大多数电路要求。

NPO 电容器随封装形式不同,其电容量和介质损耗随频率变化的特性也不同,大封装尺寸要比小封装尺寸的频率特性好。NPO 电容器适合用于振荡器、谐振器的槽路电容,以及高频电路中的耦合电容。

(2) X7R 电容器

X7R 电容器被称为温度稳定型的陶瓷电容器。当温度在 −55℃到 +125℃时,其容量变化为 15%,需要注意的是,此时电容器容量变化是非线性的。X7R 电容器的容量在不同的电压和频率条件下是不同的,它也随时间的变化而变化。

X7R 电容器主要应用于要求不高的工业应用,而且当电压变化时,其容量变化是可以接受的。它的主要特点是在相同的体积下,电容量可以做得比较大。

(3) Y5V 电容器

Y5V 电容器是一种有一定温度限制的通用电容器,在 −30℃到 85℃范围内,其容量变化可达 +22% 到 −82%,最大介质损耗达 5%。Y5V 的高介电常数允许在较小的物理尺寸下制造出高达几十微法电容器。

尽管它的容量不稳定,由于它具有体积小、等效串联电感(ESL)和等效串联电阻(ESR)低、良好的频率响应,具有广泛的应用范围,尤其是在退耦与滤波电路中的应用。

2. 钽电容

钽电容结构与电路模型如图 5.1.5 所示。钽电容无论是原理还是结构都像一个电池,用钽丝紧紧围绕钽正极,在表面生长氧化物;在负极通过浸渍以及热转换(Mn→$MnO_2$)形成,最后用环氧树脂包封。

钽电容拥有体积小、容量大、速度快、ESR 低等优势,且价格也比较高。钽电容容量和耐压是由原材料钽粉颗粒的大小所决定。颗粒愈细,可以得到愈大的电容;而如果想得到较

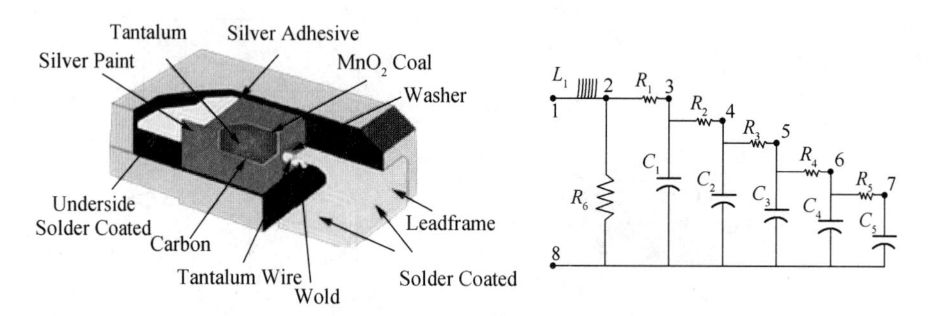


**图 5.1.5 钽电容结构与电路模型**

高的耐压,就需要较厚的 $Ta_2O_5$,这就要求使用颗粒大些的钽粉。所以体积相同且要想获得耐压高又容量大的钽电容的难度很大。

(1) 固体钽电容特性

① 体积小:由于钽电容采用了颗粒很细的钽粉,而且钽氧化膜的介电常数 ε 比铝氧化膜的介电常数高,因此钽电容的单位体积内的电容量大。

② 使用温度范围宽,耐高温:由于钽电容内部没有电解液,很适合在高温下工作。一般钽电解电容器都能在−50℃～100℃的温度下正常工作,虽然铝电解也能在这个范围内工作,但电性能远远不如钽电容。

③ 寿命长、绝缘电阻高、漏电流小:钽电容中钽氧化膜介质不仅耐腐蚀,而且长时间工作能保持良好的性能。

④ 容量误差小:±20%(MAX)。

⑤ 等效串联电阻(ESR)小,高频性能好。

⑥ 耐电压不够高,电流小,价格高:比较容易击穿而呈短路特性,抗浪涌能力差,很可能由于一个大的瞬间电流导致电容烧毁而形成短路。

(2) 固体钽电容极性标注

固体钽电容实物极性标注如图 5.1.6 所示。实物表面"横杠"是正极,常与电解电容器极性相混淆而当作负极,造成电容器发热烧坏,这点必须引起注意。标注容量值为 pF,如标注 476,其容量为 $47\times10^6$ pF=47 μF。

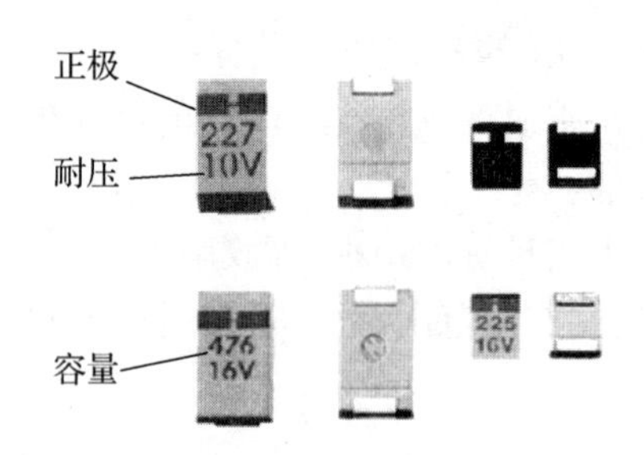


**图 5.1.6 固体钽电容实物极性标注**

3. 铝电解电容

铝电解电容器电路模型及性能特点见 2.1.4 章节。

### 5.1.3　电容器比较与选型

在线性串联稳压电源中，常用多层陶瓷电容、固态钽电解电容和铝电解电容作输入输出滤波电容或旁路电容。

1. 电容器性能比较

三类电容器性能比较如表 5.1.1 所示。

**表 5.1.1　三类电容器性能比较**

| 电容种类 | 优　点 | 缺　点 |
| --- | --- | --- |
| 铝电解电容 | ● 低成本，采用低成本材料的成熟技术，产业始于 20 世纪 30 年代。<br>● 高容量、高耐压电容的唯一选择。 | ● ESR 高，ESL 高。<br>● 较高的 ESR 会引起更多的内部热量，从而导致电解液更快地干涸，电容量下降，这种影响在高温条件下会更糟。<br>● 容量误差大。<br>● 长期贮存有可能导致铝氧化物阻挡层发生变形，ESR 增加。 |
| 陶瓷电容 | ● 低成本，采用低成本材料的成熟技术。<br>● 可靠和坚固，对于过压浪涌具有极强的耐受性，是局部旁路电容的最佳选择。<br>● ESR 低，约几 mΩ；ESL 低，< 3 nH。 | ● 电容量受到限制，最大大约 150 μF/6.3 V。<br>● 体尺寸大的电容在 PCB 挠曲时容易发生破裂。 |
| 钽电容 | ● 可在小型封装中提供大容量电容。<br>● ESR 较低，10～500 mΩ；ESL 低，< 3 nH。<br>● 温度范围宽，适合高温下工作。<br>● 高频性能好。 | ● 成本相当高。<br>● 有限的电压范围：最大额定值 50 V，适用于低于 25VDC 或 35VDC 的电路电压。<br>● 有限的浪涌电流承受能力，需热插拔的输入电容器不要使用钽电容器。 |

2. 电容器滤波与退耦原理

在电源稳压电路设计中，电容主要用于滤波和退耦/旁路。滤波主要指滤除开关电源噪声，而退耦/旁路是减小模块电路受外界噪声干扰。一个典型电容滤波和退耦电路如图 5.1.7所示。开关电源输出的纹波比较大，用 $C_1$ 对电源进行滤波，为模块电路 A 和 B 提供稳定的电压。$C_2$ 和 $C_3$ 均为旁路电容，起退耦作用。当 A 受到一个瞬间的大电流冲击时，如果没有 $C_2$ 和 $C_3$，那么因为线路电感的原因，A 端的电压会变低，而 B 端电压同样受 A 端电压影响而降低，于是模块电路 A 的电流变化引起了模块电路 B 的电源电压变小；同样，B 的电流变化也会对 A 形成干扰，这就是“共路耦合干扰”。

增加 $C_2$ 并有一定容量值，模块电路 A 即使受到一个瞬间的大电流冲击，电容 $C_2$ 可以为 A 暂时提供电流，虽有共路部分电感存在，A 端电压不会下降太多，对 B 的影响也会减小很多，于是通过电流旁路起到了退耦的作用。

滤波电容通常使用大容量电容，对速度要求不是很快，一般使用铝电解电容；浪涌电流较小的情况下，使用钽电容代替铝电解电容效果会更好一些。从上面的例子可知，作为退耦电容，需满足两个要求：一是容量需求；二是 ESR 需求。必须有很快的响应速度，才能达到

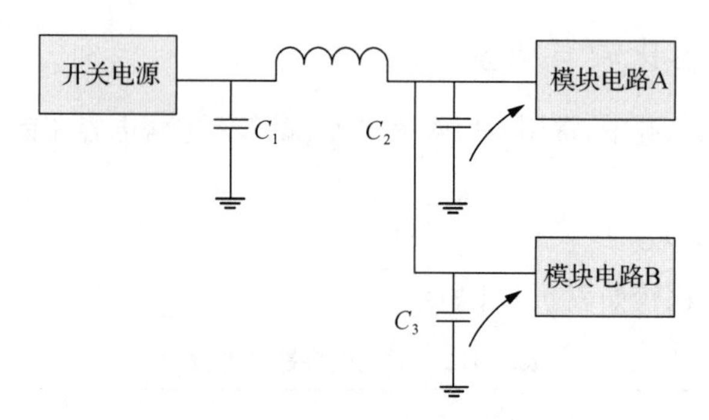


**图 5.1.7　电容滤波与退耦电路**

效果,必须配置陶瓷电容,尽可能靠近芯片的电源引脚;如果容量不够,可以并联钽电容或铝电解电容,使电路滤波与去耦达到最佳效果。

3. LDO 输出电容选型

输入输出电容可有效解决噪声问题,但是电容的价值并不仅限于此。设计人员常常只想到添加几个电容就可以解决大多数噪声问题,但却很少去考虑电容量和电压额定值之外的参数。电容与所有电子器件一样,并不是十全十美的。相反,电容会带来 ESR 和 ESL、电容值会随温度和偏置电压变化而变化,且电容对机械效应也非常敏感。设计人员在选择旁路电容时,必须考虑这些因素。若选择不当,则可能导致电路不稳定、噪声和功耗过大、产品生命周期缩短,以及产生不可预测的电路行为。

LDO 典型应用如图 5.1.8 所示。根据 4.1 章节 LDO 工作原理与稳定性所述,为了保证 LDO 稳定工作,按数据手册给定输出电容 ESR 范围,选择合适电容满足电容的 ESR 要求。比较通用的方法是选用容量大于 1 μF 且 ESR≤1 Ω 的电容。参照表 5.1.1,钽电容的 ESR 范围在 10～500 mΩ 最合适,而陶瓷电容 ESR 太小,铝电解电容 ESR 太大。因此,LDO 输出端不需要并联陶瓷电容,否则 ESR 太小会降低环路的相位裕度,造成电源系统的不稳定。

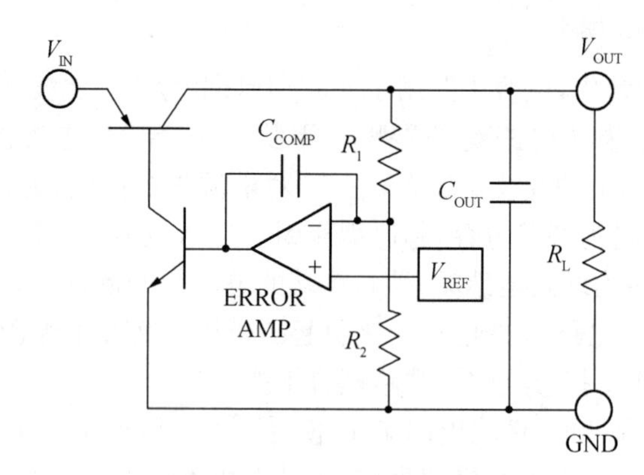


**图 5.1.8　LDO 典型应用**

# 5.2 电源变压器选型

对线性稳压电源来说，确定变压器的绕组电压是非常重要的项目。绕组电压设定低，有利于降低稳压电路的损耗及散热，但输出电压稳定性会下降；反之，损耗增加，需要很大的散热器。

## 5.2.1 绕组电压与电流确定

1. 绕组电压确定

变压器绕组电压与初级绕组的外加电压，以及绕组的匝数比成正比。下面介绍确定绕组电压首先考虑的外部条件。

(1) 输入电压波动值

在输入电压的最低值(按标称电压±10%波动)，输出端也应该得到期望的整流电压值。

(2) 计算串联稳压器元件电压降

在输出电流最大的条件下，串联稳压器的各个元件承受的电压降也最大。

以全波整流滤波电路为例，电路如图 5.2.1 所示。图中 $R_0$ 为变压器与二极管内阻之和。变压器次级端电压 $u_2$ 可由下式来计算

$$u_2=\frac{1}{\sqrt{2}}\left(U_O+\frac{1}{2}\Delta U_r+V_F\right)\cdot(1+k_1)\cdot(1+k_2)\cdot(1+k_3) \tag{5.2.1}$$

式中，$U_O$ 为整流滤波后的直流电平；$\Delta U_r$ 为纹波电压峰峰值；$V_F$ 为整流管二极管的正向电压；$k_1$ 为输入电压波动值，通常取 10%；$k_2$ 为变压器初次级匝比取整后的误差，约 2%；$k_3$ 为导线电压降，估计值为 3%。

为简便起见，如采用桥式整流方式，简化计算公式为

$$u_2\approx 0.81U_O+1.5 \tag{5.2.2}$$

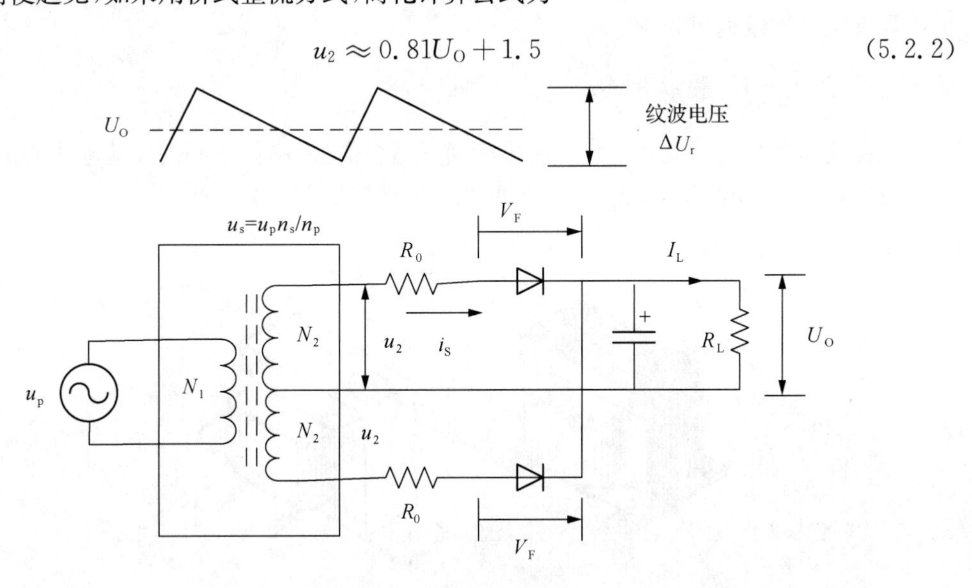


图 5.2.1　全波整流滤波

2. 绕组电流确定

流过变压器次级绕组的电流 $i_s$，与整流后的直流电流 $I_L$ 不同。流过变压器的电流为交流 $i_s$，因此必须按其有效值来计算，通常 $I_{SP}$ 为 $I_O$ 的 2～3 倍。

### 5.2.2 变压器电压变化的原理

根据变压器电气结构，用漆包线绕制初次级线圈回路；铁心或磁芯用来构成磁路，加强初次级磁耦合。漆包线绕组电阻产生损耗称为铜损；变压器交变磁场产生磁芯涡流损耗称为铁损，其结果会造成变压器产生损耗而发热。由于线圈绕组电阻存在，变压器输出电压随着其电流值变化而变化，可以用图 5.2.2 所示变压器 T 型等效电路来分析。

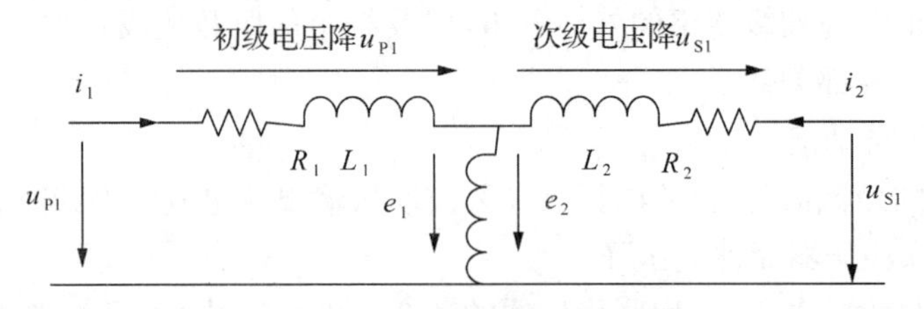


图 5.2.2 变压器 T 型等效电路

由于变压器存在绕组电阻和漏感等因素，在初次级电路中，分别串联了 $R_1$、$L_1$ 和 $R_2$、$L_2$，其中漏感是指初次级绕组未实现 100%耦合产生的寄生电感。

设初次级电流分别为 $i_1$ 和 $i_2$，其绕组压降分别为

$$u_{P1} = i_1(R_1 + \omega L_1) = (N_2/N_1)i_2(R_1 + \omega L_1) \tag{5.2.3}$$

$$u_{S1} = i_2(R_2 + \omega L_2) \tag{5.2.4}$$

由式(5.2.3)、(5.2.4)可知，电压降与次级电流成正比，小容量变压器的导线细、绕组匝数多，电压降就大。例如，13 VA 变压器，其变化率约为 30%，即在额定功率时次级输出为 8 V，而在空载次级输出为 10.4 V。

### 5.2.3 变压器磁饱和

电源变压器是把市电 220 V 交流电变换成适合需要、高低不同的交流电压的电子器件，其主要由铁心、线圈绕组、骨架组成，小型变压器结构如图 5.2.3 所示。

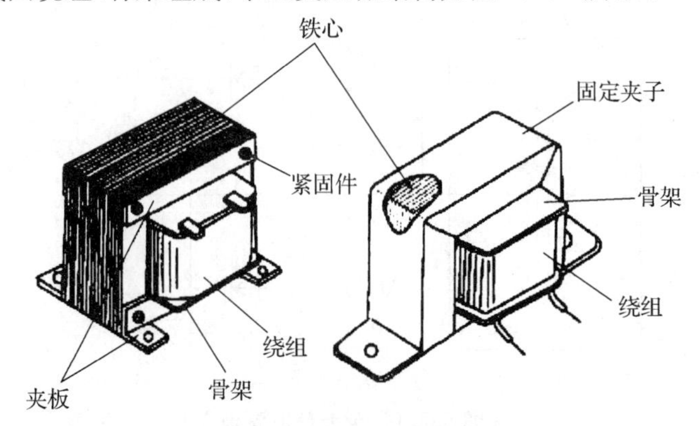


图 5.2.3 小型变压器结构

电源变压器的铁心大都采用铁质硅钢片（又称矽钢片），是因为硅钢片本身是一种导磁能力很强的磁性材料，其最大磁通量在15 000高斯以上。磁滞回线（$B-H$ 曲线）用来表示某种铁磁材料在磁化过程中，磁通密度 $B$ 与磁场强度 $H$ 之间的关系。硅钢片磁滞回线（$B-H$ 曲线）如图5.2.4所示。磁通密度随铁心的材料不同，$B$ 的最大值 $B_m$（最大磁通密度）具有不同的临界值。但是，商用变压器的频率一般很低（50 Hz/60 Hz），考虑到增加匝数会增加体积，所以设计中往往将 $B$ 用到最大值。结果导致输入电压稍微超过额定值范围一点，就出现磁饱和现象，磁通无法从铁心内部通过。

变压器发生磁饱和后，铁心磁导率 $u_r=1$，即相当于空心状态，线圈的励磁电感非常低，其结果是励磁电流变得十分大，变压器励磁电流如图5.2.5所示。这种大电流足以引起变压器绕组烧毁或变压器保险丝烧断等重大事故，因此必须十分小心地处理。

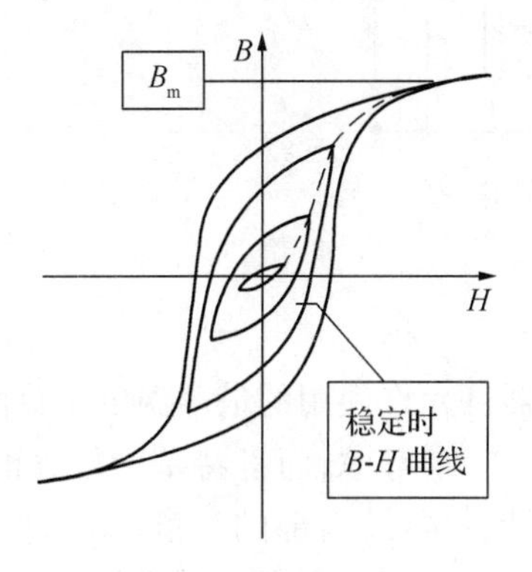


图5.2.4　硅钢片磁滞回线

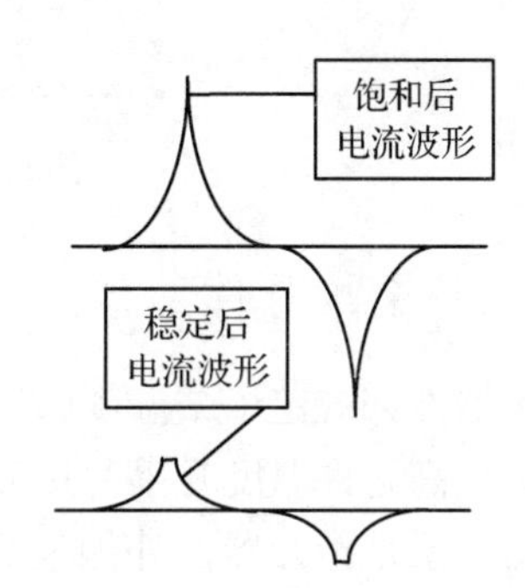


图5.2.5　变压器励磁电流

## 5.3　电源散热问题

在线性稳压电源中，电流流过电子元器件、连接器产生热损耗。特别是半导体调整器件因其工作在线性放大状态而产生很大的功率损耗。如果没有良好的散热措施，当半导体器件温度超过允许范围时，电源的输出将产生很大的漂移，效率降低，甚至烧毁电源。因此，其散热设计非常重要，这是确保电源正常工作的关键。

### 5.3.1　半导体器件功耗

电源稳压电路通过半导体功率管调整实现输出电压稳压。由于半导体管工作在放大状态，会产生很大的功率损耗。设电源输出功率为 $P_o$、转换效率为 $\eta$，则电源电路的内部功耗 $P_c$ 为

$$P_c = P_o(1/\eta - 1) \tag{5.3.1}$$

这些损耗将全部转化成热量，使元器件的温度升高。但是无论是什么元器件，都有最高使用温度的限制，即在使用时，元器件的温度不允许超过额定值。

电源电路中使用的半导体管、IC等元器件，功率损耗大。因此，需要采取一定措施来改善散热条件。

以图 5.3.1 串联稳压电路为例，晶体管功耗 $P_c$ 为

$$P_c = I_o(U_i - U_o) \tag{5.3.2}$$

由上式可知，如果输入电压 $U_i$ 或输出电流 $I_o$ 较高，那么其功耗就较大。

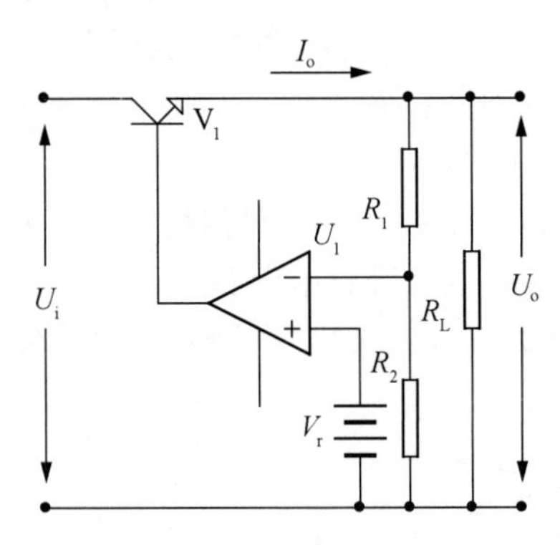


图 5.3.1 串联稳压电路

## 5.3.2 半导体器件结温

半导体类器件都规定了结温度($T_j$)，也就是元器件允许使用的最高温度。目前，广泛选用的硅半导体最高允许温度几乎都按照 $T_{j(max)}=150℃$ 来考虑；而肖特基二极管的 $T_{j(max)}=125℃$。$T_{j(max)}$ 并不是指元器件外侧表面的温度，而是元器件内部的温度，即芯片内部的温度。显然，其值无法在元器件的外侧使用温度计测定，只能通过计算封装表面的温度来推算。

芯片结温和封装温度之差记为 $\Delta T_{j-c}$。对于晶体管而言，该值可通过集电极功耗 $P_{CM}$ 以及结温与封装间的热电阻 $\theta_{j-c}$ 值来确定。热电阻的含义与电阻类似，是表示热量传递的参数，热阻越小，热量传递越容易，即散热越快。

晶体管的热阻 $\theta_{j-c}$ 在半导体数据手册不登载。实际上，可以通过晶体管的 $P_{CM}$ 来计算。晶体管的 $P_{CM}$ 是指封装表面温度保持 25℃($=T_a$)不变时，所消耗的功率，由此可推出 $T_j=150℃$ 时的 $\theta_{j-c}$ 值为

$$\theta_{j-c} = \frac{T_{j(max)} - T_a}{P_{CM}} \tag{5.3.3}$$

如晶体管 $P_{CM}=20$ W，则有 $\theta_{j-c}=(150-25)/20=6.25$ (℃/W)。

如何才能合理地使用最大结温 $T_{j(max)}=150℃$ 的半导体呢？虽然全凭经验来确定，但对于串联稳压电路来说，用作调整管的晶体管要留有 20%以上的安全裕量，也就是上限为 120℃。

功率晶体管两种常见封装：TO-220 和 TO-3，如图 5.3.2 所示。在大气环境下散热的热电阻 $\theta_{c-a}$ 随封装不同而变化。如 TO-220 约为 60℃/W；TO-3 约为 30℃/W，由此说明 TO-3 封装散热优于 TO-220 封装。

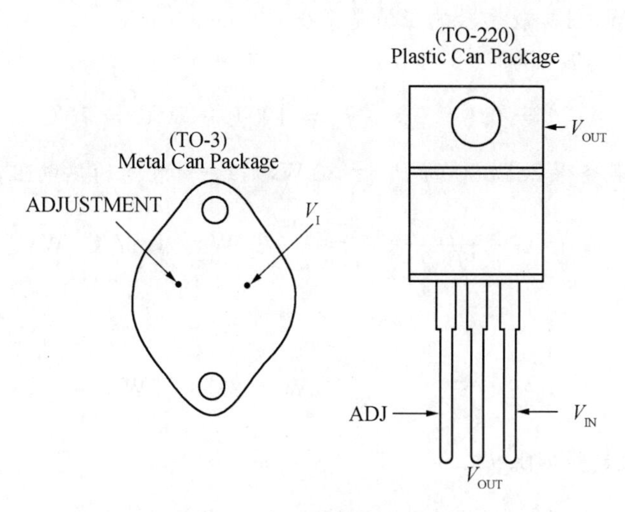


图 5.3.2　功率晶体管封装

### 5.3.3　散热器选择

带散热器半导体元件的散热系统可以按照电气电路的欧姆定律进行运算。功耗对应电流；温差对应电压；热阻对应电阻。其散热系统等效电路如图 5.3.3 所示。热源是半导体芯片，常用绝缘材料云母板的绝缘热阻为 $\theta_c=0.3$ ℃/W；元器件由于形状不同，其接触热阻 $\theta_s$ 值也不同，如 TO－220 约为 0.5 ℃/W；降低热接触电阻的方法是在接触表面涂抹硅脂。封装-大气间热阻 $\theta_{c-a}$ 值较大，如 TO－220 为 60 ℃/W。

从热源侧看，总热电阻为

$$\theta=\frac{\theta_{c-a}\cdot(\theta_c+\theta_s+\theta_{f-a})}{\theta_{c-a}+\theta_c+\theta_s+\theta_{f-a}}+\theta_{j-c} \tag{5.3.4}$$

由于封装与大气间热阻 $\theta_{c-a}$ 值较大，上式可简化为

$$\theta=\theta_c+\theta_s+\theta_{f-a}+\theta_{j-c} \tag{5.3.5}$$

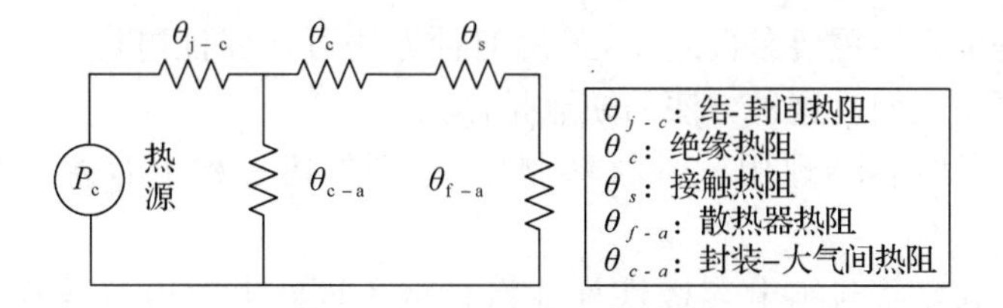


图 5.3.3　散热系统等效电路

因此，如果确定了总热阻 $\theta$ 的大小，可求出热阻 $\theta_{f-a}$。热阻 $\theta$ 由晶体管 $P_c$ 和 $\Delta T_j$ 求得，热阻 $\theta$ 为

$$\theta=\frac{\Delta T_j}{P_c}=\frac{T_j-T_a}{P_c} \tag{5.3.6}$$

**【例 5.3.1】**　在环境温度 $T_a=50$℃时，TO－220 型晶体管 2SD880 作为调整管工作，其

集电极损耗 $P_c=3$ W，则其散热器热阻值是多少？

**解**：结温升高值 $\Delta T_{j-c}$ 为

$$\Delta T_{j-c}=0.8T_{j(max)}-T_a=120℃-50℃=70℃$$

从产品数据手册查得 2SD880 的 $P_{CM}=30$ W，则结-封装间的热电阻 $\theta_{j-c}$ 为

$$\theta_{j-c}=\frac{T_{j(max)}-T_{a(25)}}{P_{CM}}=\frac{125}{30}℃/W=4.17\ ℃/W$$

而总热阻 $\theta$ 为

$$\theta=\frac{\Delta T_j}{P_c}=\frac{70}{3}℃/W=23.3℃/W$$

因此，所需要散热器热阻 $\theta_{f-a}$ 为

$$\begin{aligned}\theta_{f-a}&=\theta-(\theta_c+2\theta_s+\theta_{j-c})\\&=23.3℃/W-(0.3+2\times0.5+\\&\quad 4.17)\ ℃/W\\&\approx 18\ ℃/W\end{aligned}$$

式中，接触热阻 $\theta_s$ 乘 2 是因为有两个接触面，即分别为晶体管与绝缘板之间以及绝缘板与散热器之间的接触面。

最后是根据计算出的热阻 $\theta_{f-a}$ 选择散热器。散热器有各种形状和安装结构，应该挑选与上述计算值相匹配的散热器。电子电路中常用散热器如图 5.3.4 所示。

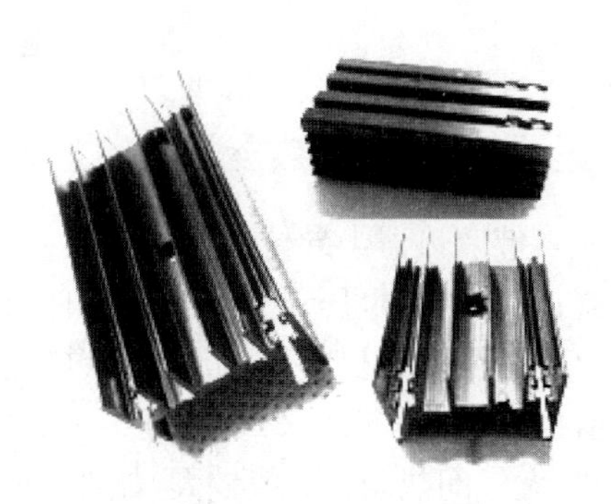

**图 5.3.4 常用散热器**

**思考题与习题**

5.1 线性稳压电源常用滤波电容器有哪几类？高压（$>$36 V）电源采用哪类电容器滤波？

5.2 ESR 是电容器重要参数之一，采用何种方法可在保证电容量不变的前提下降低电容器的 ESR，画图说明？这种方法的缺点是什么？

5.3 贴片陶瓷电容器现用三种材料制作，分别叙述三种电容主要性能差异和应用场合。

5.4 铝电解电容器与钽电容极性标注有什么不同？电解电容器极性接反的后果是什么？

5.5 LDO 最好选用哪类电容器？为什么？

5.6 50 Hz 电源变压器经过桥式整流滤波后，输出电压随着输出电流变化而变化，说明其原因。

5.7 变压器发生磁饱和后，其现象与后果是什么？

5.8 电源稳压器的调整管需要散热器散热降温，调整管与散热器之间涂硅脂有什么作用？

# 第6章　开关稳压电源

随着电力电子技术的高速发展，电力电子设备与人们的工作、生活的关系日益密切，而电子设备都离不开可靠的电源。进入20世纪80年代，计算机电源全面实现了开关电源化，率先完成计算机的电源换代。进入20世纪90年代，开关稳压电源相继进入各种电子、电器设备领域，程控交换机、通信、电子检测设备电源、控制设备电源等都已广泛地使用了开关稳压电源，更促进了开关电源技术的迅速发展。

开关稳压电源因为体积小、效率高(75%以上)已经充斥了我们的日常生活。从移动电话的充电器，到我们的彩电、音像供电电源；从路边的霓虹灯，到车站的电子显示牌，这些都用到了开关稳压电源；从我们的台式计算机，到便携笔记本电脑等等，这些都离不开开关稳压电源。

开关稳压电源的输入并不限于是交流(AC/DC电源)，还可以是直流(DC/DC电源和DC/AC电源)。开关稳压电源交流输入电压范围比较宽，可以从几十伏到上千伏。就目前而言，开关电源的控制方式有两种：脉宽调制(Pulse Width Modulation，PWM)和频率调制(Pulse Frequency Modulation，PFM)。PWM比较常见，多采用这种方式。在电磁兼容要求比较高的应用环境，采用PWM与PFM组合方式。

开关稳压电源高频化是其发展的方向，高频化使开关电源小型化，并使开关电源进入更广泛的应用领域，特别是在高新技术领域的应用，推动了高新技术产品的小型化、轻便化。另外开关电源的发展与应用，对节约能源、节约资源及保护环境方面都具有重要的意义。

## 6.1　开关稳压电源概述

线性稳压电源的调整管工作在线性放大状态，其功耗大，需加散热器，电源效率低(≤35%)；开关电源的调整管工作在开关状态(饱和区和截止区)，电源效率高(75%以上)。二者的成本都随着输出功率的增加而增长，但在某一输出功率点上，线性电源成本会高于开关电源。随着电力电子技术的发展和创新，也使得开关电源技术在不断地创新，这一成本反转点日益向低输出功率端转移，为开关电源提供了广泛的发展空间。

开关电源产品广泛应用于工业自动化控制、军工设备、通信设备、电力设备、仪器仪表、家用电器、医疗设备、仪器类等领域。

开关稳压电源的电路结构如图6.1.1所示，包括输入回路、功率变换器、输出回路和控制电路等四部分。

直流DC/DC转换器按输入与输出之间是否有电气隔离可以分为两类：一类是有隔离的称为隔离式DC/DC转换器；另一类是没有隔离的称为非隔离式DC/DC转换器。

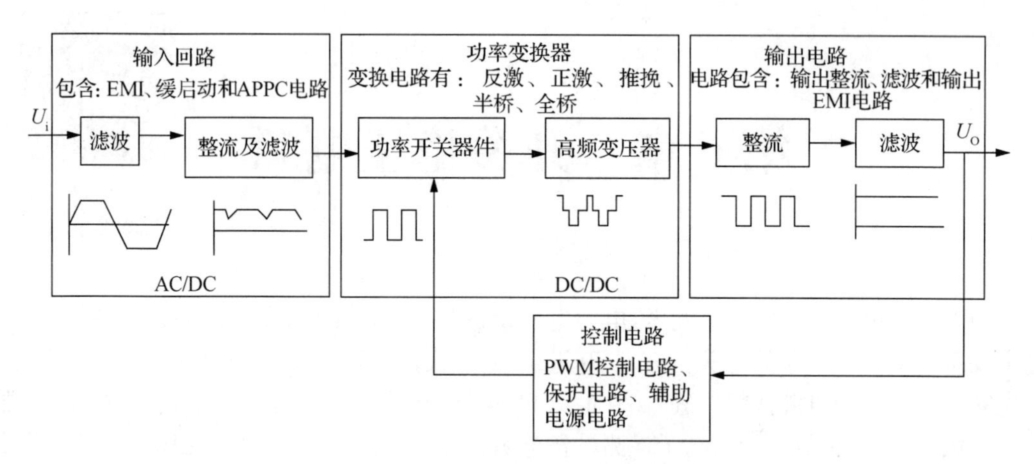


**图 6.1.1 开关稳压电源的电路结构**

### 6.1.1 非隔离式变换器

非隔离式 DC/DC 转换器，按有源功率器件的个数，可以分为单管、双管和四管三类。单管 DC/DC 转换器共有四种，即降压式(Buck) DC/DC 转换器、升压式(Boost) DC/DC 转换器、升压降压式(Buck-Boost) DC/DC 转换器、Cuk DC/DC 转换器。在这四种单管 DC/DC 转换器中，Buck 与 Boost 是基本的 DC/DC 转换器拓扑结构，Buck-Boost、Cuk 转换器是从中衍生出来的，还有双管的推挽式(Push-Pull Converter)、半桥(Harf-Bridge Converter) DC/DC 转换器和四管全桥(Full-Bridge Converter) DC/DC 转换器。

### 6.1.2 隔离式变换器

隔离式 DC/DC 转换器也可以按有源功率器件的个数来分类。单管的 DC/DC 转换器有正激式(Forward)和反激式(Flyback)两种；双管 DC/DC 转换器有双管正激式(Double Transistor Forward Converter)、双管反激式(Double Transistor Flyback Converter)、推挽式(Push-Pull Converter)和半桥式四种；四管 DC/DC 转换器就是全桥 DC/DC 转换器。

## 6.2 降压型(Buck)变换器

Buck、Boost、Buck-Boost 是三个最基本的开关稳压电源拓扑结构。这些电源拓扑结构的区别主要在于开关管、输出电感和输出电容的连接方式。各个不同的拓扑结构体现了不同的电路属性，包括转换效率、输入与输出电流、输出电压纹波、电源系统频率响应及稳定度等。

### 6.2.1 Buck 工作原理

图 6.2.1 为包括驱动电路的 Buck 变换器的拓扑结构。开关元件由一个 N 沟道的 MOSFET 管 $Q_1$ 和一个二极管组合而成；电感器 $L$ 和电容器 $C$ 组成输出滤波器。

当功率开关管 $Q_1$ 导通时，$V_1$—$Q_1$—$L$—$C(R)$构成回路，输入电源经 $Q_1$、电感器为负载

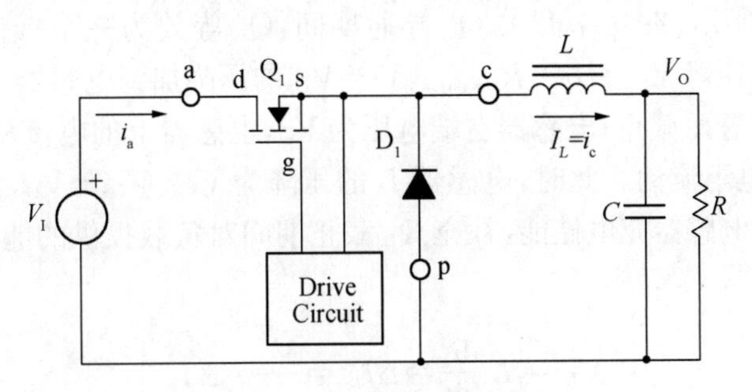


**图 6.2.1　Buck 电路拓扑结构**

提供电压。由于电感器 $L$ 上的电流不能突变，呈线性增加，在电感上建立电磁场，电感器 $L$ 处于储能状态。由于 $Q_1$ 处于饱和导通状态，二极管 $D_1$ 的阴极上电位近似等于输入电压 $V_I$，$D_1$ 处于反向偏置的截止状态，此时输出端的电容器 $C$ 处于充电状态。

当功率开关管 $Q_1$ 截止时，$L$—$C(R)$—$D_1$ 构成的回路，电感器 $L$ 上储存的电磁能量逐渐释放，电感器上的电压极性瞬间反转为左负右正，二极管 $D_1$ 导通起续流作用，电感器上的能量提供至负载端，而其电流慢慢衰减至初始值。

为了降低由于功率开关所产生的交流纹波，输出级采用电感器 $L$ 和输出电容 $C$ 构成了低通滤波器，电感器 $L$ 的值越大，滤波效果越好。

根据电感上流过的电流形式不同，Buck 电路的工作模式可分为连续导通模式(Continuous Conduction Mode，CCM)和非连续导通模式(Discontinuous Conduction Mode，DCM)。在整个开关稳态运行过程中，连续导通模式下流过电感上的电流最小值大于零，是连续导通的；非连续导通模式下流过电感上的电流有一段为零，不能连续导通，在每个转换周期内，电感上的电流从零开始上升至峰值点后，下降至零。

1. Buck 结构连续导通模式稳态分析

Buck 电路功率开关 $Q_1$ 的导通和截止状态的等效电路如图 6.2.2 所示。

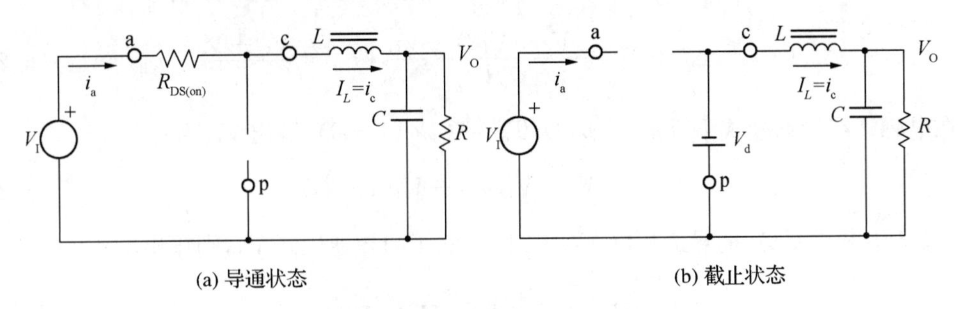


(a) 导通状态　　(b) 截止状态

**图 6.2.2　Buck 变换器两种等效电路**

导通持续时间 $t_{on}$ 为

$$t_{on} = DT_S \tag{6.2.1}$$

其中，$D$ 为开关信号的占空比；$T_S$ 为开关信号的周期。

截止持续时间 $t_{off}$ 为

$$t_{off} = (1-D) \cdot T_S \tag{6.2.2}$$

如图 6.2.2(a)所示，在功率开关 $Q_1$ 导通期间，$Q_1$ 等效为一个低值的等效导通电阻 $R_{DS(on)}$，漏、源之间的压降 $V_{DS}=I_L\times R_{DS(on)}$。$V_I-V_{DS}$的压降加到电感器左端的 c 点，此时二极管 $D_1$ 由于反向偏置而截止；电感器右端电压为 $V_O$，电感器上的电流从输入电源经 $Q_1$、$L$ 向输出电容及负载电阻流动。此时，电感器 $L$ 的压降为 $V_I-V_{DS}-V_O$，流经电感器的电流由初始值线性增加，电感器充电储能，补充 $Q_1$ 截止期间对负载提供的能量损失。电感上的电压为

$$V_L = L\frac{\mathrm{d}i_L}{\mathrm{d}t}\Rightarrow \Delta I_L = \frac{V_L}{L}\cdot\Delta T \tag{6.2.3}$$

$Q_1$ 导通期间电感上电流的变化量为

$$\Delta I_L(+) = \frac{(V_I - V_{DS}) - V_O}{L}\cdot t_{on} \tag{6.2.4}$$

式中，电流增量的大小反应电感上的纹波电流大小。

如图 6.2.2(b)所示，在功率开关 $Q_1$ 截止期间，$Q_1$ 的漏、源之间相当于高阻状态。由于电感上电流不能突变，在回路 $L$-$C(R)$-$D_1$ 中，$D_1$ 起续流作用，流过电感上的电流线性降低，从而在电感两端产生左负右正的相反极性的感应电动势，电感器 $L$ 左端的 c 点的电位 $-V_d$，$V_d$ 为二极管 $D_1$ 的正向导通压降；电感器 $L$ 右端的电位仍为 $V_O$，电感器 $L$ 上的压降为 $V_O+V_d$，$Q_1$ 截止期间电感上电流的变化量为

$$\Delta I_L(-) = \frac{V_O + V_d}{L}\cdot t_{off} \tag{6.2.5}$$

式中，电流的减小量的大小反映电感上的纹波电流大小。

在稳态工作的开关电源中，功率开关 $Q_1$ 导通和截止期间，电感器达到伏秒平衡(Volt-Second Balance)，即电感两端的正伏秒值等于负伏秒值；另一方面，根据流经电感器的电流是连续的，即功率开关 $Q_1$ 导通和截止两种状态下，电流的变化量相等，则有

$$\Delta I_L(+) = \Delta I_L(-)\Rightarrow \frac{(V_I - V_{DS}) - V_O}{L}\cdot t_{on} = \frac{V_O + V_d}{L}\cdot t_{off} \tag{6.2.6}$$

在电感连续导通模式下，$t_{on}=T_S\times D$，$T_{off}=T_S\times(1-D)$，输出 $V_O$ 为

$$V_O = (V_I - V_{DS})D - V_d(1-D) \tag{6.2.7}$$

式中，忽略功率开关 $Q_1$ 的导通压降 $V_{DS}$、二极管的正向导通压降 $V_d$，则输出电压

$$V_O = V_I\cdot D = V_I\cdot\frac{t_{on}}{T_S} \tag{6.2.8}$$

由上式可知，输出电压 $V_O$ 与 $D$、$V_I$ 成正比。当输入电压有所变动时，可以通过改变占空比来保持输出电压的恒定；当负载增加时，增加占空比抵抗输出电压的下降，通过闭环控制实现稳定的输出。

相对于线性变换器，开关型变换器的优势在于功率回路中的开关元件损耗很小。在开关型变换器中，功率开关管只有导通和完全关断两种状态，内部损耗非常小，所以具有很高的转换效率。图 6.2.3 为 Buck 转换器在电感连续导通模式下的波形图。在 $I_{Q1}$-t 图中，$Q_1$

导通时，c点电位近似等于电源电压 $V_I$，电感器承受的恒定电压为 $V_I - V_O$，电流线性上升，其斜率为 $di/dt=(V_I - V_O)/L$；$Q_1$ 截止时，c点电位，因为电感的电流不能突变，电感产生的反电动势以维持原来的电流，由于二极管 $D_1$ 导通续流，c点电位被钳制在比地电位低一个二极管导通压降的负值。电感器上的电压极性反相，流经电感器和二极管的电流线性下降，$Q_1$ 关断过程结束时，电流下降到初始值。

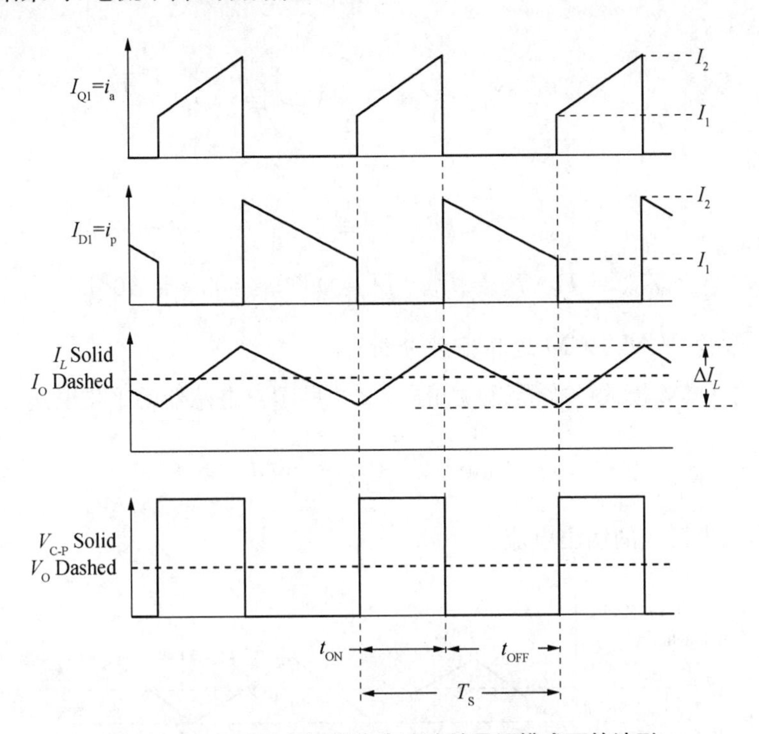


**图 6.2.3　BUCK 转换器在电感连续导通模式下的波形**

当 $Q_1$ 关断时，关断前流过 $Q_1$ 的电流转移流向二极管 $D_1$、电感器 $L$、输出电容 $C$ 和负载。此时电感器 $L$ 上的电压极性反相，负值为 $(V_O+0.7)$，电感器中的电流以 $di/dt=-(V_O+0.7)/L$ 的斜率线性下降。在稳定运行状态下，$Q_1$ 关断时间结束时，流经电感器的电流下降到 $I_1$ 时，仍流过二极管 $D_1$、输出电容器 $C$ 和负载。当 $Q_1$ 再次导通时，流经 $Q_1$ 的电流逐渐取代二极管 $D_1$ 的正向电流。当 $Q_1$ 上的电流上升到 $I_1$ 时，二极管 $D_1$ 上的电流降到零并关断，$C$ 点的电位近似上升到 $V_I$，使 $D_1$ 反偏截止。

电感器 $L$ 上的电流是 $Q_1$ 导通时电流和 $Q_1$ 截止时 $D_1$ 上的电流之和，该电流包含直流分量 $I_O$ 和以 $I_O$ 为中线的三角波分量 $(I_2 - I_1)$，如图 $I_L-t$ 所示。随着输出电流的改变，斜坡中点也会变化，但斜坡的斜率保持不变。由于电感电流三角波的峰-峰值与输出电流平均值无关，当 $I_O$ 减小使得电流三角波谷值达到零时，称为临界负载电流，即 CCM 和 DCM 的边界情况。

电感器左端是一个方波脉冲 $V_C$，如图 $V_{C\text{-}P}-t$ 所示（实线）。经过滤波后的输出电压 $V_O$ 如图 $V_O - t$ 所示（虚线）。

**【例 6.2.1】**　现有一 Buck 型电源变换器，输入电压的波动范围为 9～25 V，要求稳定的 5 V 输出，开关频率等于 20 kHz。求工作在 CCM 模式下占空比的变化范围及开关管的导

通时间 $t_{on}$。

**解**：根据式(6.2.8)，占空比 $D$

$$D_{max}=V_O/V_{Imin}=5/9=56\%$$

$$D_{min}=V_O/V_{Imax}=5/25=20\%$$

输出电压 $V_O$

$$V_O=V_I\cdot D=V_I\cdot\frac{t_{on}}{T_S}$$

导通时间

$$t_{on(max)}=D_{max}T_S=D_{max}/f_S=0.56\times50\ \mu s=28\ \mu s$$

$$t_{on(min)}=D_{min}T_S=D_{min}/f_S=0.20\times50\ \mu s=10\ \mu s$$

2. Buck 结构 CCM/DCM 边界条件分析

CCM 模式/DCM 模式的临界模式如图 6.2.4 所示。电感器的平均电流

$$I_{L(avg)}=I_{O(Crit)}=\frac{1}{2}\Delta I \tag{6.2.9}$$

式中，$I_{O(Crit)}$ 为临界模式的输出电流。

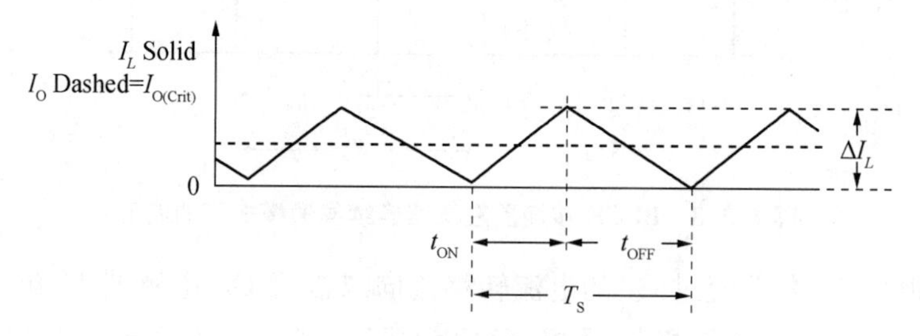


**图 6.2.4 临界连续导通模式**

由于

$$\Delta I=\frac{V_I-V_O}{L}\cdot t_{on}=\frac{V_O}{L}\cdot t_{off} \tag{6.2.10}$$

将式(6.2.10)代入式(6.2.9)，得

$$I_{L(avg)}=I_{O(Crit)}=\frac{V_I-V_O}{2L}\cdot t_{on}=\frac{V_I-V_O}{2L}\cdot DT_S$$

$$=\frac{V_O}{2L}\cdot t_{off}=\frac{V_O}{2L}\cdot(1-D)T_S=\frac{V_I}{2L}\cdot D(1-D)T_S \tag{6.2.11}$$

**分析**：(1) 当负载输出电流 $I_O>I_{L(avg)}$，即满足式(6.2.12)时，电感器上的电流始终大于零，Buck 电路工作在 CCM 模式。

$$I_O>I_{L(avg)}=I_{O(Crit)}=\frac{V_I}{2L}\cdot D(1-D)T_S \tag{6.2.12}$$

(2) 电感值大于临界电感值，Buck 电路工作在 CCM 模式，即满足

$$L_{\min} > \frac{V_O}{2I_{O(Crit)}} \cdot t_{off} = \frac{V_O}{2I_{O(Crit)}} \cdot (1-D)T_S = \frac{V_O}{2P_{O(\min)}/V_O} \cdot \left(1-\frac{V_O}{V_{I(\max)}}\right)T_S$$

$$= \frac{V_O}{2I_{O(Crit)}} \cdot \left(1-\frac{V_O}{V_{I(\max)}}\right)T_S = \frac{{V_O}^2}{2P_{O(\min)}} \cdot \left(1-\frac{V_O}{V_{I(\max)}}\right)T_S \tag{6.2.13}$$

(3) 负载小于临界负载值，Buck 电路工作在 CCM 模式，即满足

$$R_L < R_{L(\max)} = \frac{V_O}{I_{O(\min)}} = \frac{2L}{(1-D)T_S} \tag{6.2.14}$$

(4) 周期小于临界周期值，Buck 电路工作在 CCM 模式，即满足

$$T_S < T_{S(\max)} = \frac{2LI_{O(\min)}}{V_I D(1-D)} = \frac{2L}{R_L(1-D)} \tag{6.2.15}$$

**【例 6.2.2】** 现有一 Buck 型电源变换器，输入电压的波动范围为 12～35 V，要求稳定的 5 V 输出，开关频率等于 50 kHz，输出电流范围是 100 mA～800 mA。求工作在 CCM 模式下所需的电感量。

**解**：根据式(6.2.13)，$L_{\min}$为

$$L_{\min} \geqslant \frac{V_O}{2I_{O(\min)}} \cdot \left(1-\frac{V_O}{V_{I(\max)}}\right)T_S = \frac{5}{2\times 0.1} \times \left(1-\frac{5}{35}\right) \times \frac{1}{50\times 10^3}\text{H} = 429\ \mu\text{H}$$

3. Buck 结构非连续导通模式稳态分析

根据以上边界条件分析，当输出电流 $I_O=\Delta I_L/2$ 时，处于临界连续导通模式；当输出电流进一步下降时，进入非连续导通模式，如图 6.2.5 所示。此时有三种不同的状态：

(1) 导通状态，功率开关 $Q_1$ 导通，二极管 $D_1$ 反偏截止；

(2) 截止状态，功率开关 $Q_1$ 关闭，二极管 $D_1$ 正偏导通；

(3) 空闲状态，功率开关 $Q_1$ 和二极管 $D_1$ 均关闭。

前两个状态和连续导通模式的状态相同，但 $t_{off}$时间不相等。三种状态的时间分别为

$$t_{on} = D_1 T_S \tag{6.2.16}$$

$$t_{off} = D_2 T_S \tag{6.2.17}$$

$$t_{idel} = T_S - t_{on} - t_{off} = D_3 T_S \tag{6.2.18}$$

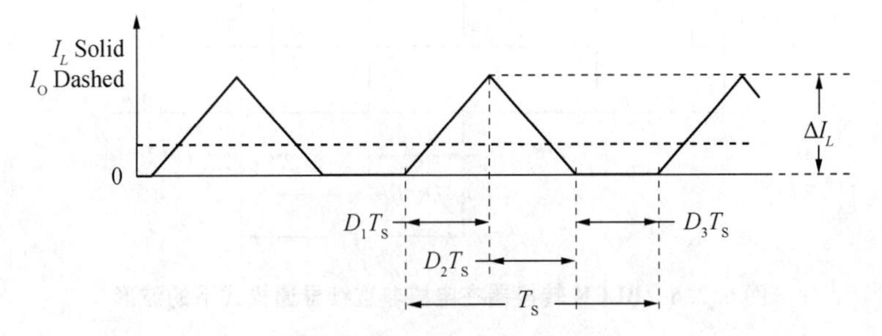


**图 6.2.5 非连续导通模式**

导通期间电感上电流的增量为

$$\Delta I_L(+) = \frac{V_I - V_O}{L} \cdot t_{on} = \frac{V_I - V_O}{L} \cdot D_1 T_S \tag{6.2.19}$$

因为非连续导通模式的每个周期,电流都是从零值点开始上升的,纹波电流的幅值同时也是峰值电流的大小,即

$$\Delta I_L(+) = I_{PK} \tag{6.2.20}$$

关断期间电感上电流的变化量

$$\Delta I_L(-) = \frac{V_O}{L} \cdot t_{off} = \frac{V_O}{L} \cdot D_2 T_S \tag{6.2.21}$$

由 $\Delta I_L(+) = \Delta I_L(-)$ 可得

$$V_O = V_I \cdot \frac{D_1}{D_1 + D_2} = V_I \cdot \frac{t_{on}}{t_{on} + t_{off}} \tag{6.2.22}$$

输出电流

$$I_O = I_{L(avg)} = \frac{I_{PK}}{2} \cdot \frac{D_1 T_S + D_2 T_S}{T_S} = (D_1 + D_2)\frac{I_{PK}}{2} \tag{6.2.23}$$

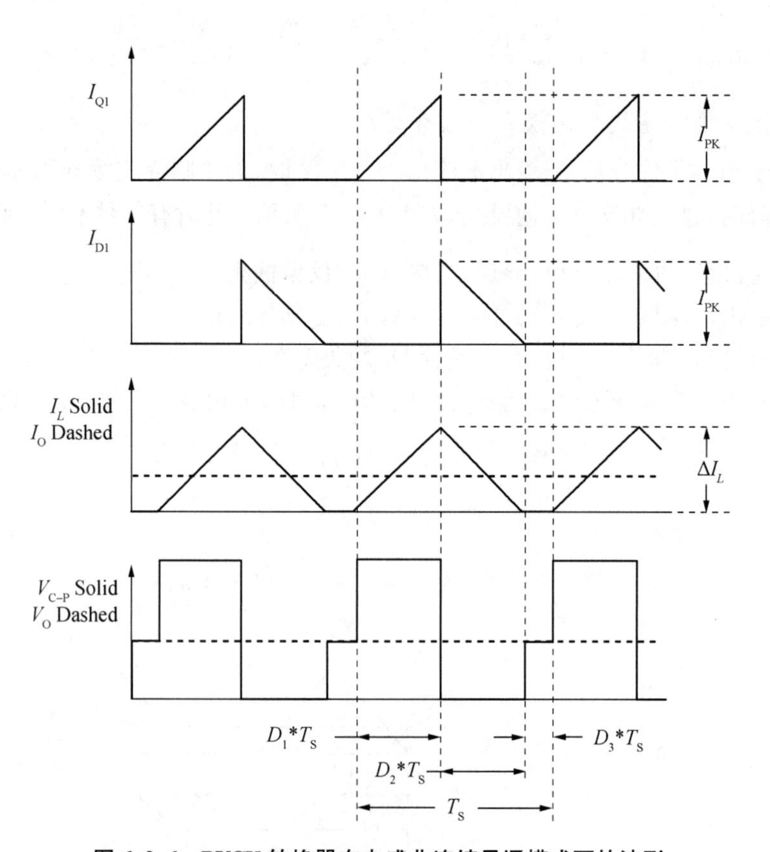


**图 6.2.6 BUCK 转换器在电感非连续导通模式下的波形**

将式(6.2.19)和(6.2.20)代入(6.2.23)得

$$I_O = \frac{V_O}{R_L} = (V_I - V_O) \cdot \frac{D_1 T_S}{2L} \cdot (D_1 + D_2) \tag{6.2.24}$$

由式(6.2.22)和(6.2.24)得

$$V_O = V_I \cdot \frac{2}{1 + \sqrt{1 + \frac{4K}{D_1^2}}} \tag{6.2.25}$$

式中,$K = 2L/(R_L T_S)$。

**分析**:非连续导通模式的输出电压是关于输入电压、占空比、转换频率和输出负载的函数;而连续导通模式的输出电压仅仅取决于输入电压和占空比。

**【例 6.2.3】**　现有一 Buck 型电源变换器,输入电压的波动范围为 12~35 V,要求稳定的 5 V 输出,开关频率等于 50 kHz,输出电流范围是 100 mA~800 mA。求工作在 DCM 模式下所需的电感量。

**解**:根据式(6.2.13)得

$$L_{max} \leqslant \frac{V_O}{2I_{O(max)}} \cdot \left(1 - \frac{V_O}{V_{I(min)}}\right) T_S = \frac{5}{2 \times 0.8} \times \left(1 - \frac{5}{12}\right) \times \frac{1}{50 \times 10^3} \text{H} = 36.5\ \mu\text{H}$$

4. Buck 变换器的效率分析

Buck 电路的损耗主要是功率开关 $Q_1$ 损耗和二极管 $D_1$ 的导通损耗,以及磁性绕组的阻抗损耗。在开通和关断瞬间,$Q_1$ 上的开关损耗是由电流和电压交叠产生的。由于 $D_1$ 在反向恢复瞬间存在电流和电压应力,其开关损耗与反向恢复时间有关。电感器 $L$ 的电流纹波在磁性材料上产生磁滞和涡流损耗。

(1) 直流损耗 $P_{dc}$

由图 6.2.3 中 $I_{Q1}$ 和 $I_L$ 的波形可知,其电流的平均值为三角波的中线值,即输出直流电流 $I_O$。在很宽的电流范围内,$Q_1$ 和 $D_1$ 的导通压降均为 1 V,忽略二次效应和交流开关损耗时,直流损耗为

$$P_{dc} = P_{Q1} + P_{D1} = 1 \times I_O \times \frac{T_{on}}{T} + 1 \times I_O \times \frac{T_{off}}{T} = 1 \times I_O \tag{6.2.26}$$

此时,Buck 变换器的效率为

$$\eta = \frac{P_O}{P_O + P_{dc}} = \frac{V_O I_O}{V_O I_O + 1 I_O} = \frac{V_O}{V_O + 1} \tag{6.2.27}$$

上式表明,输出电压愈低,效率就愈低。

(2) 交流损耗 $P_{ac}$

下面考虑交流开关损耗时的情况,可根据某时段内电压电流动态曲线按照上升电流和下降电压的斜率计算。

图 6.2.7 为理想晶体管工作时电压和电流的波形。导通时,电压和电流同时开始,同时结束。当 $Q_1$ 的电流从零上升到 $I_O$ 时,$Q_1$ 上的电压从最大值 $V_{dc}$ 下降到零。导通期间平均

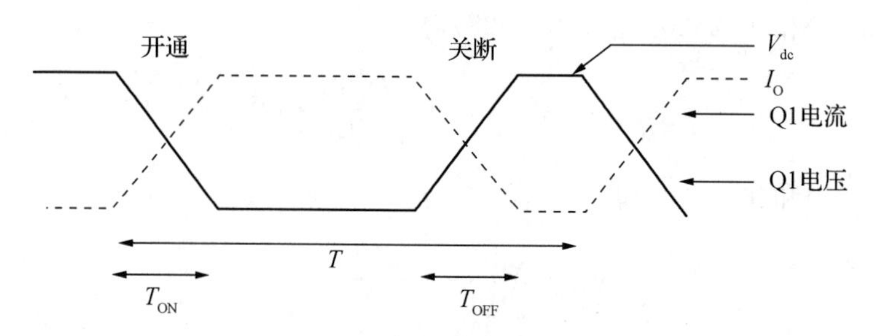


图 6.2.7 理想晶体管波形

功率为

$$P(T_{on}) = \frac{1}{T_{on}}\int_0^{T_{on}} IV\mathrm{d}t = I_O V_{dc}/6 \tag{6.2.28}$$

整个周期内的平均功率为$(I_O V_{dc}/6)\times(T_{on}/T)$。

$Q_1$ 关断时，电流下降和电压上升同时开始同时结束，关断损耗为

$$P(T_{off}) = \frac{1}{T_{off}}\int_0^{T_{off}} IV\mathrm{d}t = I_O V_{dc}/6 \tag{6.2.29}$$

整个周期内的平均功率为 $(I_O V_{dc}/6)\times(T_{off}/T)$。总的开关损耗为导通损耗和关断损耗之和，设 $T_{on}= T_{off}=T_{sw}$，则总开关损耗等于导通损耗与关断损耗之和，

$$P_{ac} = P(T_{on}) + P(T_{off}) = I_O V_{dc} T_{sw}/3T \tag{6.2.30}$$

此时 Buck 变换器的效率为

$$\eta = \frac{P_O}{P_O + P_{dc} + P_{ac}} = \frac{V_O I_O}{V_O I_O + 1I_O + I_O V_{dc} T_{sw}/3T} = \frac{V_O}{V_O + 1 + V_{dc} T_{sw}/3T} \tag{6.2.31}$$

图 6.2.8 为最恶劣情况的晶体管波形。导通时，$Q_1$ 上的电压一直保持最大值($V_{dc}$)，直到导通电流达到最大幅值 $I_O$ 时，电压才开始下降。电流上升的时间 $T_{cr}$接近与电压下降的时间 $T_{vf}$，设 $T_{cr}=T_{vf}=T_{sw}$，则导通损耗为

$$P(T_{on}) = \frac{V_{dc} I_O}{2}\cdot\frac{T_{cr}}{T} + \frac{V_{dc} I_O}{2}\cdot\frac{T_{vf}}{T} = V_{dc} I_O (T_{sw}/T) \tag{6.2.32}$$

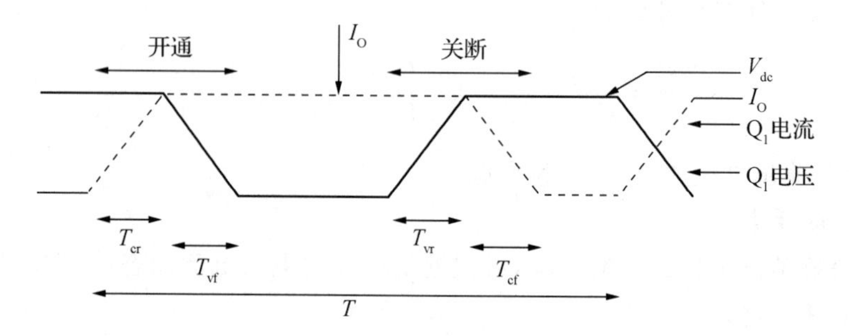


图 6.2.8 最恶劣情况的晶体管波形

关断时，在 $T_{vr}$ 时间内，电流保持最大值 $I_O$，直到电压上升到最大值 $V_{dc}$ 时，电流才开始下降且在 $T_{cf}$ 时间内下降到零，设 $T_{vr}=T_{cf}=T_{sw}$，则总的关断损耗为

$$P(T_{off})=\frac{V_{dc}I_O}{2}\cdot\frac{T_{vr}}{T}+\frac{V_{dc}I_O}{2}\cdot\frac{T_{cf}}{T}=V_{dc}I_O(T_{sw}/T) \tag{6.2.33}$$

总的交流损耗等于导通损耗与关断损耗之和，即

$$P_{ac}=P(T_{on})+P(T_{off})=2V_{dc}I_O\frac{T_{sw}}{T} \tag{6.2.34}$$

总损耗等于直流损耗与交流损耗之和，即

$$P_c=P_{dc}+P_{ac}=1\cdot I_O+2V_{dc}I_O\frac{T_{sw}}{T} \tag{6.2.35}$$

Buck 变换器的效率为

$$\eta=\frac{P_O}{P_O+P_t}=\frac{V_OI_O}{V_OI_O+1I_O+2I_OV_{dc}T_{sw}/T}=\frac{V_O}{V_O+1+2V_{dc}T_{sw}/T} \tag{6.2.36}$$

上式表明，效率与开关频率相关，频率愈高，$T$ 愈小，效率就愈低。这种现象用晶体管做开关管时相当明显，要求其开关频率小于 50 kHz；如用 MOSFET 管做开关管，由于其 $R_{DS}$ 很小，这种电压和电流的重叠不明显，因此其开关频率可以达到几百 kHz。

**【例 6.2.4】** Buck 变换器的参数为：输入电压 48 V，输出电压 5 V，开关频率为 50 kHz（$T=20\ \mu s$），开关时间 $T_{sw}$ 为 0.3 μs。计算：

分别在不考虑交流开关损耗、理想情况下的开关损耗和恶劣情况下的开关损耗三种模式下的效率。

**解**：(1) 不考虑交流开关损耗时，由式(6.2.27)得

$$\eta=\frac{V_O}{V_O+1}=\frac{5}{5+1}=83.3\%$$

(2) 考虑理想情况下的开关损耗，由式(6.2.31)得

$$\eta=\frac{V_O}{V_O+1+V_{dc}T_{sw}/3T}=\frac{5}{5+1+48\times0.3/(3\times20)}=80.1\%$$

(3) 考虑恶劣情况下的开关损耗，由式(6.2.36)得

$$\eta=\frac{P_O}{P_O+P_t}=\frac{V_O}{V_O+1+2V_{dc}T_{sw}/T}=\frac{5}{5+1+2\times48\times0.3/20}=67.2\%$$

5. 元器件选择

下面从性能需求和应用两方面介绍 Buck 电路中主要元器件的选择。

(1) 输出电容器

在开关电源电路中，输出电容的作用是储存能量。当电容两端加载持续极性的电压时，其产生的电场存储能量。电容的容量大小决定了纹波电压大小的参数需求。所以，从性能上讲，输出电容实现了稳态直流电压输出。由于输出纹波电流是由电感器决定的，输出纹波

电压取决于电容器上的串联等效电阻 ESR、等效串联电感 ESL 和电容 $C$，主要是 ESR。CCM 模式下输出电容的取值范围为

$$C \geqslant \frac{I_{\text{pk(switch)}}}{8f_{\text{S}} \cdot \Delta V_{\text{O}}} \tag{6.2.37}$$

DCM 模式下输出电容的取值范围为

$$C \geqslant \frac{I_{\text{O(max)}} \cdot \left(1 - \frac{I_{\text{O(max)}}}{\Delta I_L}\right)^2}{f_{\text{S}} \cdot \Delta V_{\text{O}}} \tag{6.2.38}$$

输出电容的等效串联电阻

$$\text{ESR} \leqslant \frac{\Delta V_{\text{O}}}{\Delta I_L} \tag{6.2.39}$$

(2) 输出滤波电感器

在开关电源电路中，输出电容的作用是储存能量。电感器的作用是维持一个恒定的电流或者是限制电流的波动量。电感量的大小取决于峰值电流的大小，也决定了纹波电流的大小。纹波电流的大小与电感量成反比。电感量的计算式由式(6.2.13)决定。

(3) 功率开关管

在开关电源电路中，功率开关管的作用是连接或关断输入输出电路，控制输入电源至输出电源的能量转换。功率开关在中小功率应用时，常选用晶体管和 MOSFET 管；大功率开关电路中采用绝缘栅双极晶体管(IGBT)，三种功率开关管图形符号及实物如图 6.2.9 所示。

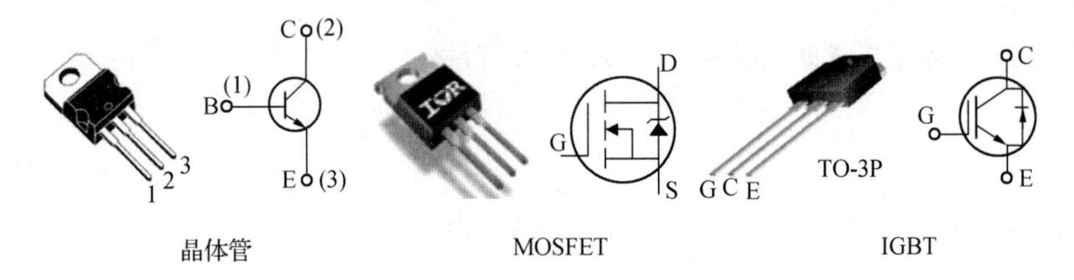


**图 6.2.9 三种功率开关管图形符号及实物**

在开关电源发展过程中，早期电源产品开关管主要用晶体管。近来随着 MOSFET 管技术加速发展，且 MOSFET 管开关性能明显优于晶体管。用 MOSFET 管取代晶体管，其主要特点有：驱动电路比晶体管简单得多；晶体管 $\beta$ 值差异较大，一致性差；在关断时过程中，MOSFET 管电流下降速度很快，下降电流和上升电压发生重叠面积小，从而可减小交流开关损耗。MOSFET 管的耗散功率为

$$P_{\text{D(MOSFET)}} = I_{\text{O}}^2 R_{\text{DS(on)}} + \frac{1}{2} V_{\text{I}} I_{\text{O}} \cdot (t_{\text{r}} + t_{\text{f}}) \cdot f_{\text{s}} + Q_{\text{Gate}} \cdot V_{\text{GS}} \cdot f_{\text{s}} \tag{6.2.40}$$

式中，$t_{\text{r}}$、$t_{\text{f}}$ 分别为 MOSFET 的上升时间和下降时间，$Q_{\text{Gate}}$ 是 MOSFET 的栅源之间的输入电容。

除了区分 N 沟道和 P 沟道，MOSFET 的选型需要考虑的技术参数是

- 漏源导通电阻 $R_{DS(on)}$
- 最大漏源击穿电压 $V_{DSS}$
- 最大漏极电流 $I_{DM}$
- 最大功耗 $P_D$

(4) 开关频率的选择

Buck 电路的输出电压由输入电压和占空比决定,即与导通时间和工作频率有关。选择较高的开关频率,可以减小电感器和电容器的几何尺寸,但从整体上考虑,较高的开关频率并不能减小调整器的体积。因为从式(6.2.32)可以看出,电路的总交流损耗(导通损耗与关断损耗之和)与开关频率成正比;另外过高的开关频率会在续流二极管上产生明显的损耗,应使用反向恢复时间很短(＜35ns)的肖特基二极管作为续流二极管。增加开关频率虽能减小电感器和电容器的体积,但同时总损耗也增加了,需要使用更大的散热器。

一般而言,开关频率的增加,Buck 变换器的总体积减小,开关损耗相应增加,需要更严格的高频布线和元件选型,最终应选择适中的开关频率。目前,选择低于 100 kHz 的开关频率比较理想,因为元器件的选择、布线和变压器、电感设计的要求不是很高,耗费的成本较低。

## 6.2.2　Buck 应用电路

图 6.2.10 是一个基于 MC34063 的车载充电器电路,是 Buck 拓扑结构的典型应用。

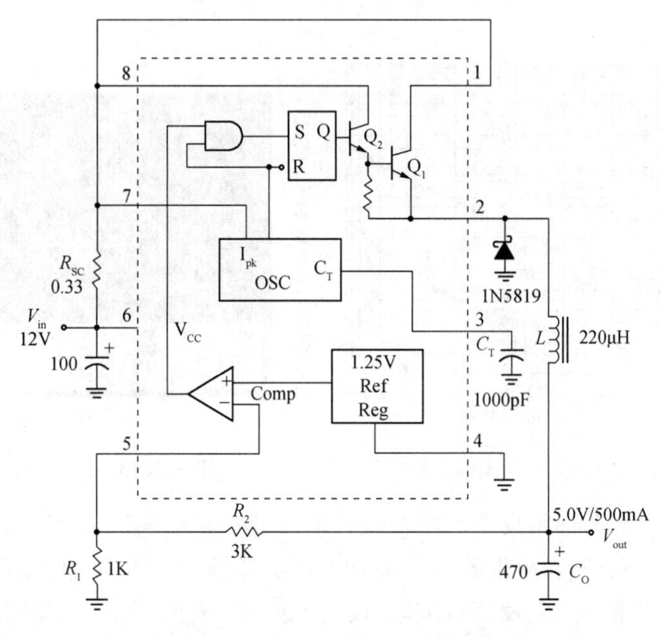


**图 6.2.10　一款车载充电器电路**

图中虚线框中的是 MC34063 芯片,是由美国摩托罗拉公司研发生产的。片内包括开关晶体管、振荡器、误差放大器和带温度补偿带隙基准源。它在一块芯片上集成了全部必要的功能,结构十分简单,专用于非隔离式、小功率、DC－DC 变换器。能在 3～40 V 的输入电压下工作,具有短路电流限制保护、较低的静态工作电流、输出电流能力强(可达 1.5 A)、输出电压可调、工作频率调节范围宽(24 kHz～42 kHz)等特点。

MC34063 的内部结构框图如图 6.2.11 所示。振荡器通过恒流源对外接在 $C_T$ 管脚(3 脚)上的定时电容不断地充电和放电以产生振荡波形，振荡频率仅取决于 3 脚外接定时电容 $C_T$ 的容量，图 6.2.12 给出了定时电容与开关时间的关系曲线。图 6.2.13 给出了定时电容的输出波形。

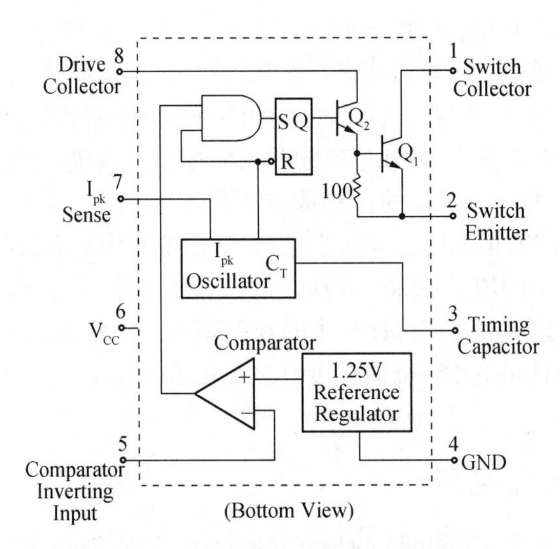


图 6.2.11　34063 内部结构框图

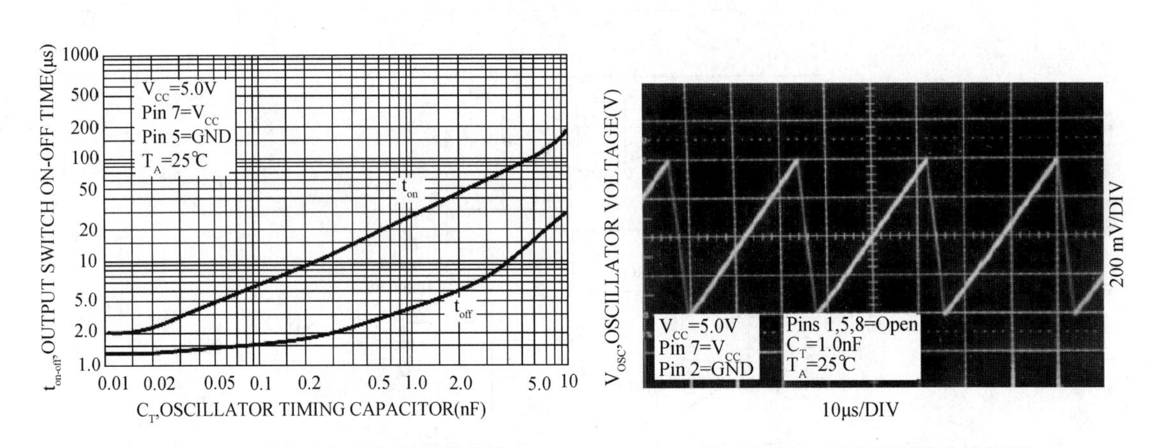


图 6.2.12　定时电容与开关时间的曲线　　　　图 6.2.13　定时电容的输出波形

电容器充放电期间，如果反馈电压输入端电压低于基准电压 1.25 V，误差放大器的输出为高电平，与门电路开启，触发器置 1，输出级的晶体管 $Q_1$、$Q_2$ 导通，进入 $t_{on}$ 阶段，电感器充电储能，并给输出电容充电及负载供电；反之，$Q_1$、$Q_2$ 截止，进入 $t_{off}$ 阶段，电感器放电，给输出电容充电及负载供电。

根据摩托罗拉公司给出 MC34063 设计经典公式，Buck 变换器的开关时间 $t_{on}/t_{off}$ 为

$$\frac{t_{on}}{t_{off}}=\frac{V_{out}+V_F}{V_{in(min)}-V_{sat}-V_{out}} \tag{6.2.41}$$

式中，$V_{sat}$ 为开关管饱和压降；$V_F$ 为二极管正向压降。

在 MC34063 给定频率范围内，设定开关频率值 $f_s$，这样可计算出 $t_{on}$ 和 $t_{off}$ 的值。由公式

$$C_T = 4.0 \times 10^{-5} t_{on} \tag{6.2.42}$$

计算定时电容容量。

当电路的电流超过 1 A 时，进入过流保护模式。因此要求连接在 $V_{CC}$ 和 7 脚之间的安全电阻取 0.33 Ω，6 脚与 7 脚之间的电压超过 300 mV。当流过取样电阻的峰值电流超过 909 mA 时，降低开关开启时间或 Buck 电路的占空比，实现过流保护的功能。过流取样电阻与允许通过的峰值电流的关系为

$$R_{sc} = 0.3/I_{pk(switch)} \tag{6.2.43}$$

式中，峰值电流 $I_{pk}=2I_o$，$I_o$ 为输出电流。

储能电感器 $L$ 值为

$$L_{(min)} = \frac{V_{in(min)} - V_{sat} - V_{out})}{I_{pk(switch)}} \times t_{on(max)} \tag{6.2.44}$$

输出电容器 $C_O$ 值为

$$C_O = \frac{I_{pk(switch)}(t_{on} + t_{off})}{8V_{ripple(p\text{-}p)}} \tag{6.2.45}$$

式中，$V_{ripple(p\text{-}p)}$ 表示输出纹波电压的峰峰值。

由图 6.2.9 可知，输出电压 $V_{out}$ 为

$$V_{out} = 1.25(1 + R_2/R_1) \tag{6.2.46}$$

车载充电器的输出电压为 5 V，$R_1$ 的取值为 1 kΩ；$R_2$ 的取值为

$$R_2 = R_1(V_{out}/1.25 - 1) = 3\ \text{k}\Omega$$

## 6.3　升压型(Boost)变换器

Boost 变换器是一种典型的非隔离型升压式电源变换器。根据电感上电流的连续性，输入端电流是连续的；输出电流是非连续的。在功率开关导通期间，输出电容器为负载提供电流。

### 6.3.1　Boost 工作原理

如图 6.3.1 为包含驱动电路的 Boost 变换器的拓扑结构图。开关元件由一个 N 沟道的 MOSFET 管 $Q_1$ 和一个二极管 $D_1$ 组成；电感器在开关元件的前端，电容器在负载输出端。

假设输出电压和电流已建立，电路已稳定，电容器 $C$ 已被充电。当 $Q_1$ 导通时，由输入电压 $V_I$ 对电感器 $L$ 充电储能，电感器上的电流线性上升，此时二极管 $D_1$ 反向偏置而截止，

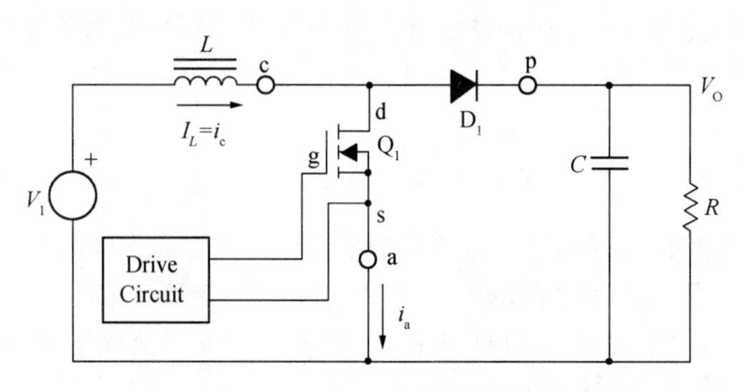


**图 6.3.1 Boost 电路拓扑结构**

由输出电容器 $C$ 供电至负载;当 $Q_1$ 截止时,由于电感器 $L$ 上的电流不能突变,电流会继续流过电感器 $L$,产生的感应电动势方向为左负右正,使得二极管 $D_1$ 正偏导通,输入电源与电感器 $L$ 一起向输出电容器 $C$ 充电,并为负载供电。也就是说,当 $Q_1$ 导通时,能量存储在感器 $L$ 中,电感器两端的压降为 $V_I$;当 $Q_1$ 截止时,电感器上的能量与输入电源的能量重叠加载到负载端,因此输出电压高于输入电压,此时电感器上的电压为($V_O-V_I$)。

Boost 变换器有 CCM 和 DCM 两种不同的工作模式。若一个周期结束时,电感器中的电流已降到零,则处于不连续模式;若一个周期结束时,电感器中的电流没有降到零,则处于连续模式。

1. Boost 结构连续导通模式稳态分析

Boost 电路功率开关 $Q_1$ 的导通和截止状态的等效电路如图 6.3.2 所示。

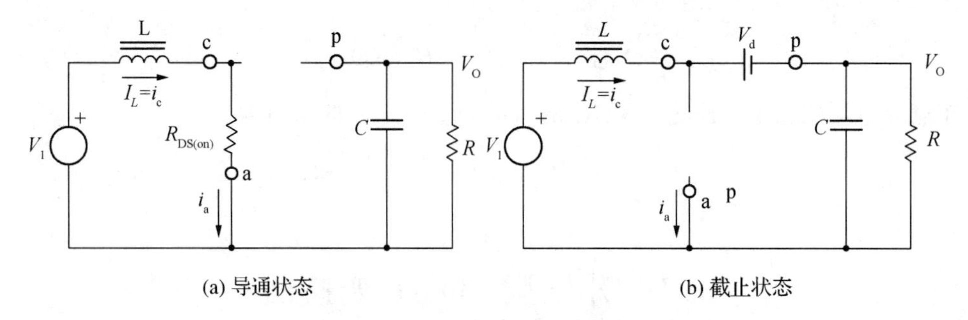


**图 6.3.2 Boost 变换器两种等效电路**

导通持续时间 $t_{on}=DT_S$;截止持续时间 $t_{off}=(1-D)T_S$。如图 6.3.2(a)所示,在 $Q_1$ 导通期间,$Q_1$ 等效为一个低值的等效导通电阻 $R_{DS(on)}$,漏、源之间的压降 $V_{DS}=I_LR_{DS(on)}$。$V_I-V_{DS}$的压降加到电感器上,c 点的电位大小为 $V_{DS}$,此时二极管 $D_1$ 由于反向偏置而截止,电容器给负载供电。电流流向从输入电源经电感器、$Q_1$ 向地端流动。此时,电感器 $L$ 的压降是恒压为 $V_I-V_{DS}$,流经电感器的电流从初始值线性增加。由 $V_L=L\times di_L/dt$,得

$$\Delta I_L(+)=\frac{V_I-V_{DS}}{L}\cdot t_{on} \tag{6.3.1}$$

$\Delta I_L(+)$在数值上等于电感器上的纹波电流。

如图 6.3.2(b)所示,在 $Q_1$ 截止期间,电感器上的电流不能通过 $Q_1$ 直接流回地。电感器电流下降使得电感器上的电压极性反转,c 点的电位迅速升高使得 $D_1$ 导通,电感器左端

的电位是$V_I$，电感器右端的电位是$V_O$，电感器上的电位为$V_O-V_I$。此时输入电源电压和电感器$L$共同为负载提供能量，回路电流即电感器$L$上的电流呈线性降低。

$$\Delta I_L(-)=\frac{V_O+V_d-V_I}{L}\cdot t_{off} \tag{6.3.2}$$

$\Delta I_L(-)$等于电感器上的纹波电流。在稳态工作条件下，根据电感器电流不能突变原则，$Q_1$导通期间电感器上电流变化量$\Delta I_L(+)$等于$Q_1$截止期间电感器上电流变化量$\Delta I_L(-)$。于是可得Boost变换器在CCM工作模式下的直流输出的表达式

$$V_O=V_I\cdot\left(1+\frac{t_{on}}{t_{off}}\right)-V_d-V_{DS}\cdot\frac{t_{on}}{t_{off}} \tag{6.3.3}$$

由于$T_S=t_{on}+t_{off}$，占空比$D=t_{on}/T_S$，$(1-D)=t_{off}/T_S$，所以

$$V_O=\frac{V_I}{1-D}-V_d-V_{DS}\cdot\frac{D}{1-D} \tag{6.3.4}$$

在工程应用中，由于$Q_1$的导通压降$V_{DS}$和二极管的正向导通压降$V_d$数值很小，常加以忽略，则输出电压为

$$V_O=\frac{V_I}{1-D} \tag{6.3.5}$$

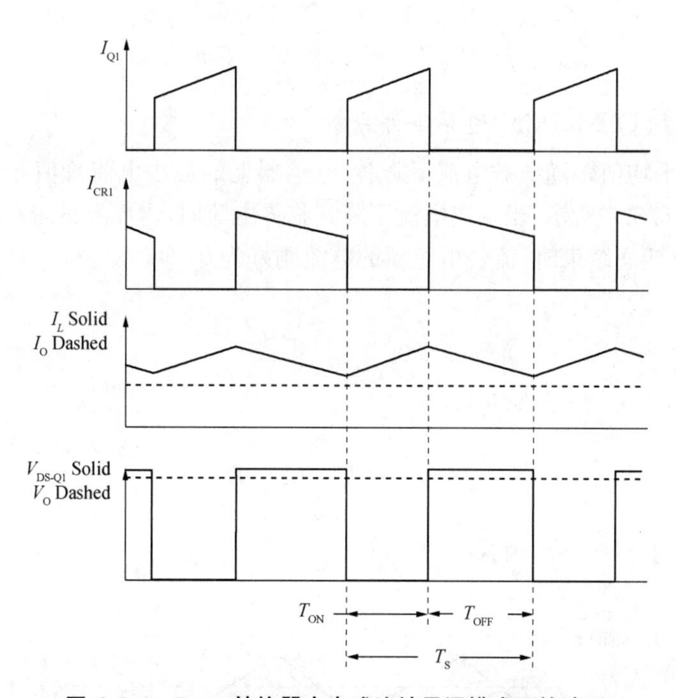


**图6.3.3　Boost转换器在电感连续导通模式下的波形**

可以这样定性地分析，电路工作过程中，电感器充当储能元件，$Q_1$导通时$L$储能，$Q_1$截止时$L$和输入电源同时向负载和输出电容滤波器释放能量。从图6.3.3中$I_L$、$I_O$曲线可以看出，与Buck变换器不同，Boost变换器中电感器上的平均电流并不等于输出电流。下面考察电感电流和输出电流的关系，从图6.3.2和图6.3.3可以看出，只有在$Q_1$处于截止状

态时，电感器才会向负载输送电流。在一个完整周期中，电容器上的输出电流必须为0，电流平均值和输出电流相等。电感器上的电流平均值和连续导通模式下输出电流的关系如下

$$I_{L(\text{avg})} \cdot \frac{t_{\text{off}}}{T_{\text{S}}} = I_{L(\text{avg})} \cdot (1-D) = I_{\text{O}} \tag{6.3.6}$$

从式(6.3.6)可以看出，输出电流 $I_{\text{O}}$ 与电感器上的电流平均值成正比。由于电感器上的纹波电流 $\Delta I_L$ 和输出电流是独立的，流过电感器的最大电流值和最小电流值跟随电感器上电流平均值的迹线而相应波动。

**【例6.3.1】** 现有一升压型的电源变换器，输入电压范围是5～12 V，要求稳定输出18 V，开关频率为20 kHz。求工作在CCM模式下，占空比的变化范围及开关管的导通时间 $t_{\text{on}}$。

**解**：由式(6.3.5)得

$$D_{\max} = 1 - \frac{V_{\text{Imin}}}{V_O} = 1 - 5/18 = 72.2\%$$

$$D_{\min} = 1 - \frac{V_{\text{Imax}}}{V_O} = 1 - 12/18 = 33.3\%$$

导通时间

$$t_{\text{on(max)}} = D_{\max} T_{\text{S}} = 0.72/20 \text{ ms} = 36\ \mu\text{s}$$

$$t_{\text{on(min)}} = D_{\min} T_{\text{S}} = 0.33/20 \text{ ms} = 16.5\ \mu\text{s}$$

2. Boost结构CCM/DCM边界条件分析

当电感电流平均值跟随负载电流下降时，电感器上的最小电流峰值和最大电流峰值也跟随下降。如图6.3.4所示，当输出电流下降到临界电流时，电感器的最小峰值电流已下降到0。在 $Q_1$ 截止期间结束时，流经电感器的电流刚好为0，即

$$I_{L(\text{avg})} = \frac{1}{2}\Delta I_L \tag{6.3.7}$$

将式(6.3.6)代入(6.3.7)，得

$$I_{\text{O}} = \frac{1}{2}\Delta I_L \cdot (1-D) \tag{6.3.8}$$

忽略开关管的导通压降，由式(6.3.1)得

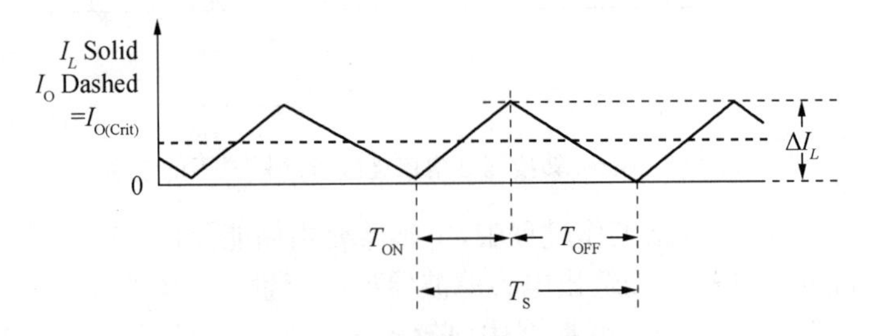


**图6.3.4　临界连续导通模式**

$$\Delta I_L(-) = \Delta I_L(+) \Rightarrow \frac{V_I}{L} DT_S = \frac{V_O T_S}{L} D(1-D) \tag{6.3.9}$$

将式(6.3.9)代入(6.3.8)，得

$$L \geqslant \frac{V_I T_S}{2I_O} D(1-D) = \frac{V_O T_S}{2I_O} D(1-D)^2 \tag{6.3.10}$$

当电感器 $L$ 的值满足式(6.3.10)，Boost 变换器工作在 CCM 模式。

**【例 6.3.2】** 现有一升压型的电源变换器，输入电压范围是 5～12 V，要求稳定输出 25 V，开关频率为 20 kHz。在负载波动范围内输出电流的最小值为 0.3 A，最大值为 1 A。求转换器从最小负载至最大负载都能工作在 CCM 模式下所需的电感值 $L$。

**解**：若使升压变换器工作在 CCM 模式，所需电感值应大于临界电感值，由式(6.3.10)得

$$L \geqslant \frac{V_O T_S}{2I_{O(\min)}} D_{\min}(1-D_{\min})^2$$

已知

$$T_S = \frac{1}{f_S} = \frac{1}{20 \times 10^3}\ \text{s} = 50\ \mu\text{s}$$

$$I_{O(\min)} = 0.3\ \text{A}$$

$$D_{\min} = 1 - \frac{V_{I(\max)}}{V_O} = 1 - 12/25 = 0.52$$

代入上式可得出

$$L \geqslant \frac{25 \times 50 \times 10^{-6}}{2 \times 0.3} \times 0.52 \times (1-0.52)^2\ \text{H} = 250\ \mu\text{H}$$

所以，只要电感值大于 250 μH，就可工作在 CCM 模式。

3. Boost 结构非连续导通模式稳态分析

此时，若输出电流继续下降，而电感器上的最小峰值电流无法跟随下降，进入非连续导通模式，如图 6.3.5 所示。包括三个阶段：(1) 导通状态，$Q_1$ 导通、$D_1$ 截止；(2) 截止状态，$Q_1$ 截止、$D_1$ 导通；(3) 空闲状态，$Q_1$、$D_1$ 均截止。

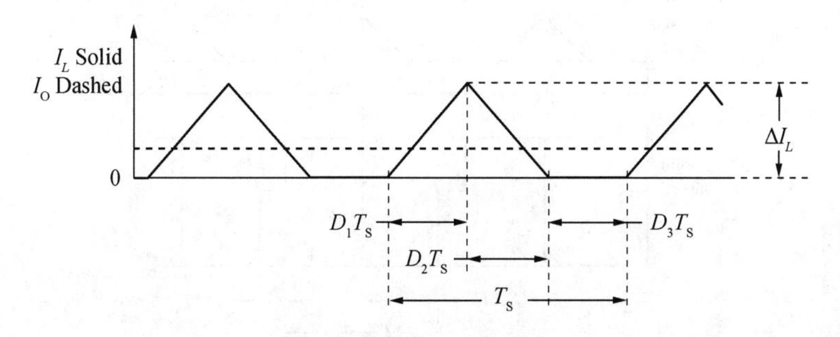


**图 6.3.5　非连续导通模式**

从图 6.3.6 可以看出，导通时间 $t_{on}=D_1T_S$，截止时间 $t_{off}=D_2T_S$，空闲时间为 $T_{IDLE}=T_S-t_{on}-t_{off}=D_3T_S$。导通状态下，电感器上电流的增加量为

$$\Delta I_L(+)=\frac{V_I}{L}\cdot t_{on}=\frac{V_I}{L}\cdot D_1T_S=I_{pk} \tag{6.3.11}$$

由于在非连续模式的每一个周期，流经电感器上的电流都是从 0 开始线性增加的，所以纹波电流的大小 $\Delta I_L(+)$ 等于电感的最大峰值电流。

截止状态下，电感器上电流的减小量为

$$\Delta I_L(-)=\frac{V_O-V_I}{L}\cdot t_{off}=\frac{V_O-V_I}{L}\cdot D_2T_S \tag{6.3.12}$$

根据电感上电流连续性原理，$\Delta I_L(+)=\Delta I_L(-)$，得

$$V_O=V_I\cdot\frac{t_{on}+t_{off}}{t_{off}}=V_I\cdot\frac{D_1+D_2}{D_2} \tag{6.3.13}$$

假设负载大小为 $R_L$，则负载电流为

$$I_O=\frac{V_O}{R_L}=\frac{1}{2}I_{pk}D_2 \tag{6.3.14}$$

将式(6.3.11)代入上式得

$$I_O=\frac{V_O}{R_L}=\frac{V_I\cdot D_1D_2T_S}{2L} \tag{6.3.15}$$

从上式可以看出，输出电流与输入电压 $V_I$、开关频率、占空比 $D_1$、$D_2$ 有关。

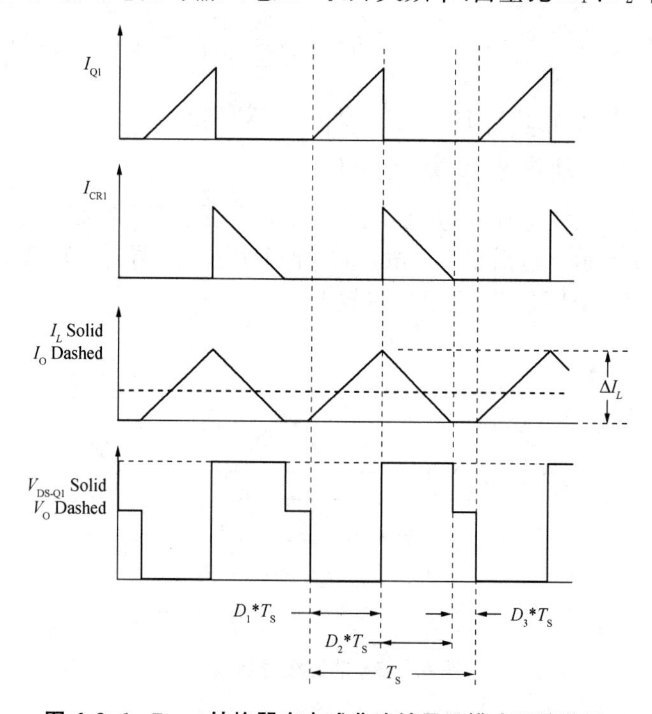


**图 6.3.6 Boost 转换器在电感非连续导通模式下的波形**

由式(6.3.15)得

$$V_O = \frac{V_I R_L \cdot D_1 D_2 T_S}{2L} \tag{6.3.16}$$

**分析**：非连续导通模式的输出电压是关于输入电压、占空比、转换频率和输出负载的函数；而连续导通模式的输出电压仅仅取决于输入电压和占空比。

**【例6.3.3】** 现有一升压型的电源变换器，输入电压范围是18～35 V，要求稳定输出48 V，开关频率为20 kHz，在负载波动范围内输出电流的最小值0.2 A，最大值2 A，为了稳定性要求工作在DCM模式。求所需的电感值$L$，流经开关管的峰值电流$I_{pk}$，以及$D_1$、$D_2$、$D_3$的值。

**解**：已知周期为

$$T_S = \frac{1}{f_S} = \frac{1}{20 \times 10^3}\ \text{s} = 50\ \mu\text{s}$$

对DCM的工作模式而言，此时占空比的最大值满足

$$\frac{V_O}{V_{I(min)}} = \frac{1}{1-D_{max}} \Rightarrow D_{max} = 1 - \frac{V_{I(min)}}{V_O} = 1 - \frac{12}{48} \approx 0.75$$

当$D_1$在不大于0.75时，会进入DCM工作模式。

$$L \leqslant \frac{V_O T_S}{2I_{O(max)}} D_{max}(1-D_{max})^2 = \frac{48 \times 50 \times 10^{-6}}{2 \times 2} \times 0.75 \times (1-0.75)^2\ \text{H} = 28.1\ \mu\text{H}$$

所以，当电感值小于28.1 μH时，电路工作在DCM模式。

若设$D_1 = 0.7$，根据式(6.3.13)，得

$$\frac{V_O}{V_I} = \frac{D_1 + D_2}{D_2} \Rightarrow D_2 = D_1 \cdot \frac{1}{V_O/V_I - 1} = 0.7 \times \frac{1}{48/12 - 1} = 0.23$$

峰值电流为

$$I_{pk} = \frac{2I_O}{D_2} = \frac{2 \times 2.5}{0.23}\ \text{A} = 21.7\ \text{A}$$

$$D_3 = 1 - D_1 - D_2 = 1 - 0.7 - 0.23 = 0.07$$

### 6.3.2 Boost应用电路

图6.3.7是一种用于电磁阀控制电路的继电器电源电路。继电器的工作电压为28 V，所设计的电源输入电压为12 V，输出电压为28 V。

根据摩托罗拉公司给出MC34063设计经典公式，Boost变换器的开关时间$t_{on}/t_{off}$为

$$\frac{t_{on}}{t_{off}} = \frac{V_{out} + V_F - V_{in(min)}}{V_{in(min)} - V_{sat}} \tag{6.3.17}$$

在MC34063给定频率范围内，设定开关频率值$f_s$，这样可计算出$t_{on}$和$t_{off}$的值。由式(6.2.42)计算定时电容$C_T$。

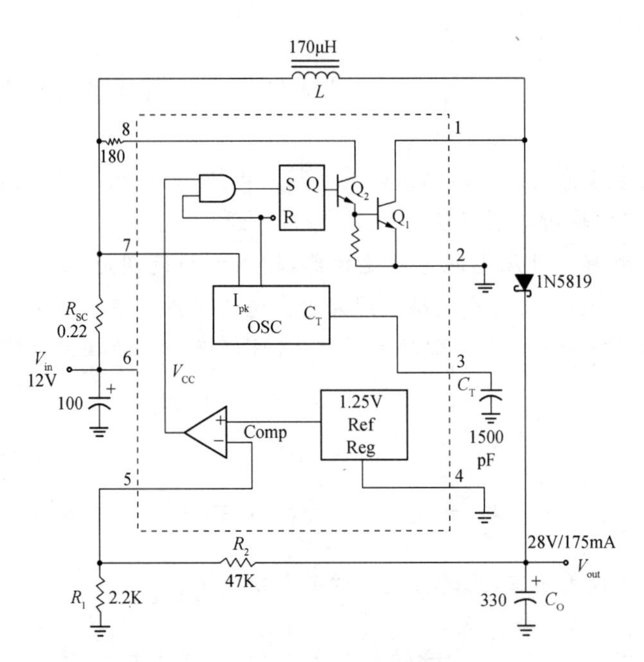


图 6.3.7　28 V 继电器电源设计

峰值电流 $I_{pk(switch)}$ 为

$$I_{pk(switch)} = 2I_{out(max)}(t_{on}/t_{off}+1) \tag{6.3.18}$$

由式(6.2.43)计算 $R_{sc}$ 值。

储能电感器 $L$ 值为

$$L_{min} = \frac{V_{in(min)} - V_{sat}}{I_{pk(switch)}} t_{on} \tag{6.3.19}$$

输出电容器 $C_O$ 值为

$$C_O = \frac{9I_{out}t_{on}}{V_{ripple(p\text{-}p)}} \tag{6.3.20}$$

输出电压 $V_{out}$ 由(6.2.46)计算可得。输出电压为 28 V，$R_1$ 的取值为 2.2 kΩ，$R_2$ 的取值为

$$R_2 = R_1(V_{out}/1.25 - 1) = 47\ \text{k}\Omega$$

## 6.4　升降型(Buck-Boost)变换器

Buck-Boost 是一种常见的非隔离的拓扑结构，输出电压和输入电压是反极性的，可以得到比输入电压更高的输出电压或比输入电压更低的反相输出电压。由于功率开关的作用，Buck-Boost 的输入电流是非连续的，每一个开关周期，脉冲电流从 0 变化到 $I_L$；输出电流也是非连续，因为输出二极管只能在开关周期内的一部分时间内导通，输出电容提供开关

周期内其他时间的所有负载电流。

### 6.4.1 Buck-Boost 工作原理

图 6.4.1 为包含驱动电路在内的 Buck-Boost 电路拓扑结构，功率开关 $Q_1$ 是一个 N 沟道的金属氧化物半导体场效应管(MOSFET)，$D_1$ 是二极管，电感器 $L$ 和电容器 $C$ 组成输出滤波器，$R$ 为输出端的负载。

Buck-Boost 变换器工作时，功率开关 $Q_1$ 在驱动电路的作用下，在 $Q_1$、$D_1$ 和 $L$ 的连接节点处，产生了一个脉冲序列，电感器 $L$ 和输出电容器 $C$ 相连，在 $D_1$ 导通时，形成一个有效的 $L/C$ 输出滤波器，产生直流输出电压。

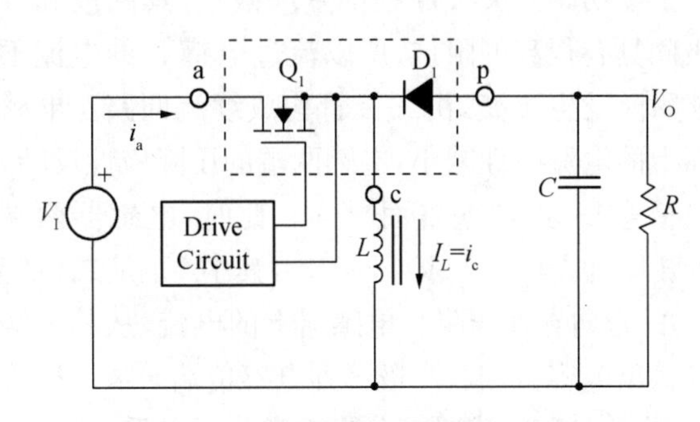


图 6.4.1 Buck-Boost 电路拓扑结构

Buck-Boost 变换器可以在电感器连续电流模式和非连续电流模式下工作。驱动电路在 $Q_1$ 的栅极和源极间加正电压 $V_{GS(on)}$ 时，$Q_1$ 导通。N 沟道的 MOSFET 具有很低的导通电阻 $R_{DS(on)}$，栅极浮动，驱动电路复杂。

1. Buck-Boost 结构连续导通模式稳态分析

在连续导通模式下，Buck-Boost 变换器有两个状态：(1) 导通状态，$Q_1$ 导通，$D_1$ 关断；(2) 截止状态，$Q_1$ 截止，$D_1$ 导通。

用图 6.4.2 的两种简单回路分别表示这两种状态。

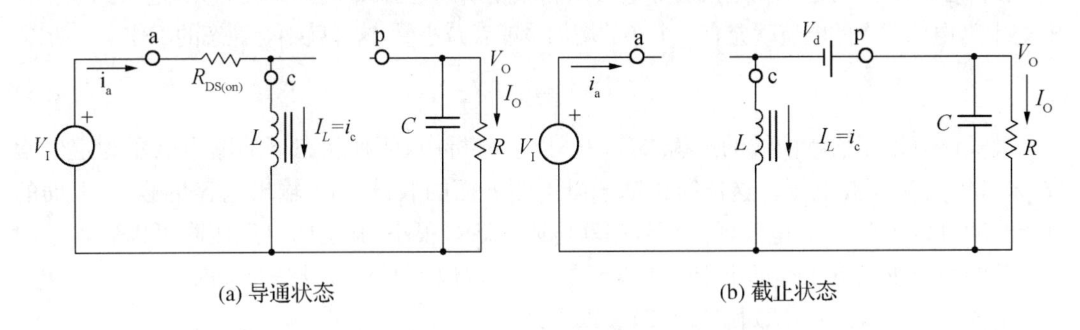


图 6.4.2 Buck-Boost 变换器两种等效电路

导通时间 $t_{on}=DT_S$；截止时间 $t_{off}=(1-D)T_S$。在功率开关导通期间，$Q_1$ 呈现极低的电阻 $R_{DS(on)}$，从漏极到源极只有很小的压降 $V_{DS}=I_L\times R_{DS(on)}$。加载到电感器两端的压降为输入电压减去开关损耗，$V_L=V_I-V_{DS}$。由于 $D_1$ 反偏截止，电感电流从电源端输出经 $Q_1$ 流入电感到地。由于加载到电感器两端的电压是定值，所以流经电感器的电流是线性增加的，如图 6.4.3 所示。

电感器在导通时间内的电流增加量为

$$\Delta I_L(+)=\frac{V_I-V_{DS}}{L}\cdot t_{on} \qquad (6.4.1)$$

电流增量代表了电感的纹波电流大小。此期间所有的负载输出电流由输出电容 $C$ 提供。

在功率开关关断期间，$Q_1$ 截止，其漏极和源极间具有很高的阻抗，所以流过电感 $L$ 的电流不能瞬时发生突变，由二极管构成续流回路。电感器上的电流线性减小，电感两端的压降极性反转，二极管 $D_1$ 正向偏置而导通。此时，电感器两端的压降为 $V_L=-(V_O-V_d)$。其中 $V_d$ 是二极管 $D_1$ 的正向导通压降。电感器上的电流，从其正端经输出电容、负载、二极管到电感负端。从二极管 $D_1$ 的方向和电感器中电流的流向可以看出，输出电容和负载上的压降为负电压。此期间，输出电容两端电压基本不变，电感器两端的加载电压为定值，流经电感器上的电流线性减小，如图 6.4.3 所示。

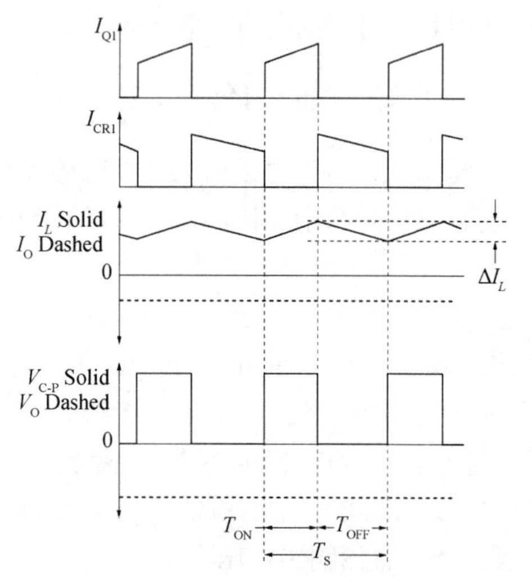


**图 6.4.3 Buck-Boost 转换器在电感连续导通模式下的波形**

电感器在截止时间内的电流线性减小表达式为

$$\Delta I_L(-)=\frac{-(V_O-V_d)}{L}\cdot t_{off} \qquad (6.4.2)$$

此电流增量也代表了电感的纹波电流大小。

在稳态条件下，导通期间电流增加量必须和截止期间电流减小量相等；否则，进入到下一个开关周期，电感器上的电流就会有一个净的增加量或者减小量，这样就不是稳态的工作了。所以

$$\Delta I_L(+)=\Delta I_L(-) \qquad (6.4.3)$$

上式还可以用伏秒曲线的平衡来理解。以上分析中，两种状态下的输出电压为定值常数，未考虑交流纹波电压。这样简化基于以下两方面的假设：(1) 输出电容足够大，上面的电压波动可以忽略；(2) 电容器的等效串联电阻(ESR)很小，其上的电压压降可以忽略。因为涉及的交流纹波电压远远小于输出直流电压，所以以上两种假设是合理的。

由式 (6.4.1)、(6.4.2)和(6.4.3)可以得到

$$V_O=-\left[(V_I-V_{DS})\cdot\frac{t_{on}}{t_{off}}-V_d\right]=-\left[(V_I-V_{DS})\cdot\frac{D}{1-D}-V_d\right] \qquad (6.4.4)$$

忽略功率开关管的导通压降 $V_{DS}$ 和二极管的正向压降 $V_d$，上式可简化为

$$V_O=-V_I\cdot\frac{D}{1-D} \qquad (6.4.5)$$

由此可以看出，Buck-Boost 变换器在连续导通模式下，当占空比 $D$ 大于 0.5 时，是升压电路；当占空比 $D$ 小于 0.5 时，是降压电路。与 Buck 变换器不同的是，电感电流的平均值并不等于输出电流。从图 6.4.2 和 6.4.3 可以看出，只有在截止期间，电感的能量才向输出端传送电流，且输

出电容中的电流平均值必须为0。于是,整个开关周期内的电流平均值就等于输出电流。

连续导通模式下,电感电流的平均值和输出电流的关系为

$$I_{L(\mathrm{avg})} \cdot \frac{t_{\mathrm{off}}}{T_{\mathrm{S}}} = I_{L(\mathrm{avg})} \cdot (1-D) = -I_{\mathrm{O}} \tag{6.4.6}$$

由上式可以看出,电感电流的平均值与输出电流成一定比例关系,电感的纹波电流 $\Delta I_L$ 与输出负载的电流大小相关,电感电流的峰值电流跟随电感电流平均值的变化。

若假设在转换器电路中,功率转换无损失,则

$$P_{\mathrm{I}} = P_{\mathrm{O}} \Rightarrow V_{\mathrm{I}} I_{\mathrm{I}} = V_{\mathrm{O}} I_{\mathrm{O}}$$

所以

$$\frac{I_{\mathrm{O}}}{I_{\mathrm{I}}} = \frac{V_{\mathrm{I}}}{V_{\mathrm{O}}} = \frac{1-D}{D}$$

**【例6.4.1】** 现有一Buck-boost型电源变换器,输入电压范围是15～35 V,要求稳定输出−9 V,开关频率为20 kHz。在负载波动范围内输出电流的最小值0.2 A,最大值2 A,若连续工作在CCM模式下,且忽略功率变换器的损失。求占空比与输入电流的变化范围?

**解:** 根据式(6.4.5),有

$$\frac{V_{\mathrm{O}}}{V_{\mathrm{I(min)}}} = \frac{D_{\mathrm{max}}}{1-D_{\mathrm{max}}}$$

所以

$$D_{\mathrm{max}} = \frac{V_{\mathrm{O}}}{V_{\mathrm{O}} + V_{\mathrm{I(min)}}} = \frac{9}{9+15} = 0.375$$

再由式(6.4.5),得

$$\frac{V_{\mathrm{O}}}{V_{\mathrm{I(max)}}} = \frac{D_{\mathrm{min}}}{1-D_{\mathrm{min}}}$$

可知

$$D_{\mathrm{min}} = \frac{V_{\mathrm{O}}}{V_{\mathrm{O}} + V_{\mathrm{I(max)}}} = \frac{9}{9+35} = 0.205$$

因此,占空比的变化范围是0.21～0.38。

若假设功率变换器没有损耗,则有

$$P_{\mathrm{I}} = P_{\mathrm{O}} \Rightarrow V_{\mathrm{I}} I_{\mathrm{I}} = V_{\mathrm{O}} I_{\mathrm{O}}$$

由式(6.4.5)和式(6.4.6)得

$$\frac{I_{\mathrm{O(min)}}}{I_{\mathrm{I(min)}}} = \frac{1-D_{\mathrm{min}}}{D_{\mathrm{min}}}$$

所以

$$I_{\mathrm{I(min)}} = I_{\mathrm{O(min)}} \frac{D_{\mathrm{min}}}{1-D_{\mathrm{min}}} = 0.2 \times \frac{0.205}{1-0.205}\ \mathrm{A} = 0.051\ \mathrm{A}$$

再由

$$\frac{I_{O(max)}}{I_{I(max)}}=\frac{1-D_{max}}{D_{max}}$$

得

$$I_{I(max)}=I_{O(max)}\frac{D_{max}}{1-D_{max}}=2\times\frac{0.375}{1-0.375}\ A=1.2\ A$$

因此，输入电流的变化范围是 0.051 A～1.2 A。

2. Buck-Boost 结构 CCM/DCM 边界条件分析

当输出负载电流减小到临界电流水平以下时，在开关周期的一部分时间内，电感器中的电流就会变为0。从图 6.4.3 中可以看出来，纹波电流的峰峰值幅度并不随输出负载电流的变化而变化。图 6.4.4 为临界连续导通时的电感电流波形和输出负载的电流波形。其中负载电流 $I_O$ 是绝对值，和电感电流 $I_L$ 的极性相反。

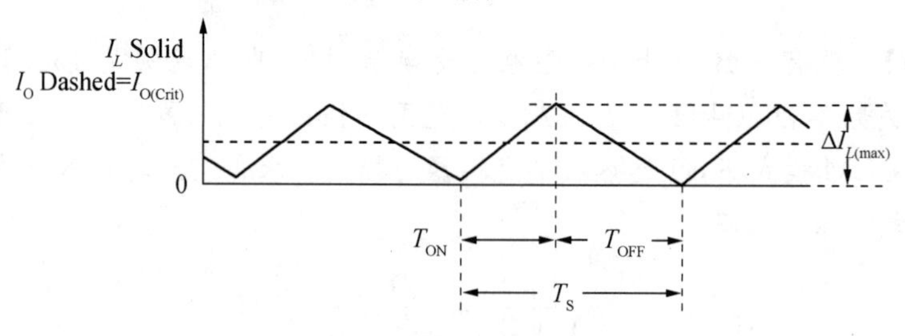


图 6.4.4 临界连续导通模式

由上图可知，定义保持变换器工作在连续导通模式下的最小输出电流 $I_{O(Crit)}$，这是一个临界电流。使用电感电流的方式推导电感的最小值。

临界模式的电感电流平均值为

$$I_{L(avg)}=\frac{\Delta I_L}{2}=I_{O\,(crit)} \tag{6.4.7}$$

$\Delta I_L(+)$和 $\Delta I_L(-)$可以看成 $\Delta I_L$，它们均与输出电流大小无关。在最大输入电压下，具有最大 $\Delta I_L$ 。由式(6.4.1)和式(6.4.2)忽略 $V_{DS}$，得到

$$I_{L(avg)}=\frac{V_I}{2L}\cdot t_{on}=\frac{V_O}{2L}\cdot t_{off} \tag{6.4.8}$$

根据图 6.4.2 得 $I_L=I_O+I_I$，从而得临界模式的输出电流 $I_{O(Crit)}$ 为

$$I_{O(Crit)}=\frac{V_O}{2L}\cdot(1-D)^2T_S \tag{6.4.9}$$

工作在 CCM 模式，其条件是

$$L_{min}\geqslant\frac{V_O\cdot T_S}{2I_{O(Crit)}}\cdot(1-D)^2 \tag{6.4.10}$$

**【例 6.4.2】** 现有一 Buck-Boost 型电源变换器，输入电压范围是 12～24 V，要求稳定输出−36 V，开关频率为 25 kHz，在负载波动范围内输出电流的最小值为 0.3 A，最大值为 1.5 A，若此电源变换器从最小负载至最大负载时能连续工作在 CCM 模式下，且忽略功率变换器的损失。求解：

(1) 所需的电感值；

(2) 如开关频率提高到 100 kHz,所需的电感值。

**解**：(1) 已知 $T_S = 1/f_S = 1/25\ \text{ms} = 40\ \mu\text{s}$

由

$$\frac{V_O}{V_{I(\max)}} = \frac{D_{\min}}{1 - D_{\min}}$$

可知

$$D_{\min} = \frac{V_O}{V_O + V_{I(\max)}} = \frac{36}{36 + 24} = 0.6$$

由式(6.4.10)得

$$L_{\min} = \frac{V_O \cdot T_S}{2I_{O(Crit)}} \cdot (1 - D_{\min})^2 = \frac{36 \times 40 \times 10^{-6}}{2 \times 0.3} \times (1 - 0.6)^2\ \text{H} = 384\ \mu\text{H}$$

所以当电感值 $L$ 大于 384 μH 时，可工作在 CCM 模式。

(2) 如开关频率提高到 100 kHz,所需的电感值为

$$L_{\min} = \frac{V_O \cdot T_S}{2I_{O(Crit)}} \cdot (1 - D_{\min})^2 = \frac{36 \times 10 \times 10^{-6}}{2 \times 0.3} \times (1 - 0.6)^2\ \text{H} = 96\ \mu\text{H}$$

所以当开关频率提升到原来的 4 倍时，所需的电感值为原来的 1/4。

3. Buck-Boost 结构非连续导通模式稳态分析

当电感器中的电流有降低到 0 以下的趋势时，由于二极管的单向导电性，电感电流只能保持在 0，直到下一个开关周期的开始。这个工作模式就称为非连续导通模式。

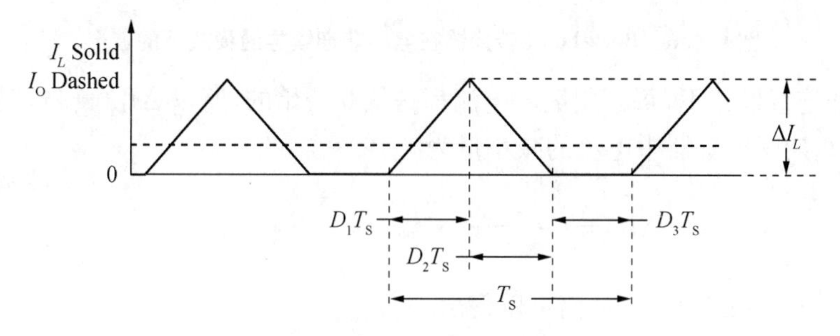


**图 6.4.5　非连续导通模式**

此时有三种工作状态：(1) 导通状态，$Q_1$ 导通，$D_1$ 反偏截止；(2) 截止状态，$Q_1$ 关断，$D_1$ 正偏导通；(3) 空闲状态，$Q_1$ 和 $D_1$ 都关断。前两种状态和连续导通模式下的是一样的，但是此时截止时间 $t_{\text{off}} \neq (1-D)T_S$。开关周期的剩余时间就是空闲状态。此外，输出电感器的等效直流阻抗、输出二极管的正向导通压降和功率开关管(MOSFET)的导通压降足够小，可以忽略。

导通时间 $t_{\text{on}} = D_1T_S$；截止时间 $t_{\text{off}} = D_2T_S$；空闲时间 $T_{\text{IDLE}} = T_S - t_{\text{on}} - t_{\text{off}} = D_3T_S$。图 6.4.6 给出了三种时间和对应的响应波形。

导通期间电感器中电流的增加量为

$$\Delta I_L(+) = \frac{V_I}{L} \cdot t_{on} = \frac{V_I}{L} \cdot D_1 \cdot T_S = I_{pk} \tag{6.4.11}$$

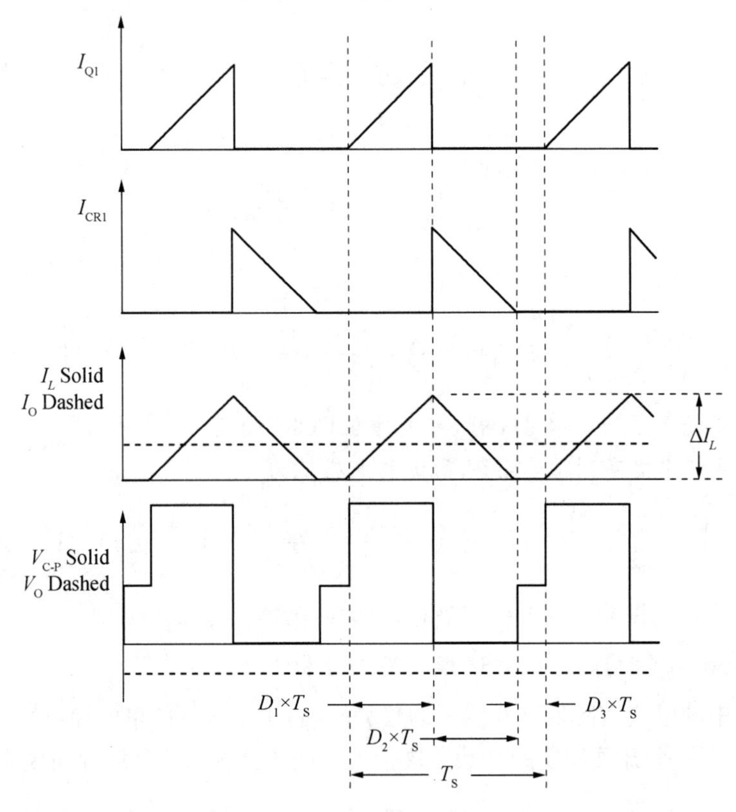


**图 6.4.6 Buck-boost 转换器在电感非连续导通模式下的波形**

因为在非连续模式下，每个周期内电流都是从 0 开始的，所以 $\Delta I_L(+)$ 也是电感的峰值电流 $I_{pk}$。截止期间电感器中电流的减小量为

$$\Delta I_L(-) = -\frac{V_O}{L} \cdot t_{off} = -\frac{V_O}{L} \cdot D_2 T_S \tag{6.4.12}$$

因为 $\Delta I_L(+) = \Delta I_L(-)$，从而可以得出

$$V_O = -V_I \cdot \frac{t_{on}}{t_{off}} = -V_I \cdot \frac{D_1}{D_2} \tag{6.4.13}$$

输出电流是二极管导通时间内，整个开关周期上的电感电流的平均值

$$I_O = \frac{V_O}{R_L} = -\frac{I_{pk}}{2} \cdot D_2 T_S \cdot \frac{1}{T_S} = -\frac{I_{pk}}{2} \cdot D_2 \tag{6.4.14}$$

将式(6.4.11)代入(6.4.14)，得

$$I_O = \frac{V_O}{R_L} = -\frac{1}{2} \cdot \frac{V_I}{L} \cdot D_1 T_S \cdot D_2 T_S \cdot \frac{1}{T_S} = -\frac{V_I \cdot D_1 D_2 T_S}{2L} \tag{6.4.15}$$

输入电流 $I_I$ 为

$$I_I = \frac{1}{2} \cdot \frac{t_{on}}{T_S} \cdot \frac{V_I}{L} \cdot t_{on} = \frac{V_I D_1^2 T_S}{2L}$$

假设在理想情况下，输入功率等于输出功率，则

$$I_I V_I = \frac{{V_O}^2}{R_L}$$

从而可以得出非连续导通模式下的电压转换关系

$$V_O = -V_I \cdot \frac{D_I}{\sqrt{K}} \qquad (6.4.16)$$

式中，$K = 2L/R_L T_S$。

比较式(6.4.5)和(6.4.16)可知，Buck-Boost 变换器在非连续导通模式下输出电压是输入电压、占空比、电感值、开关频率和输出负载的函数；连续导通模式下，输出电压仅与输入电压和占空比有关。

**【例 6.4.3】** 现有一 Buck-Boost 型电源变换器，输入电压范围是 5～18 V，要求稳定输出 −25 V，开关频率为 100 kHz，在负载波动范围内输出电流的最小值为 0.1 A，最大值为 0.4 A。若此电源变换器从最小负载至最大负载时工作在 DCM 模式下，且忽略功率变换器的损失。求所需的电感值 $L$、$D_1$、$D_2$ 和 $D_3$ 的值。

**解**：已知 $T_S = 1/f_S = 1/(100 \times 10^3)\text{s} = 10\ \mu\text{s}$

根据式(6.4.5)，有

$$\frac{V_O}{V_{I(min)}} = \frac{D_{max}}{1 - D_{max}}$$

所以

$$D_{max} = \frac{V_O}{V_O + V_{I(min)}} = \frac{25}{25 + 5} = 0.83$$

当占空比 $D$ 不大于 0.83 时，电源变换器工作在 DCM 模式。

由式(6.4.10)得

$$L \leqslant \frac{V_O \cdot T_S}{2I_{O(Crit)}} \cdot (1 - D)^2 = \frac{25 \times 10 \times 10^{-6}}{2 \times 0.4} \times (1 - 0.83)^2\ \text{H} = 9.03\ \mu\text{H}$$

实取电感值为 9 μH。

由式(6.4.11)和(6.4.12)得

$$V_I D_1 T_S = V_O D_2 T_S$$

即

$$D_2 = \frac{V_I}{V_O} \cdot D_1$$

代入式(6.4.16)得

$$D_2=\frac{V_I}{V_O}\cdot D_1=\sqrt{\frac{2L}{T_S R_L}}$$

当 $I_O=0.1$ A 时，

$$R_{L(max)}=25/0.1\ \Omega=250\ \Omega$$

当 $I_O=0.4$ A 时，

$$R_{L(min)}=25/0.4\ \Omega=62.5\ \Omega$$

分别代入上式，得

$$D_{2(max)}=\sqrt{\frac{2\times 7\times 10^{-6}}{10\times 10^{-6}\times 62.5}}=0.15$$

$$D_{2(min)}=\sqrt{\frac{2\times 7\times 10^{-6}}{10\times 10^{-6}\times 250}}=0.075$$

$$D_{1(min)}=D_{2(min)}\cdot\frac{V_O}{V_{I(max)}}=0.075\times 25/18=0.10$$

$$D_{1(max)}=D_{2(max)}\cdot\frac{V_O}{V_{I(min)}}=0.15\times 25/5=0.75$$

$$D_{3(min)}=1-D_{1(max)}-D_{2(max)}=1-0.15-0.75=0.1$$

$$D_{3(max)}=1-D_{1(min)}-D_{2(min)}=1-0.075-0.11=0.82$$

## 6.4.2 Buck-Boost 应用电路

图 6.4.7 是一种负压电源电路。所设计的电源输入电压为 5 V，输出电压为−12 V。

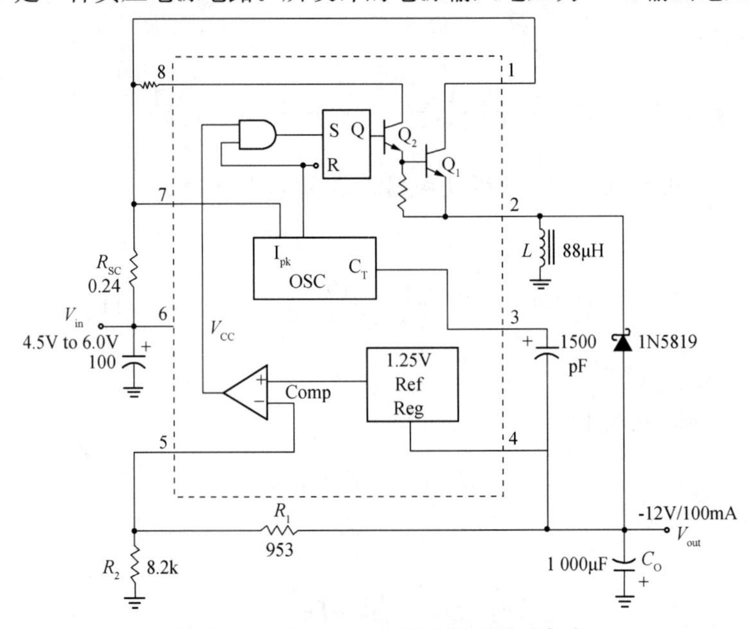


图 6.4.7 Buck-Boost 转换器的应用电路

根据摩托罗拉公司给出的 MC34063 设计经典公式，Buck-Boost 变换器的开关时间 $t_{on}/t_{off}$ 为

$$\frac{t_{on}}{t_{off}}=\frac{|V_{out}|+V_F}{V_{in(min)}-V_{sat}} \tag{6.4.17}$$

在 MC34063 给定频率范围内，设定开关频率值 $f_s$，这样可计算出 $t_{on}$ 和 $t_{off}$ 的值。由式(6.2.41)计算定时电容 $C_T$；由式(6.3.18)计算峰值电流 $I_{pk(switch)}$；由式(6.2.42)计算 $R_{sc}$ 值；由式(6.3.19)计算电感器 $L$ 值；由式(6.3.20)计算输出电容器 $C_O$ 值。

由图 6.4.7 可知，输出电压 $V_{out}$ 为

$$V_{out}=-1.25(1+R_2/R_1) \tag{6.4.18}$$

如设定 $R_2=8.2\,\text{K}$，则有

$$R_1=-\frac{R_2}{V_{out}/1.25+1}=-\frac{8.2}{-12/1.25+1}\ \text{k}\Omega=953\ \Omega$$

## 6.5　反激式变换器

前面已对基本的开关电源变换电路——Buck 型变换器、Boost 型变换器和 Buck-Boost 型变换器进行了分析，但这几类变换器的输入端和输出端有公共端。实际电路中为了实现输入端和输出端的隔离，衍生出一些隔离型高频直流电源转换器(Isolated DC - DC Converter)，如图 6.5.1 所示，包括 DC - DC 转换器和反馈控制电路两部分组成。变压器的作用就是实现输入端与输出端的隔离；光耦合器的作用是实现输出反馈信号与 PWM 调制及驱动电路的隔离，由此构成闭环系统，调节和稳定输出电压。

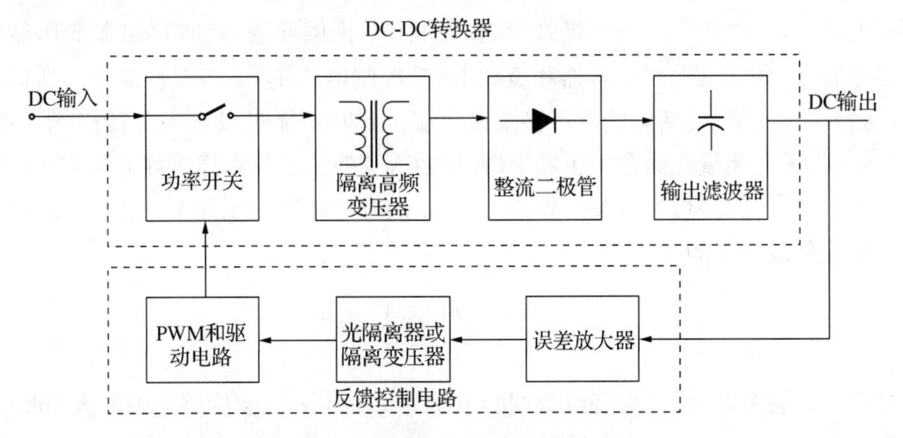


**图 6.5.1　隔离型直流电源变换器电路**

反激式指在变压器原边导通时副边截止，变压器储能；原边截止时，副边导通，能量释放到负载。一般常规反激式电源单管多，双管的不常见。

Buck-Boost 变换器输入输出间经变压器耦合后，就变成了反激式变换器。在 Buck-

Boost 变换器中，将单一的线圈电感替换为两个（或更多）的线圈耦合电感，即构成了开关变压器。由此说明，其工作原理及电路分析方法与 Buck-Boost 基本类同。

## 6.5.1 反激式变换器工作原理

### 1. 理想反激式变换器工作原理

反激式变换器（Flyback Converter）的结构如图 6.5.2 所示。

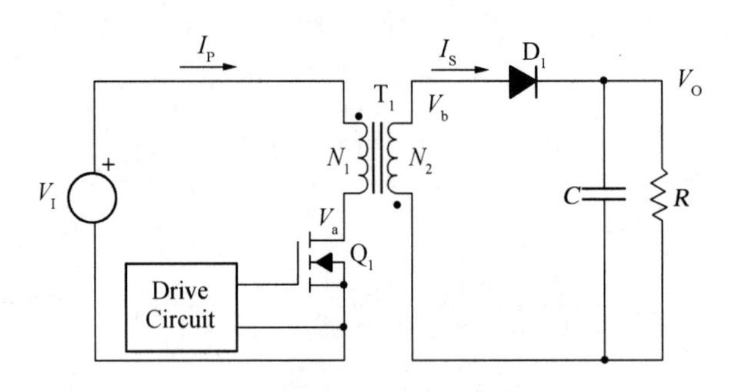


**图 6.5.2 反激式变换器电路**

当功率开关管 $Q_1$ 导通时，变压器 $T_1$ 的一次侧绕组 $N_1$ 上有电流 $I_P(I_{N1})$ 流过，进行充电储能。由于变压器一次与二次绕组极性是相反的，二极管 $D_1$ 反偏截止，能量无法传递到负载，此时由输出电容器 $C$ 为负载提供能量。变压器可视为串联电感器，电流的变化率表示为

$$\frac{di_{N1}}{dt}=\frac{V_I}{L_{N1}} \tag{6.5.1}$$

式中，$L_{N1}$ 表示变压器的一次侧电感值。由式（6.5.1）可以看出，功率开关管导通时间内一次侧电流线性增加，如图 6.5.3 所示。

当功率开关管 $Q_1$ 关断时，一次侧电流会降为 0，于是在二次侧感应出一个阻碍电流下降的感应电动势，二次侧绕组上的极性反转，使得 $D_1$ 正偏导通，此时存储在变压器中的能量经过二极管 $D_1$ 传送至输出电容器和负载上，二次侧电流 $I_S(I_{N2})$ 线性减小。所以，$Q_1$ 导通时，变压器存储能量；关断时能量转移至输出端。此时若能量没有完全转移，下一次功率开关管导通时，还有能量存储在变压器中，称反激式变换器工作在连续导通模式（CCM）。

在图 6.5.2 中，忽略功率开关的导通压降，一次绕组两端的压降 $V_p=V_I$。导通期间，一次绕组中电流的改变量为

$$\Delta I_{N1}=\frac{V_{N1}\cdot t_{on}}{L_{N1}}=\frac{V_I\cdot DT_S}{L_{N1}} \tag{6.5.2}$$

当功率开关管关断时，二次绕组两端的电压为 $V_S=V_O$，二次侧绕组中电流的改变量为

$$\Delta I_{N2}=\frac{V_{N2}\cdot t_{off}}{L_{N2}}=\frac{V_O\cdot(1-D)T_S}{L_{N2}} \tag{6.5.3}$$

设 $n=N_1/N_2$，由于 $L_{N1}=n^2L_{N2}$ 以及 $\Delta I_{N1}=\Delta I_{N2}/n$，代入以上两式可得输入电压与输出电压之间的关系为

$$V_{O}=V_{I}\cdot\frac{1}{n}\cdot\frac{D}{1-D} \tag{6.5.4}$$

功率管 $Q_1$ 上所承受的电压为

$$V_{Q_1 DS}=V_{I}+V_{N1}=V_{I}+nV_{N2}=V_{I}+nV_{O} \tag{6.5.5}$$

由式(6.5.4)得

$$D_{max}=\frac{1}{1+V_{I(min)}/(V_{O}\cdot n)} \tag{6.5.6}$$

$$D_{min}=\frac{1}{1+V_{I(max)}/(V_{O}\cdot n)} \tag{6.5.7}$$

不考虑输入至输出的功率损失，有 $V_{O}I_{O}=V_{I}I_{I}$，即

$$\frac{I_{O}}{I_{I}}=\frac{V_{I}}{V_{O}}=n\cdot\frac{1-D}{D} \tag{6.5.8}$$

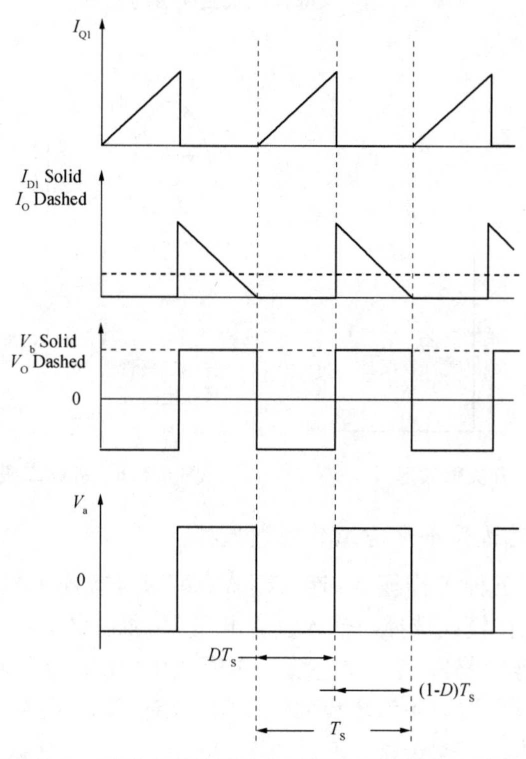


**图 6.5.3　反激式变换器在电感连续导通模式下的波形**

2. 实际反激式变换器

图 6.5.4 是实际反激式变换器的电路，与理想电路的差异是变压器存在漏感，即一次侧增加漏感 $L_{lk}$，与变压器一次电感串联。在开关关断时，流过两个电感电流为 $i_{mp\text{-}p}$，即初级峰值电流。一次电感所存储的能量可沿续流通路(通过二次侧二极管)传递，但漏感能量却无传递通路，所以它以高压尖峰形式表现出来。

若不尽量吸收此漏感能量，则将引起很大的电压尖峰 $V_{lk}$，如图 6.5.5 所示。由波形可

知，功率开关管承受电压为 $V_i+V_1+V_{lk}$，如超过其耐压值可导致开关损坏。因漏感能量无法传递到二次侧，故常用以下两种处理方法：重新利用使其返回输入电容，或是简单地将其吸收消耗，这是常用的方法。吸收电路有两种：RCD 吸收回路或瞬态电压抑制器（TVS）钳位。RCD 吸收回路见图 6.5.4；TVS 钳位电路见图 6.5.6。RCD 吸收回路设计过程见第八章8.3.1 节的 RCD 缓冲器设计。

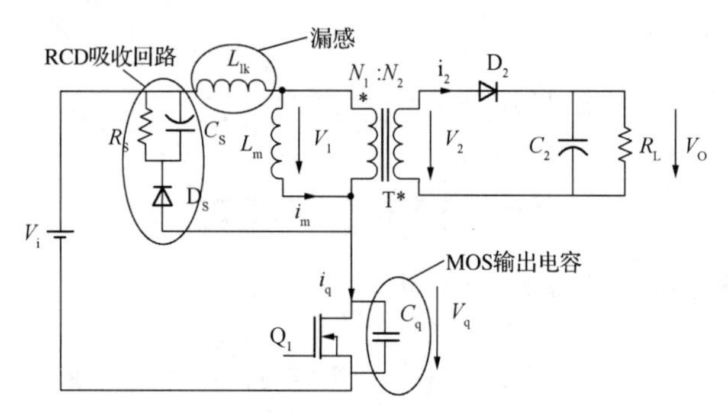


图 6.5.4 实际反激式变换器的电路

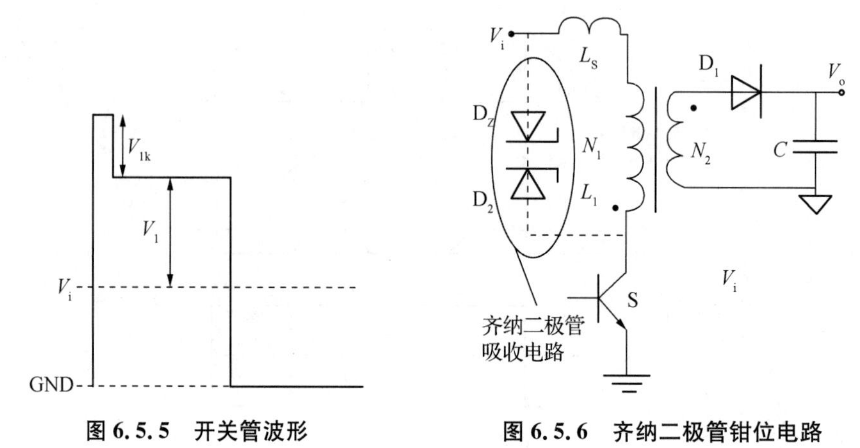


图 6.5.5 开关管波形

图 6.5.6 齐纳二极管钳位电路

3. 反激式变换器的边界条件与工作模式选择

反激式开关电源有三种工作模式：连续模式（CCM），非连续模式（DCM）及临界模式（BCM）。反激式电源工作模式选择与输入直流电压 $V_i$ 和输出电流 $I_o$ 相关，输入电压愈大愈容易断续，功率愈小愈容易断续。非连续工作模式中，功率管零电流开通，开通损耗小。而副边二极管零电流关断，可以不考虑反向恢复问题，对 EMC 会有一些好处。但峰值电流较大，原边关断损耗较大。

理想方法是：低压输入，大功率输出，采用连续工作方式（CCM）；高压输入，小功率输出，采用断续工作方式（DCM）。

反激式转换器 CCM/DCM 的边界波形如图 6.5.7 所示。由图可知，流经此二次侧的平均电流可以表示为

$$I_{sB(avg)}=I_{oB(avg)}=\frac{\Delta I_{s(pk)}\cdot(1-D)}{2} \tag{6.5.9}$$

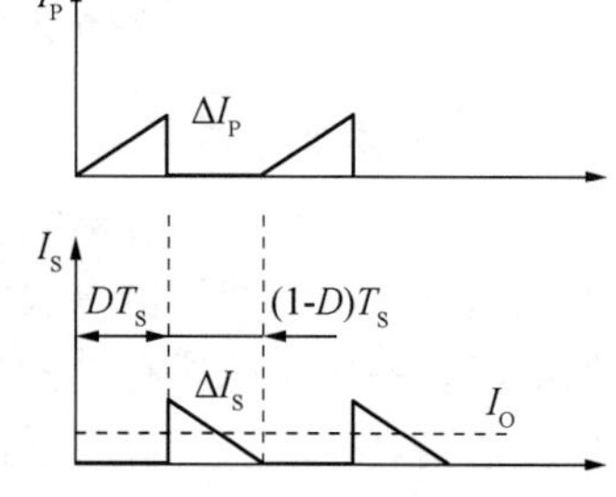

图 6.5.7 CCM/DCM 边界波形

式中，$I_{sB(avg)}$ 为临界次级平均电流；$I_{oB(avg)}$ 为临界输出平均电流；$\Delta I_{s(pk)}$ 为临界次级峰值电流。

由于

$$\Delta I_{s(pk)} = \frac{V_o}{L_s}(1-D)T_s = \frac{n^2 V_o}{L_p}(1-D)T_s \tag{6.5.10}$$

所以

$$I_{sB(avg)} = I_{oB(avg)} = \frac{n^2 V_o}{2L_p}(1-D)^2 T_s \tag{6.5.11}$$

因此，反激式变换器如果工作在 CCM 模式，输出电流设定值 $I_o \geqslant I_{sB(avg)}$，则

$$I_o > I_{sB(avg)} = I_{oB(avg)} = \frac{n^2 V_o}{2L_p}(1-D)^2 T_s \tag{6.5.12}$$

临界电感值 $L_{pB} < L_p$，也就是

$$L_p > L_{pB} = \frac{n^2 V_o}{2I_o}(1-D)^2 T_s \tag{6.5.13}$$

反之，如果要使反激式工作在 DCM 模式，设定电感值 $L_{pB} > L_p$。式(6.5.13)中如果将输出二极管的正向电压 $V_F$ 考虑进去的话，则可表示为

$$L_p < L_{pB} = \frac{n^2 (V_o + V_F)}{2I_o}(1-D)^2 T_s \tag{6.5.14}$$

4. 反激式变换器的特点

(1) 结构简单，变压器本身就是一个扼流线圈，可用于能量存储，输出端无需增加滤波电感。

(2) 输出电压纹波较大，会降低效率，通常用于 150 W 以下的小功率电源变换器的设计。

(3) 变压器漏感较大，反激电源在开关管关断瞬间会产生很大的尖峰电压，这个尖峰电压严重威胁着开关管的正常工作，必须采取措施对其进行抑制；同时，还会造成输出电压尖峰噪声较大。为了滤除输出电压中的尖峰噪声，通常要在输出电容后加一个 $LC$ 滤波器。

(4) 反激式变换器在设计时可以工作在 CCM 模式或 DCM 模式，或是同时包含两种模式，一般在重载范围为 CCM 模式，而轻载范围为 DCM 模式。

(5) 在反激式变压器中，为防止变压器磁饱和，需考虑在磁性材料间增加空气间隙(Air Gap)。由于空气间隙可以储存许多额外的能量，因此空气间隙的大小就会大大影响到所传输功率的大小。由于空气间隙具有较高的磁阻，所以一般在间隙所储存的能量会大于在变压器铁心本身所储存的能量。通常间隙愈大，漏感与尖峰干扰变得愈大，电源性能会变差，因此，要合理选择间隙大小。

(6) 关于反激电源的占空比，原则上电源的最大占空比应该小于 0.5，否则环路不容易补偿，有可能不稳定。但有一些例外，如美国 PI 公司推出的 TOP 系列芯片是可以工作在占空比大于 0.5 的条件下。

### 6.5.2 反激式变换器应用电路

图 6.5.8 是用于机车设备的单晶体管反激式开关电源，输入电压为 75 VDC；输出为 12 V/1 A 和 24 V/0.5 A，两组电源电气隔离。

开关电源初次级采用变压器与光耦合器进行电气隔离；由晶体管作为功率开关，考虑到开关管损耗，工作频率小于 30 kHz，且频率随着负载变化而变化；变压器有四个绕组，1 个初级、2 个次级和 1 个反馈绕组，初次级绕组进行电源变换，反馈绕组为开关电源的辅助电路供电；电源初级采用 RCD 吸收电路来抑制初级漏感产生的尖峰干扰。

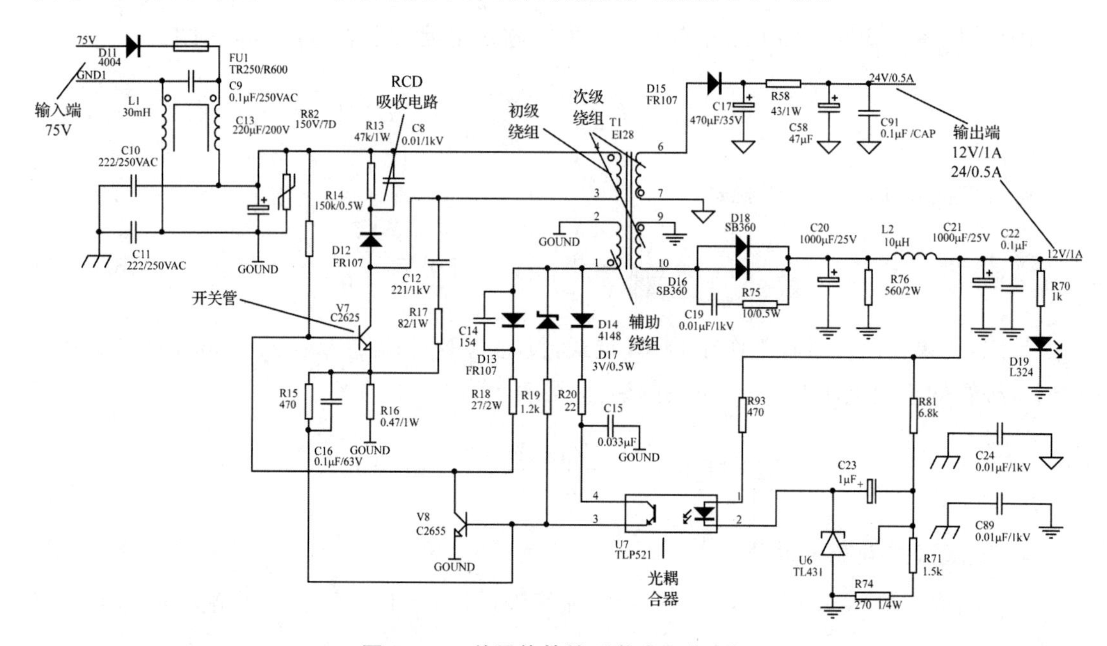


**图 6.5.8 单晶体管的反激式开关电源**

## 6.6 正激式变换器

正激式变换器是由降压型 Buck 变换器衍生出来的电路，电路分析和设计方法与 Buck 电路有相同之处。同时，还衍生出来的隔离电路有半桥型变换器、全桥型变换器和推挽式变换器等。

正激式指在变压器原边导通同时副边感应出对应电压输出到负载，能量通过变压器直接传递。按电路拓扑结构可分为：单管、双管、推挽、半桥、全桥等正激电路。

### 6.6.1 正激式变换器工作原理

正激式变换器通常分为单管正激式变换器与双管正激式变换器。双管正激式变换器可降低开关管所承受耐压，设计方式基本相同。

### 1. 单管正激式变换器

单管正激式变换器(Forward Converter)的电路结构如图 6.6.1 所示。

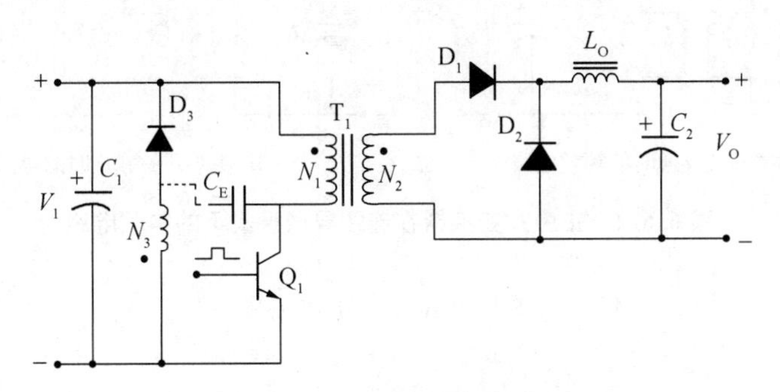


**图 6.6.1　正激式变换器电路**

在 PWM 驱动下，当功率开关管 $Q_1$ 导通时，输入电压 $V_I$ 加载在原边绕组 $N_1$ 上，此时原边绕组中的电流逐渐增加，储存能量；副边绕组 $N_2$ 与原边绕组 $N_1$ 具有相同的极性，能量转移至 $N_2$ 中，并经二极管 $D_1$ 和输出电感器 $L_O$，传送到输出电容器和负载上；此时续流二极管 $D_2$ 反偏截止。

当功率开关管 $Q_1$ 截止时，变压器 $T_1$ 上绕组的极性反转，因此二极管 $D_1$ 反偏截止，续流二极管 $D_2$ 导通。由输出电感器 $L_O$ 和输出电容器 $C_O$ 对负载提供能量。特别注意的是，$L_O$ 在这里起储能的作用。

变压器 $T_1$ 的作用是隔离一次侧电路与二次侧电路，同时通过匝数比的关系来获得所需的输出电压。此外，变压器中增加了复位绕组 $N_3$ 配合二极管 $D_3$，具有消磁的作用。在功率开关管 $Q_1$ 导通期间，能量会转移至输出电路，同时变压器的原边绕组 $N_1$ 中会有磁化电流产生，此能量会存储在铁心的磁场中。当功率开关管 $Q_1$ 关断时，电路中若没有提供钳位或能量吸收的路径，所存储的能量会在功率开关的集电极上产生很大的反激电压。而 $N_3$ 和 $D_3$ 就提供了能量吸收路径，使得变压器的铁心的工作点回到每一周期开始的零点(磁场强度为 0 处)，以免磁芯达到磁饱和状态。在截止期间，由于二极管 $D_3$ 导通，绕组 $N_3$ 上的电压被钳位在 $V_I$。此时，晶体管上的集电极电压为 $2V_I$。

为了减小 $N_1$ 和 $N_3$ 间过大的漏电感而引起的对功率开关管的集电极的电压过冲，要求将 $N_3$ 和 $N_1$ 一起双线并绕。流经 $N_3$ 的电流一般仅占一次侧电流的 5%～10%，所以 $N_3$ 绕组的线径可以小很多。二极管 $D_3$ 一般置于复位绕组 $N_3$ 上，晶体管 $Q_1$ 与复位绕组 $N_3$ 和二极管 $D_3$ 的结合面将会出现一寄生电容 $C_E$。当晶体管 $Q_1$ 导通时，可以通过二极管 $D_3$ 隔离任何流经 $C_E$ 的电流，此时 $C_E$ 两端的电位会同时趋于负电位，其上则没有任何电压的变化。截止状态下，任何电压过冲出现时，所产生的电流会流经电容 $C_E$，并经二极管 $D_3$ 流至直流输入线上。因此电容 $C_E$ 在晶体管 $Q_1$ 的集电极上产生了钳制作用。实际上，有时为了达到这种钳制作用，会在 $C_E$ 的位置并联一个外加电容器。但外加的电容器容值过大时，会使得输出端出现线纹波，交流输入端的工频纹波。

图 6.6.2 为正激式变换器在 CCM 模式下的等效电路。图 6.6.3 为单管正激式变换器电路响应波形。

功率开关管 $Q_1$ 导通时，根据图 6.6.2(a)的等效电路可得

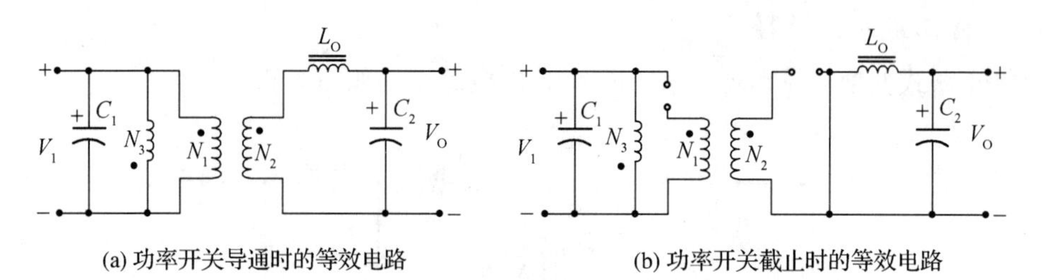


**图 6.6.2 正激式变换器在连续导通模式下的等效电路**

$$V_{N2} = V_{L_O} + V_O = L_O \frac{di_{L_O}}{dt} + V_O$$

所以

$$\frac{di_{L_O}}{dt} = \frac{V_{N2} - V_O}{L_O} \tag{6.6.1}$$

即在 $DT_S$ 的导通期间内，电感上电流的变化量 $\Delta I_{L_O}(+)$ 为

$$\Delta I_{L_O}(+) = \frac{V_{N2} - V_O}{L_O} \cdot DT_S \tag{6.6.2}$$

当功率开关 $Q_1$ 截止时，根据图 6.6.2(b)的等效电路可得

$$V_{L_O} + V_O = 0$$

$$L_O \frac{di_{L_O}}{dt} = -V_O$$

即在$(1-D)T_S$ 的截止期间，其电流的变化量 $\Delta I_{L_O}(-)$为

$$\Delta I_{L_O}(-) = \frac{V_O}{L_O} \times (1-D)T_S \tag{6.6.3}$$

由于流经电感器的电流是一种连续形式，所以，此电流的变化量相等，即

$$\frac{V_{N2} - V_O}{L_O} \cdot DT_S = \frac{V_O}{L_O} \cdot (1-D)T_S$$

由上式可以得到

$$V_O = V_{N2} \cdot D \tag{6.6.4}$$

式(6.6.4)类似于降压型变换器的关系，同时考虑副边绕组 $N_2$ 上的电压为

$$V_{N2} = \frac{N_2}{N_1} \cdot V_I$$

可以得到输入输出电压的关系为

$$V_O = V_I \cdot \frac{N_2}{N_1} \cdot D = \frac{V_I}{n} \cdot D = V'_I \cdot D \tag{6.6.5}$$

式中，$n = N_1/N_2$；$V_I' = V_I/n$。

如果考虑到变换器的输入电压范围为 $V_{I(min)} \sim V_{I(max)}$，则

$$\frac{V_O}{V_{I(min)}} = \frac{N_2}{N_1} D_{max} = D_{max}/n \tag{6.6.6}$$

$$\frac{V_O}{V_{I(max)}} = \frac{N_2}{N_1} D_{min} = D_{min}/n \tag{6.6.7}$$

理想状态下，整个正激式电源变换器的效率为 100%，即 $P_O = P_I$，则

$$\frac{I_O}{I_I} = \frac{V_I}{V_O} = \frac{n}{D} \tag{6.6.8}$$

分析：

(1) 由图 6.6.3 所示波形可以得知，正激式变换器工作在 CCM 模式下，输出电流是连续的，波形具有平缓的斜率与较小的纹波振幅。所以，这种波形比较容易滤波，对输出电容 ESR 与纹波电流的要求十分严格，可以减小其额定值。因此，正激式变换器比较适合工作在 CCM 模式。

(2) 当 $N_1 > N_3$ 时，去磁时间小于开通时间，即占空比 $D$ 大于 0.5。

(3) 当 $N_1 > N_3$ 时，开关管上的压降大于 2 倍的输入电压。

(4) 为提高占空比和减小开关管上的压降，应折中选择初级绕组与复位绕组的比值，一般取 $N_1 = N_3$。

(5) 由于单端正激式变换器是一个隔离型的 Buck 变换器，因此输入输出电压的关系为

$$V_O = \frac{V_I}{n} \cdot D$$

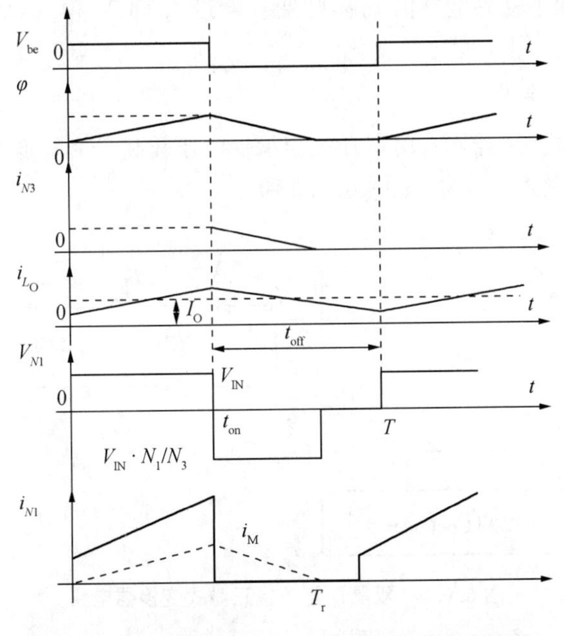


**图 6.6.3　单端单管正激式变换器电路响应波形**

2. 正激式变换器的边界条件与工作模式选择

在正激式电源变换器中，CCM 与 DCM 的边界情况与 Buck 边界情况一样，就是当功率开关管截止时，流经电感 $L_O$ 的电流刚好为 0，如图 6.6.4 所示。

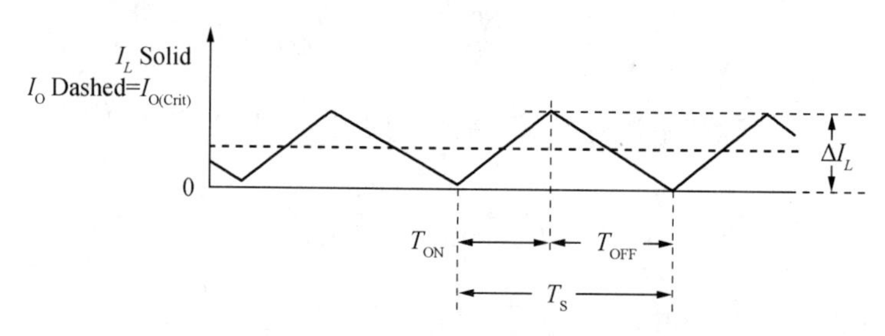


**图 6.6.4 正激式变换器 CCM 与 DCM 的边界情况**

由式(6.2.10)Buck 变换器边界条件得到

$$I_{LOB(avg)} = I_{OB(avg)} = \frac{V'_I}{2L} \cdot D(1-D)T_S$$

由式(6.6.5)将 $V_I' = V_I/n$ 代入上式得

$$I_{LOB(avg)} = I_{OB(avg)} = \frac{V_I}{2L_O n} \cdot D(1-D)T_S \tag{6.6.9}$$

因此，正激式变换器如果工作在 CCM，则其条件为

$$L_O > L_{OB} = \frac{V_I}{2nI_{OB(avg)}} \cdot D(1-D)T_S \tag{6.6.10}$$

反之，电感值要低于临界电感值 $L_{OB}$，则变换器进入 DCM 模式，而在这种模式下，占空比 $D$ 会随着负载和输入电压变化而变化。

3. 双管正激式变换器

在单端单管正激式变换器中，功率开关管承受电压较高。为降低开关管承受的电压，可采用双晶体管单端正激式变换器，如图 6.6.5 所示。

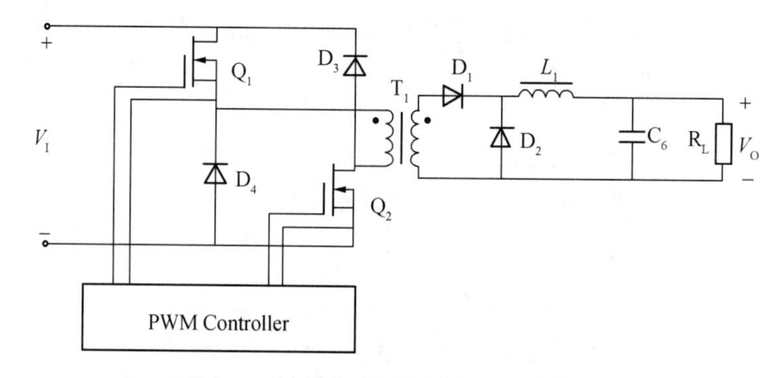


**图 6.6.5 双晶体管单端正激式变换器电路**

功率开关管 $Q_1$ 和 $Q_2$ 受控同时导通或截止，但两个栅极驱动电路彼此独立。高频变压器 $T_1$ 的原边绕组 $N_1$ 和副边绕组 $N_2$ 的同名端如图 6.6.5 所示。当开关管 $Q_1$ 和 $Q_2$ 导通

时，输入电压 $V_I$ 加到变压器 $T_1$ 的原边绕组上，整流二极管 $D_1$ 同时导通，电源的能量经电感器 $L_1$ 向负载传送能量，电感器 $L_1$ 储能。当开关管 $Q_1$ 和 $Q_2$ 受控截止时，续流二极管 $D_2$ 导通，$L_1$ 中所存储的能量经续流二极管向负载和输出电容释放，输出电容用来滤波降低输出电压中纹波电压幅值；同时，$D_3$ 和 $D_4$ 导通，变压器 $T_1$ 中铁芯磁化储能会送至输入电源。这种变换器在功率开关导通的同时，向负载传送能量，所以称为双管正激式变换器。其开关管承受的耐压是单管的一半，有利于提高电路工作的可靠性。

4. 正激式变换器特点

正激式变换器与反激式变换器比较各有优点与缺点，分别叙述如下：

(1) 正激式铜损会比较小，这是因为其一次侧与二次侧的峰值电流较小(由于变压器不需要间隙，所以电感量较高)。这样变压器温升较低，铁芯可以选得小一些。

(2) 由于输出电感器的功能是储存能量供负载使用，因此，其储能电容器容量可减小许多；同时此电容有利于降低纹波电流额定值的大小。

(3) 流经功率开关管的峰值电流会较小，开关管耐压值可适当减小。

(4) 由于流经输出电感器的电流不是脉动电流，输出电压纹波比反激式要小。

(5) 由于增加了输出电感器与续流二极管，价格会贵一些。

(6) 正激式变换器一般都工作在 CCM 模式。

### 6.6.2　正激式变换器应用电路

基于 UC3844 控制的双管正激式变换器的电动自行车充电器如图 6.6.6 所示。该充电器电路采用双管正激式变换器，其工作过程分为 3 个过程：能量转移阶段、变压器磁复位阶段和死区阶段。

在能量转移阶段，原边的 2 个 MOSFET 管 $Q_1$、$Q_2$ 都导通，能量从输入端向输出端转移。在变压器磁复位阶段，原边的 2 个快恢复二极管 $D_1$、$D_2$ 都导通，使变压器绕组磁芯磁化储能，通过 $D_1$、$D_2$ 反向馈入输入电源，从而使变压器磁复位；同时，电感器 $L_3$ 通过续流二极管 $D_5$ 向负载供电。当变压器完全复位后，变压器工作在死区阶段，即原边、副边无电流，$C_3$、$C_4$ 向负载供电。

MOSFET 管驱动采用带有隔离变压器的互补驱动电路，依靠隔直电容 $C_6$ 和变压器 $T_2$ 使 MOSFET 管可靠导通和关断，电路抗干扰能力强。

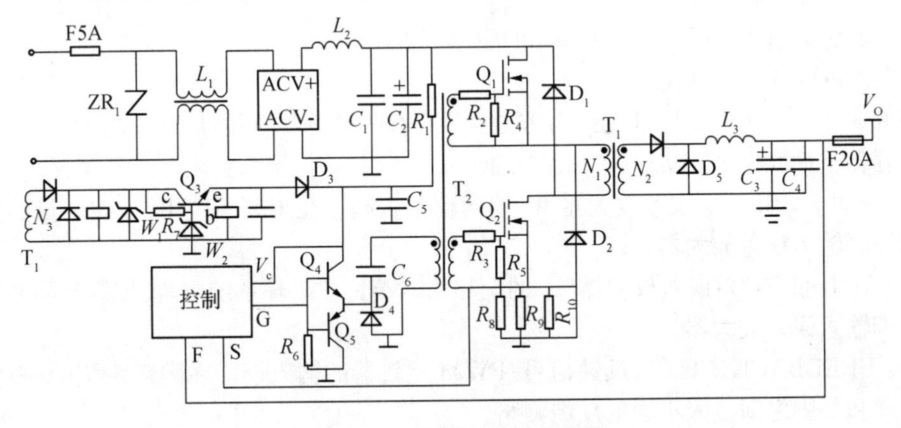


**图 6.6.6　双管正激式变换器**

如图 6.6.6 可知，MOSFET 管驱动控制主要采用电流型脉宽调制（PWM）控制器 UC3844。UC3844 芯片 G 端输出 PWM 方波调制信号经推挽电路 $Q_4$、$Q_5$ 电流放大后驱动 $T_2$；开关管电流取样信号反馈到 UC3844 的 S 端，输出电压信号反馈到 UC3844 的 F 端。UC3844 根据反馈电流电压信号自动调整 PWM 方波的脉宽，从而实现充电系统稳定可靠的工作。

## 6.7 PWM 控制芯片

开关电源的控制电路大多采用脉宽调制技术（PWM），分为电压型 PWM 控制器和电流型 PWM 控制器。电压型代表芯片为 TL494；电流型代表芯片为 UC384X 系列，市场上应用比较多的是电压型芯片。

PWM 的特征是开关频率固定，通过改变脉冲宽度的方式来调节占空比 $D$，从而达到调节功率开关管的导通时间，改变和稳定输出电压的目的。

脉冲宽度调制是一种模拟控制方式，根据相应载荷的变化来调制功率开关管导通时间，这种方式能使电源的输出电压在工作条件变化时保持恒定。PWM 控制技术以其控制简单、灵活和动态响应好的优点而成为电力电子技术最广泛应用的控制方式。

### 6.7.1 TL494 PWM 控制器

TL494 是一种由美国德州仪器公司（Texas Instruments）最先生产的性能优良的脉宽调制控制器，进入中国市场近 30 年，直到现在还在广泛采用。它包含了开关电源控制所需的全部功能，广泛应用于开关电源、直流调速、逆变器和感应加热等领域。

1. TL494 特点与引脚功能

TL494 具有以下的特点：

- 集成了全部的脉宽调制电路
- 片内置线性锯齿波振荡器，外置 2 个振荡元件 $RC$
- 内置误差放大器
- 内置 5 V 参考基准电压源
- 可调整死区时间
- 内置功率晶体管可提供 500 mA 的驱动能力
- 推或拉两种输出方式

图 6.7.1 给出了 TL494 封装及引脚图，芯片有两种封装形式：DIP16 与 SO-16。芯片有 16 引脚，下面介绍 TL494 的各引脚功能：

（1）1IN+（PIN1）：误差放大器 $A_1$ 的同相输入端。在闭环系统中，被控制量的反馈信号通过该脚输入误差放大器。

（2）1IN-（PIN2）：误差放大器 $A_1$ 的反相输入端。在闭环系统中，被控制量的基准信号通过该脚输入误差放大器。

（3）FEEDBACK（PIN3）：反馈信号/PWM 比较器的输入端。在闭环系统中，根据需要可在 3 脚和 2 脚之间接入不同的反馈网络。

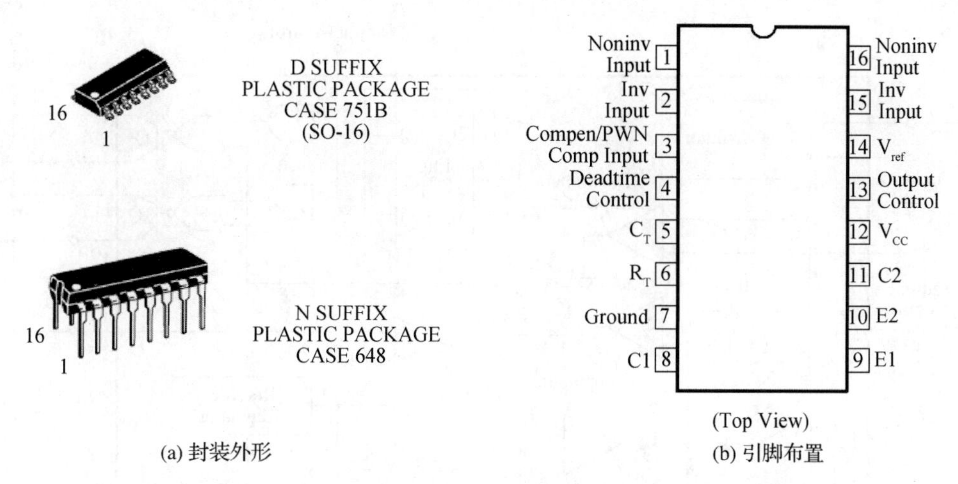


(a) 封装外形　　(b) 引脚布置

**图 6.7.1 TL494 封装及引脚**

(4) DTC(PIN4):死区时间控制端。用于设置 TL494 的死区时间,该引脚接地时,死区时间最小,可获得最大的占空比。

(5) $C_T$(PIN5):定时电容,取值在 1～100 nF 之间。

(6) $R_T$(PIN6):定时电阻,取值在 5～100 kΩ 之间。

(7) GND(PIN7):地。

(8) $C_1$(PIN8):内部输出管 $Q_1$ 的集电极,该端为正向脉冲输出端。在推挽工作模式下,8 脚输出正向脉冲信号,11 脚输出负向脉冲信号,相位相差 180°,经隔离放大后分别驱动开关管。在单端工作模式下,可与 11 脚并联,以提高 TL494 的输出能力。

(9) $E_1$(PIN9):内部输出管 $Q_1$ 的发射极。

(10) $E_2$(PIN10):内部输出管 $Q_2$ 的发射极。

(11) $C_2$(PIN11):内部输出管 $Q_2$ 的集电极,该端为负向脉冲输出端。在推挽工作模式下,8 脚输出正向脉冲信号,11 脚输出负向脉冲信号,相位相差 180°,经隔离放大后分别驱动开关管。在单端工作模式下,可与 8 脚并联,以提高 TL494 的输出能力。

(12) VCC(PIN12):芯片电源输入端。

(13) OUTPUT CONTROL(PIN13):输出状态控制端。当该端接高电平时,TL494 工作在推挽模式下;当该端接低电平时,两路输出脉冲完全相同。

(14) $V_{REF}$(PIN14):基准电压输出端,输出电流可达 10 mA。

(15) 2IN－(PIN15):误差放大器 $A_2$ 的反相输入端,可接入保护电路的反馈信号,实现过流、过压保护等。

(16) 2IN＋(PIN16):误差放大器 $A_2$ 的同相输入端,用于设定保护阈值的电压。

2. TL494 工作原理

TL494 内部集成了两个独立的误差放大器、一个频率可调的振荡器、一个死区时间控制比较器、一个欠压锁定比较器、一个脉冲同步触发器、一个 5 V 精密基准电源以及输出控制电路等,其内部功能框图如图 6.7.2 所示。

TL494 是一个固定频率的脉冲宽度调制电路,内置了线性锯齿波振荡器,振荡频率可通过外部的一个电阻 $R_T$ 和一个电容 $C_T$ 进行调节,其振荡频率为

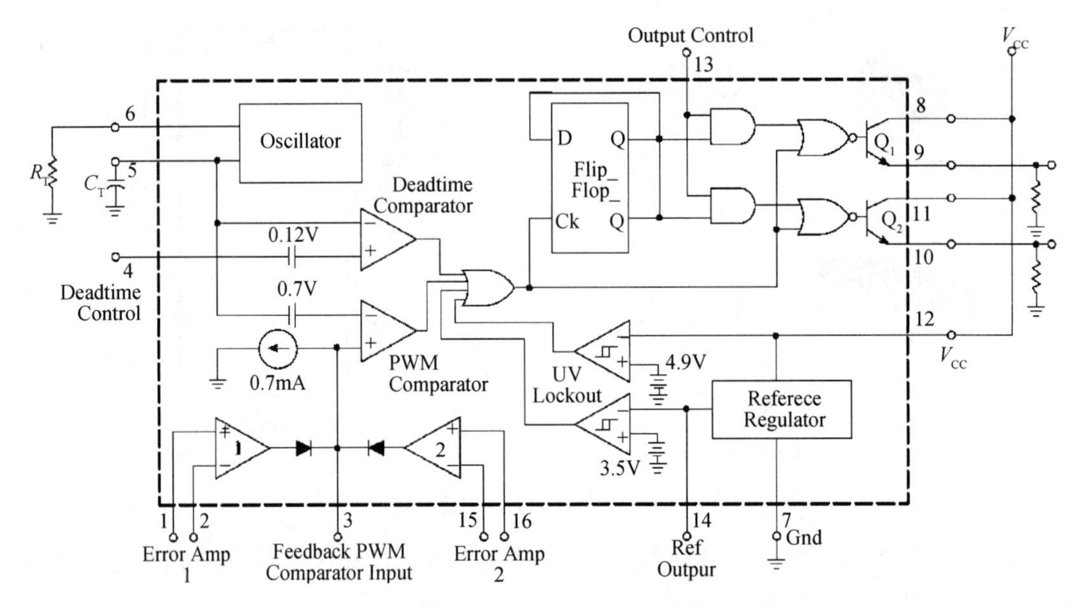


图 6.7.2　TL494 内部功能框图

$$f_{OSC}=\frac{1.1}{R_T\cdot C_T} \tag{6.7.1}$$

式中，电阻单位取 kΩ，电容单位取 μF，振荡频率的单位是 kHz。对应的关系也可根据图 6.7.3 查得。

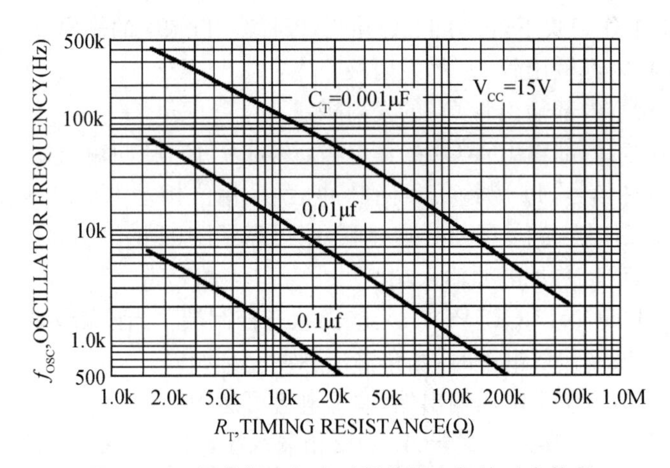


图 6.7.3　振荡频率与定时元件的电阻的对应关系

输出脉冲的宽度是通过电容 $C_T$ 上的正极性锯齿波电压与另外两个控制信号进行比较来实现。功率输出管 $Q_1$ 和 $Q_2$ 受控于或非门。当双稳触发器的时钟信号为低电平时，才会被选通，即只有在锯齿波电压大于控制信号期间，才会被选通。当控制信号增大时，输出脉冲的宽度将减小。TL494 的工作波形如图 6.7.4 所示。

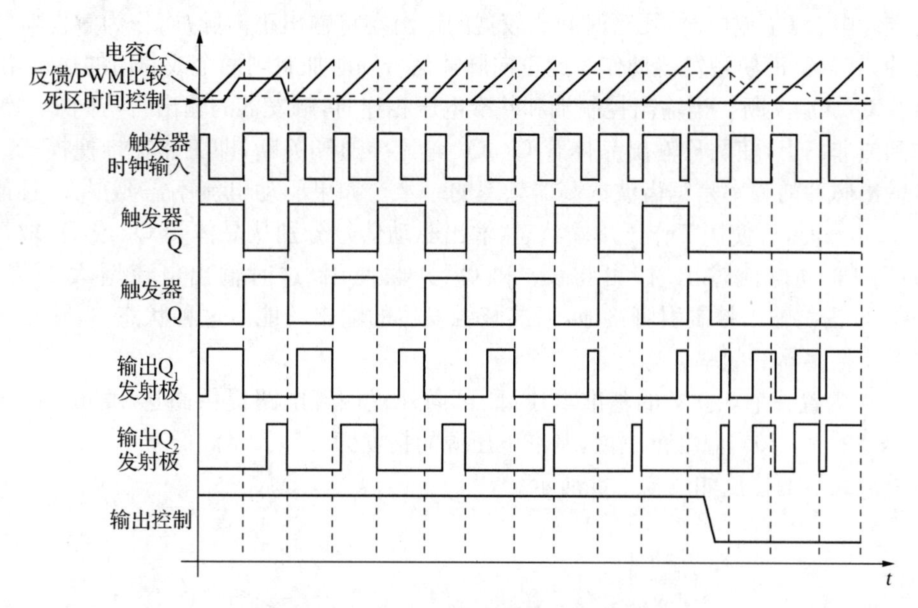


**图 6.7.4　TL494 内部功能框图工作波形**

控制信号由集成电路外部输入，一路送给死区时间比较器，一路送给误差放大器的输入端。死区时间比较器具有 120 mV 的输入补偿电压，它限制最小输出死区时间约等于锯齿波周期的 4%。当 DTC 接地时，最大输出占空比为 96%；当 DTC＝2.8 V 时，占空比为 0；当 DTC 接上可调电压（范围在 0～3.3 V 之间）时，即能在输出脉冲上产生附加的死区时间。死区时间控制端外加电压和输出脉冲占空比的关系如图 6.7.5 所示。

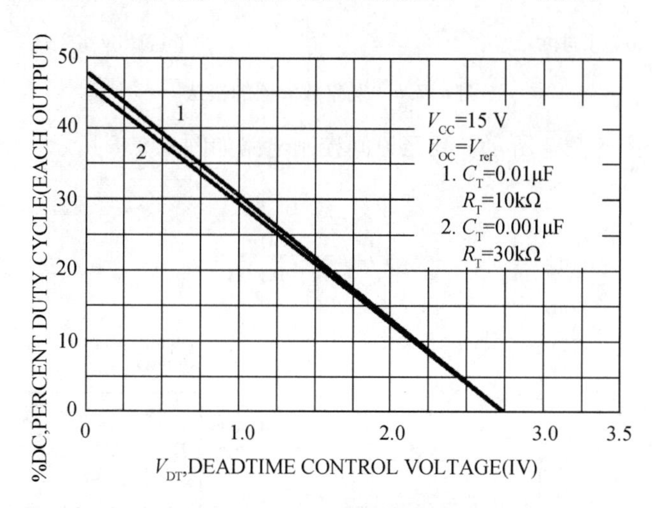


**图 6.7.5　占空比百分比-死区控制电压的关系曲线**

脉冲宽度调制比较器为误差放大器调节输出脉宽提供了一种方法。当反馈电压从 0.5 V变化到 3.5 V 时，输出的脉冲宽度从被死区确定的最大导通百分比下降到零。两个误差放大器的开环电压增益为 95 dB，其允许的共模电压输入范围为从－0.3 V 到（$V_{CC}$－2.0），可用来检测变换器的输出电压和输出电流。两个误差放大器的高电平输出以“或”的逻辑加载到 PWM 比较器的同相输入端。

当定时电容 $C_T$ 放电时，死区时间比较器的输出端将输出正向脉冲，作为触发器的同步时钟脉冲，其上升沿使触发器动作。此正向脉冲信号同时加载到两个或非门的输入端，使输出晶体管 $Q_1$、$Q_2$ 关断。当输出控制端和基准电压相连时，触发器的输出将与同步时钟信号一起加到或非门上，使两只输出晶体管 $Q_1$、$Q_2$ 轮流导通和关断，即工作在推挽模式。此时晶体管输出脉冲的频率是锯齿波振荡器频率的一半。如果驱动电流不需要很大，且最大占空比小于 50%时，可使用工作于单端状态，输出驱动信号分别从晶体管 $Q_1$ 或 $Q_2$ 取得。当需要更高的驱动电流输出时，可将 $Q_1$ 和 $Q_2$ 并联使用，这时输出电流增大 1 倍，可达 500 mA。但需将输出控制引脚接地，以屏蔽触发器的输出功能。这种状态下，输出脉冲的频率将等于振荡器的频率。

TL494 内置一个 5.0 V 的基准电压源，可向外置偏置电路提供高达 10 mA 的负载电流。在典型的 0～70℃温度范围内，基准电压源的精度为±5%，温漂低于 50 mV。

误差放大器的接法如图 6.7.6 所示。

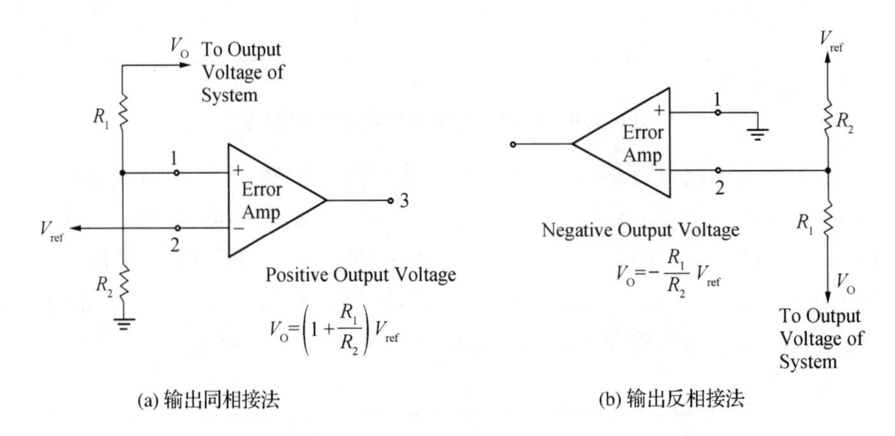


(a) 输出同相接法　　(b) 输出反相接法

**图 6.7.6　误差放大器的接法**

软启动电路如图 6.7.7 所示。死区时间控制电路如图 6.7.8 所示。输出端最大导通时间百分比 $D$ 为

$$D = 45 - \frac{80}{1 + R_1/R_2} \tag{6.7.2}$$

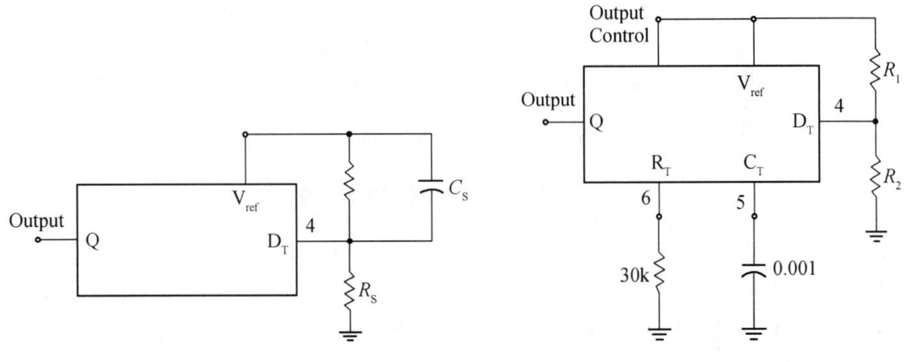


**图 6.7.7　软启动电路**　　**图 6.7.8　死区时间控制电路**

输出端接法如图 6.7.9 所示，单端模式输出接法如图 6.7.9(a)所示；推挽模式输出接

法如图 6.7.9(b)所示。

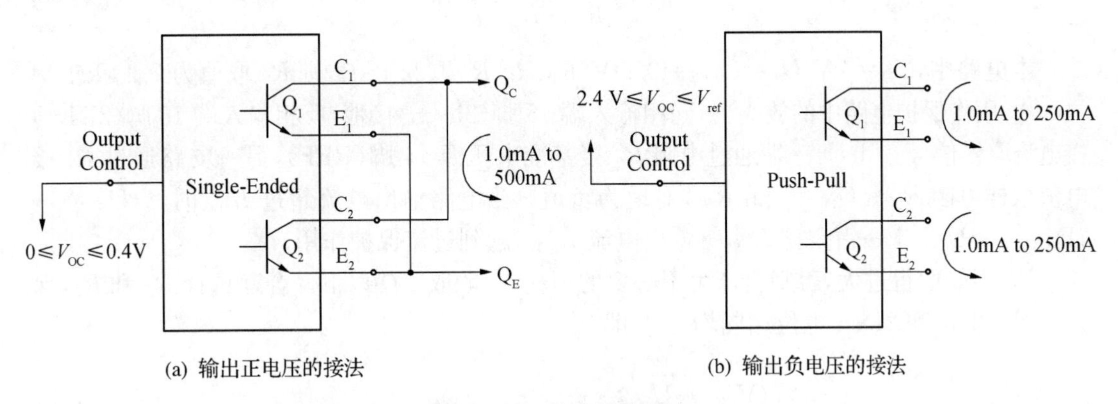


(a) 输出正电压的接法　　　　(b) 输出负电压的接法

**图 6.7.9　输出端的接法**

3. TL494 的应用电路

图 6.7.10 所示的是用 TL494 构成的降压型开关电源。从图中可以看出，两个输出晶体管 $Q_1$、$Q_2$ 并联使用，输出控制端 13 脚接地。两开关管的发射极并接后接储能电感 $L$ 和续流二极管 D，接成 Buck 拓扑结构形式。$A_1$ 用作误差放大器，$R_F$、$R_3$ 为输出电压取样电阻，取样电压 $U_F$ 接 $A_1$ 的同相输入端 1 脚，反馈取样电压 $U_F$ 的大小为

$$U_F = \frac{R_3}{R_3 + R_F} \cdot U_O \tag{6.7.3}$$

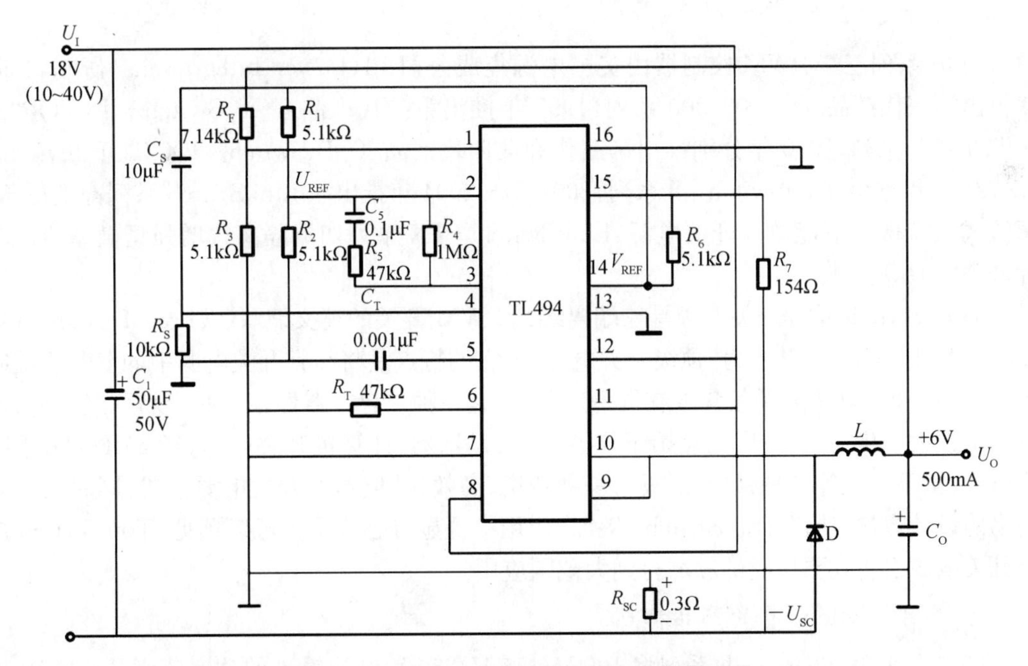


**图 6.7.10　TL494 构成的降压型开关电源电路**

$A_1$ 的反相输入端接基准电压 $U_{REF}$，本电路采用 $R_1$ 和 $R_2$ 分压后得到的 $U_{REF}$=2.5 V，

$$U_{REF} = \frac{R_2}{R_1 + R_2} \cdot V_{REF} \tag{6.7.4}$$

本电路中,$U_O=6$ V,$U_F=U_{REF}=2.5$ V,$R_1$、$R_2$、$R_3$ 取 5.1 kΩ,则 $R_F$ 取值为 7.14 kΩ。

$A_2$ 用作保护电路中的放大器,同相输入端 16 脚(2IN+)接地,反相输入端 15 脚(2IN−)接电流取样信号。2IN−一端通过电阻 $R_6$ 接基准电压源 14 脚(REF),另一支路通过 $R_7$ 接电流取样电阻 $R_{SC}$。$U_{SC}=-I_OR_{SC}$,对地为负值。当电路输出电流超过 $I_{Omax}$时,$-U_{SC}\uparrow\rightarrow$ 2IN−$\downarrow\rightarrow U_{OA2}\uparrow\rightarrow$占空比 $D\downarrow\rightarrow$输出电流 $I_O\downarrow$,起到过流保护作用。

$R_{SC}$不能取得过大,否则会产生不必要的损耗,一般取 1 Ω 以下。合理选择 $R_6$ 和 $R_7$,保证 2IN−电位和 2IN+电位相同均为 0,即

$$(V_{REF} + U_{SC}) \cdot \frac{R_7}{R_6 + R_7} - U_{SC} = 0 \tag{6.7.5}$$

$R_5$、$C_5$ 串联后与 $R_4$ 并接在芯片内误差放大器 $A_1$ 的反相输入端 2 脚与输出端 3 脚之间,构成补偿电路,以提高系统的稳定性。$R_S$、$C_S$ 组成软启动电路,一般取 $C_S=10$ μF,$R_S=10$ kΩ。当电源电压 $U_I$ 刚接入时,由于 $C_S$ 的电压不能突变,14 脚输出的基准电压都加到 4 脚,从而 4 脚与和其相连的 $A_3$ 同相输入端处于高电平,$A_3$ 输出为高电平,使得 $Q_1$、$Q_2$ 的基极为低电平,输出晶体管处于截止状态,TL494 无电流输出。随着 $C_S$ 充电的进行,$R_S$ 两端电压逐渐下降,$Q_1$、$Q_2$ 逐渐导通,TL494 开始工作。

### 6.7.2 TOP 单片开关电源芯片

TOP 系列三端 PWM 控制器由美国电源集成公司 PI(Power Integrations)研制,1994 年推出第一代产品 TOP100/200 系列,1997 年推出第二代产品 TOP Switch - Ⅱ(TOP221～TOP227)系列,2000 年分别推出第三代和第四代产品 TOP Switch - FX、TOP Switch - GX,2001 年推出 TinySwitch - Ⅱ系列,2002 年～2004 年推出了 LinkSwitch 系列高效恒压/恒流式三端微型节能单片开关电源、LinkSwitch - TN 系列四端隔离式增强型微型节能单片开关电源等。

TOP Switch 单片开关电源是三端离线式 PWM 开关的英文缩写( Three Terminal Off Line PWM Switch),被誉为“顶级开关电源”。它的特点是将高频开关电源中的 PWM 控制器和 MOSFET 功率开关管集成在同一芯片上,是一种二合一器件。这些产品一经问世,便显示出强大的生命力,被广泛应用于仪器仪表、显示器、计算机开关电源、VCD/DVD、手机充电器、摄录像机等各种领域,形成了一种新型、高效、低成本的开关电源模式;同时因为其简易的设计方法,使得 Top Switch 芯片在应用中更显得心应手。可以预见,Top Switch 单片开关电源必将在更广泛的领域得到大范围应用。

#### 1. TOP Switch - Ⅱ的产品特点

第二代 TOP Switch - Ⅱ系列将 100 V/115 V/230 V 交流输入的功率范围从 100 W 扩展到 150 W;85 V～265 V 交流电通用输入的功率从 50 W 扩展到 90 W,这使得 TOP Switch - Ⅱ芯片在许多新的领域中占据优势,如笔记本电脑适配器。电路性能增强减少了对电路板的设计和输入电源瞬态的敏感性,使得设计更容易、简单。

产品特点：

- 成本最低、元件数目最少的开关电源方案
- AC/DC 损耗极低，效率可达 90％
- 片内设有自动重启动和限流电路
- 过热门闩关断电路提供系统级保护
- 可用于反激、正向、升压或反向拓扑结构
- 以原边或光耦反馈方式工作
- 可用于 CCM 或 DCM 的工作模式
- 使用与源极连接的薄片以降低电磁干扰
- 电路简单，缩短开发时间

TOP Switch－Ⅱ芯片选型表如表 6.7.1 所示。

**表 6.7.1　TOP Switch－Ⅱ芯片选型表**

| OUTPUT POWER TABLE | | | | | |
|---|---|---|---|---|---|
| TO－220(Y) Package[1] | | | 8L PDIP (P) or 8L SMD(G) Package[2] | | |
| PART ORDER NUMBER | Single Voltage Input[3] 100/115/230 VAC±15％ | Wide Range Input 85 to 265 VAC | PART ORDER NUMBER | Single Voltage Input[3] 100/115/230 VAC±15％ | Wide Range Input 85 to 265 VAC |
| | $P_{MAX}$[4,6] | $P_{MAX}$[4,6] | | $P_{MAX}$[5,6] | $P_{MAX}$[5,6] |
| TOP221Y | 12 W | 7 W | TOP221P or TOP221G | 9 W | 6 W |
| TOP222Y | 25 W | 15 W | TOP222P or TOP222G | 15 W | 10 W |
| TOP223Y | 50 W | 30 W | TOP223P or TOP223G | 25 W | 15 W |
| TOP224Y | 75 W | 45 W | TOP224P or TOP224G | 30 W | 20 W |
| TOP225Y | 100 W | 60 W | | | |
| TOP226Y | 125 W | 75 W | | | |
| TOP227Y | 150 W | 90 W | | | |

2. TOP Switch－Ⅱ引脚功能描述

TOP Switch－Ⅱ的引脚分别是 1 脚 C(Control)、2 脚 S(Source)和 3 脚 D(Drain)，其封装及引脚配置如图 6.7.11 所示。

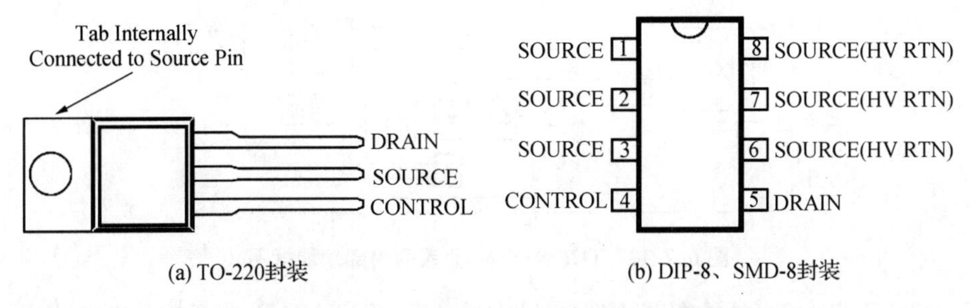


(a) TO-220封装　　(b) DIP-8、SMD-8封装

**图 6.7.11　TOP Switch－Ⅱ封装及引脚配置**

(1) 漏极 D

内部功率管 MOSFET 漏极的输出。在启动工作状态下,通过内部的开关式高压电流源提供内部偏置电流,内设电流检测。

(2) 控制极 C

用于占空比控制的误差放大器和反馈电流的输入脚,与内部并联稳压器相连,提供正常工作时的内部偏流,也用于电源旁路和自动重启动补偿电容的连接点。

(3) 源极 S

为内部功率管 MOSFETFEI 源极的输出,兼初级电路的公共点和参考点。

3. Top Switch 的主要功能与性能

(1) PWM 控制系统的全部功能集成到三端芯片中,通过高频变压器使输出端与电网完全隔离,使用安全可靠。

(2) 支持宽的交流输入电压范围,固定电压输入可选 110 V / 115 V / 230 V;在宽电压输入范围时,交流电压在 85 V~265 V 间,但其 PWM 值将下降约 40%。

(3) 工作频率典型值 100 kHz,允许范围是 90 kHz~110 kHz。占空比调节范围是 1.7% ~67%。

(4) 外围电路简单,成本低廉。芯片本身功耗很低,电源的效率最高可达 90%。

(5) 芯片极限参数

- 漏极电压:≤700 V
- 控制端电压:≤9 V
- 控制端电流:≤100 mA
- 工作结点温度:≤150℃

4. TOP Switch-Ⅱ的工作原理

TOP Switch-Ⅱ系列内部功能框图如图 6.7.12 所示。

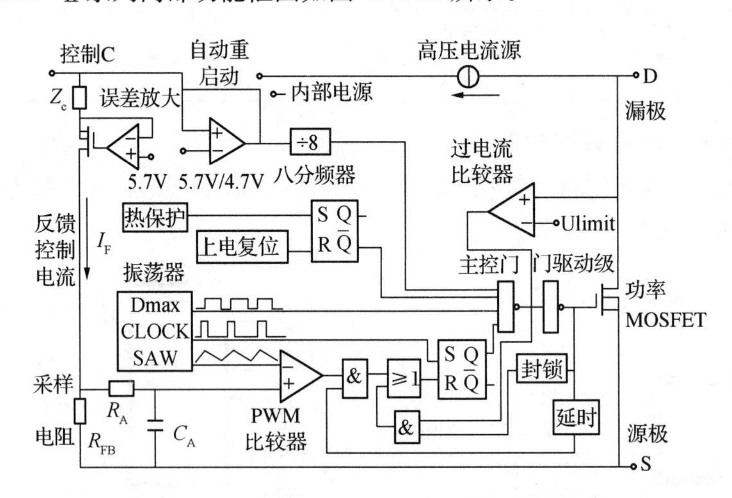


**图 6.7.12 TOP Switch-Ⅱ系列内部功能框图**

Top Switch 其内部主要包括以下部分:N 沟道高压 MOSFET 管、栅极驱动电路、PWM 控制器、误差放大器、晶体振荡器、输入欠压保护、输出电流过流、过热保护电路及尖峰抑制电路等。

Top Switch 是具有自偏置和自保护、电流线性控制占空比的变换器，漏极开路输出。通过使用CMOS并集成尽可能多的功能来实现高效率。与双极型器件或分立元件方式相比，CMOS大大减小了偏置电流。实现集成化后也不再需要外接功率电阻来进行电流检测和提供启动偏置电流。

在正常情况下，内部输出MOSFET的占空比随控制脚电流的增长而线性减小，其相互关系如图6.7.13所示。为了实现所有要求的控制、偏置和保护功能，漏极脚和控制脚都要完成几种功能，这将在后面说明。

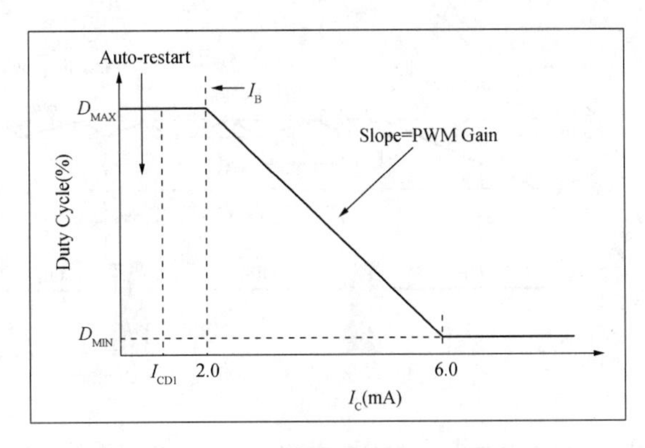


**图6.7.13　占空比与控制脚电流关系**

(1) 控制电源

控制电源 $V_C$ 是控制器和驱动电路的偏置电压源。需要通过连接在控制脚和源脚间的旁路外接电容来提供门极驱动电流。连接到控制端的等效电容 $C_T$ 决定自动重启的定时，同时控制环路的补偿。控制极 $V_C$ 有两种工作模式：一种是滞后调节，用于启动和过载的情况，具有延迟控制作用；另一种是并联调节，用于分离误差信号与控制电路的高压电流源。刚启动电路时，由D－C极间的内部高压开关电流源提供控制端电流 $I_C$，以便给控制电路供电并对电容 $C_T$ 充电。

如图6.7.14(a)所示，当 $V_C$ 第一次达到上限时，高压电流源关断，脉宽调制器和输出晶体管开始工作。在正常工作(输出电压受调节)时，反馈控制电流即 $V_C$ 的供给电流。当控制脚反馈电流超过需要的直流供给电流时，并联调节器通过对其分流，流过PWM误差信号检测电阻 $R_E(R_{FB})$，来保持 $V_C$ 为典型值5.7 V。在采用初级反馈结构时，控制脚的低动态阻抗($Z_C$)决定误差放大器的增益。$Z_C$ 和外接电阻电容一同决定电源系统控制环路的补偿。

如果 $C_T$ 放电到下限，输出MOSFET会关断，此时控制电路进入低电流的等待状态，高压电流源再次接通并对 $C_T$ 充电。图6.7.15给出了典型工作状态波形图，充电电流表示为负极性而放电电流以正极性表示。滞后的自动重启动比较器通过使高压电流源通断来保持 $V_C$ 值处于典型的4.7 V～5.7 V的区域内，如图6.7.14(b)所示。自动重启动电路中有一个除8的计数器，它用以防止输出MOSFET在8个放电充电周期前重新导通。此计数器通过将自动重启动的占空比减到典型值5%来有效地限制Top Switch的功耗。自动重启动将不断循环工作直到输出进入受控状态为止。

(2) 带隙基准

Top Switch 内部所有的关键电压均来自一个带温度补偿的带隙基准。此基准还产生一个具有温度补偿并可调整的电流源，此电流源经调整，能保证精确设定振荡器频率和门极

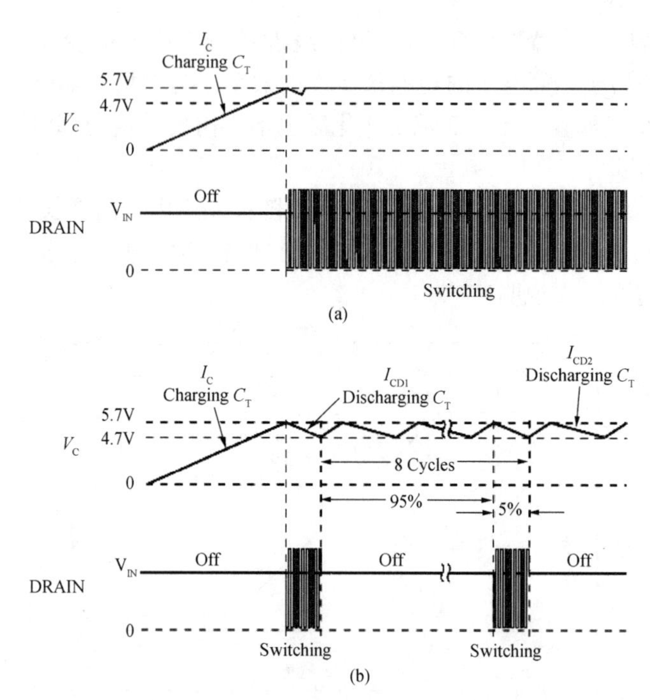


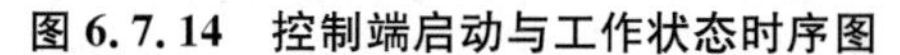
$C_T$ is the total external capacitance connected to the CONTROL pin

**图 6.7.14　控制端启动与工作状态时序图**

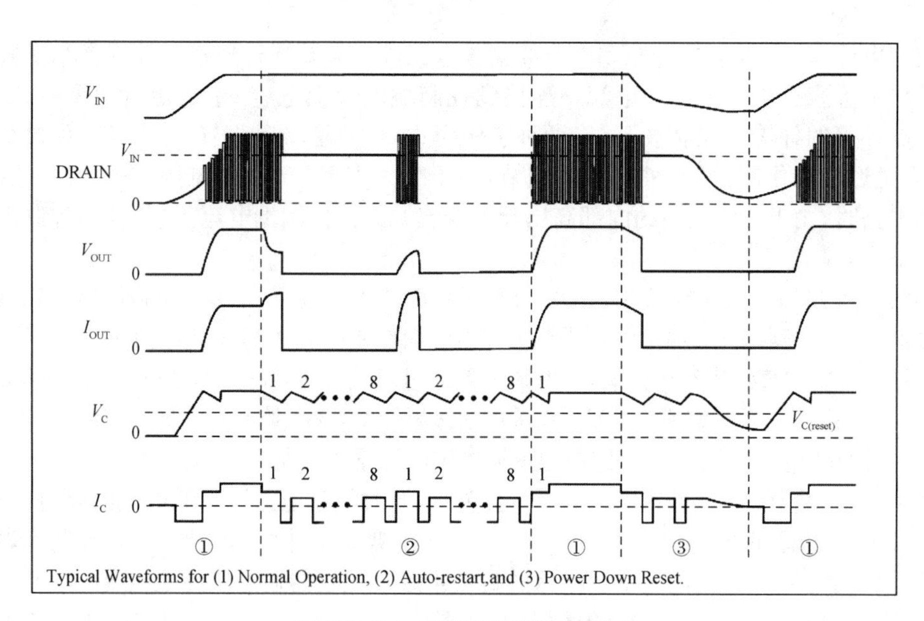


**图 6.7.15　典型工作状态波形图**

驱动电流。

（3）振荡器

内部振荡电容是在设定的上、下阈值 $U_H$、$U_L$ 之间周期性充放电，以产生脉宽调制器所需的锯齿波电压。在每个周期的起点，振荡器将脉宽调制器/电流限制的门闩电路置位。振荡器频率设定 100 kHz，以减小电磁干扰，提高电源效率。可调节基准电流来改善振荡器的频率精度。

(4) 脉宽调制器

脉宽调制器通过驱动加载到输出MOSFET,其占空比与通过$R_{FB}$产生的误差电压信号的控制脚成反比,来实现电压反馈控制。$R_{FB}$两端的误差信号通过一个由$R_A$、$C_A$组成,截止频率典型值为7 kHz的低通滤波器,以滤掉开关噪声电压。经滤波的误差信号与内部产生锯齿波电压进行比较,产生相应的占空比的方波。脉宽调制器使此门闩电路复位而关断输出MOSFET。最大占空比由内部振荡器的对称性决定。调制器有一个最小导通时间来保证电路正常工作。

(5) 误差放大器

在初级反馈形式的电路中,并联调整器也可起到误差放大器的作用。由具有温度补偿的带隙基准得到精确的并联调制器电压。误差放大器的增益由控制端的动态阻抗$Z_C$来设定,$Z_C$的变化范围是10 Ω~20 Ω,典型值为15 Ω。控制脚将外部电路信号钳位到$V_C$电压的水平。控制脚上超过供给电流的那部分电流将由并联调制器分流并作为误差信号流过$R_{FB}$。

(6) 门极驱动器/输出级

门极驱动器和输出级,内含耐压为700 V的功率开关管MOSFET。门极驱动器的设计使输出功率开关管(MOSFET)以一个受控的速率导通,从而将共模电磁干扰减至最小。

(7) 逐周的电流限制

逐周的峰值漏极电流限制电路以输出MOSFET的导通电阻作为检测电阻。电流限制比较器将输出MOSFET导通状态下的漏源极间的电压$V_{DS(ON)}$与一个阈值电压比较,漏极电流太大将使$V_{DS(ON)}$超过阈值电压并关断输出MOSFET直到下一个周期开始。电流限制比较器的阈值电压有温度补偿功能,这样可将输出MOSFET的$V_{DS(ON)}$随温度变化而引起的有效峰值电流限制的变化减至最小。

前沿消隐电路使电流限制比较器在输出MOSFET所导通的一段很短的时间内不工作。前沿消隐时间是避免因初级电容和次级整流器反向恢复时间产生的电流尖峰脉冲引起开关脉冲提前结束。

自保护电流限制区域如图6.7.16所示。由于MOSFET的动态特性,前沿消隐后很短的一段时间内,电流限制会变低。为了避免在正常工作时引起电流限制,漏极电流的波形应在图示的包络中。

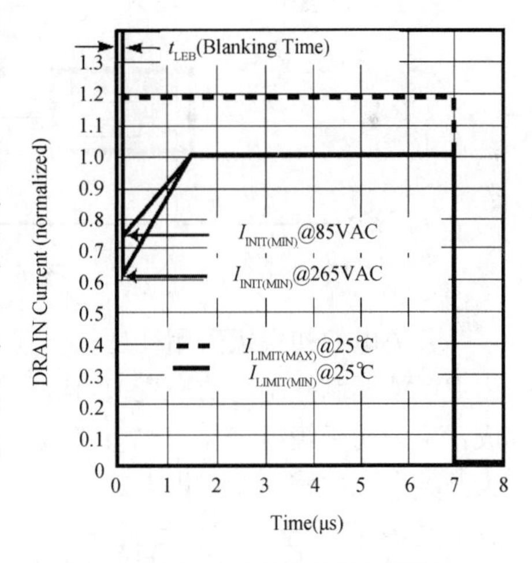


**图6.7.16 自保护电流限制区域**

(8) 关断/自动重启动电路

当调节失控时,立即使芯片在低占空比下工作,倘若故障排除,则自动重新启动电源,恢复正常工作。一旦调节失控,关断/自动重启动电路立即使芯片在5%占空比下工作,同时切断从外部流入C端的电流,$V_C$再次进入滞后调节模式。倘若故障已排除,$V_C$又回到并联调节模式,自动重新启动电源,恢复正常工作。自动重启动的频率为1.2 Hz。

(9) 过热保护

当芯片结温$T_j$>135℃时,过热保护电路就输出高电平,将触发器Ⅱ置位,Q=1,关断输出级。此时进入滞后调节模式,$V_C$端波形也变成幅度为4.7 V~5.7 V的锯齿波。若要重新启动电路，需断电后再接通电源开关；或者将控制端电压降至 3.3 V 以下，达到 $V_{C(rst)}$ 值，再利用上电复位电路将触发器Ⅱ置零，使 MOSFET 恢复正常工作。

(10) 高压偏置电流源

在启动或滞后调节模式时，高压电流源从漏极引脚输入为芯片内部电路提供偏置，并对 $C_T$ 进行充电。在自动重启动和过热门闩电路关断器件输出的情况下，进入滞后的工作模式。电流源通断的有效占空比约为 35%。此占空比由控制脚充电 $I_C$ 和放电电流 $I_{CD1}$ 及 $I_{CD2}$ 的比例决定。在输出 MOSFET 导通正常工作情况下，电流源关断。

5. TOP Switch－Ⅱ的应用电路

由 TOP221P 构成的后备式开关电源如图 6.7.17 所示。该电路可以在主电源断电后继续供电，确保为仪器设备提供掉电保护。输入电压为 100 V～380 VDC；输出为 12 V/0.15 A 和 5 V/0.6 A，两组电源电气隔离。

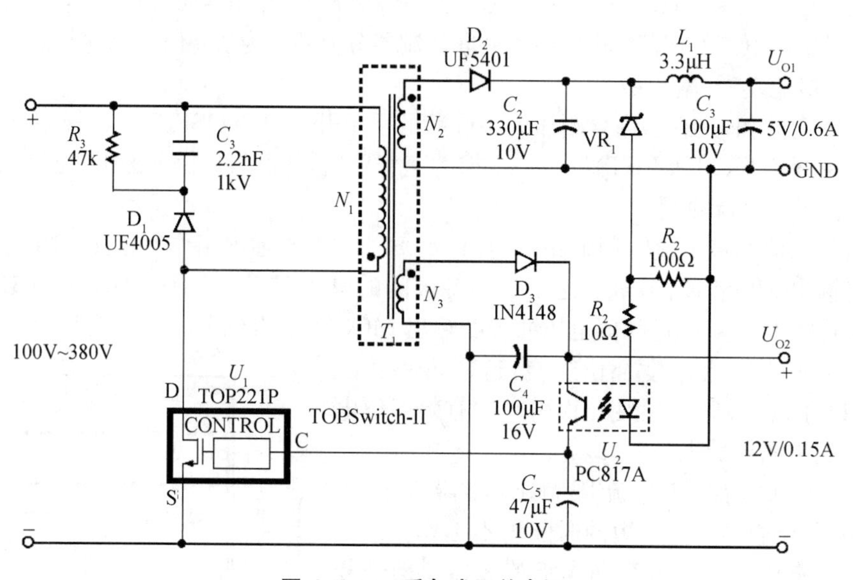


图 6.7.17 后备式开关电源

开关电源初次级采用变压器与光耦合器 PC817A 进行电气隔离。由 TOP221P 芯片作为 PWM 调制控制与功率变换，构成一个单端反激式开关电源。高频变压器由 3 个绕组组成：$N_1$ 为初级绕组、$N_2$ 为次级绕组、$N_3$ 为反馈绕组。初、次级绕组进行功率变换，反馈绕组为开关电源的辅助电路供电。电源开关频率为 100 kHz，使得高频变压器能快速存储和释放能量，经高频整流滤波后实现连续的直流稳态输出。

由于 TOP221P 关断瞬间高频变压器初绕组漏感会产生尖峰电压，为了保护 TOP221P 中的功率管不受损坏和减小输出电压的尖峰噪声，在初级回路并联由 $R_3$、$C_1$ 和 $D_1$ 组成 RCD 吸收电路来抑制初级漏感产生的尖峰干扰。

输出滤波电路由 $L_1$、$C_2$ 与 $C_3$ 组成，电感器选用 3.3 μH 磁棒电感器，有利于进一步抑制输出电压中尖峰噪声。

电路稳压原理：当 $U_{O1}$ 减小时，光耦中 LED $I_F$ 相应减小，光耦合器接收管的发射极电流 $I_E$ 减小，使得 TOP221P 的控制电流 $I_C$ 减小，从而使占空比增大，$U_{O1}$ 增加。$C_5$ 为控制端的旁路电容，对控制环路进行补偿并设定自动重启频率。例如，当 $C_5$ 取 47 μF 时，自动重启的频率为1.2 Hz。出现故障关断功率开关管时，每隔0.83 s就检测一次故障是否排除，确认排除故障后就自动重启，使开关电源正常工作。

## 6.8　开关电源电路设计实例

### 6.8.1　设计任务书

设计开关电源技术要求如下：
输入电压：220VAC±20%/50 Hz
输出电压：12VDC
输出电流：4 A
输出纹波电压：100 mVpp
工作温度：0℃～40℃

### 6.8.2　设计说明书

1. 主电路选型

设计电源最大功率为48 W，属于中功率的开关电源。考虑到简化电路设计和成本等因素，采用TOP单片开关电源芯片较合适。根据输入电压和输出电压、电流参数计算，对照表6.7.1，选用TOP224P可满足设计技术要求。基于TOP224P的反激式开关电源典型电路如图6.8.1所示。开关电源工作频率 $f_s=100$ kHz。

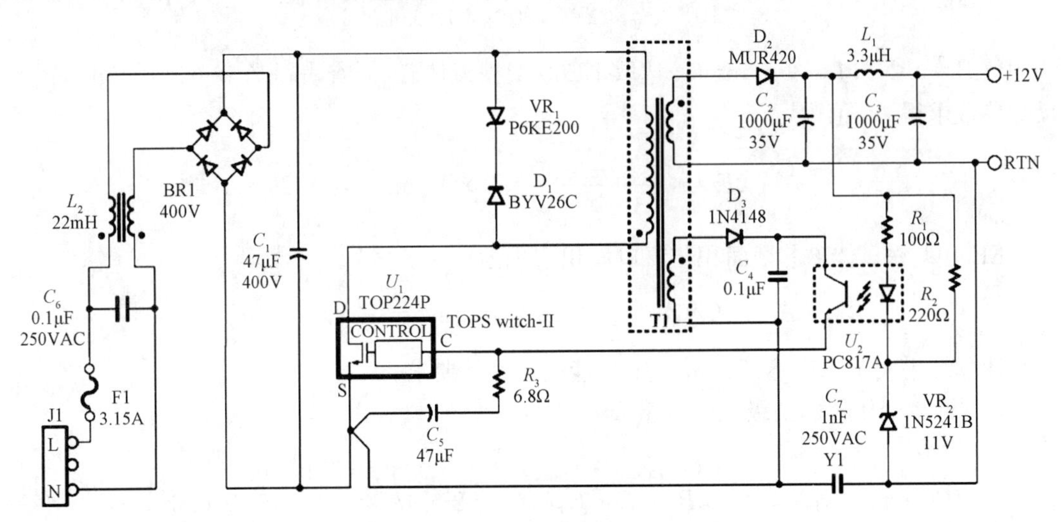


图6.8.1　48 W反激式开关电源电路

2. 变压器设计

单端反激式开关电源的高频变压器磁芯只工作在磁滞回线的第一象限。在开关管导通时只储存能量，而截止时向负载传递能量。因此，它既是变压器又是储能电感，具体设计如下。

（1）确定输入直流电压

按交流输入为 220 V±20%计算，$V_{AC(min)}=176$ V；$V_{AC(max)}=264$ V。由此计算输入直流电压最小值和最大值为

$$V_{DC(min)} = 1.2V_{AC(min)} = 1.2 \times 176\ \text{V} = 211\ \text{V}$$
$$V_{DC(max)} = 1.4V_{AC(max)} = 1.4 \times 264\ \text{V} = 370\ \text{V}$$

（2）计算最大占空比 $D_{max}$

$$D_{max} = \frac{V_{OR}}{V_{OR} + V_{DC(min)} - V_{DS}} = \frac{135}{135 + 211 - 5} = 0.4$$

式中，$V_{OR}$为次级反射到初级的反射电压，取 135 V；$V_{DS}$为 MOSFET 的导通电压，取 5 V。

（3）选择磁芯

反激式变压器的功率比较小时，一般选用铁氧体材料的磁芯。变压器设计方法采用有效面积乘积法(AP)。其计算公式

$$\text{AP} = A_e \cdot A_w = \frac{P_{in}}{J \cdot \Delta B \cdot 2f \cdot K_u \cdot K_i} = \frac{P_o/\eta}{J \cdot \Delta B \cdot 2f \cdot K_u \cdot K_i}$$

式中，$A_e$ 为变压器的有效面积($\text{cm}^2$)；$A_w$ 为变压器磁芯的窗口面积($\text{cm}^2$)；$P_{in}$为变压器的标称输入功率(W)；$\eta$ 为电源效率，取 0.8；$\Delta B$ 为磁通摆幅，一般取 0.2～0.3 T；$J$ 为线圈导线的电流密度，通常取 2～4 A/mm$^2$；$K_u$ 为窗口填充系数，一般取 0.4；$K_i$ 为磁芯的填充系数，一般取 1.0。

$$\text{AP} = A_e \cdot A_w = \frac{48/0.8}{3 \times 10^6 \times 0.2 \times 2 \times 100 \times 10^3 \times 0.4 \times 1}\text{m}^4 = 1.25 \times 10^{-9}\text{m}^4$$

式中，$\Delta B=0.2$ T；$J=3$ A/mm$^2$。选取 EE30 型铁氧体磁芯，查表得 $A_e=6\times10^{-5}\text{m}^2$，由其尺寸参数求得 $A_w$ 值为

$$A_w = \frac{B-C}{2} \cdot 2F = \frac{19.5 - 6.95}{2} \times 2 \times 10\ \text{mm}^2 = 1.26 \times 10^{-4}\text{m}^2$$

EE30 型铁氧体磁芯截面积与窗口面积乘积为

$$A_e \cdot A_w = 6 \times 10^{-5} \times 1.26 \times 10^{-4}\text{m}^4 = 7.5 \times 10^{-9}\text{m}^4$$

计算结果大于 $\text{AP}=1.25\times10^{-9}\text{m}^4$，能满足设计要求。

（4）计算变压器的初级绕组电感 $L_p$

$$L_p = \frac{(V_{DC(min)} \cdot D_{max})^2}{2P_{in} \cdot f_s \cdot K_{RP}} = \frac{\eta \cdot (V_{DC(min)} \cdot D_{max})^2}{2P_o \cdot f_s \cdot K_{RP}} = \frac{0.8 \times (211 \times 0.4)^2}{2 \times 48 \times 100 \times 10^3 \times 0.6}\text{H} = 989\ \mu\text{H}$$

式中，$K_{RP}$为最大脉动电流和峰值电流的比值，一般取 0.6。

（5）计算初级绕组最大峰值电流 $I_p$

$$I_p = \frac{V_{DC(min)} \cdot t_{on(max)}}{L_p} = \frac{V_{DC(min)} \cdot D_{max}T_s}{L_p} = \frac{211 \times 0.4 \times 10}{989}\text{A} = 0.85\ \text{A}$$

式中，$t_{on(max)}$为开关管最大导通时间。

（6）计算初、次级绕组的匝数

对于220 VAC固定输入，次级绕组应取0.6匝/V，输出电压$V_O=12$ V，加上二极管正向压降0.7 V，次级绕组匝数$N_s$为

$$N_s = 0.6\times(12+0.7) = 7.62$$

取次级绕组匝数为8匝。

初级绕组匝数$N_p$为

$$N_p = N_s \cdot \frac{V_{OR}}{V_O+0.7} = 8\times\frac{135}{12+0.7} = 85.1$$

取初级绕组匝数为86匝。

反馈绕组匝数$N_F$为

$$N_F = N_s \cdot \frac{V_{FB}+0.7}{V_O+0.7} = 8\times\frac{10.4+0.7}{12+0.7} = 6.99$$

取反馈绕组匝数为7匝。

（7）计算气隙长度$l_g$

$$l_g = \frac{\mu_0 A_e N_P{}^2}{L_p} = \frac{4\pi\times10^{-7}\times6\times10^{-5}\times86^2}{989\times10^{-6}}\text{m} = 0.56\ \text{mm}$$

式中，$\mu_0$为常数，$4\pi\times10^{-7}$ H/m。

（8）确定导线线径

在100 kHz开关频率下，铜导线的穿透深度为0.21，故所选导线的直径要小于0.42 mm。根据线圈导线的电流密度技术要求，通常取2～4（A/mm²），初级平均电流为

$$I_{p(avg)} = I_p D_{max} = 0.34\ \text{A}$$

由上述两个条件，初级线径范围为0.29 mm～0.41 mm，取初级线径为0.31 mm单股线；次级输出电流为4 A，采用8股0.35线并绕；反馈绕组由于电流较小，可采用0.31 mm单股线绕制。

3. 钳位保护电路设计

TOP224功率MOSFET由导通转截止时，变压器初级会产生尖峰电压，容易造成MOSFET损坏。因此，必须设计钳位保护电路，对尖峰电压进行钳位和吸收。图6.8.1中，$D_1$、$VR_1$构成了钳位电路。$D_1$是快恢复二极管，采用BYV26C；$VR_1$为TVS管，由反射电压$V_{OR}$决定。$V_{OR}$一般取135 V，$VR_1$钳位电压取1.5倍$V_{OR}$，本电路采用击穿电压200 V的瞬态电压抑制器（TVS）P6KE200的器件。

4. 输出整流滤波电路设计

输出整流滤波电路由整流二极管和滤波电容组成。考虑到因素，整流二极管采用肖特基二极管，其具有较低正向压降及反向恢复时间短，在降低反向恢复损耗以及消除输出电压纹波方面有明显的性能优势。二极管反向击穿电压按大于3倍输出电压$V_O$选取。

由式（6.3.20）计算输出滤波电容值为

$$C_O = \frac{9I_{out}t_{on}}{V_{ripple(p-p)}} = \frac{9\times4\times4\times10^{-6}}{0.1}\ F = 1\ 440\ \mu F$$

选用 2 个 1 000 μF/35 V($C_2$、$C_3$)作为输出滤波电容。输出 3.3 μH 滤波电感采用棒形磁性电感绕制,与 $C_2$、$C_3$ 构成 π 型滤波器。

至此主电路设计完成,设计完成的开关电源电路如图 6.8.1 所示。

**思考题与习题**

6.1　开关电源与线性电源的本质区别是什么?

6.2　线性稳压电源与开关稳压电源各自特点是什么?

6.3　直流 DC/DC 转换器按输入与输出之间是否有电气隔离来区分,可以分为哪两类?它们分别有哪些典型结构?

6.4　Buck 电路的基本原理是什么?

6.5　开关管通常选择什么类型?它们各自的特点是什么?

6.6　CCM 模式和 DCM 模式分别是什么意思?它们各有什么特点?

6.7　用 MC34063 设计一款 18 V 转 12 V/0.3 A DC/DC 模块电源。要求其输出电压的纹波小于 100 $mV_{pp}$,并具有过流保护功能,给出设计过程并画出电路图?

6.8　用 5 V 电源为 2 个 12 V 工作继电器供电,每个继电器工作电流为 100 mA。用 MC34063 设计 DC/DC 升压电路,要求其输出电压的纹波小于输出电压值的 1%,给出设计过程并画出电路图?

6.9　反激式变换器分析方法与哪种变换器相同?反激式变换器通过什么方法实现电气隔离?初级线圈漏感产生的尖峰干扰采用什么方法加以抑制?

6.10　正激式变换器分析方法与哪种变换器相同?变换器输出电感电流是连续的,这有什么优点?

6.11　PWM 控制芯片有这两种类型?TL494 属于哪一种?TL494 输出脉冲频率如何确定?

6.12　TOP 系列电源的特点是什么?

# 第7章　电荷泵DC/DC变换电源

“充电泵”这一术语指的是一种直流-直流电压转换器,使用电容而不是电感或变压器存储和转换能量。电荷泵(通常称为switched-capacitor转换器)包括一个开关或二极管网络,一个或多个电容器充放电。电荷泵最合适的应用场合是便携式电子设备,最引人注目的电荷泵电路的优点是能量转换不依靠电感。虽然电荷泵的效率不及电感式DC/DC变换器,但因其无需电感,而具有高的性价比;同时,电荷泵可提供比LDO稳压器更高的工作效率。电荷泵DC/DC变换有升压、降压和反相三种拓扑结构,仅需外接3～4贴片电容,电路简单、尺寸小,并且转换效率高、耗电少,所以它获得了极其广泛的应用。

## 7.1　电荷泵DC/DC性能特点和工作原理

电荷泵由电感式开关DC/DC衍生而来,其工作原理与电感式开关DC/DC有诸多相似之处;同时,其储能元件由电容器取代了电感器,其电路特点与电感式开关DC/DC存在差异,应用场合也有所不同。

### 7.1.1　电荷泵DC/DC性能特点

为什么要避免使用电感?与电容器相比,电感会产生高的电磁干扰(EMI),PCB布局的敏感性强,电感体积大,标准规格更少,采购相对困难,电路成本高。采用开关电容充电泵方式ICs制作的电源具有令人满意的技术性能,并采用低成本的陶瓷电容器做输出旁路电容。

电荷泵DC/DC变换器主要应用领域是便携式电子产品。对便携式电子产品来讲,DC/DC变换器可分为三类:LDO、电感型开关变换器和电荷泵。三种DC/DC变换器的性能比较如表7.1.1所示。由表可知,电荷泵DC/DC变换器性能明显优于其他两种变换器;其主要缺点是供电电流＜500 mA,大部分工作电流＜200 mA,对电源电流较大的便携式电子产品应用电荷泵受到限制。

**表7.1.1　三种DC/DC变换器的性能比较**

| 类型 | LDO | DC/DC变换器(电感型) | DC/DC变换器(开关电容) |
|---|---|---|---|
| 优点 | ● 低噪声<br>● 低纹波<br>● 体积小<br>● EMI小<br>● 供电＞500 mA | ● 可同时升降压及负电源<br>● 效率高<br>● 供电＞500 mA | ● 可同时升降压及负电源<br>● 效率高<br>● 体积小<br>● EMI小 |

续表

| 类型 | LDO | DC/DC变换器(电感型) | DC/DC变换器(开关电容) |
| --- | --- | --- | --- |
| 缺点 | ● 效率低<br>● 只能降压 | ● 体积大<br>● EMI影响大 | ● 供电<500 mA |
| 主要应用 | ● 手机等便携式对电源要求比较高的产品 | ● 应用范围最广泛,包括手机、IPAD、数码相机、便携式仪器设备 | ●存储器、小功率供电设备、运算放大器电源、LED/LCD驱动电源(尤其适用对体积要求小的便携式产品) |

## 7.1.2 电荷泵DC/DC工作原理

### 1. 电路工作原理

电荷泵通过控制泵电容及模拟开关来实现稳定的输出电压。电荷泵开关网络在泵电容充电和放电变换周期内,可以实现泵电容的并联或串联组合。在给定的输入、输出条件(差分电压)下,应选择电荷泵的最优工作模式,以保持要求的输出电压。电荷泵开关网络采用MOSFET器件做开关器件,其具有尺寸小、成本低、开关速度快、功耗最低等特点。

电荷泵工作在高频下(1～2 MHz)时,设计中应选用小尺寸、低成本的多层陶瓷电容(MLC)。MLC非常适合电荷泵,因为它的尺寸很小,具有很高的功率密度、低的ESR(等效串联电阻)和低的成本。

电荷泵通过与输出负载之间的并联或串联的泵电容网络的不断充电和放电,进而从一个直流输入电压产生一个直流输出电压。具有一个或两个泵电容($C_{FLY1}/C_{FLY2}$)的升压或降压电荷泵拓扑结构,其$C_{FLY1}$和$C_{FLY2}$在充电期间与输入电压相连,能量从输入电源转移到泵电容。然后,在放电期间,$C_{FLY1}$和$C_{FLY2}$再连接到输出负载,则在充电期间保存的能量将传递到输出负载。电荷泵降压电路如图7.1.1(a)所示,电荷泵升压电路如图7.1.1(b)所示。在充电或放电期间,泵电容网络($C_{FLY1}$和$C_{FLY2}$)可以并行或串行连接,这取决于电荷泵的工作模式。

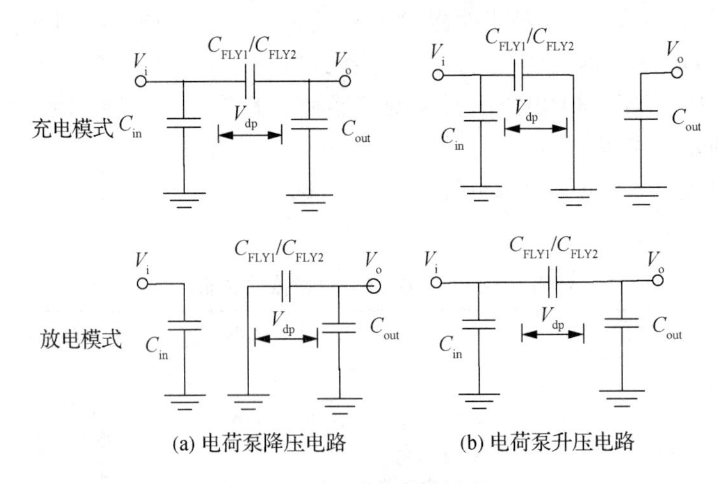


图7.1.1 电荷泵电路图

在充电期间,泵电容$C_{FLY1}$和$C_{FLY2}$两端电压增加(存储能量),并在两端形成一个固定

的压差电压 $V_{dp}$。在放电期间，$C_{FLY1}$ 和 $C_{FLY2}$ 电压降低（释放能量），以 $V_{dp}$ 倍压方式（倍压比为 1/2 倍压、1 倍压、2 倍压）连接到输出电容；$V_{dp}$ 值决定了最大可能的输出电压 $V_{omax}$，实际的输出电压 $V_{OUT}$ 小于或等于 $V_{omax}$，这取决于电荷泵开关网络设置的开关占空比和频率。

电荷泵降压电路输出输入电压比为

$$V_{dp} = V_i - V_o \tag{7.1.1}$$

$$V_o = nV_{dp} \tag{7.1.2}$$

$$V_{omax}/V_i = n/(n+1) \tag{7.1.3}$$

式中，$n$ 取 1 或 2。

电荷泵升压电路输出输入电压比为

$$V_{dp} = V_i \tag{7.1.4}$$

$$V_{omax} = V_i + nV_{dp} \tag{7.1.5}$$

$$V_{omax}/V_i = n+1 \tag{7.1.6}$$

式中，$n$ 取值通常为 1/2、1、2。

2. 电荷泵两倍压升压电路

电荷泵两倍压升压电路如图 7.1.2 所示，其采用单个泵电容构建电荷泵两倍压升压电路。

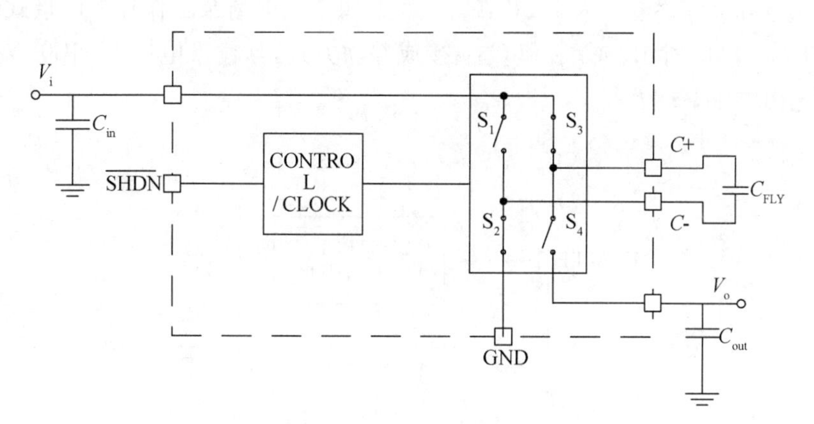


**图 7.1.2　两倍压升压电荷泵电路**

电路工作原理：当 $S_2$、$S_3$ 闭合，$S_1$、$S_4$ 断开时，电荷泵工作在充电模式阶段，其等效电路如图 7.1.3(a)所示。输入电压 $V_i$ 对泵电容 $C_{FLY1}$ 充电，$C_{out}$ 给负载供电。当 $S_2$、$S_3$ 断开，$S_1$、$S_4$ 闭合时，电荷泵工作在放电模式阶段，其等效电路如图 7.1.3(b)所示。输入电压 $V_i$ 与泵电容 $C_{FLY1}$ 串联对 $C_{out}$ 放电，$C_{out}$ 给负载供电。由于输出电容容量比较大，输出电压纹波较小。输出电压保持在两倍压输入电压，其输出电压波形如图 7.1.4 所示，输出电压 $V_o$ 为

$$V_o = 2V_i \tag{7.1.7}$$

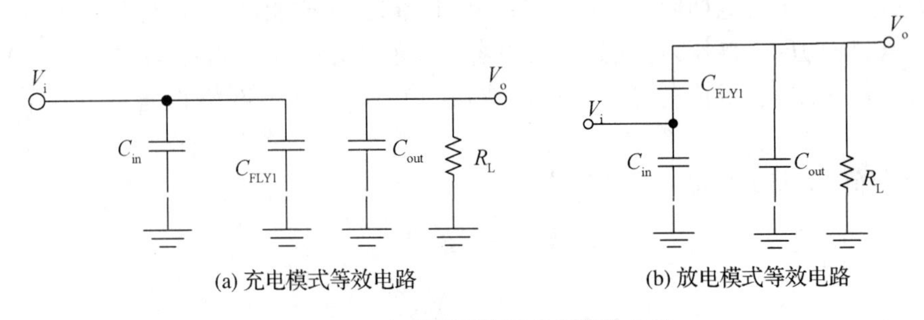


**图 7.1.3 电荷泵两倍压升压等效电路**

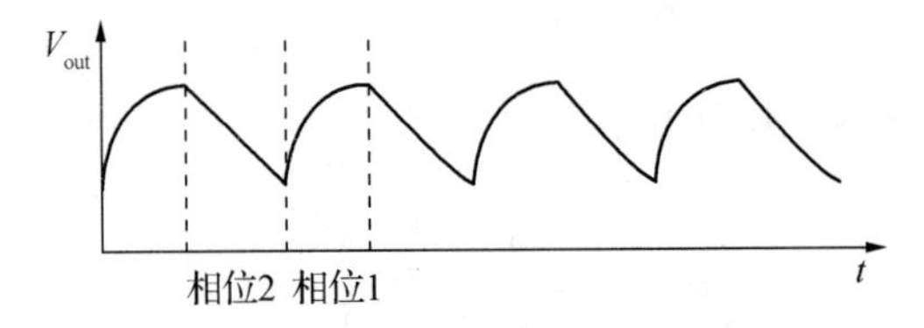


**图 7.1.4 输出电压波形**

3. 电荷泵 1.5 倍压升压电路

采用双泵电容构建 1.5 倍压升压电荷泵电路如图 7.1.5 所示。提供了非整数倍升压电荷泵电路，这种电路在低输出电压时具有高效率特点。电荷泵工作在充电模式阶段，其等效电路如图 7.1.6(a)所示。输入电压 $V_i$ 对串联 $C_{FLY1}$ 和 $C_{FLY2}$ 进行充电，且 $C_{FLY1}$ 和 $C_{FLY2}$ 容量相等，每个泵电容上储存电压为 $1/2V_i$，$C_{out}$ 给负载供电。电荷泵工作在放电模式阶段，其等效电路如图 7.1.6(b)所示。$C_{FLY1}$ 和 $C_{FLY2}$ 接成并联方式，与输入电压 $V_i$ 串联，对输出电容进行充电，输出电压 $V_o$ 为

$$V_o = V_i + 1/2V_i = 1.5V_i \tag{7.1.8}$$

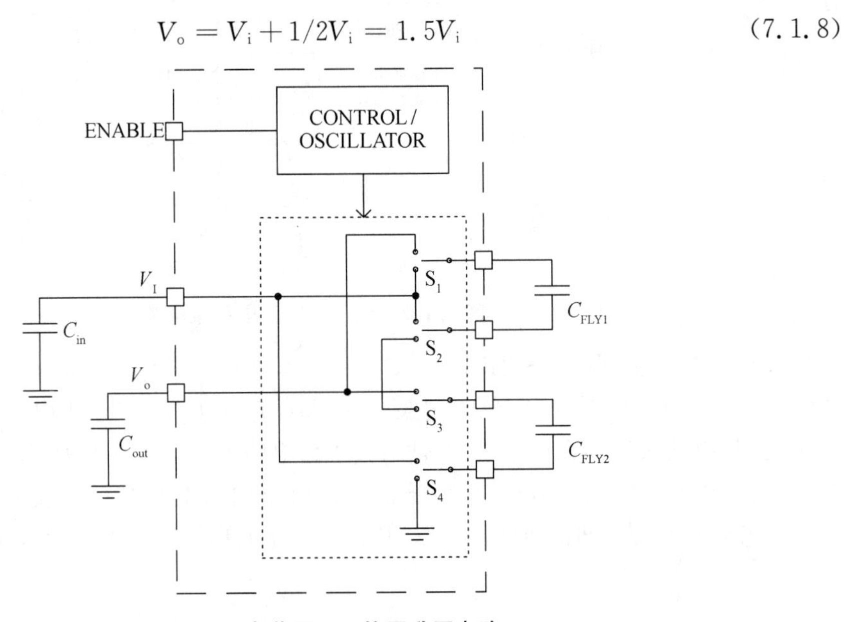


**图 7.1.5 电荷泵 1.5 倍压升压电路**

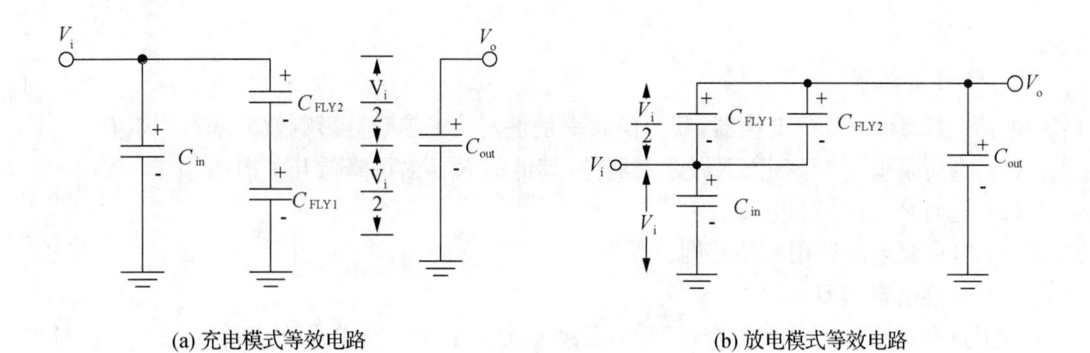


(a) 充电模式等效电路　　(b) 放电模式等效电路

**图 7.1.6　电荷泵 1.5 倍压升压等效电路**

电荷泵稳压器有一个输出电压调整和反馈控制电路，输出电压可以是输入电压整数倍（×2 或×3），也可以是非整数倍（×1.5）。当输入电源变化时，能提供一个稳定输出电压，是电池供电设备的理想电源。电荷泵稳压器电路如图 7.1.7 所示。与传统稳压器类似，电路配置了输出取样比较放大电路，通过 PWM 控制器调节泵电容的充放电时间，以实现输出电压稳定。

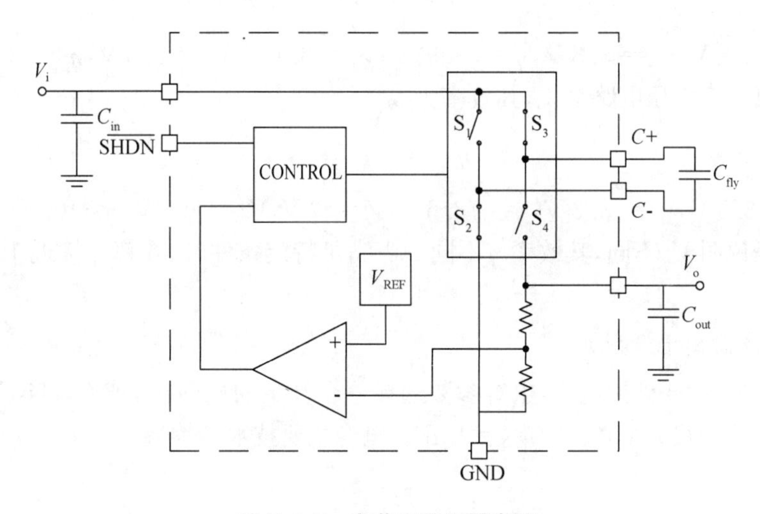


**图 7.1.7　电荷泵稳压器电路**

4. 电荷泵反相变换电路

以 TI 反相电荷泵芯片 TPS6040x 为例，说明反相电荷泵工作原理，其电路如图 7.1.8 所示。电荷泵工作在充电模式阶段时，$S_2$、$S_4$ 断开，$S_1$、$S_3$ 闭合，$C_{FLY1}$ 充电到 $V_i$；电荷泵工作在放电模式阶段时，$S_1$、$S_3$ 断开，$S_2$、$S_4$ 闭合，$C_{FLY1}$ 正端接地，$C_{out}$ 接负电压，由于开关电阻损耗及负载电阻因素，$|V_o|<V_i$。

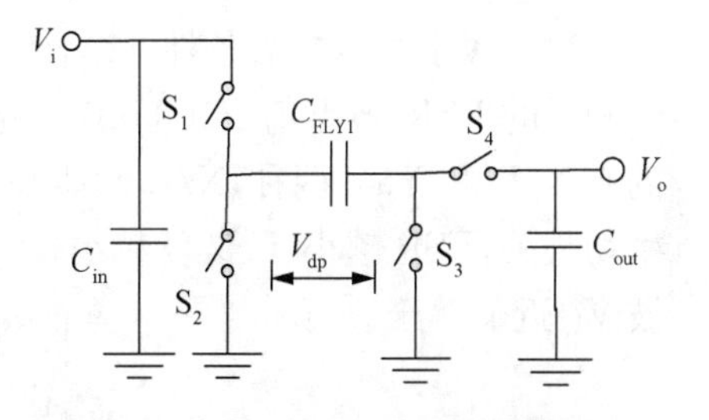


**图 7.1.8　反相电荷泵工作原理电路**

反相电荷泵不是电压稳压器，其电荷泵输出内阻 $R_o$ 在室温 5 V 输入时大约为 15 Ω。输出带轻负载时 $V_{out}$ 约为－5 V；当负载电流 $I_o$ 增加时，其输出电压减小。反相电荷泵输出为

$$V_o = -(V_i - R_o I_o) \tag{7.1.9}$$

5. 电荷泵效率

电荷泵属于DC/DC变换器，其变换效率是重要技术参数。影响效率基本因素有

（1）电荷泵采用MOSFET做开关器件，其低的$R_{DS(ON)}$可降低开关损耗。

（2）电荷泵工作静态电流。

（3）电荷泵电路选用拓扑结构。

（4）外接电容选型。

以上这些因素除了外接电容选型外，其他基本上是固定模式，可选择余地很小。仔细选择外部电容$C_{in}$、$C_{out}$和$C_{FLY}$是非常重要，因为它们将影响开启时间、输出纹波和暂态表现。当$C_{in}$、$C_{out}$和$C_{FLY}$使用较低ERS(<100 mΩ)陶瓷电容时，将会获得最佳性能。

电荷泵效率$\eta$为输出功率与输入功率之比，即

$$\eta = P_o/P_i = I_oV_o/I_iV_i \tag{7.1.10}$$

对电荷泵两倍压电路来说，效率随输入电压变化而变化，其效率为

$$\eta = V_o/2V_i \tag{7.1.11}$$

如：$V_i = 2.8$ V，$V_o = 3.3$ V，$\eta = 58.9\%$；$V_i = 3.1$ V，$V_o = 3.3$ V，$\eta = 53.2\%$。

对电荷泵1.5倍压电路来说，其效率为

$$\eta = V_o/1.5V_i \tag{7.1.12}$$

如：$V_i = 2.8$ V，$V_o = 3.3$ V，$\eta = 78.6\%$；$V_i = 3$ V，$V_o = 4.5$ V，$\eta \approx 100\%$。

上述例子说明$V_i$不同，其效率$\eta$不同。当满足特定条件时，效率$\eta$接近100%，并与输出负载相关。

6. 电荷泵输出电压纹波

电荷泵需要3～4外接电容，电容参数选择一个基本的规则：$C_{in}$或$C_{out}$与$C_{FLY}$的比值近似为10/1，如$C_{in} = C_{out} = 10\ \mu$F，$C_{FLY} = 1\ \mu$F。电容主要技术参数为

- 电容值
- 介质类型
- 物理尺寸
- 等效串联电阻ESR

根据以上技术参数条件，综合考量选用陶瓷电容可达到最佳效果。陶瓷电容具有无极性和低的ESR，典型值<100 mΩ。陶瓷电容ESR取决于电容介质、容量和封装大小。常用的有X7R和Y5V两种，X7R性能好，高成本；Y5V性能差，低成本。输出电压纹波与ESR密切相关，ESR越小，纹波就越小；其次，纹波与开关工作频率及$C_{out}$容量相关，输出电压纹波$V_R$近似等于

$$V_R = \frac{I_o}{f \cdot C_{out}} = \frac{V_o}{f \cdot R_L \cdot C_{out}} \tag{7.1.13}$$

由上式可知，增加开关频率和$C_{out}$容量可降低纹波电压值。以芯片AAT3111典型应用

为例，如 $V_{in}=3.0\ V$，$V_{out}=5.0$，$I_{load}=50\ mA$，给出了 $C_{out}$ 不同容量与纹波 $V_R$ 关系如图7.1.9所示。由实验测量波形可知，$C_{out}$ 容量越大，其纹波越小。电容介质材料与纹波 $V_R$ 关系如图7.1.10所示。由实验测量波形可知，同样容量X7R陶瓷电容的ESR比Y5V小得多，因此使用X7R陶瓷电容可降低输出电压纹波。

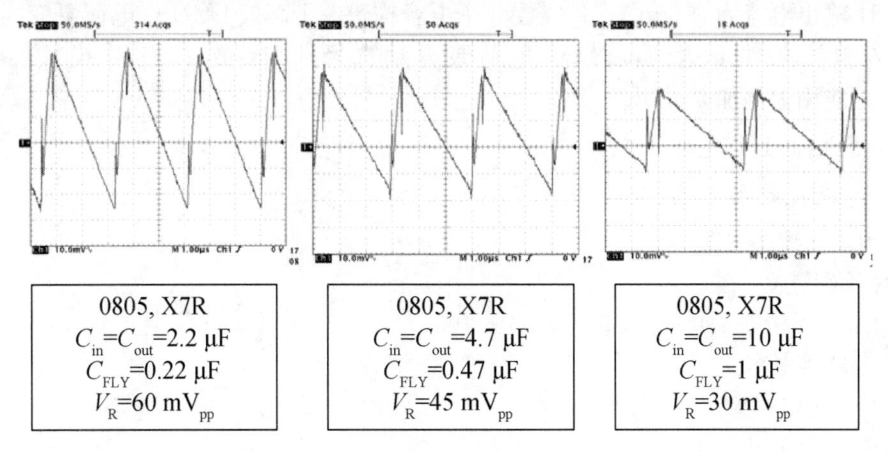


**图7.1.9　$C_{out}$ 容量与纹波 $V_R$ 关系图**

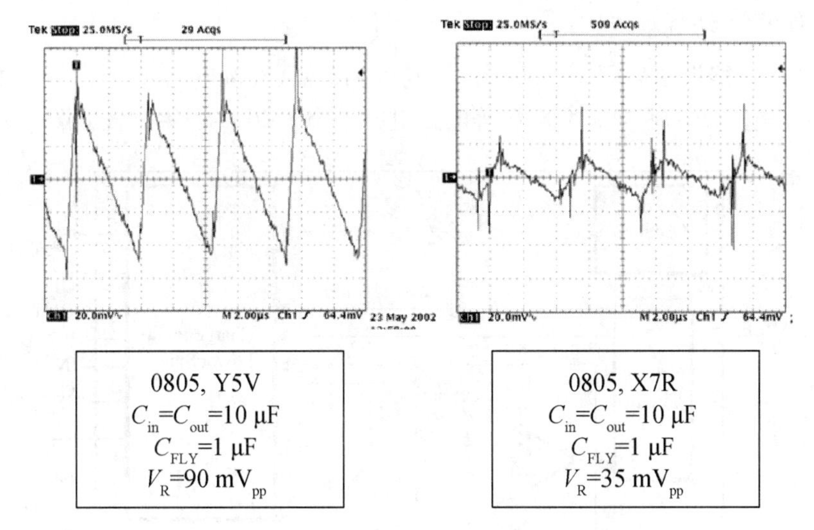


**图7.1.10　电容介质材料与纹波 $V_R$ 关系图**

## 7.2　电荷泵DC/DC应用电路

电荷泵主要应用领域是便携式电子设备。在电池供电条件下，解决了升压、降压和电压反转等电源变换，以满足设备各种电路供电需求，并保证DC/DC转换器有足够高的效率，延长电池工作时间。在电荷泵技术和产品领域，美国TI公司占有主导地位，其产品系列涉及升压、降压和电压反转等电源变换产品，如TPS6013x电荷泵升压变换器、TPS6050x电荷泵降压变换器、TPS6040x电荷泵电压反相变换器。

### 7.2.1 TPS6013x电荷泵升压变换器

TPS6013x在输入电压为2.7 V至5.4 V(三个碱性、镍镉或镍氢电池或锂或LiIon电池)时,电荷泵产生一个电压精度优于±4% 5 V电源。当其输入电压为3 V时,TPS60130/TPS60131输出电流为300 mA。仅需要4个电容构建一个高效DC/DC电荷泵变换器。为在宽输入电压条件下达到高效率,电荷泵自动选择1.5x或2x工作模式。下面以TPS60131应用为例加以说明。

1. TPS60131电气特性

- 高达90%效率($V_i$:2.7 V~5.4 V)
- 300 mA输出电流
- 低EMI
- 输出电压精度≤4%
- 4个外接电容
- 60 μA静态电流
- 0.05 μA关断电流
- 不接电源自动关断电流

2. TPS60131功能框图

TPS60131功能框图如图7.2.1所示。其由振荡器、控制电路、启动与关断控制、电源工作状态检测电路(PG)和电荷泵电源等电路组成。TPS60131引脚配置如图7.2.2所示。

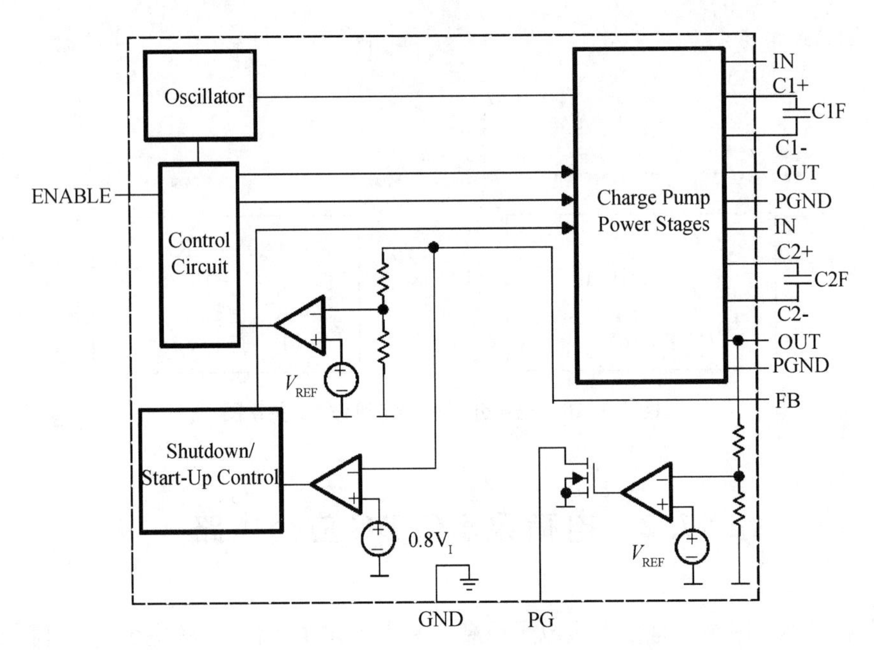


图 7.2.1 TPS60131 功能框图

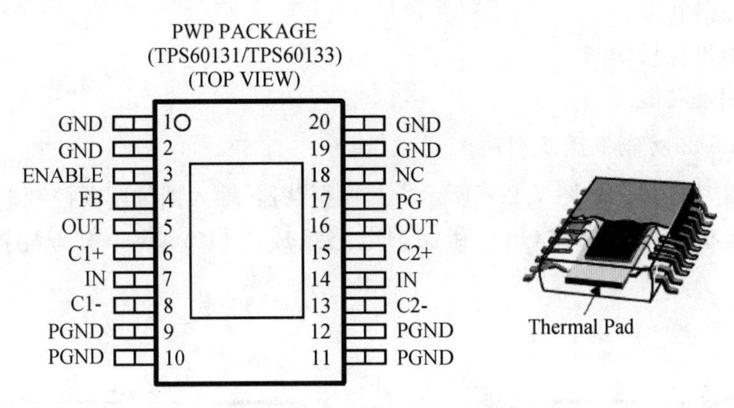


**图7.2.2 TPS60131引脚配置**

3. TPS60131应用电路

TPS60131典型应用电路如图7.2.3所示。电路外围元件少，只需4个陶瓷电容；其次电路增加了电荷泵转换器状态检测与指示电路，当输出电压上升到标称电压90%时，PG端输出低电平，否则为高电平。

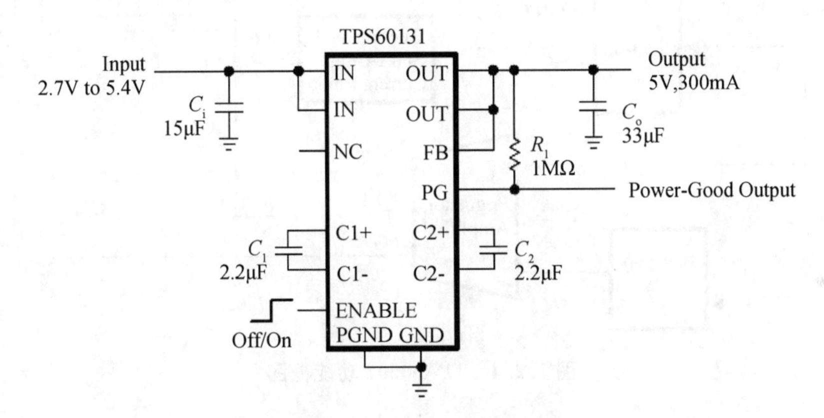


**图7.2.3 TPS60131应用电路**

## 7.2.2 TPA6050x电荷泵降压变换器

TPA6050x是输出电压为3.3 V、1.8 V、1.5 V和输出可调的降压电荷泵电源系列产品，仅需要4个陶瓷电容就可构建宽电压输入、高效DC/DC变换器。电荷泵能自动选择三种不同变换模式，提供最大250 mA输出电流。下面以输出电压1.8 V的TPA60502应用为例加以说明。

1. TPA60502电气特性

- $V_i \geq 2.8$ V
- 高达90%效率
- 输出电流250 mA(Max)
- 低EMI
- 输出电压精度≤3%

- 40 $\mu$A 静态电流
- 过流及温度保护功能
- 内部软启动功能

2. TPA60502 功能框图及引脚配置

TPA60502 功能框图如图 7.2.4 所示。其由振荡器、输入挡位逻辑控制电路、变换驱动电路、电源工作状态检测电路(PG)和保护电路组成。TPA60502 引脚配置如图 7.2.5 所示。

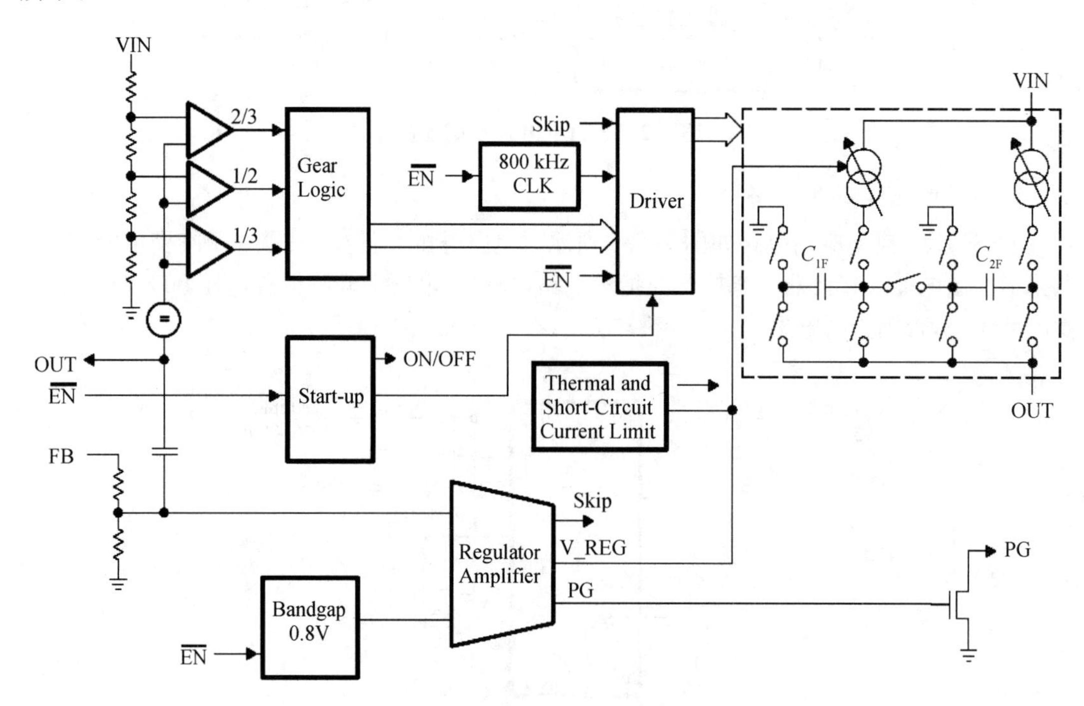


图 7.2.4 TPA60502 功能框图

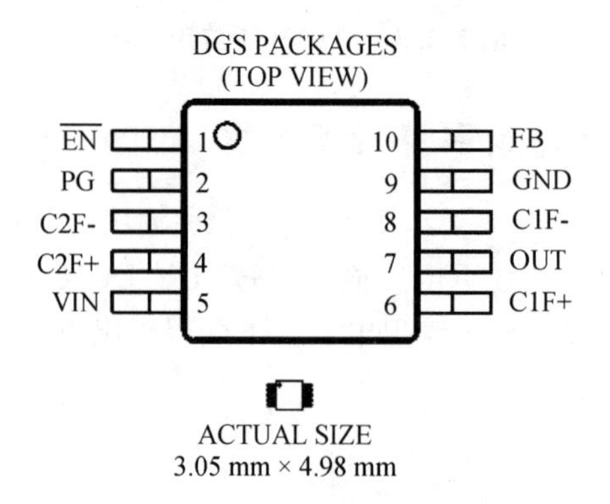


图 7.2.5 TPA60502 引脚配置

3. TPA60502 应用电路

TPA60502 典型应用电路如图 7.2.6 所示。电路外围元件少,只需 4 个陶瓷电容;其次电路增加了电荷泵转换器状态检测与指示电路。

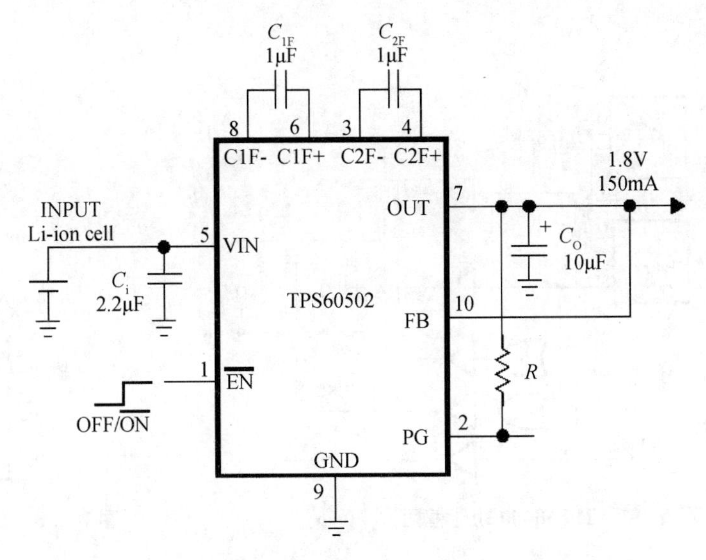


**图7.2.6　TPA60502应用电路**

## 7.2.3　TPS6040x电荷泵反相变换器

电荷泵反相变换器是一种DC/DC变换器，它是利用电容的充电、放电实现电荷转移的原理来实现，将输入的正电压转换成相应的负电压。目前有不少IC需要正负电源供电才能工作，如运算放大器、A/D变换器等电路。采用电荷泵变换器来获得负电源，所用外围元件少，电路简单可靠且EMI小，得到广泛的应用。

TPS6040x是一个从1.6 V至5.5 V电压范围输入，输出不稳压负电压的系列器件。只需3个1 μF电容就建立一个电荷泵电压反相DC/DC变换器。TPS6040x可提供的最大60 mA输出电流，典型转换效率大于90%。每种器件有20 kHz、50 kHz、250 kHz三种固定频率可供选择。器件选择适当频率，在宽的负载范围内，降低其工作电流和输出电容容量。

### 1. TPS6040x电气特性

- 输入电压范围$V_i$：1.6 V～5.5 V
- 反转输入电源电压($V_o = -V_i$)
- 高达90%效率
- 输出电流60 mA(Max)
- 低EMI
- 65 μA静态电流
- 启动负载集成动态肖特基二极管
- SOT-23-5封装

### 2. TPS6040x功能框图及引脚配置

TPS60400功能框图如图7.2.7所示，其主要由振荡器、相位发生器、逻辑控制及变换驱动等电路组成。TPS6040x引脚配置如图7.2.8所示。

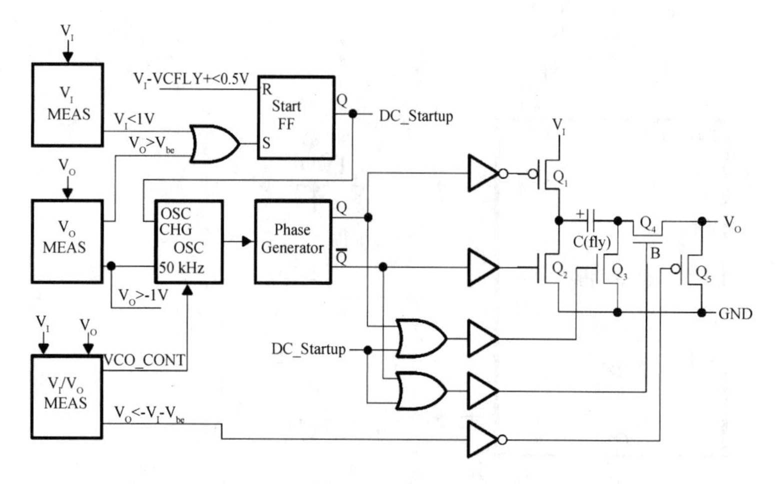


图 7.2.7 TPS60400 功能框图

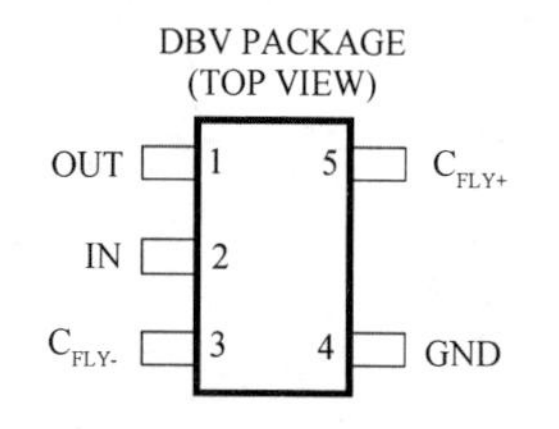


图 7.2.8 TPS6040x 引脚配置

3. TPS6040x 应用电路

TPS6040x 典型应用电路如图 7.2.9 所示。电路外围元件少,只需 3 个陶瓷电容,电路简单可靠易实现;其次电荷泵反相负电压不稳压,考虑到开关损耗因素,其输出电压值略比输入电压小。

电荷泵反相变换器典型应用如图 7.2.10 所示,其负载为双电源供电运算放大器电路。在开机瞬间,输入电压加入时,反相变换器还未工作,输出电容通过负载正向充电。为了阻止输出电压拉高到大于零,芯片集成了一个肖特基二极管在输出端起钳位作用,二极管与运算放大器串联相连。TPS6040x 具有最优化驱动负载的能力。

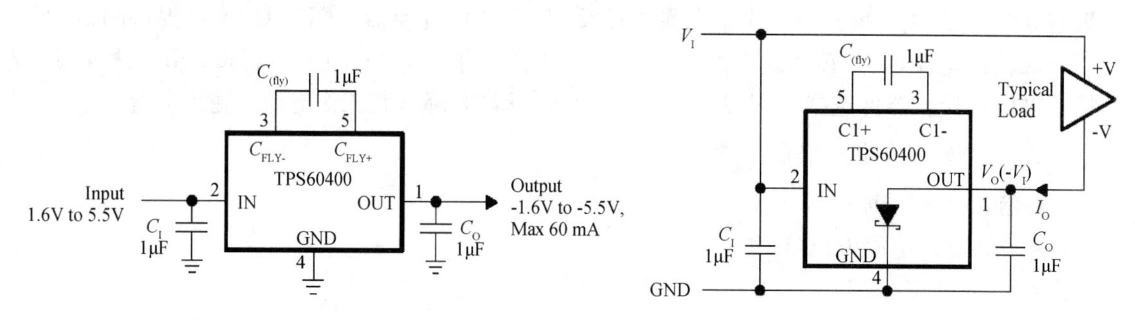


图 7.2.9 TPS60400 应用电路

图 7.2.10 电荷泵反相变换器典型负载应用

## 7.3 555 电荷泵 DC/DC 变换电路及应用

早期由于技术和成本等原因,没有合适的电荷泵电路供选择,特别是升压和反相电压常常用到线性变压器或电感式 DC/DC 变换,这会带来设计电路体积、电磁干扰等问题。在供电电流较小的应用场合,约小于 100 mA,应用 555 电路接成电荷泵工作方式,实现电源电压升压、降压和反相变换,很好地解决电源供电问题,这种方法现在还有很多应用需求。

## 7.3.1　555 电路

555 型时间电路的原始产品是 NE555，其引脚配置电路如图 7.3.1(a)所示；等效功能框图如图 7.3.1(b)所示。555 定时器电路应用十分广泛，通常只需外接几个阻容元件，就可以构成各种不同用途的脉冲电路，如多谐振荡器、单稳态触发器以及施密特触发器等。555 定时电路有 TTL 集成定时电路和 CMOS 集成定时电路，它们的逻辑功能与外引线排列都完全相同。双极型产品型号数码为 555，CMOS 型产品型号数码为 7555。555 定时电路产生脉冲信号经过开关二极管与电容电平变换，可实现电源电压升压、降压和反相变换的功能。

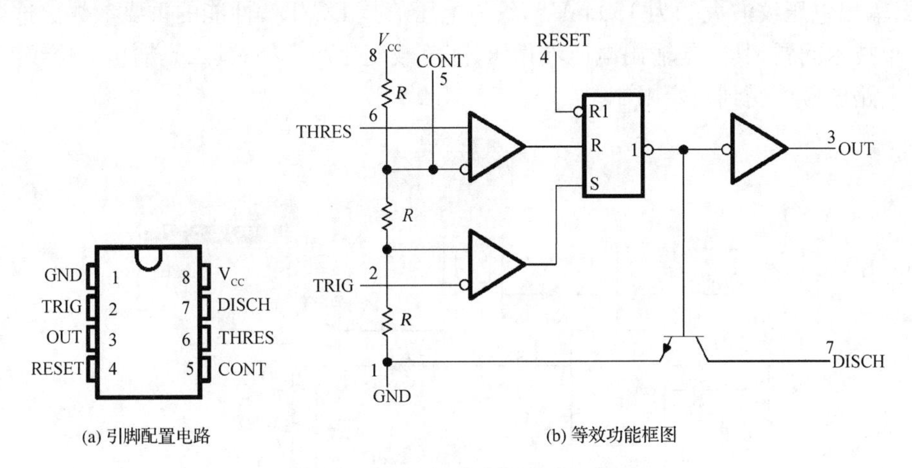


(a) 引脚配置电路　(b) 等效功能框图

**图 7.3.1　引脚配置和等效功能框图**

## 7.3.2　555 电荷泵 DC/DC 变换电路

555 电荷泵 DC/DC 变换电路有升压、降压和反相变换电路。电路变换不需要电感元件，电路体积与电磁干扰小，可满足多种电路需要。比较实用的有升压和反相 DC/DC 变换电路。

### 1. 555 电荷泵 DC/DC 升压电路

555 正 15 V 变正 27 V 升压电路如图 7.3.2 所示，是一种倍压升压电路。由 555 脉冲振荡电路、二极管与电容组合电平变换电路，负载电流可达 100 mA。

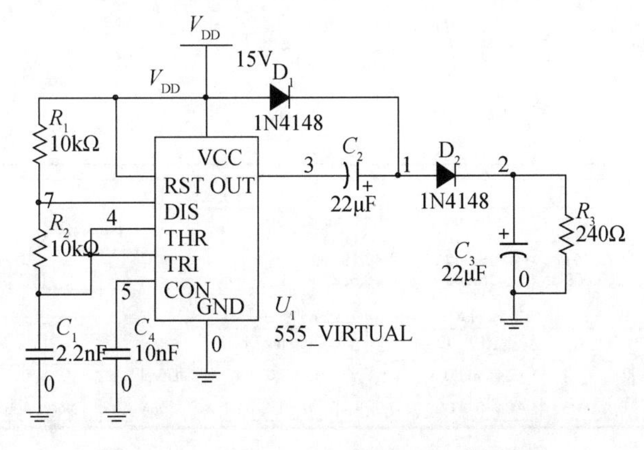


**图 7.3.2　555 正 15 V 变正 27 V 升压电路**

根据 555 脉冲振荡电路原理，定时元件是 $R_1$、$R_2$ 和 $C_1$，脉冲振荡周期为

$$T = 0.693(R_1 + 2R_2)C \tag{7.3.1}$$

由上式计算可得脉冲振荡频率为 21.9 kHz。

电平变换电路工作原理：当 555 输出为低电平时，$V_{DD}$通过 $D_1$ 向 $C_2$ 充电到 14 V，通过 $D_1$、$D_2$ 向 $C_3$ 充电 13 V；当 555 输出为高电平时，$C_2$ 的正端电压提升到 28 V 以上，并通过 $D_2$ 向 $C_3$ 充电，其输出电压值超过 27 V，输出电压值与输出负载电流大小相关。电路仿真实验结果如图 7.3.3 所示。当输出负载电阻 $R_3$＝240 Ω时，输出电压为27.7 V，工作频率约为 20 kHz，输出电压纹波大约为 150 m$V_{pp}$，纹波电压值是 DC/DC 性能的重要参数。这个电路存在两个技术问题，其一是输出电压不稳压，随负载变化而变换；其二是输出电压纹波偏大，在模拟电路中应用受到一定限制。

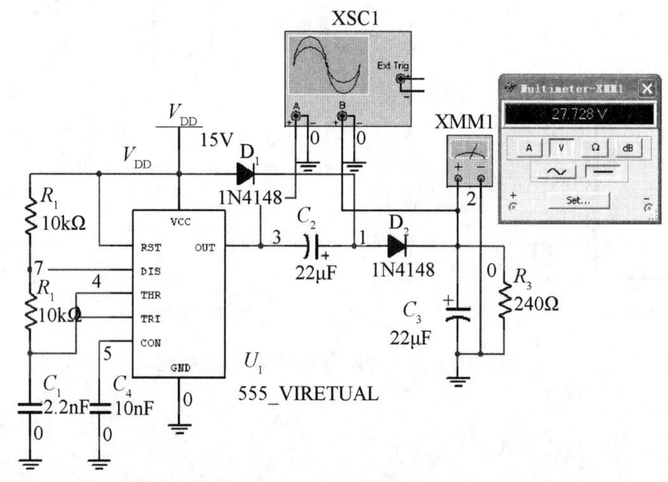


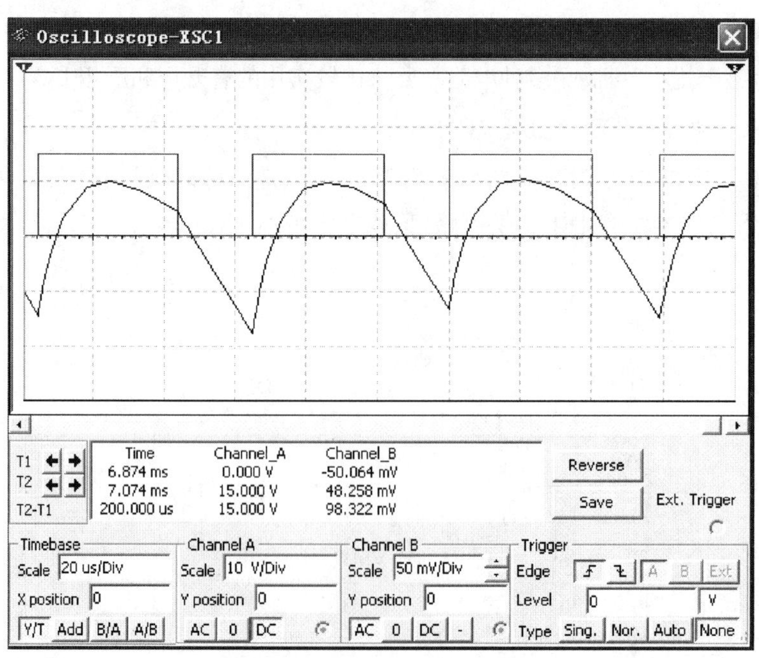


图 7.3.3 电路仿真实验结果

采用二次稳压方法可有效解决这两个技术问题，即在输出端加一个集成稳压器来稳压和抑制纹波。如用 LM7824 可实现 24 V 稳压输出，带稳压电路仿真实验结果如图 7.3.4 所示。

实验结果表明，24 V 输出纹波电压峰峰值控制在 mV 级；当 $R_L = 240\ \Omega$ 时，输出电压值为 23.8 V，满足电路设计的技术要求。

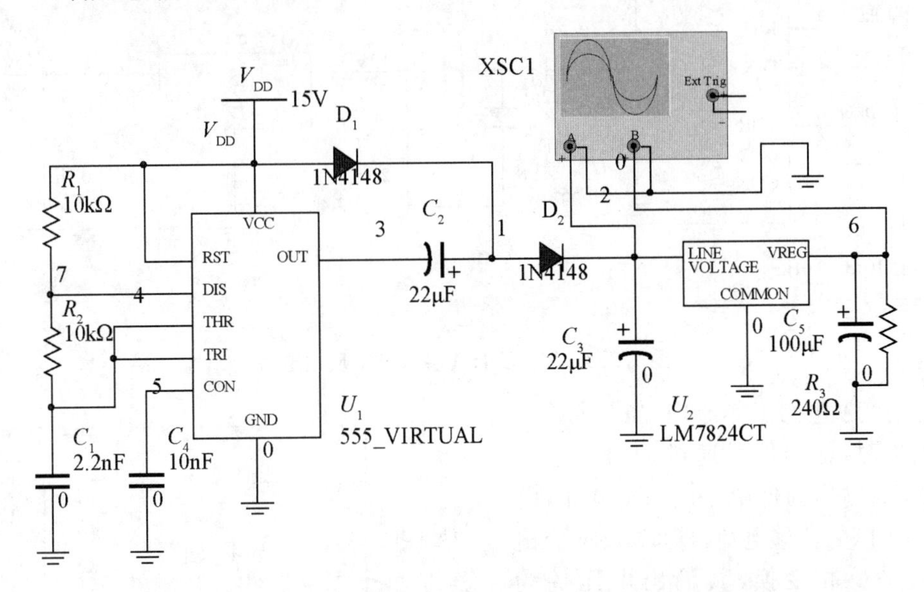


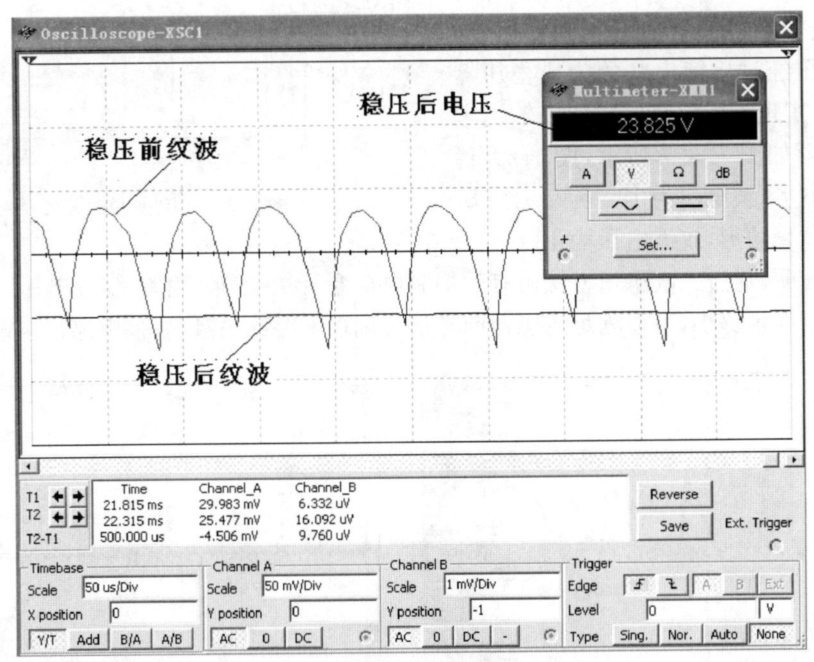


图 7.3.4　带稳压电路仿真实验结果

2. 555 电荷泵 DC/DC 反相变换电路

555 正 15 V 变负 9 V 反相电路如图 7.3.5 所示。由 555 脉冲振荡电路、二极管与电容电平变换电路、LM7909集成稳压电路组成，负载电流可达50 mA。

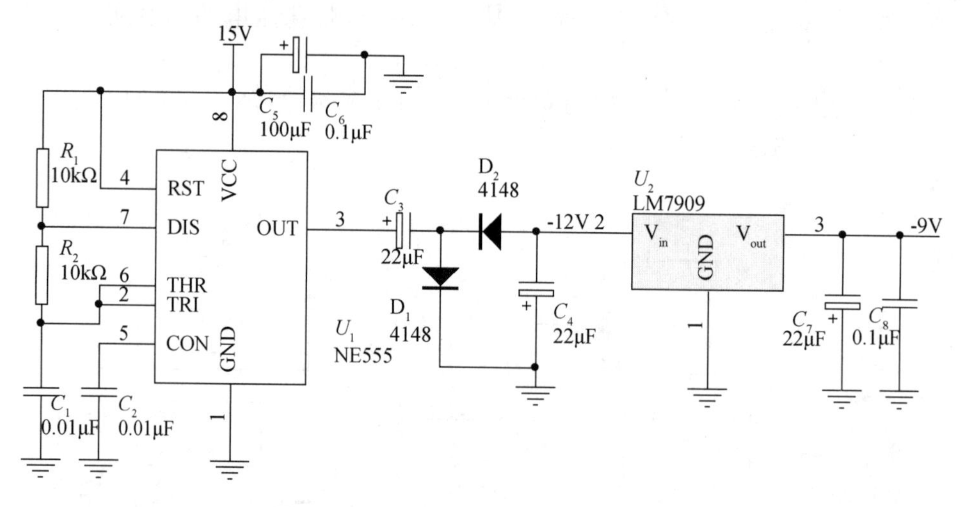


**图7.3.5　555正15 V变负9 V反相电路**

电平变换电路工作原理：当555输出为高电平时，输出信号通过$D_1$向$C_3$充电；当555输出为低电平时，$D_1$截止，$C_3$通过$D_2$向$C_4$转移电荷，即$C_4$反向充电实现电平反相变换，其输出电压约为−12 V，电平变换波形如图7.3.6所示。输出负电压经过后续串联的集成稳压器二次稳压，实现−9 V稳压输出。输出电压纹波波形如图7.3.7所示，图(a)为稳压前纹波波形，波电压为150 $mV_{pp}$；图(b)为稳压后纹稳波形，纹波电压为13 $mV_{pp}$。实验结果表明，通过二次稳压方法可有效抑制电荷泵开关变换产生的纹波电压，确保−9 V输出电压纹波足够小，可以满足传感器前端信号调理电路或A/D变换电路供电需要。

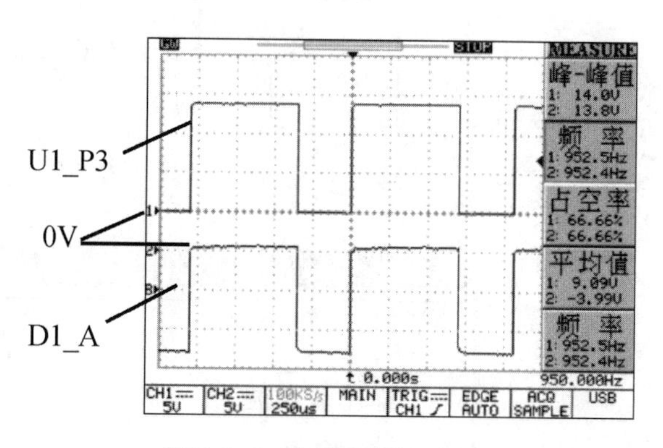


**图7.3.6　电平变换波形**

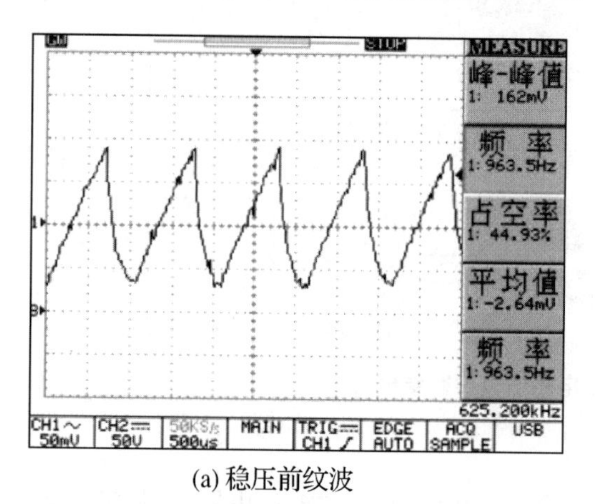


(a) 稳压前纹波

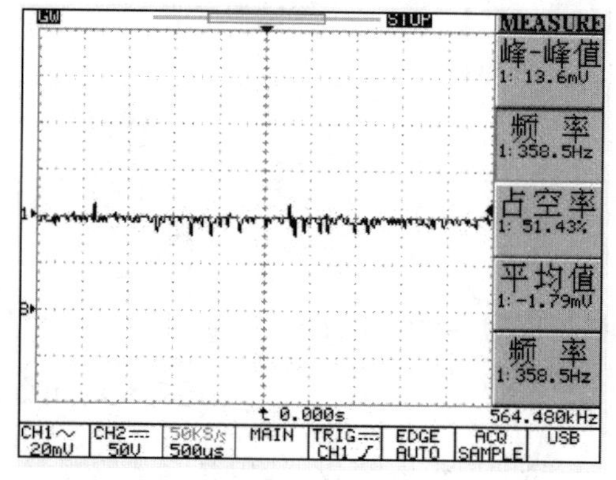


(b) 稳压后纹波

**图7.3.7　输出电压纹波波形**

## 思考题与习题

7.1　电荷泵DC/DC变换器与电感型DC/DC变换器比较，各有什么特点？

7.2　电荷泵DC/DC电源通过什么方式实现DC/DC变换？

7.3　用在电荷泵DC/DC电源中的陶瓷电容有哪两类？电容哪个参数对电源性能影响最大？

7.4　电荷泵DC/DC电源能实现哪三种电源变换？

7.5　电荷泵DC/DC电源在什么条件下取得最高效率？其值为多少？

7.6　555电荷泵DC/DC电源有什么特点？

7.7　555电荷泵DC/DC电源输出电压不稳压且纹波偏大，采用何种方法解决这一问题？

# 第8章　电源产品设计与制作综合实训

本章讲解两个电源产品设计与制作综合实训项目实施过程。通过综合实训项目的训练，学生将已学电源方面理论知识与工程实践相结合，训练学生用计算机软件工具设计电路，了解和基本掌握电子产品制作工艺流程，仪器仪表使用和电子产品调试测试，并对过程进行总结和评定。通过学习与训练，有利于学生灵活地运用所学知识和技能，培养学生的专业能力、创新能力和职业素养，提升学生职业行动能力和岗位适应能力。

## 8.1　综合实训目标和实施方法

综合实训不同于传统学科体系，而是通过整体、连续的行动过程来学习，与职业紧密相关的职业能力成为确定实训项目决定性的参照系。通过综合实训项目，对职业行动知识进行理论与实践整合与开发。采用项目教学法、案例教学法和仿真教学法等方式，以理论教学、小组讨论、实验验证和实际操作的教学形式实施教学过程，培养学生的专业能力、社会能力和方法能力。增强行动能力，培养团队协作精神，能够较好地满足当前创新教育和素质教育要求。

综合实训实施方法采用德国"学习领域"课程方案，是在面向21世纪的德国"双元制"职业教育改革中诞生的一种新的课程方案。所谓"学习领域"，是指一个由学习目标描述的主题学习单元。一个学习领域由能力描述的学习目标、任务陈述的学习内容和总量给定的学习时间(基本学时)三部分构成。

从"学习领域"课程方案的结构来看，一般来说，每个职业培训课程(专业)有10～20个学习领域组成。从"学习领域"课程方案的结构来看，每个"学习领域"均以该专业相应的职业行动领域为依据，作为学习单元的主题内容是职业任务设置与职业行动过程取向的，以职业行动体系为主参照系。目标描述表明该"学习领域"的特征，内容陈述则使"学习领域"具体化、精确化。

### 8.1.1　电子产品综合实训目标

实施电源产品设计与制作这一"学习领域"课程，学生达到的学习目标：能够完成电源产品电路设计、计算机软件工具应用、电路板安装焊接、调试、故障排除到整机测试以及质量评价的整个过程；能按照IPC(国际电子工业联接协会)工艺规范安装调试印制电路板；能阅读和理解芯片数据手册并在电路设计中加以应用。具体目标要求是：

1. 运用计算机软件工具，设计电路图和PCB板，并用仿真软件对设计电路进行仿真实验。

2. 了解和初步掌握电子产品制作过程的工艺规范，撰写工艺文件，能评判工艺流程中工序质量水平。

3. 应用已学电子电路知识，能看懂通用基本电路图，排除电路板调试过程中的故障。

4. 能熟练使用常用测试仪器，如万用表、示波器、函数信号发生器、稳压电源和 LCR 测试仪。

5. 在设计与制作过程中能够从经济性和环保性等方面去考虑，能大胆实践，开拓创新，能够将自己的想法体现到实际电路当中去。

### 8.1.2　综合实训对学生学习要求

每个学生应通过本综合实训项目课程的学习，培养自己系统、完整、具体地完成一个简单电子产品设计、制造所需的工作能力。通过信息收集处理、方案比较给出设计方案决策；制订行动计划、实施计划任务，进行自我检查评价的能力训练以及团队工作的协作配合，锻炼学生今后进入职场应有的团队工作能力。每个学生经历综合实训项目完整工作过程的训练，将掌握完成电子产品实际项目应具备的核心能力和关键能力。具体要求如下：

1. 充分了解学生手册规定拟填写的项目各阶段的作业文件与作业记录。

2. 充分了解自己的学习能力，针对实训项目的设计要求与工艺规范，查阅资料，了解相关产品或技术情况，主动参与团队各阶段的讨论，表达自己的观点和见解。

3. 在学习过程中，认真负责。在关键问题与环节上下工夫，充分发挥自己的主动性、创造性来解决技术上与工作中的问题，并培养自己在整个工作过程中的团队协作意识。

4. 认真填写与撰写从资讯、方案、计划、实施、检查到评估各阶段按规范要求完成的相关作业文件与工作记录，并学会根据学习与工作过程的作业文件和记录及时反省与总结。

### 8.1.3　综合实训对学生工作的要求

#### 1. 团队工作遵循规范

(1) 实训以 3 个人一小组为单位进行，每组学生各推荐 1 名组长，每天任务的分配均由组长组织进行，组员必须服从小组安排。

(2) 关心每个小组整体工作的进展，及时配合组内其他成员的工作，做到全组工作协作有序。

(3) 注意工作过程的充分交流。

#### 2. 现场 5S 管理要求

现场 5S 管理早期起源于日本丰田公司，已成为世界现代工厂管理一股潮流。现场 5S 管理是指：整理(seiri)、整顿(seiton)、清扫(seiso)、清洁(seiketsu)与素养(shitsuke)。开展现场 5S 管理作用是提高生产效率、保障产品品质、保障生产安全、促进管理标准化、提升员工归属感、推动其他管理、博得客户赞赏。按现场 5S 管理要求，学生必须做到：

(1) 每个学生小组安排轮值担任安全员，负责每天实训室的维修工具检查和关闭电源，以及工作场所中的安全问题。

(2) 每天学生离开工作场所必须打扫环境卫生，地面、桌面、抽屉里都要打扫干净并保持整洁。工作时间不得吃东西，喝水必须到指定区域。

(3) 设考勤员每天负责考勤,并报告考勤情况。在告知清楚的前提下无故迟到3次实训成绩最高只能给及格;旷课1次,实训无成绩。

(4) 按照企业工作现场要求规范学生的言行行为,注重安全、节能、环保和环境整洁,工具、附件、仪器设备摆放规范。

### 8.1.4 综合实训学生成绩评定标准

1. 过程考核

项目教学每一阶段考核每位学生参与完成任务的工作表现和作业文件;考核每一阶段学生参与工作的热情、工作的态度、与人沟通、独立思考、勇于发言的团队合作精神;考核分析问题和解决问题的能力以及学生安全意识、卫生状态、出勤率等,并给予每一阶段过程考核成绩。

2. 结果考核

根据学生提交的作业文件、制作产品,对产品进行工艺质量评定、产品(作品)性能功能测试;对项目小组成员进行项目答辩,观其思路是否清晰、语言表达是否准确,综合上述考核指标给出结果成绩。

3. 综合成绩评定

过程考核占60%,结果考核占40%。

4. 否定项

旷课一天以上、违纪三次以上且无改正、发生重大责任事故、严重违反校纪校规的学生不给予成绩。

关于学生本综合实训项目课程成绩评定标准与打分细则详见《电子产品工艺设计与制作综合实训》教学标准。

### 8.1.5 综合实训项目计划安排

综合实训项目计划分为咨询决策、计划、实施、检查与评估5个阶段依次进行。实训项目作为学习领域,有10个学习单元组成,每个学习单元有具体学习内容、学习时间和学习场地。学习领域课程开发的基础是职业工作过程,由与该专业相关的职业活动体系中的全部职业行动领域导出学习领域并通过适合教学的学习情境使其具体化的过程,可以简述为“行动领域—学习领域—学习情境”。本综合实训项目计划安排表如表8.1.1所示。

**表8.1.1 综合实训项目计划安排表**

| 步骤 | 任务单元 | 学习内容 | 学习时间 | 场地 |
| --- | --- | --- | --- | --- |
| 一、资讯决策 | 方案总体设计 | 1. 设计任务书功能及性能指标解读,制定小组工作计划; | 3天 | 工业中心三楼机房 |
| | | 2. 方案比较与论证; | | |
| | | 3. 确定方案。 | | |
| | | | | |

**续表**

| 步骤 | 任务单元 | 学习内容 | 学习时间 | 场地 |
| --- | --- | --- | --- | --- |
| 二、计划 | 元器件选择与模块电路设计 | 1. 根据总体设计方案确定的芯片，阅读芯片资料；<br>2. 分析对比不同元器件的性价比；<br>3. 模块电路的设计。 | 2天 | 工业中心三楼机房 |
| 三、实施 | 电路图设计 | 1. 用 Altium Designer 软件设计电路图；<br>2. 给出元器件明细表。 | 1天 | 工业中心三楼机房 |
| | PCB 图设计 | 1. 用 Altium Designer 软件设计 PCB 图；<br>2. 印制电路板文件输出。 | 4天 | 工业中心本楼机房 |
| | PCB 板制作 | 1. 制作印制电路板。 | 1天 | PCB 实训室 |
| | 电路板工艺文件及安装焊接 | 1. 产品安装前准备：工具、元器件、图纸，编制装配调试的工艺文件；<br>2. 根据工艺规范要求装焊电路板。 | 2天 | 工业中心流水线 |
| | 电路板调试与测试 | 1. 研读调试工艺文件，产品调试前准备：仪器仪表、图纸资料；<br>2. 调试电路板满足设计要求；<br>3. 电路板测试。 | 2天 | |
| | 整理技术资料 | 1. 整理产品的测量数据和图纸资料；<br>2. 整理产品工艺文件；<br>3. 编制电子产品的使用说明书。 | 2天 | 工业中心三楼机房 |
| 四、检查 | 项目验收 | 1. 由指导教师和学生代表组成项目验收小组；<br>2. 对照项目技术要求，通电测试产品每一项技术指标和功能；<br>3. 记录每一项功能的测试结果。 | 2天 | 工业中心流水线 |
| 五、评估 | 总结与经验交流 | 1. 撰写项目设计与制作总结报告；<br>2. 交流项目训练过程的经验和体会。 | 1天 | 多媒体教室 |

# 8.2 DC/DC直流稳压电源设计与制作

直流稳压电源是电子产品或设备中不可缺少的组成部分。DC/DC直流电源可解决现代电子产品多电源应用需要。对于学生实训的电源产品设计与制作项目，本着经济、实惠、耐用的原则，利用所学电工电子方面的知识，选用性价比高的元器件，完成项目产品设计与制作。

## 8.2.1 方案总体设计

DC/DC直流稳压电源由两部分组成：线性直流稳压电源和开关直流稳压电源。DC/DC直流稳压电源组成框图如图8.2.1所示。

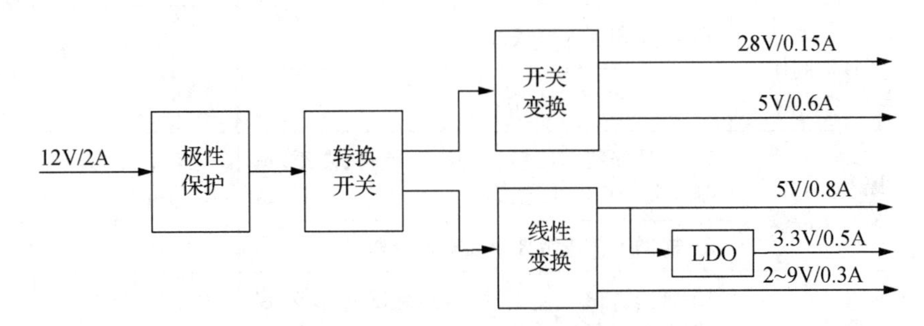


图8.2.1 DC/DC直流稳压电源组成框图

1. 设计任务书

(1) 线性直流稳压电源技术指标

- 5VDC/0.8 A，精度≤±3%
- 3.3 VDC/0.5 A，精度≤±3%
- 2～9VDC/0.3 A，电压范围≥2～9 VDC
- 5VDC/0.8 A电源性能：

电压调整率 $S_u \leqslant 2\%$

负载调整率 $S_I \leqslant 2\%$

(2) 开关直流稳压电源技术指标

- 28 VDC/0.15 A，精度≤±3%
- 电压调整率 $S_u \leqslant 5\%$
- 负载调整率 $S_I \leqslant 2\%$
- 纹波≤0.28 Vpp(1%)
- 效率≥70%
- 5 VDC/0.6 A，精度≤±3%
- 电压调整率 $S_u \leqslant 5\%$
- 负载调整率 $S_I \leqslant 2\%$
- 纹波≤0.05 Vpp(1%)

- 效率≥70%

(3) 功能

- 用开关切换的方式，分别实现 DC/DC 线性变换方式和 DC/DC 开关变换方式
- 12 V/2 A 电源输入具有极性保护功能

2. 方案比较与论证

由项目设计任务书可知，DC/DC 直流稳压电源由线性电源和开关电源两部分组成，需分别对电源两部分方案进行比较与论证。

(1) 线性直流稳压电源方案比较与论证

根据项目设计任务书给出的线性直流稳压电源技术指标，其主要实现电源降压变换的功能。线性电源降压通常有两种方法：其一是用分立元件构建一个多输出串联稳压电源；其二是用线性集成稳压器构建一个多输出串联稳压电源。

**方案一：采用分立元件实现 DC/DC 变换**

分立元件构建串联稳压电源如图 8.2.2 所示。由图可知，一组电源由调整管、采样电路、基准电路和比较放大电路 4 部分组成。其特征是电路复杂且所用元件多；产品体积大且生产运行成本高；元件参数离散性会造成电路调试复杂繁琐，总之，考虑到上述诸多原因，分立元件直流稳压电源不利于批量生产制造。

**方案二：采用线性集成稳压器实现 DC/DC 变换**

线性集成稳压器构建稳压电源如图 8.2.3 所示。从原理上来说，线性集成稳压器也采用串联稳压电源拓扑结构，只是把分立元件串联稳压器的调整管、采样电路、基准电路和比较放大电路 4 部分电路集成到一个芯片。其特点是电路简单、体积小、成本低、电路一致性好、便于批量生产制造。

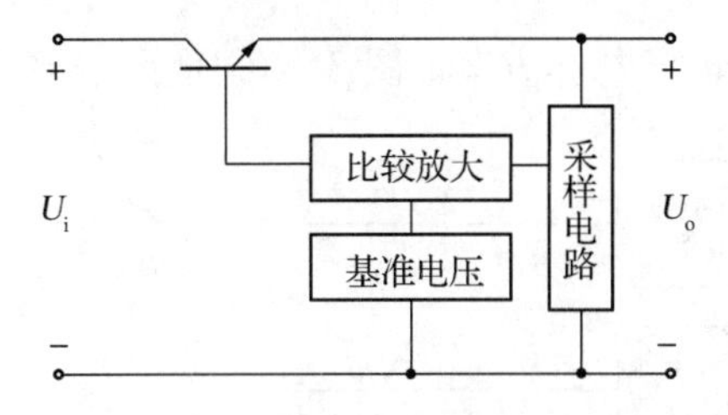


**图 8.2.2　分立元件构建串联稳压电源**

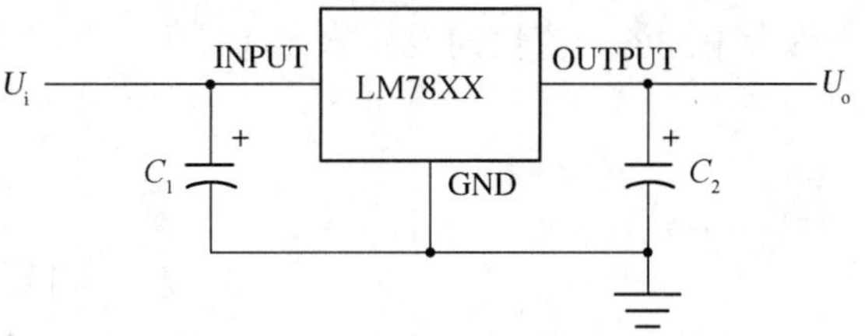

**图 8.2.3　线性集成稳压器构建稳压电源**

经过上述比较分析，方案一虽可以实现项目技术要求，但结构复杂、成本高；方案二不仅能满足项目技术要求，结构简单、成本低，故项目采用方案二。

(2) 开关直流稳压电源方案比较与论证

开关直流稳压电源有升压电路和降压电路两部分组成。根据项目设计任务给出的开关直流稳压电源技术指标，其效率≥70%要求不高，一般开关电源模块都能达到要求。

**方案一：单端反激式 DC/DC 变换器**

单端反激式 DC/DC 变换器如图 8.2.4 所示。采用多绕组输出的隔离变压器进行 DC/DC 变换，同时实现升压和

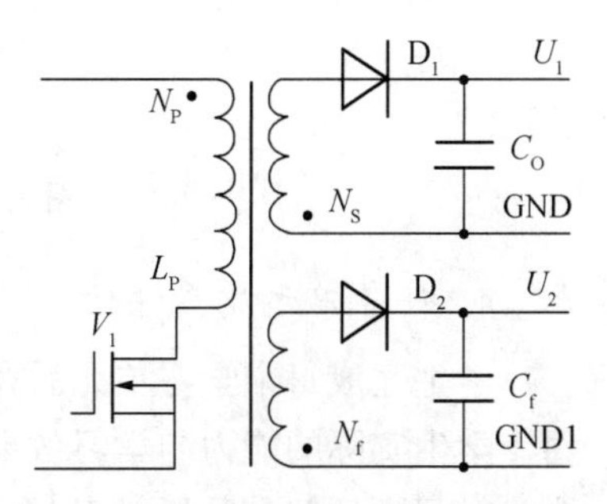


**图 8.2.4　单端反激式 DC/DC 变换器**

降压电路。电路优点:电路相对简单,外围元减少;电路缺点:变压器存在漏感,将在原边形成很大的电压尖峰,可能击穿开关器件;其次,由于输入电压很低,使得输入峰值电流相对就大,对变压器设计要求较高。

**方案二:BUCK 拓扑和 BOOST 拓扑 DC/DC 变换**

分别采用非隔离式 BUCK 拓扑结构实现降压变换;BOOST 拓扑结构实现升压变换,升降压 DC/DC 变换电路如图 8.2.5 所示。通过 PWM 调制信号控制开关器件的占空比来调整输出电压大小。这种电路结构简单,工作稳定可靠,控制灵活方便,并有较高转换效率和低成本。

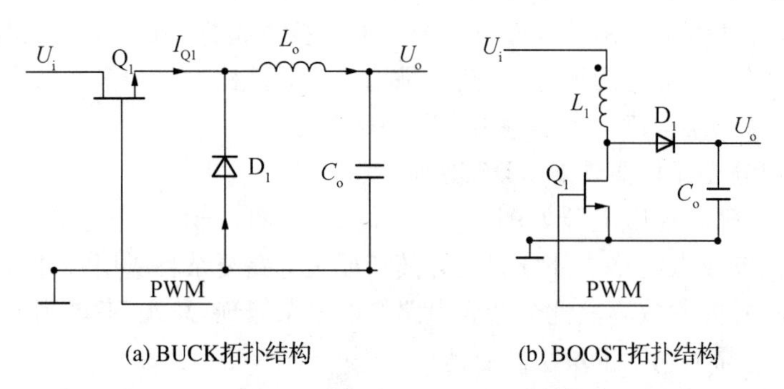

(a) BUCK拓扑结构 (b) BOOST拓扑结构

**图 8.2.5 升降压 DC/DC 变换电路**

经过上述比较分析,方案一虽可以实现项目技术要求,但电路结构复杂及实施技术要求高,造成电路生产制造成本高;方案二不仅能满足项目技术要求,电路简单可靠、成本低,故项目采用方案二。

3. 确定总体设计方案

综合上述各个模块的设计方案,DC/DC 直流稳压电源总体方案如图 8.2.6 所示。

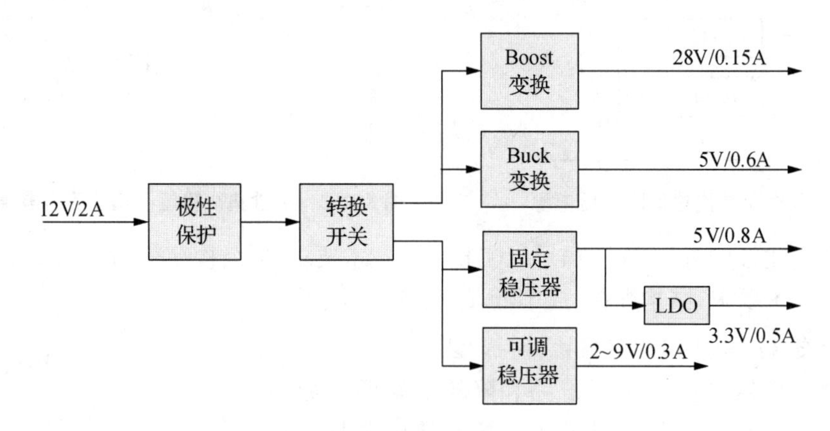


**图 8.2.6 DC/DC 直流稳压电源总体方案**

4. 任务单元质量评估

学生完成每个学习单元后,教师要对其工作结果进行评估,这样教师能够更加容易掌握每个学生实际的能力与学习效果;同时,学生完成任务单元对应的学习工作单,进一步检查学生对问题理解和分析能力,在第一时间掌握每个学生不同的学习和训练需要,进而有针对性地进行因材施教的辅导，提高学习效果。方案总体设计任务单元的学习工作单 1 如图 8.2.7(a)所示；学习工作单 2 如图 8.2.7(b)所示。

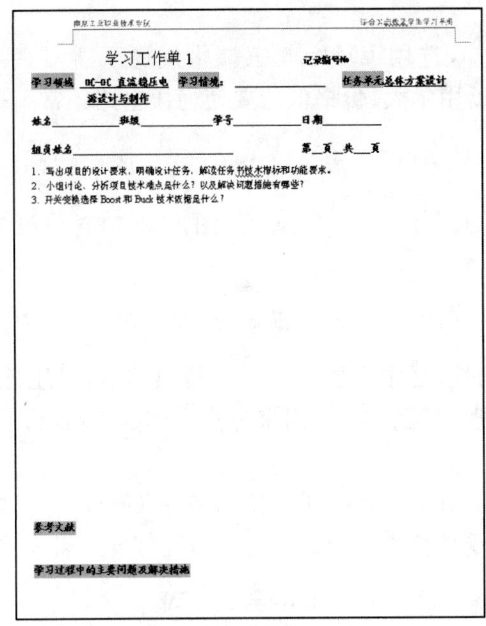

学习工作单 1　　记录编号№

学习领域　DC-DC 直流稳压电源设计与制作　学习情境：________　任务单元总体方案设计

姓名________ 班级________ 学号________ 日期________

组员姓名________________　第__页__共__页

1. 写出项目的设计要求，明确设计任务，解读任务书技术指标和功能要求。
2. 小组讨论、分析项目技术难点是什么？以及解决问题措施有哪些？
3. 开关变换选择 Boost 和 Buck 技术依据是什么？

参考文献

学习过程中的主要问题及解决措施

(a) 学习工作单1

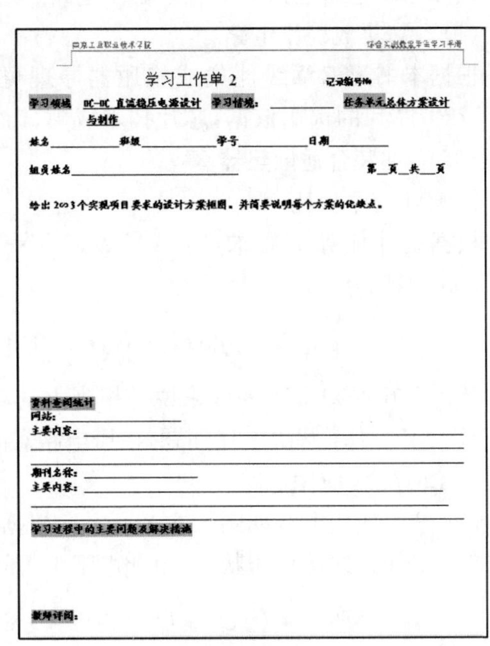

学习工作单 2　　记录编号№

学习领域　DC-DC 直流稳压电源设计与制作　学习情境：________　任务单元总体方案设计

姓名________ 班级________ 学号________ 日期________

组员姓名________________　第__页__共__页

给出 2∽3 个实现项目要求的设计方案框图。并简要说明每个方案的优缺点。

资料查阅统计
网站：________
主要内容：________________

期刊名称：________
主要内容：________________

学习过程中的主要问题及解决措施

教师评阅：

(b) 学习工作单2

**图 8.2.7　方案总体设计学习单元的学习工作单**

## 8.2.2　元器件选择与模块电路设计

### 1. 电子元器件的选择原则

电子元器件选择是多学科的任务，它通常需要元器件工程师、失效分析人员、可靠性工程师以及产品设计工程师来共同完成。选择电子元器件的最基本原则：应制定“电子元器件优选目录”作为设计师选用、质量可靠性管理、采购的依据。元器件选择通用规范：

(1) 电子元器件的技术条件、技术性能、质量等级等均应满足电子设备的要求。

(2) 优先选用经实践证明的质量稳定、可靠性高的标准元器件，不允许选用淘汰品种和禁用的元器件。

(3) 最大限度地压缩元器件的品种、型号、规格和生产厂家，并进行质量认定，尽量做到定点供应。

(4) 未经设计定型的元器件不能在可靠性要求高的电子设备或研制产品中正式使用。

(5) 优先选用有良好的技术服务、供货及时、价格合理的生产厂家的元器件，产品中关键的元器件要对元器件生产方进行质量认定。

(6) 收集电子设备元器件现场使用的失效率数据，优先选用高可靠元器件，淘汰失效率高的元器件，尽量提高装机元器件的复用率。

(7) 尽量选用通用件、标准件和成熟的元器件。

(8) 在性能价格比相等时，应优先选用国产元器件。

2. 线性电源电路设计

线性电源电路包括固定 5 V 稳压电路、可调 2～9 V 稳压电路和 3.3 V LDO 稳压电路。

(1) 5 V 集成稳压电路

根据本书第三章线性集成稳压器原理可知，选用 LM7805 三端集成稳压器，封装为 TO-220。芯片的选用依据：芯片技术成熟、市场用量大、价格低。要使稳压电路正常工作，LM7805 需加装合适散热器。

① LM7805 功耗

根据设计任务书要求，$U_i=12\ \text{V}$，5 V 输出电流为 0.8 A。由图 8.2.3 电路可知，LM7805 功耗为

$$P_C = I_o(U_i - U_o) = 0.8\times(12-5)\ \text{W} = 5.6\ \text{W}$$

$P_C=5.6\ \text{W}$ 对 LM7805 来说是相当大的功耗，必须配置一个较大散热器后，稳压器才能正常工作。为了解决上述问题，稳压电路需配置辅助功率电阻来分担 LM7805 功耗。

② LM7805 应用电路

LM7805 应用电路如图 8.2.8 所示。根据 LM7805 数据手册给出条件：$U_i-U_o\geqslant 3\ \text{V}$，LM7805 工作在线性稳压状态，由此电阻 $R_1$ 承受功耗为

$$P_{R_1} = I_o(U_i - U_o - 3) = 0.8\times(12-5-3)\ \text{W} = 3.2\ \text{W}$$

$R_1$阻值为

$$R_1 = (U_i - U_o - 3)/I_o = (12-5-3)/0.8\ \Omega = 5\ \Omega$$

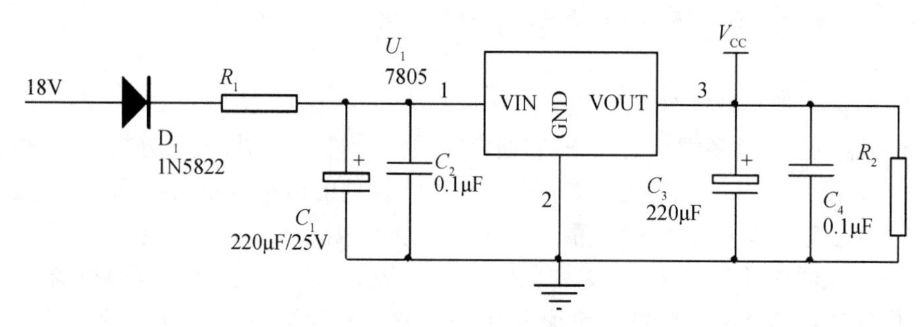


**图 8.2.8 LM7805 应用电路**

可选用功率电阻有线绕电阻和水泥电阻两种，线绕电阻与水泥电阻相比，性能好、产品规格齐全，因此多选线绕电阻。考虑到电阻工作裕量(50%)要求，最后选用标称电阻为 RX21-5 W-5.1 Ω-±5%。线绕电阻和水泥电阻实物外形如图 8.2.9 所示。

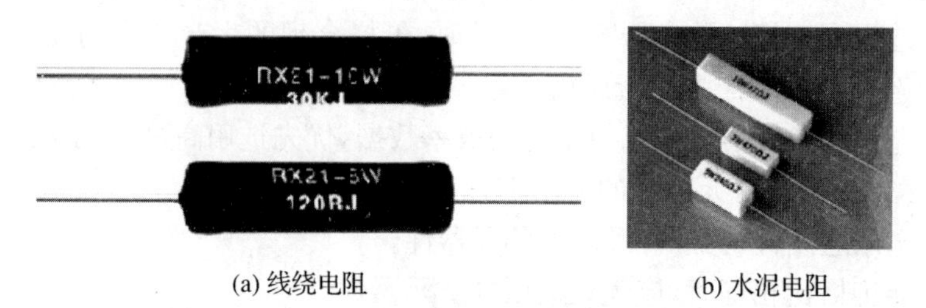


(a) 线绕电阻 (b) 水泥电阻

**图 8.2.9 线绕电阻和水泥电阻实物外形**

稳压电路引入辅助功率电阻后，LM7805 功耗降为 $P_C = 5.6\ \text{W} - 3.2\ \text{W} = 2.4\ \text{W}$，其功耗大大降低，散热器体积可以大幅缩小。

(2) 可调 2～9 V 稳压电路

同理，可调 2～9 V 稳压电路选用 LM317 三端可调集成稳压器，封装为 TO－220。LM317 应用电路如图 8.2.10 所示。二极管 $D_1$、$D_2$ 保护 LM317，防止断电时其被反向击穿。当电源断电后，$C_2$、$C_3$ 的储能快速通过二极管释放。电位器 $R_{P1}$ 阻值范围为

$$R_{P1} = (U_o/1.25 - 1) \cdot R_1 = (12/1.25 - 1) \times 240\ \Omega = 1\ 488\ \Omega$$

可选用 3296 型 2 K 精密电位器，可满足设计要求，其外形如图 8.2.11 所示。

LM317 最大功耗 $P_C = (12 - 2) \times 0.3\ \text{W} = 3\ \text{W}$，需配置散热器来散热。

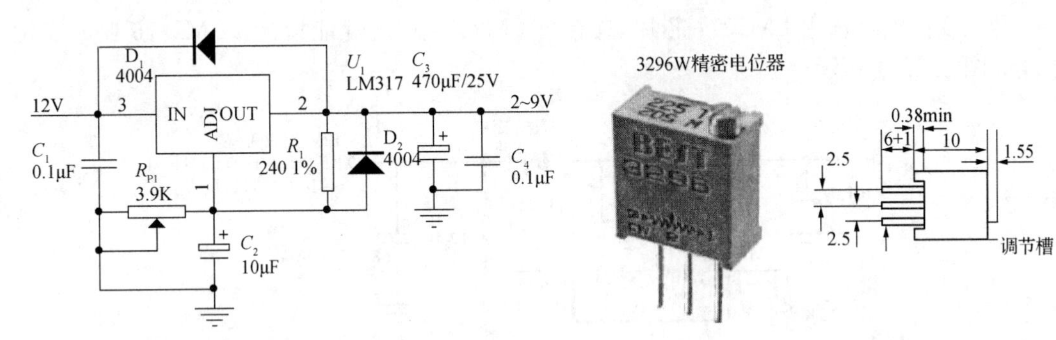


**图 8.2.10　LM317 应用电路**　　**图 8.2.11　3296 型电位器**

(3) 3.3 V LDO 稳压电路

根据本书第四章低压差线性集成稳压器(LDO)原理可知，LDO 最早投放市场、技术最成熟的是 TI 公司(原 NS)的 LM1117 系列产品，其余很多类似产品是其仿制品。因此，选用 LM1117－3.3V，封装为 SOT－223。LM1117 应用电路如图 8.2.12 所示。

LM1117－3.3 最大功耗 $P_C = (5 - 3.3) \times 0.5\ \text{W} = 0.85\ \text{W}$，因为其自然散热功耗是 0.3 W，芯片 2 脚需用 PCB 敷铜方法来辅助散热，相当于加了一个小型散热器。

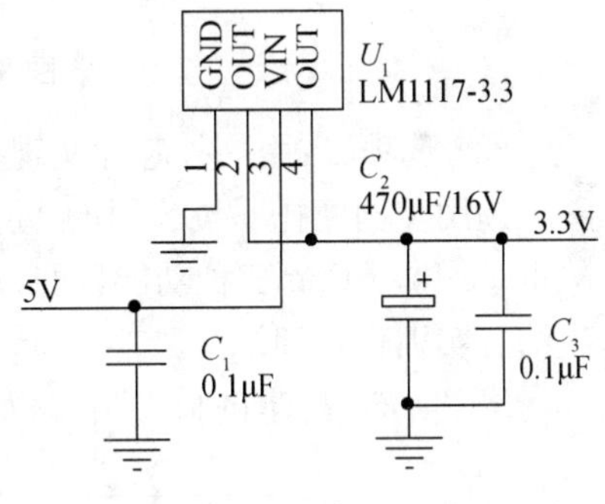


**图 8.2.12　LM1117 应用电路**

3. 开关电源电路设计

开关电源电路分别采用 BUCK 拓扑结构实现降压变换；BOOST 拓扑结构实现升压变换。开关模式 DC/DC 变换技术已经相当成熟，世界上多家 IC 制造商生产制造多种 DC/DC 转换芯片，以满足各种用户的需求，为电子工程师选用芯片提供便利。合理选择芯片可以提高产品性能价格比。

(1) 选项一：用两种芯片分别实现 DC/DC 变换

选用两种 TI 公司(原 NS)芯片分别实现降压和升压变换电路。

① 降压变换电路

降压变换电路选用 LM2576 芯片，是目前市场上用量较大的降压型 DC/DC 变换芯片之一。其具有性能好、外接元器件少、有软启动、电流限制、欠压锁定和热关闭保护等功能，

容易实现升压开关电源电路。LM2576 典型应用电路如图 8.2.13 所示。

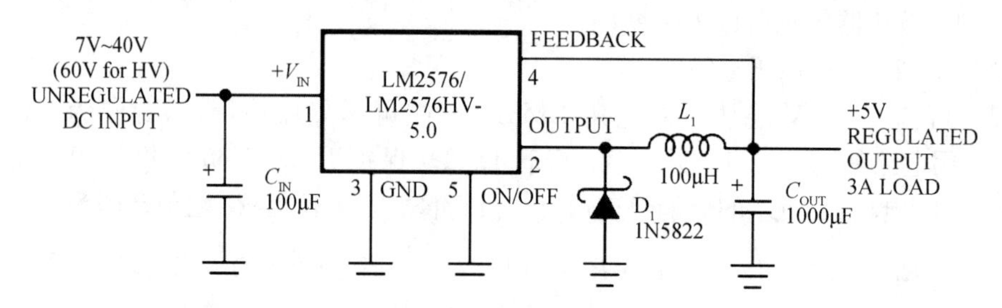


**图 8.2.13 LM2576 典型应用电路**

② 升压变换电路

升压变换电路选用 LM2577 芯片，具有与 LM2576 相同性能指标。LM2576 典型应用电路如图 8.2.14 所示。

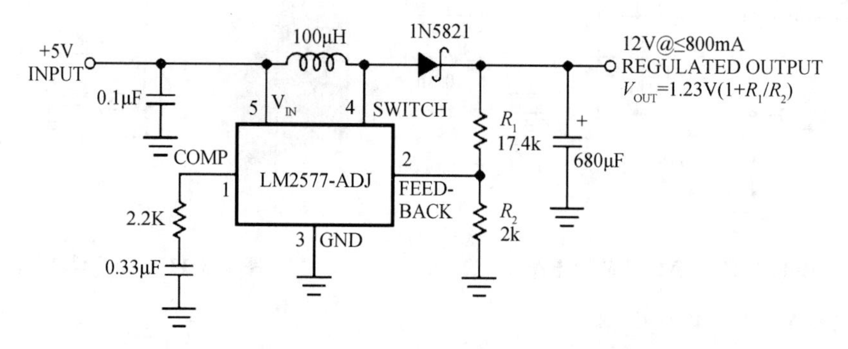


**图 8.2.14 LM2577 典型应用电路**

(2) 选项二：用一种芯片实现 DC/DC 变换

选用美国摩托罗拉公司的 MC34063，其可实现 DC/DC 转换的 Step-Down、Step-Up 和 Voltage-Inverting 三种功能，而且所用外围元件数量少、市场用量大、芯片价格低，很适合学生综合实训项目训练。

MC34063 构建的降压电路如图 8.2.15(a)所示；MC34063 构建的升压电路如图

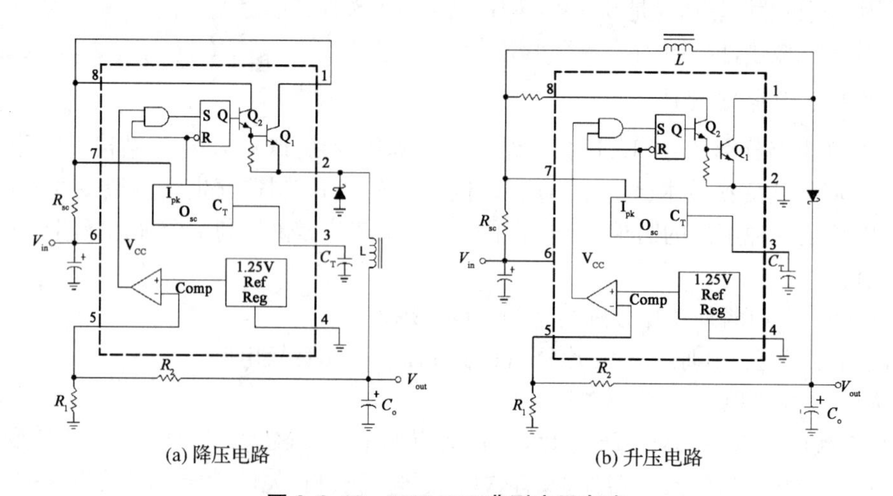


(a) 降压电路 (b) 升压电路

**图 8.2.15 MC34063 典型应用电路**

8.2.10(b)所示。用一种芯片实现两种 DC/DC 变换模式的特点是元件数量、种类基本相同，只是元件位置存在差异而已。这样优点是元件种类少、数量大，采购方便且成本低。

经过上述比较分析，采用一种芯片设计模式，最大限度地压缩元器件的品种、型号；其次，电路结构简单、采购方便、成本低，故选用 MC34063 作为开关变换芯片。美国摩托罗拉公司给出设计公式表如表 8.2.1 所示。

**表 8.2.1　设计公式表**

| Calculation | Step-Up | Step-Down |
|---|---|---|
| $t_{on}/t_{off}$ | $\dfrac{V_{out}+V_F-V_{in(min)}}{V_{in(min)}-V_{sat}}$ | $\dfrac{V_{out}+V_F}{V_{in(min)}-V_{sat}-V_{out}}$ |
| $t_{on}+t_{off}$ | $\dfrac{1}{f}$ | $\dfrac{1}{f}$ |
| $t_{off}$ | $\dfrac{t_{on}+t_{off}}{\dfrac{t_{on}}{t_{off}}+1}$ | $\dfrac{t_{on}+t_{off}}{\dfrac{t_{on}}{t_{off}}+1}$ |
| $t_{on}$ | $(t_{on}+t_{off})-t_{off}$ | $(t_{on}+t_{off})-t_{off}$ |
| $C_T$ | $4.0\times10^{-5}t_{on}$ | $4.0\times10^{-5}t_{on}$ |
| $I_{pk(switch)}$ | $2I_{out(max)}\left(\dfrac{t_{on}}{t_{off}}+1\right)$ | $2I_{out(max)}$ |
| $R_{sc}$ | $0.3/I_{pk(switch)}$ | $0.3/I_{pk(switch)}$ |
| $L_{(min)}$ | $\dfrac{V_{in(min)}-V_{sat}}{I_{pk(switch)}}t_{on(max)}$ | $\dfrac{V_{in(min)}-V_{sat}-V_{out}}{I_{pk(switch)}}t_{on(max)}$ |
| $C_O$ | $9\dfrac{I_{out}t_{on}}{V_{ripple(p-p)}}$ | $\dfrac{I_{pk(switch)}(t_{on}+t_{off})}{8V_{ripple(p-p)}}$ |

(3) MC34063 降压电路

MC34063 降压电路典型应用电路如图 8.2.15(a)。设计任务书要求：输入电压 12 V ±10%，输出 5 V/0.8 A，电路设计条件参数为

$$V_{out}=5\text{ V}$$
$$I_{out}=0.6\text{ A}$$
$$f=33\text{ kHz}(\text{自设定})$$
$$V_{in(min)}=10.8\text{ V}$$
$$V_{ripple(p-p)}=1\%V_{out}=50\text{ mV}_{p-p}$$

电路设计过程如下：

① 占空比 $t_{on}/t_{off}$

$$\frac{t_{on}}{t_{off}}=\frac{V_{out}+V_F}{V_{in(min)}-V_{sat}-V_{out}}=\frac{5+0.5}{10.8-1-5}=1.15$$

式中，$V_F=0.5$ V，选用 1N5819 肖特基二极管；查手册，Buck 降压模式时，$U_{sat}=1$ V。

② 周期 $T_s=t_{on}+t_{off}$

$$T_s=t_{on}+t_{off}=1/f=1/(33\times10^3)\text{ s}\approx30\ \mu\text{s}$$

③ 导通时间 $t_{on}$

由上述两式计算结果，可得 $t_{off}$、$t_{on}$ 为

$$t_{off} = T_s/2.15 = 14\ \mu s$$

$$t_{on} = 16\ \mu s$$

注意 $t_{on}/(t_{on}+t_{off}) \leqslant 0.857$，这个最大值是由定时电容充放电比值 6∶1 决定的。

④ 定时电容 $C_T$

由表 8.2.1 可知

$$C_T = 4.0 \times 10^{-5} t_{on} = 4.0 \times 10^{-5} \times 16\ \mu F = 640\ pF$$

$C_T$ 取标称电容为 680 pF。

⑤ 峰值电流 $I_{pk(switch)}$

$$I_{pk(switch)} = 2I_{out} = 1.2\ A$$

⑥ 电感量 $L_{min}$

$$L_{min} = \frac{V_{in(min)} - V_{sat} - V_{out}}{I_{pk(switch)}} t_{on} = \frac{10.8 - 1 - 5}{1.2} \times 16\ \mu H = 64\ \mu H$$

$L$ 取 68 $\mu$H，比设计值要大，可适当降低峰值电流，也可降低纹波电压。

⑦ 限流电阻 $R_{sc}$

当 $V_{in(max)}$=13.2 V 时，$I_{pk(switch)}$ 随着变化，如取 $L$=68 $\mu$H，$I_{pk(switch)}$ 为

$$I'_{pk(switch)} = \frac{V_{in(max)} - V_{sat} - V_{out}}{L} t_{on} = \frac{13.2 - 1 - 5}{68} \times 16\ A = 1.7\ A$$

$$R_{sc} = \frac{0.33}{I'_{pk(switch)}} = \frac{0.33}{1.7}\ \Omega = 0.19\ \Omega$$

$R_{sc}$ 取标称值为 0.18 Ω。

⑧ 输出电容 $C_O$

$$C_O = \frac{I_{pk(switch)} T_s}{8V_{ripple(p-p)}} = \frac{1.2 \times 30 \times 10^{-6}}{8 \times 50 \times 10^{-3}}\ F = 90\ \mu F$$

由于输出滤波电容存在 ESR，会产生纹波电压。当输出电流增大时，这种现象更加明显。低的纹波电压有利于提高电源稳压性能，即电压调整率和负载调整率。电路设计时通过降低 ESR 来减小纹波电压，其措施是：在保持滤波电容器容量不变的前提下，把电容拆成几个同类电容并联，这样可减小滤波电容器 ESR，从而有效地减小输出电源的纹波电压。电容拆并方法如图 8.2.16 所示。实际应用时，为了加强滤波效果，输出电容 $C_O$ 可以是计算值的几倍，并拆分成 2～4 个电容器。

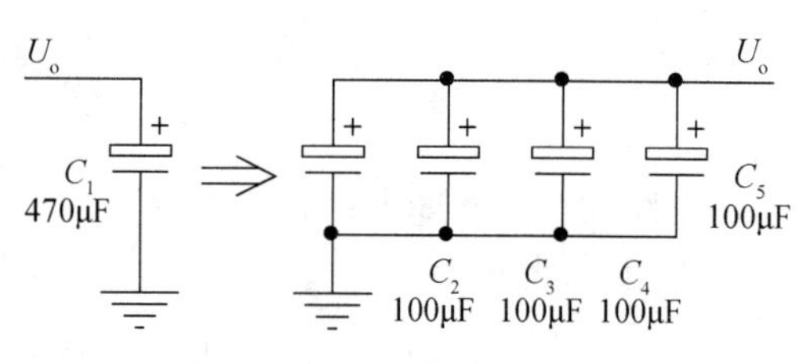


**图 8.2.16　电容拆并方法**

⑨ 分压电阻 $R_1$、$R_2$

输出电压值是由 $R_1$、$R_2$ 设定的。为了计算方便，给定 $R_1=1\ \text{k}\Omega$，则 $R_2$ 值为

$$R_2=R_1\left(\frac{V_{out}}{1.25}-1\right)=3\ \text{k}\Omega$$

$R_1$ 取 0805－1.0 kΩ±1%标称电阻；$R_2$ 取 0805－3.0 kΩ±1%标称电阻。

以上完成了 MC34063 降压电路的设计，其应用电路如图 8.2.17 所示。为了使电路更加完善，电路中加了一个小负载 $R_3$（100 Ω/0.5 W）有利于开关电路稳定工作；$L_2$ 与前后电容组成 π 型滤波器用来滤除纹波及噪声；$R_4$、$D_2$ 构成电源指示电路，电路正常工作时，指示灯点亮。

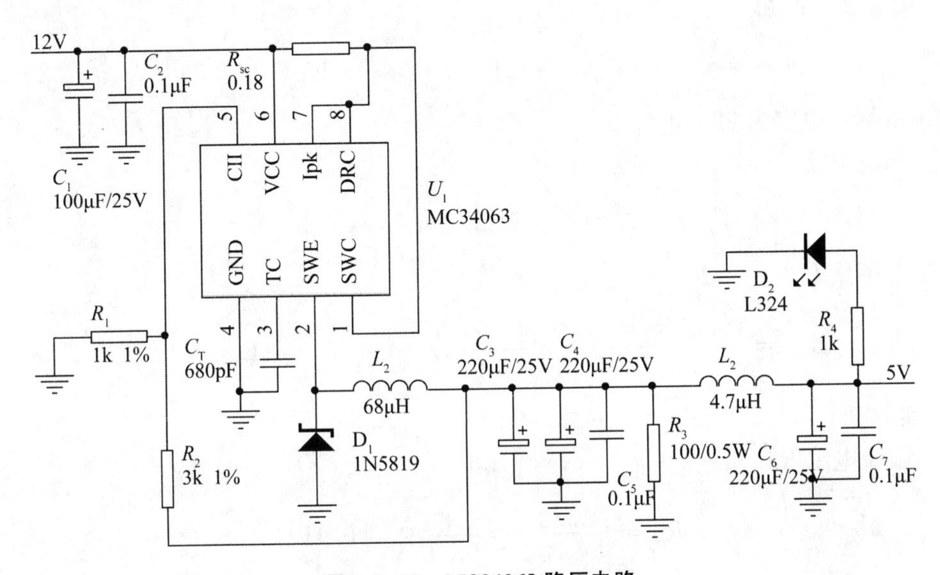


**图 8.2.17　MC34063 降压电路**

(4) MC34063 升压电路

MC34063 升压电路典型应用电路如图 8.2.15(b)。设计任务书要求：输入电压 12 V±10%，输出 28 V/0.15 A，电路设计条件参数为

$$V_{out}=28\ \text{V}$$

$$I_{out}=0.15\ \text{A}$$

$$f=33\ \text{kHz}（自设定）$$

$$V_{in(min)}=10.8\ \text{V}$$

$$V_{ripple(p\text{-}p)}=1\%V_{out}=280\ \text{mV}_{p\text{-}p}$$

电路设计过程如下：

① 占空比 $t_{on}/t_{off}$

$$\frac{t_{on}}{t_{off}}=\frac{V_{out}+V_F-V_{in(min)}}{V_{in(min)}-V_{sat}}=\frac{28+0.5-10.8}{10.8-0.45}=1.71$$

式中，$V_F=0.5\ \text{V}$，选用 1N5819 肖特基二极管。

② 周期 $T_s=t_{on}+t_{off}$

$$T_s = t_{on} + t_{off} = 1/f = 1/(33 \times 10^3)\ \text{s} \approx 30\ \mu\text{s}$$

③ 导通时间 $t_{on}$

由上述两式计算结果,可得 $t_{off}$、$t_{on}$ 为

$$t_{off} = T_s/2.71 = 11.1\ \mu\text{s}$$
$$t_{on} = 18.9\ \mu\text{s}$$

注意 $t_{on}/(t_{on}+t_{off})\leqslant 0.857$。

④ 定时电容 $C_T$

由表 8.2.1 可知

$$C_T = 4.0 \times 10^{-5} t_{on} = 4.0 \times 10^{-5} \times 18.9\ \mu\text{F} = 756\ \text{pF}$$

$C_T$ 取标称电容为 820 pF。

⑤ 峰值电流 $I_{pk(switch)}$

$$I_{pk(switch)} = 2I_{out}(t_{on}/t_{off} + 1) = 0.81\ \text{A}$$

⑥ 电感量 $L_{min}$

$$L_{min} = \frac{V_{in(min)} - V_{sat}}{I_{pk(switch)}} t_{on} = \frac{10.8 - 0.45}{0.81} \times 18.9\ \mu\text{H} = 242\ \mu\text{H}$$

$L$ 实取 250 $\mu$H。

⑦ 限流电阻 $R_{sc}$

$$R_{sc} = \frac{0.33}{I_{pk(switch)}} = \frac{0.33}{0.81}\ \Omega = 0.41\ \Omega$$

$R_{sc}$取标称值为 0.39 Ω。

⑧ 输出电容 $C_O$

$$C_O = \frac{9I_{out}t_{on}}{V_{ripple(p\text{-}p)}} = \frac{9 \times 0.15}{0.28} \times 18.9 \times 10^{-6}\ \text{F} = 91.1\ \mu\text{F}$$

实际应用时,为了加强滤波效果,输出电容 $C_O$ 值可以是计算值的几倍,并拆分成 2～4 个电容器。

⑨ 分压电阻 $R_1$、$R_2$

输出电压值是由 $R_1$、$R_2$ 设定的。给定 $R_1=2.2$ kΩ,则 $R_2$ 值为

$$R_2 = R_1\left(\frac{V_{out}}{1.25} - 1\right) = 47.08\ \text{k}\Omega$$

$R_1$ 取 0805 - 2.2kΩ±1%标称电阻;$R_2$ 取 0805 - 47kΩ±1%标称电阻。

以上完成了 MC34063 升压电路的设计,其应用电路如图 8.2.18 所示。为了使电路更加完善,电路中加了一个小负载 $R_3$(2.4kΩ/0.5W)有利于开关电路稳定工作;$L_2$ 与前后电容组成 π 型滤波器用来滤除纹波及噪声。

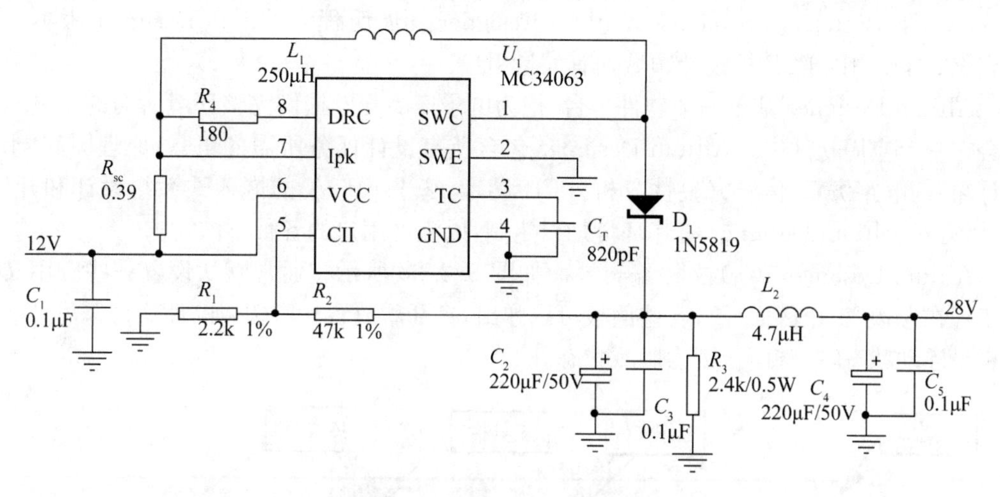


**图 8.2.18　MC34063 升压电路**

4. 元器件选择与模块电路设计学习工作单

元器件选择与模块电路设计学习工作单如图 8.2.19 所示。学习工作单中的 3 个问题有针对性地检查本任务单元学习效果和可能存在的问题。

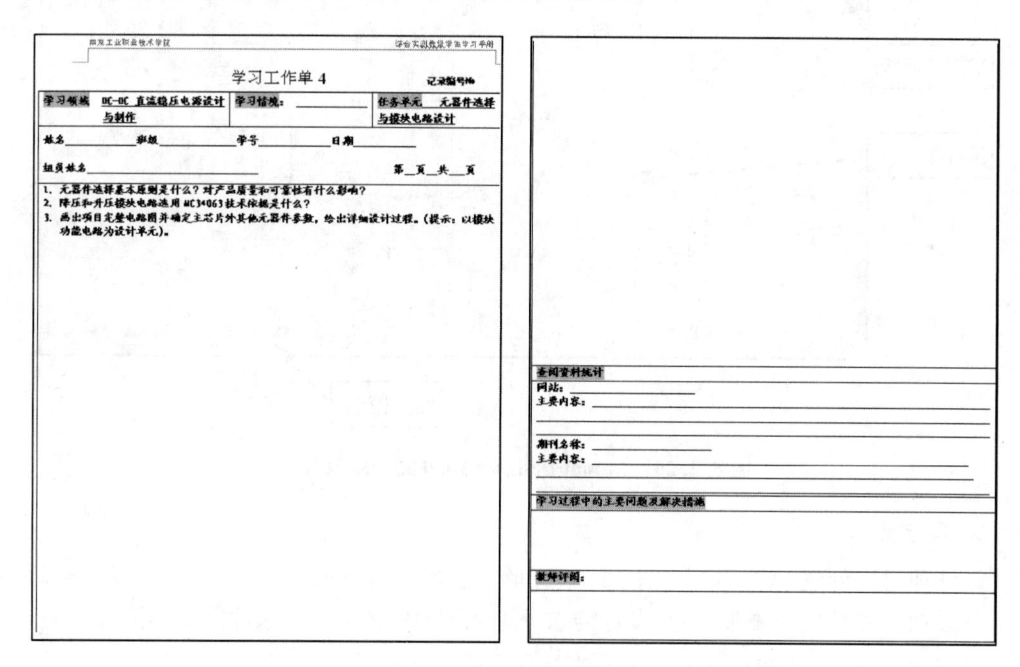

南京工业职业技术学院　　综合实训教学学生学习手册

学习工作单 4　　记录编号No

| 学习领域　DC-DC 直流稳压电源设计与制作 | 学习情境：＿＿＿＿ | 任务单元　元器件选择与模块电路设计 |
| --- | --- | --- |

姓名＿＿＿＿　班级＿＿＿＿　学号＿＿＿＿　日期＿＿＿＿

组员姓名＿＿＿＿＿＿＿＿　第＿页＿共＿页

1. 元器件选择基本原则是什么？对产品质量和可靠性有什么影响？
2. 降压和升压模块电路选用 MC34063 技术依据是什么？
3. 画出项目完整电路图并确定主芯片外其他元器件参数，给出详细设计过程。(提示：以模块功能电路为设计单元)。

查阅资料统计

网站：＿＿＿＿

主要内容：＿＿＿＿

期刊名称：＿＿＿＿

主要内容：＿＿＿＿

学习过程中的主要问题及解决措施

教师评阅：

**图 8.2.19　元器件选择与模块电路设计学习工作单**

## 8.2.3　电路图设计

1. Altium Designer 软件介绍

Altium(前身为 Protel 国际有限公司)由 Nick Martin 于 1985 年始于塔斯马亚州霍巴特，致力于基于 PC 的软件，为印制电路板提供辅助的设计。经历了从 DOS 下 TANGO、

Windows 下 Protel98、Protel99se、Altium Designer 发展历程。Altium Designer 版本已升级到 13.0，在中国 PCB 板设计领域拥有大量用户。

Altium Designer 基于一个软件平台，把为电子产品开发提供完整环境所需的工具全部整合在一个应用软件中。Altium Designer 包含所有设计任务所需的工具：原理图和 HDL 设计输入、电路仿真、信号完整性分析、PCB 设计、基于 FPGA 的嵌入式系统设计和开发。另外，可对 Altium Designer 工作环境加以定制，以满足用户的各种不同需求。

Altium Designer 10.0 文档编辑界面如图 8.2.20 所示。通常默认设置一些应用文件或工程在左边"工作区面板"；一些面板可以弹出，打开后放置在右边，如"库文件"；另外一些面板呈浮动状态，一些面板则为隐藏状态。

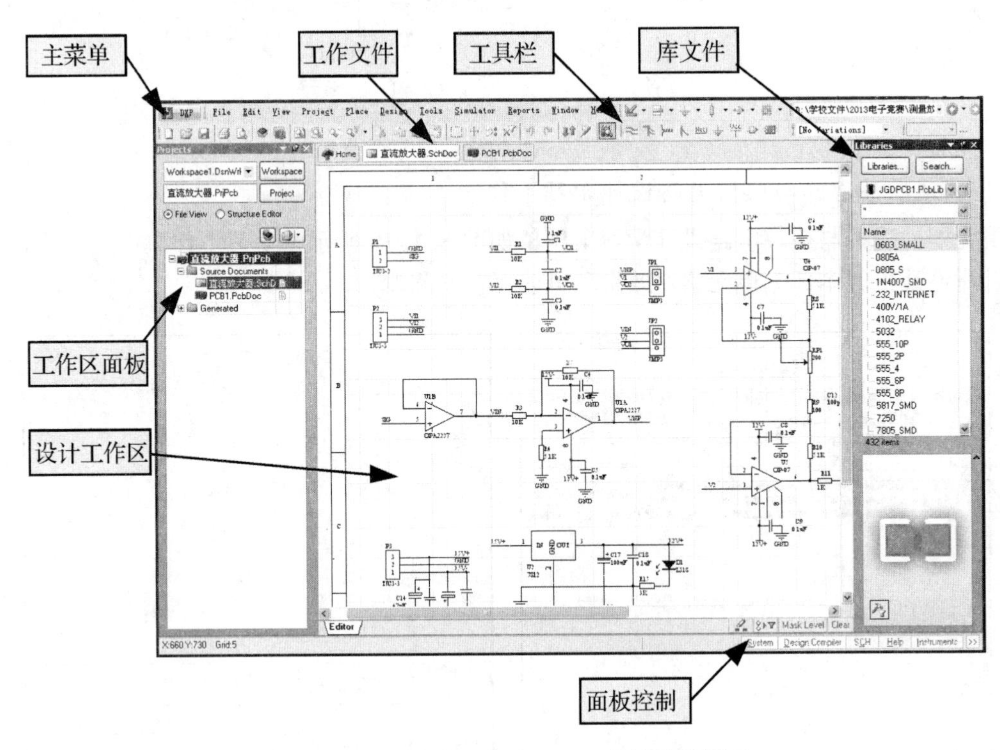


**图 8.2.20　Altium Designer 10.0 文档编辑界面**

2. 工作流程

设计项目→创建 PCB 项目→添加 sheet 形成层次结构→放器件→布线→注释→编译和验证→添加元件参数→添加 PCB 设计需求→进入 PCB，建立一个原理图工作流程。

3. 电路图设计流程

电路图设计工作流程如图 8.2.21 所示。其主要工作步骤：建立 PCB 工程文件，设置工作环境；自制库建立与库调用；电路图设计与电气规则检查。

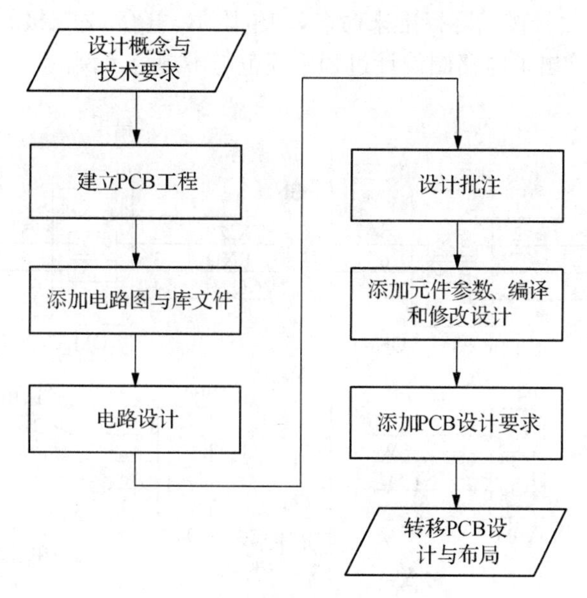


**图 8.2.21　电路图设计工作流程**

4. 电路图设计基本规范与要求

(1) 电路图初次设置和命名

开始画图时，把图的大小设置为 A4，不够大时，可通过设置为 A3、A2…扩大。电路图工作区栅格 Snap 可由缺省值 10 改为 5，这样画图时比较合适。电路图名称最好根据电路功能来命名，并把命名放置在电路图右下角的 Title 位置上。

(2) 元件建库和调用

常用元件可通过加载元件库直接调用，库中找不到元件可通过建独立自制元件库，自制元件库命名要显示个性。元件建库时必须把元件的图形特征点放置在坐标原点，存入自制元件库，加载后可直接调用。

(3) 电路图设计布局规范

电路图设计要模块化，大模块下可以含小模块。模块构成基础是功能电路或 IC 为主体的单元电路。综观全图，整体布局和单元电路要对称、均衡；信号流向为从左到右、从上到下，符合人们的看图习惯；通常输入功能的连接器(插座)放置在图左侧靠边，输出功能连接器放置在图右侧靠边。

(4) 电路图 Net 与连线规范

模块电路之间用 Net 或带电性能连线(Wire)连接。Net 必须放置在 Wire 上，不能放置在元件的 Pin 引出线上。Net 的命名最好与被命名 Wire 功能一致，便于读图；一组 Net 线放置时，在线引出端对齐；同一 Wire 画线尽可能一次性完成，便于 Edit 和 Delete。元件放置时，鼠标选中元件后，按空格键元件顺时针方向转，按一次转 90°；按 X 键，水平镜像翻转；按 Y 键，垂直镜像翻转。学会熟练地使用快捷键，提高画图的速度。

(5) 元件序号和参数放置

元件序号在图中放置在上、左位置，元件参数放置在下、右位置，且放置时不能与图形或线条重叠。每个元件有唯一的序号和参数，即“一一对应”的关系，其英文字母一般用大写字母，如 $R5$、10k。元件序号按国际标准来命名，如电阻 R、电容 C、三极管 V、集成电路 U、晶振 G 等。图 8.2.22 给出了电路图设计过程中规范与不规范示例。

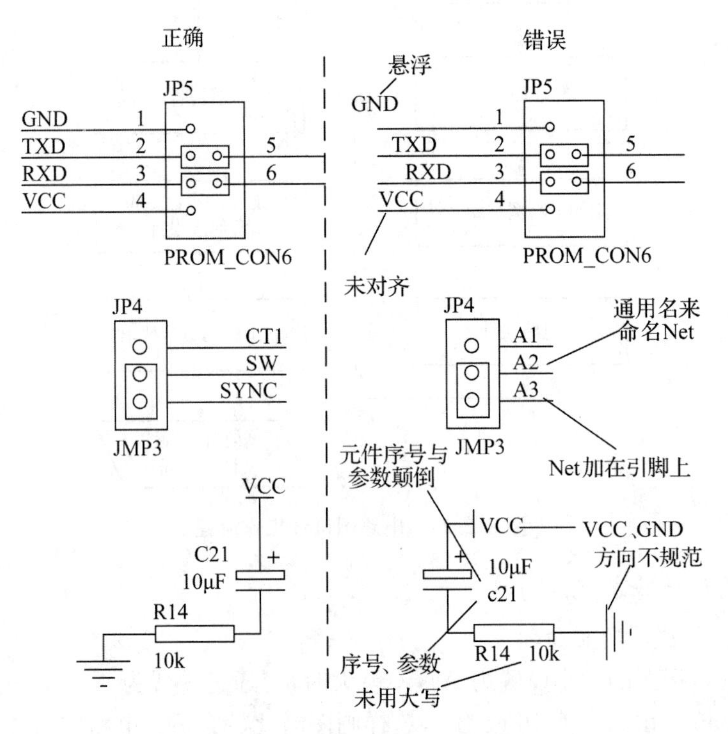


**图 8.2.22 电路图中规范与不规范示例**

5. 图画完后的处理

(1) ERC(电气规则检查)

执行 Project/Compile Document，给出检查报告，有错误时，根据每个错误详细说明加以纠正，反复检查直到错误为 0。

(2) 输出 Bill of Material(材料清单)

执行 REPORTS/Bill of Material，检查每个元件型号参数(Type)、元件封装(Footprint)是否一一对应，有错误要加以纠正。如遇统一修改多个元件的参数和封装，通过"选中器件→点击右键→find similar object"的方法来全局更改元件参数。

6. DC/DC 直流稳压电源电路图

将设计完成单元电路输入到 Altium Designer 电路图设计平台，经电路图设计流程规范要求整理后，完成了 DC/DC 直流稳压电源总体电路图设计，如图 8.2.23 所示。

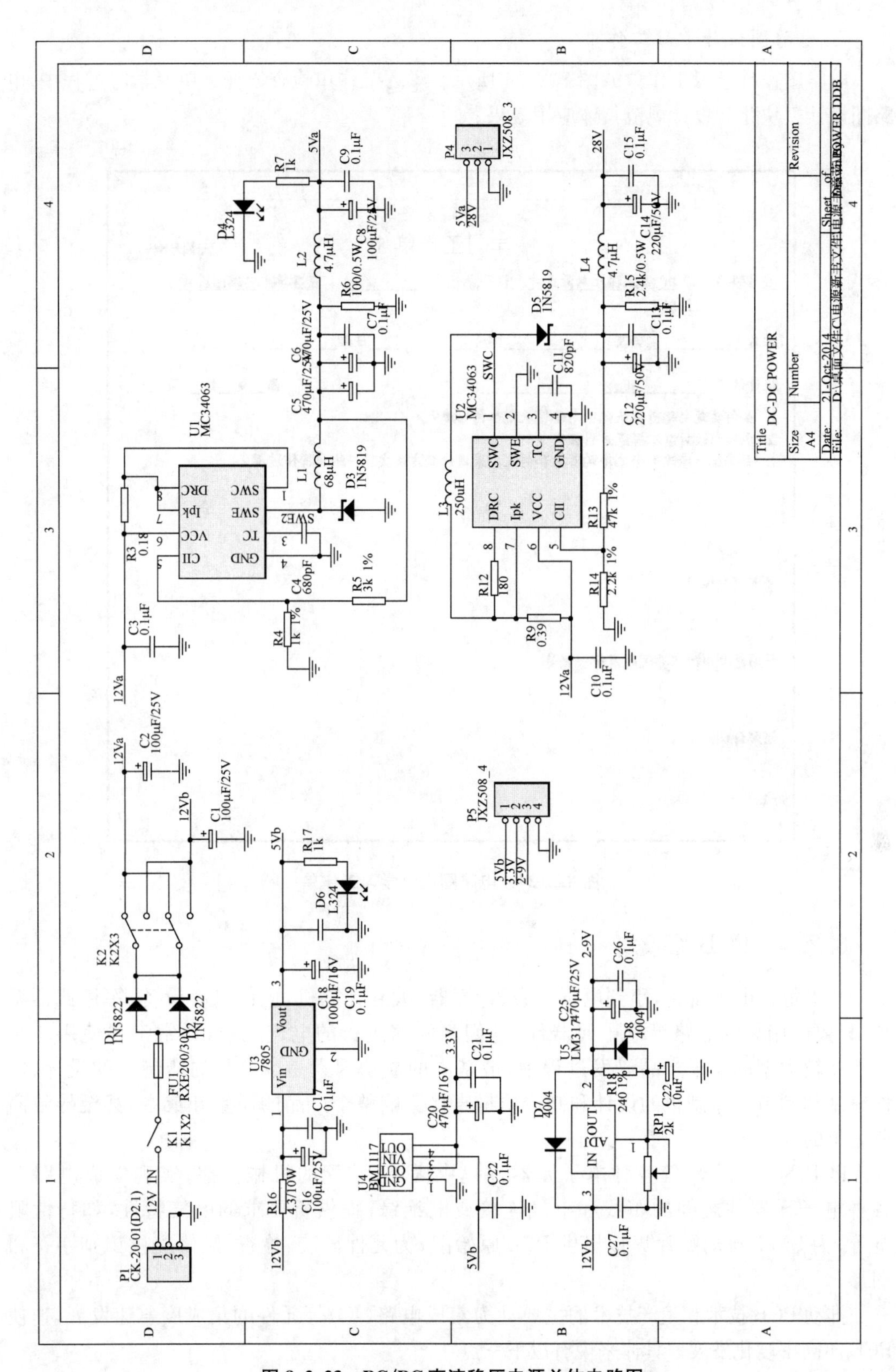


图 8. 2. 23　DC/DC 直流稳压电源总体电路图

7. 电路图设计学习工作单

电路图设计学习工作单如图 8.2.24 所示。学习工作单检查该任务单元学习过程中，电路图设计模块化和设计规范具体应用效果。

南京工业职业技术学院 综合实训教学学生学习手册

学习工作单 5

记录编号№

学习领域 DC-DC 直流稳压电源设计与制作 学习情境：＿＿＿＿ 任务单元电路图设计

姓名＿＿＿＿班级＿＿＿＿学号＿＿＿＿日期＿＿＿＿

组员姓名＿＿＿＿＿＿＿＿ 第＿页＿共＿页

1. 如何实现电路图模块化？电路模块化如何搭建？
2. 电路图设计基本规范是什么？
3. 如遇统一修改多个元件的参数和封装，采用什么方法实现，给出操作过程？

查阅资料统计

学习过程中的主要问题及解决措施

教师评阅：

图 8.2.24 电路图设计学习工作单

## 8.2.4 PCB 图设计

几乎每种电子设备，小到电子手表、计算器，大到计算机、通信电子设备、军用武器系统，只要应用集成电路等电子元器件，它们之间需进行的电气互连，通常都要使用印制板。在较大型的电子产品研发过程中，最基本的成功因素是该产品的印制板的设计、文件编制和制造。印制板的设计和制造质量直接影响整个产品的质量和成本，甚至导致商业竞争的成败。

PCB 为集成电路等各种电子元器件提供固定、装配的机械支撑；实现集成电路等各种电子元器件之间的布线和电气连接或电绝缘；提供所要求的电气特性，如特性阻抗等；为 SMT 自动贴片焊接提供 PCB 原始图；为元件插装、检查、维修提供识别字符和图形。

推动 PCB 技术和生产技术的主要动力集成电路（IC）等元件的集成度急速发展，迫使 PCB 向高密度化发展。具体来说有以下三点：

(1) 器件封装发展

IC 封装由 DIP→QFP→BGA→μBGA 快速发展。

(2) 组装技术

通孔插装技术(THT)→表面安装技术(SMT)→芯片级封装(CSP)。

(3) 信号传输高频化和高速数字化

迫使 PCB 走上微小孔与埋/盲孔化，导线精细化，介质层均匀薄型化等，即高密度化发展。

1. PCB 设计流程

PCB 设计工作流程如图 8.2.25 所示。其主要工作步骤：自建专用器件封装库；PCB 板布局；符合生产工艺要求 PCB 设计；电气规则检查和输出文件并制板。

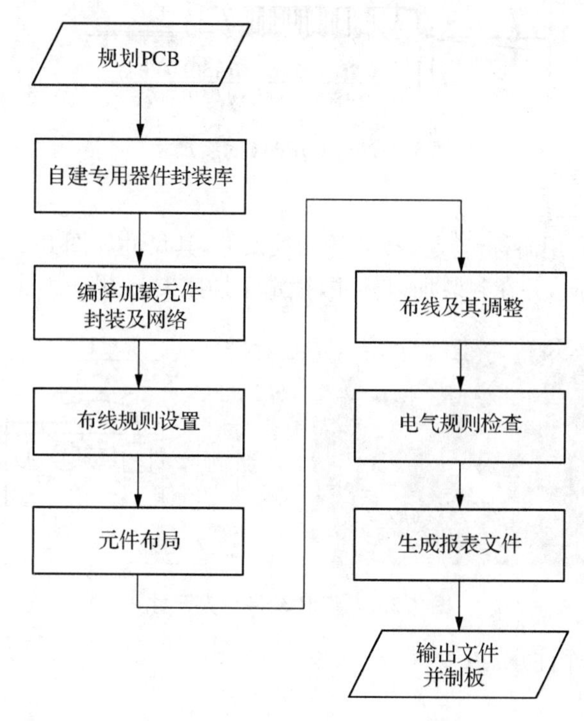


**图 8.2.25　PCB 设计工作流程**

2. PCB 专用器件封装库建立

在 PCB 设计过程中，难免有的器件在通用库中无法找到，必须自行设计和建立器件封装库。

(1) 器件封装尺寸获取

器件封装尺寸获取主要通过查阅器件数据手册或游标卡尺直接测量其相关尺寸。特别注意同一器件有不同的封装，即器件参数后缀不同，如 TOP222P(DIP8)、TOP222Y(TO-220)。图 8.2.26 给出了 IC TQFP44 封装尺寸。

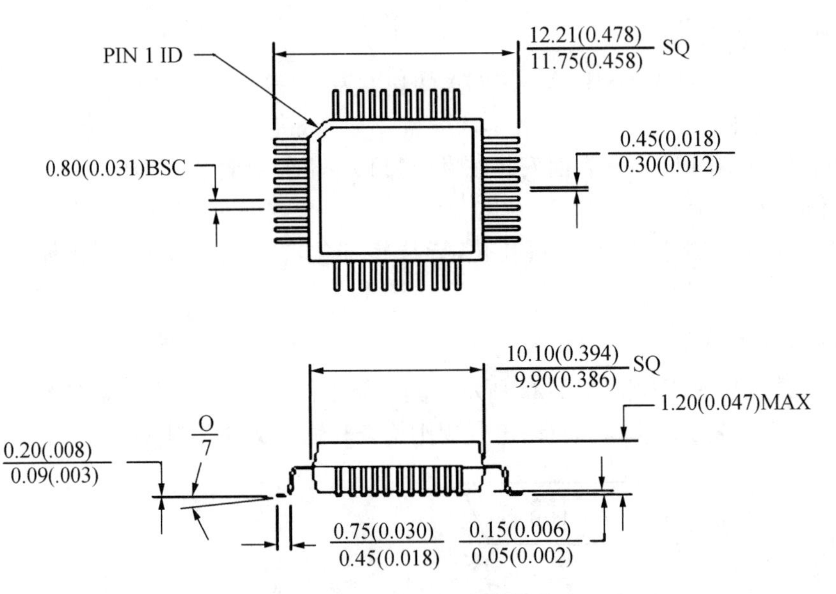


**图 8.2.26　TQFP44 封装尺寸**

（2）器件封装库建立

以 TJC3－4 为例，用游标卡尺直接测量相关尺寸，其尺寸如图 8.2.27 所示。画图时要标明元件的特征和方向，并在封装加以标注，锁定了插座安装方向。

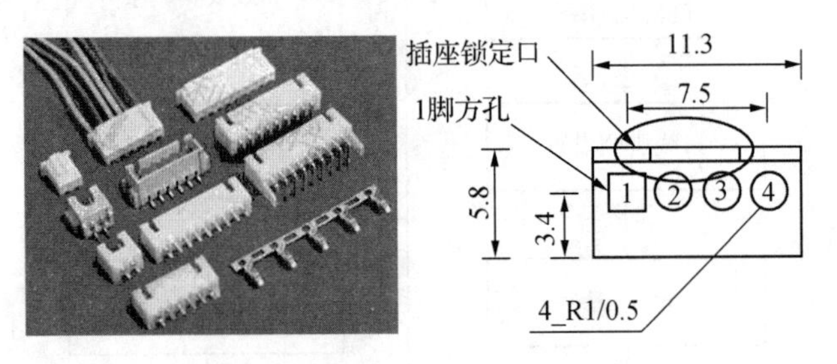


**图 8.2.27　TJC3－4 封装尺寸**

器件封装设计几个注意点：

① 标注插座方向。

② 图形中心要在原点上或原点附近。

③ 闭合线从端点开始一次画完，便于 EDIT。

④ 对同类元件用 COPY/EDIT 方法完成封装建库，用快捷键 M. E↙移动线端，M. D↙移动线段。

图 8.2.28 说明了同类器件封装建立快捷方法。

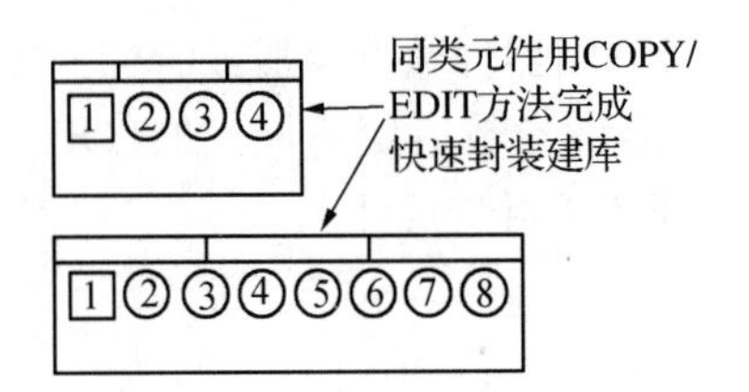


**图 8.2.28　同类器件封装建库**

(3) DC/DC 直流稳压电源器件封装

由于考虑到学生受到测量量具限制，图 8.2.29 给出了 DC/DC 直流稳压电源设计涉及器件封装尺寸图。

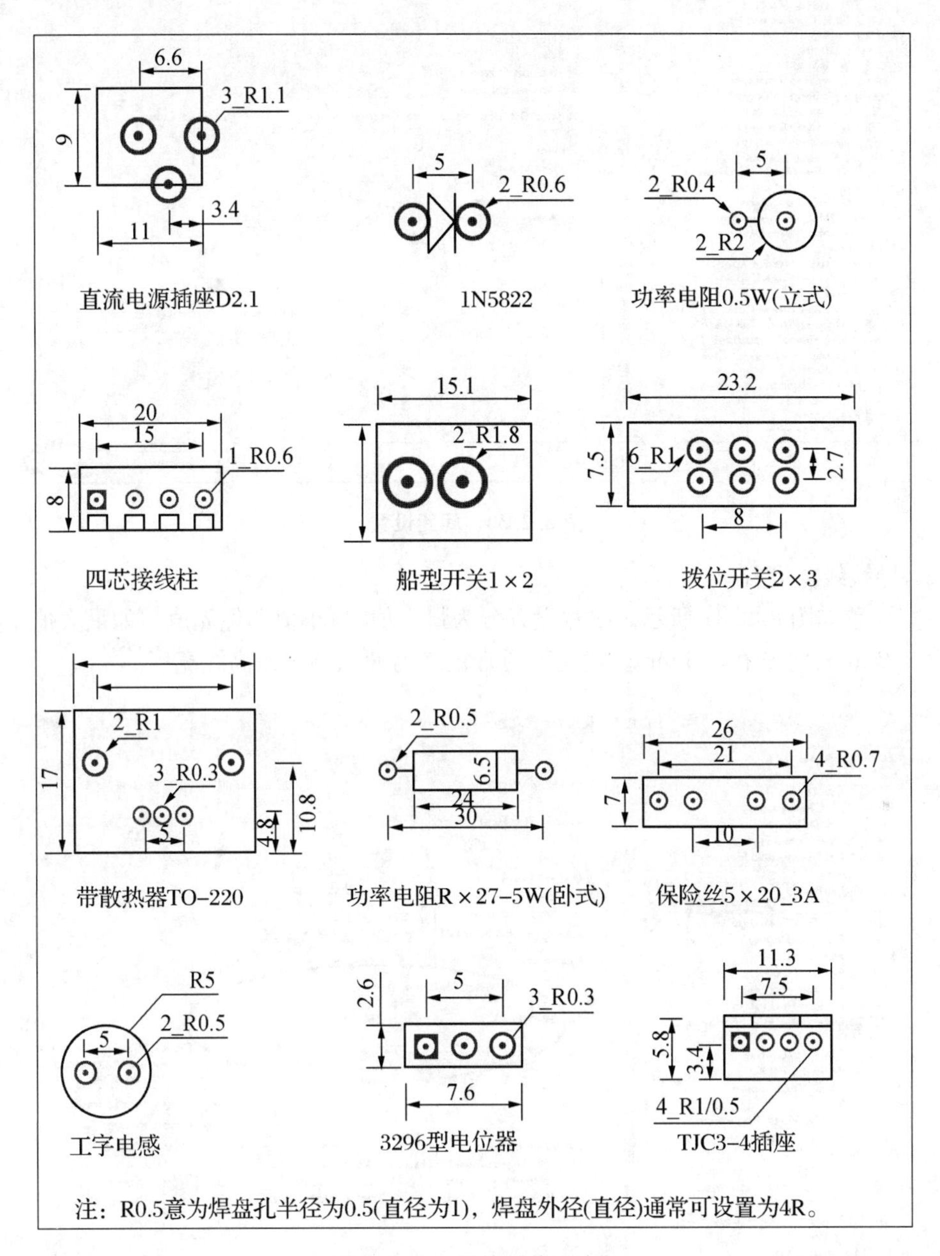


**图 8.2.29　器件封装尺寸图**

3. PCB 图布线规则设置

学生在具体操作中，容易忽视一些规则的设置，如间距设置、线宽设置、敷铜间隙设置和安装孔孔径设置。下面以对话框方式，进行具体设置操作。

(1) 间距设置

间距设置如图 8.2.30 所示，其缺省值为 0.254 mm。

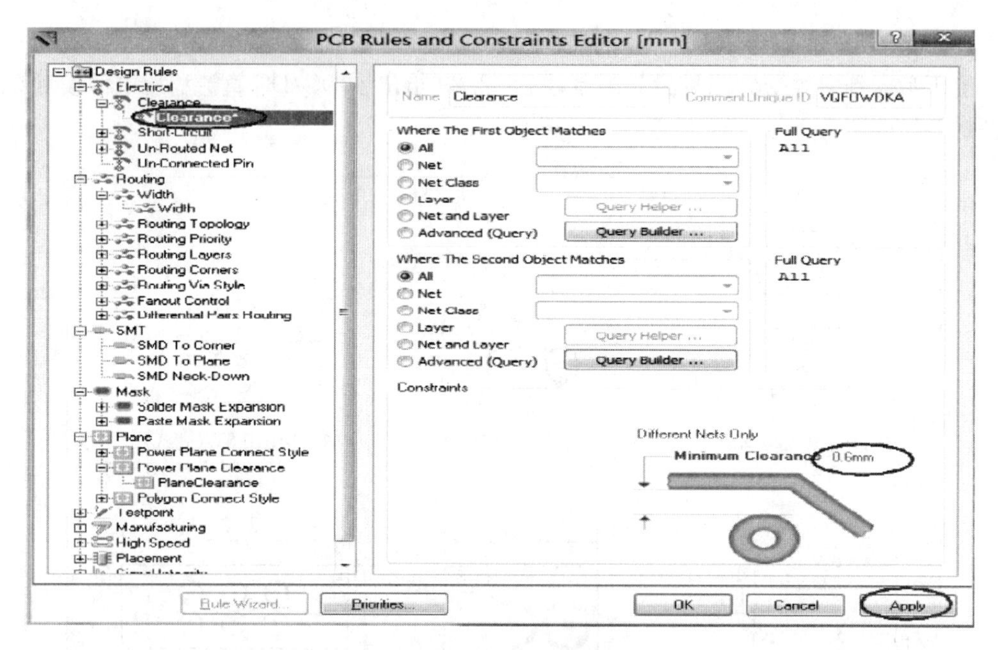


图 8.2.30　间距设置

(2) 导线线宽设置

线宽设置如图 8.2.31 所示。线宽设置分为最大值、最小值和优先值。如最大值 1 mm、最小值 0.2 mm、优先值 0.6 mm。优先值通常定义为使用频率最高线宽度。

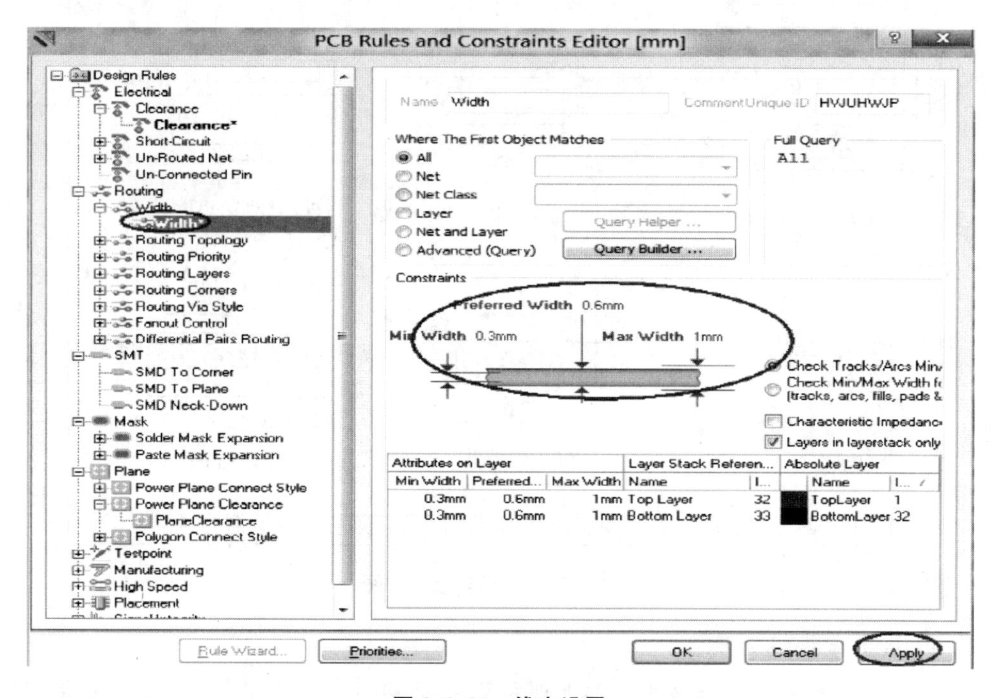


图 8.2.31　线宽设置

(3) 敷铜间隙设置

敷铜间隙设置如图 8.2.32 所示。优先值为 0.5 mm/0.6 mm，加大线宽有利于提高地线接触面积。

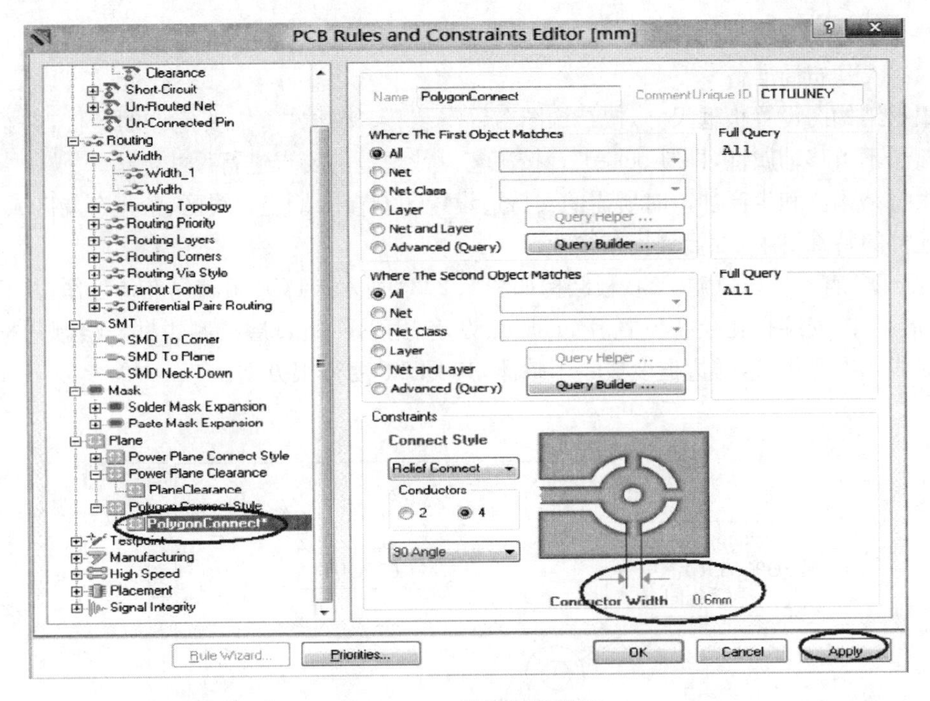


**图 8.2.32　敷铜间隙设置**

(4) 安装孔孔径设置

安装孔孔径设置如图 8.2.33 所示。实验板安装孔通用孔径是 $D=3.5$ mm，规则设置为 5 mm(MAX)是为满足多种设计的需要。

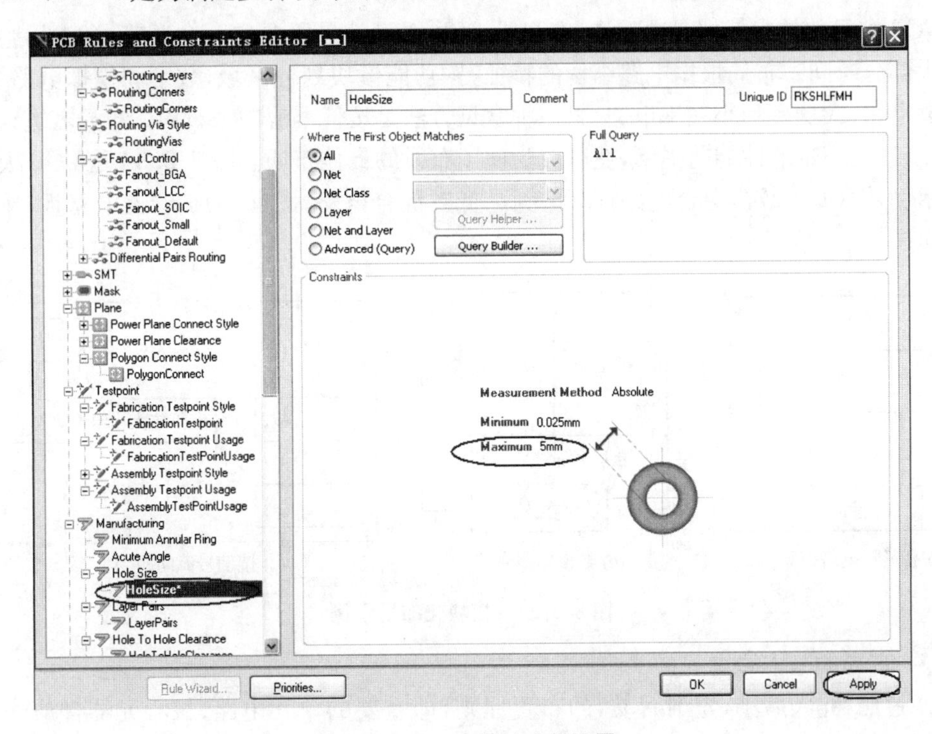


**图 8.2.33　安装孔孔径设置**

另外，英制与公制转换可用快捷键“Q”来切换，按一次，切换一下。

4. PCB图布局

(1) PCB布局准备

根据结构图设置板框尺寸，按结构图布置安装孔、接插件等需要定位的器件，并给这些器件赋予不可移动属性，即“Locked”。按工艺设计规范的要求进行尺寸标注。

根据结构图和生产加工时所需的夹持边设置印制板的禁止布线区、禁止布局区域；根据某些元件的特殊要求，设置禁止布线区。

DC/DC直流稳压电源PCB板结构如图8.2.34所示。PCB板布局准备工作，其几个要素：外形尺寸、安装孔孔径及位置、PCB原点设定、用Keepout层绘制边框。绘制边框最好一次完成4次操作，这样边框变成一个整体，其EDIT变得很方便。

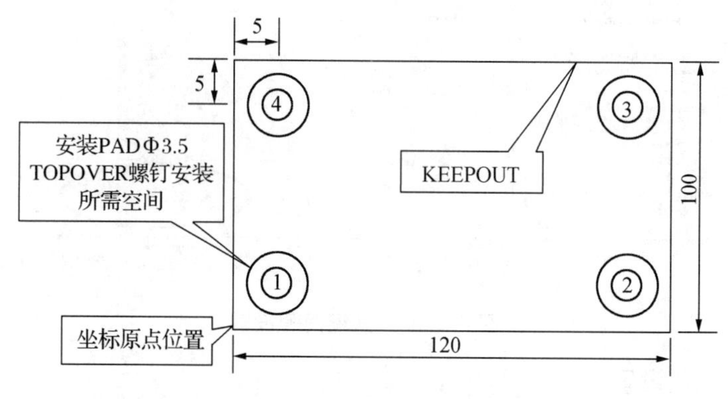


**图8.2.34 PCB板结构**

(2) PCB布局技术依据

PCB布局的技术依据是电路图，布局是PCB图设计最重要的一个环节，会占用整个设计的大部分时间。布局根据电路结构的特征，按功能模块划分区域，数字和模拟电路、高频和低频电路、大功率和小功率电路；另一种常见方法是按信号流向来布局。布局需进行多次反复比较，在满足电性能前提下，使其成为便于布线的最佳布局。图8.2.35是PCB模块化布局示例，图(a)为数模混合电路；图(b)为高低频混合电路；图(c)为扩音器电路板，按信号流向布局。

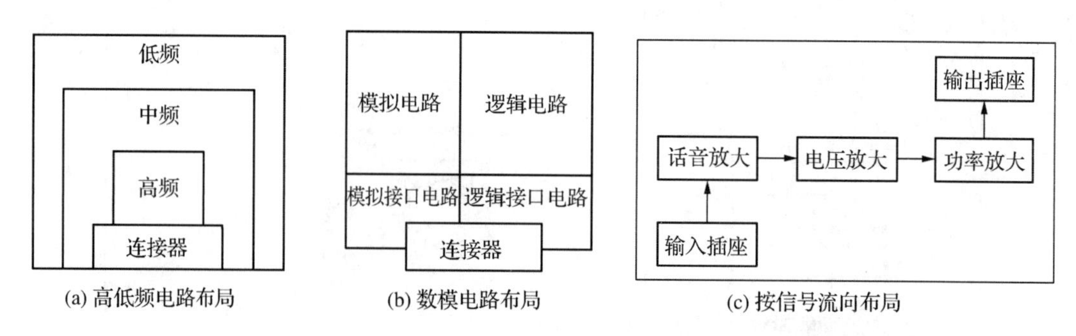


**图8.2.35 模块化布局示例**

(3) 布局的基本原则

① 遵照“先大后小，先难后易”的布置原则，即重要的单元电路、核心元器件应当优先

布局。

② 布局中应参考电路原理框图，根据单板的主信号流向规律安排主要元器件。

③ 布局应尽量满足以下要求：总的连线尽可能短，关键信号线最短；高电压、大电流信号与小电流、低电压的弱信号完全分开；模拟信号与数字信号分开；高频元器件的间隔要充分。

④ 相同结构电路部分，尽可能采用“对称式”标准布局。

⑤ 按照均匀分布、重心平衡、版面美观的标准优化布局。

⑥ 同类型插装元器件在X或Y方向上应朝一个方向放置。同一种类型的有极性分立元件也要力争在X或Y方向上保持一致，便于生产和检验。

⑦ 发热元件一般应均匀分布，以利于单板和整机的散热，除温度检测元件以外的温度敏感器件应远离发热量大的元器件。

⑧ 元器件的排列要便于调试和维修，亦即小元件周围不能放置大元件、需调试的元器件周围要有足够的空间。

⑨ IC去耦电容的布局要尽量靠近IC的电源管脚，并使之与电源和地之间形成的回路最短。

⑩ 元件布局时，应适当考虑使用同一种电源的器件尽量放在一起，以便多组电源的电气分隔。

5. PCB布线

(1) PCB布线基本原则

① 关键信号线优先原则

电源、模拟小信号、高速信号和同步信号等关键信号优先布线，如时钟信号、高频信号、敏感信号等。

② 密度优先原则

从PCB板上连接关系最复杂的器件着手布线；从PCB板上连线密集的区域开始布线。

(2) 自动布线

对初学者禁止用自动布线完成PCB设计。

(3) PCB布线遵循规则

① 地线回路规则

环路最小规则，即信号线与其回路构成的环面积要尽可能小，环面积愈小，对外的辐射愈少，接收外界的干扰也愈小。图8.2.36给出了环路面积最小化示例。

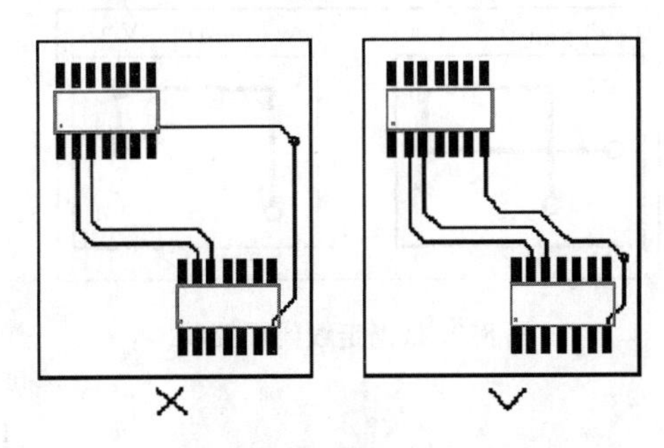
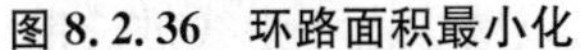

图8.2.36　环路面积最小化

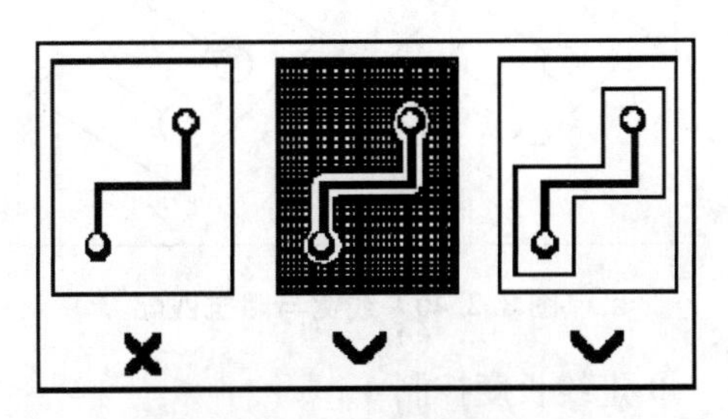

图8.2.37　信号屏蔽保护

② 串扰控制

串扰(CrossTalk)是指 PCB 上不同网络之间因较长的平行布线引起的相互干扰,主要是由于平行线间的分布电容和分布电感的作用。

③ 屏蔽保护

对于一些比较重要的信号,如时钟信号、同步信号,尽量减小信号的回路面积。图 8.2.37给出了信号屏蔽保护示例。

④ 走线方向控制

多层 PCB 板,相邻层的走线方向成正交结构。避免将不同的信号线在相邻层走成同一方向,以减少不必要的层间串扰。图 8.2.38 给出了走线方向控制示例。

⑤ 走线开环控制

一般不允许出现一端浮空的布线,主要是为了避免产生“天线效应”,减少不必要的辐射或接收干扰,否则可能带来不可预知的结果。图 8.2.39 给出了走线开环控制示例。

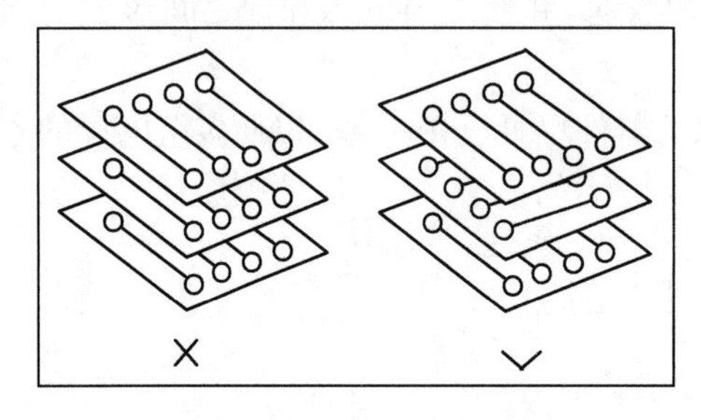

图 8.2.38 走线方向控制

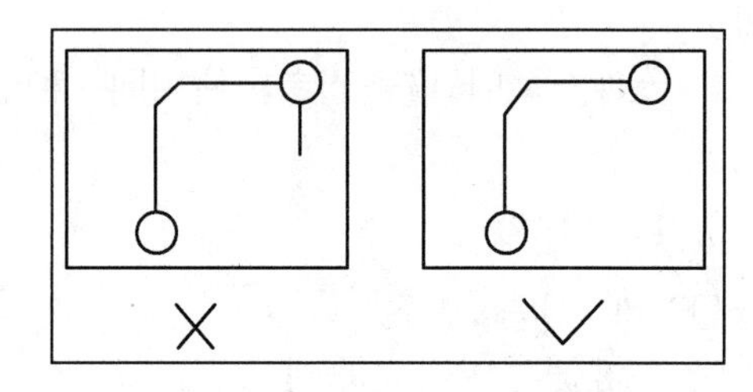

图 8.2.39 走线开环控制

⑥ 阻抗匹配规则

同一网络的布线宽度应保持一致,线宽的变化会造成线路特性阻抗的不均匀。当传输的速度较高时会产生反射,在设计中应该尽量避免这种情况。在某些条件下,如接插件引出线,BGA 封装的引出线等类似的结构时,可能无法避免线宽的变化,应该尽量减少中间不一致部分的有效长度。图 8.2.40 给出了线宽与阻抗匹配示例。

⑦ 走线闭环控制

防止信号线在不同层间形成自环。在多层板设计中容易发生此类问题,自环将引起辐射或接收干扰。图 8.2.41 给出了走线闭环控制示例。

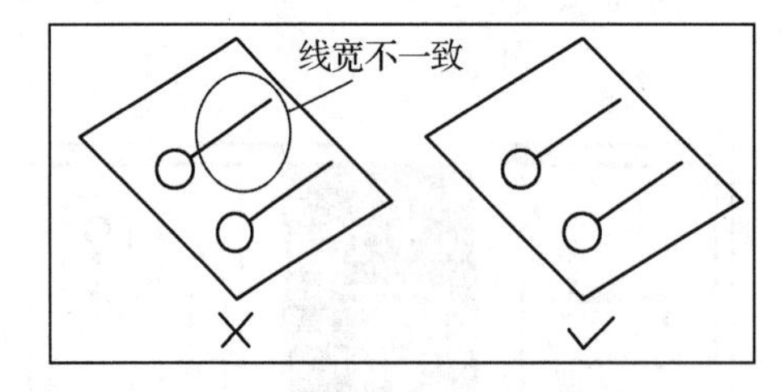


图 8.2.40 线宽与阻抗匹配

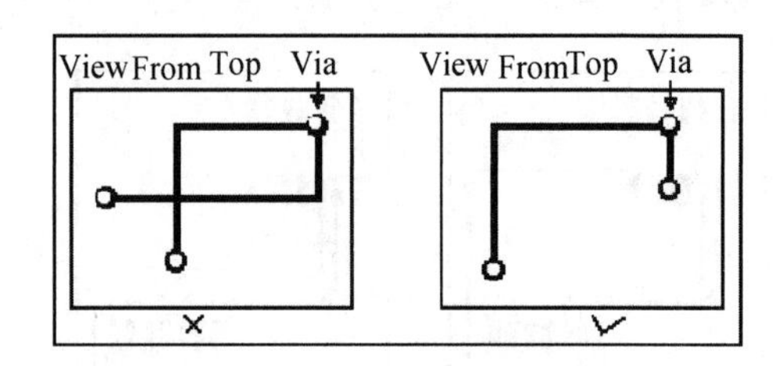


图 8.2.41 走线闭环控制

⑧ 走线长度控制

即短线规则,在设计时应该尽量让布线长度尽量短,以减少由于走线过长带来的干扰问题,特别是一些重要信号线,如时钟线,务必将其振荡器放在离器件很近的地方。图 8.2.42

给出了走线长度控制示例。

⑨ 倒角走线规则

PCB设计中走线应避免产生锐角和直角。图8.2.43给出了45°倒角走线规则示例。

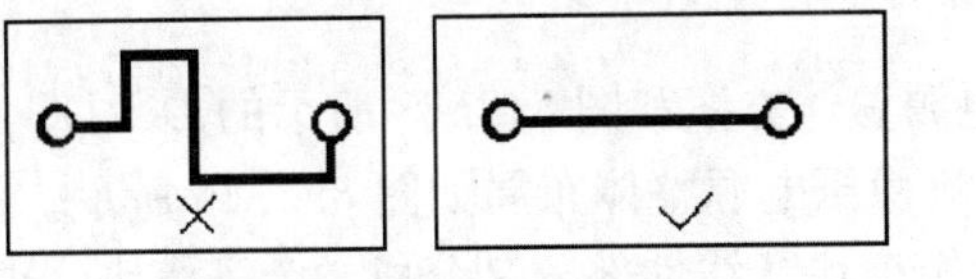


图8.2.42 走线长度控制

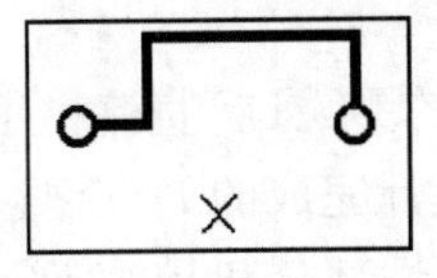


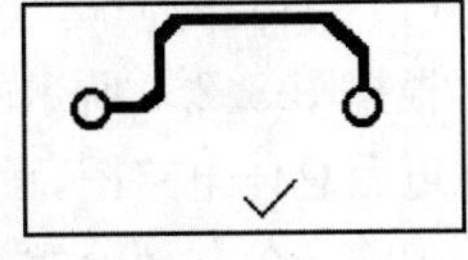


图8.2.43 倒角走线规则

⑩ 器件去耦规则

在印制板上增加必要的去耦电容,滤除电源上的干扰信号,使电源信号稳定。在多层板中,对去耦电容的位置一般要求不太高。但对双层板、去耦电容的布局及电源的布线方式将直接影响到整个系统的稳定性,有时甚至关系到设计的成败。

在双层板设计中,要求电源的电流先经滤波电容滤波再供器件(IC)。在高速电路设计中,能否正确地使用去耦电容,关系到整个板的稳定性。图8.2.44给出了滤波电容去耦规则示例。

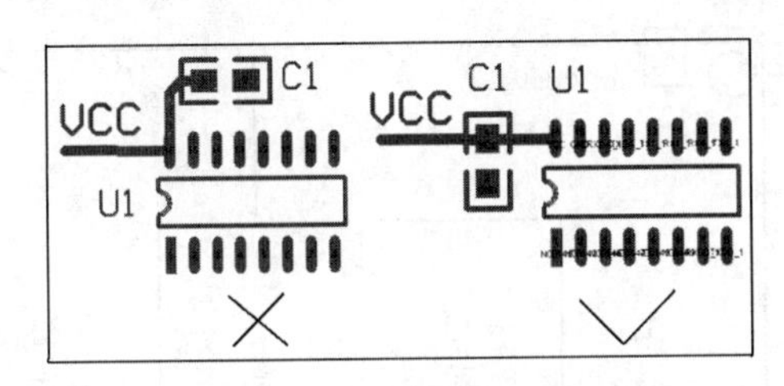


图8.2.44 滤波电容去耦规则

⑪ 重叠电源与地线层规则

不同电源层在空间上要避免重叠。主要是为了减少不同电源之间的干扰,特别是一些电压相差很大的电源之间。电源平面的重叠问题一定要设法避免,难以避免时可考虑中间隔地层。图8.2.45为重叠电源与地线层规则示例。

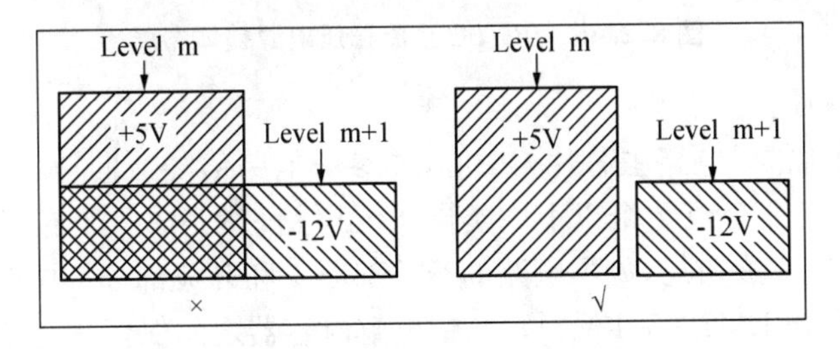


图8.2.45 重叠电源与地线层规则

6. 通用PCB加工的技术规范

PCB板加工水平的高低主要取决于加工设备,一般厂家加工设备的技术标准:

- 线宽:≥0.2 mm (8 mil)
- 线间距:≥0.2 mm (8mil)
- 过孔:≥1 mm/0.5 mm(40 mil/20 mil)

对高密度多层PCB板来说，线宽、线间距和过孔有时会缩小一半以上，加工方式由数控转为激光，如via的内孔可以到0.2 mm。加工能力和质量完全取决于设备。

7. DC/DC直流稳压电源PCB设计

(1) 总体布局

根据图8.2.6所示的DC/DC直流稳压电源总体方案和图8.2.23所示的DC/DC直流稳压电源总体电路图，设计完成的DC/DC直流稳压电源整体布局如图8.2.46所示。把电路分为输入公共部分、线性部分和开关部分3个模块。线性部分又分成3个子模块(单元电路)：线性部分1为5 V电源电路，线性部分2为2～9 V电源电路，线性部分3为3.3 V电源电路，嵌套在线性部分1中；开关部分分成2个子模块，升压模块电路和降压模块电路，PCB板整体布局必须按模块化进行设计。

电路板输入输出插座布置必须符合产品或设备的使用习惯。按本例的电源板来说，输入插座布置在后面板；输出插座布置在前面板。插座或安装孔布置完成后，通过软件设置将其锁定。

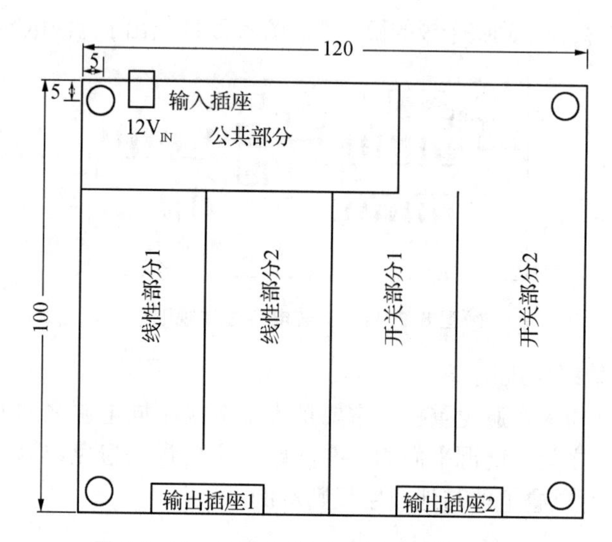


**图8.2.46 DC/DC直流稳压电源整体布局**

(2) 单元电路布局

单元电路布局通常以电路主芯片为中心，并参考电路信号流向，从左到右，或从上到下依次布置。电路中有2个或2个以上的类同单元电路，在完成一个布局后，其余可以通过COPY/EDIT来快速完成布局，如本电路的开关部分1和开关部分2电路。

发热功率器件，如LM7805/LM317，与铝电解电容器之间保留一定空间距离，以利于通风散热。如电解电容器长时间受热烘烤，会引起电容器个体开裂、电解液干枯、漏电、开路等故障。

(3) PCB板布线

布线要点：

① 线性部分与开关部分电气上需隔离，其地线最后在公共部分汇合。画图时，可以通过KEEPOUT线来设置隔离区。

② 根据走线电流大小设定线宽；地线和电源线尽可能宽，有利于电路板抗干扰。

③ 对于本稳压电源，有足够空间余量，其 PCB 走线宽度≥0.8mm。

(4) PCB 布线后的工作

① PCB 加测试点

PCB 布线完成后，必须添加测试孔，便于调试和测量。测试孔通常为电源、参考电压端、时钟信号、GND、信号输入输出端。地线最好在输入输出端各加一个，并且测试点孔径设置为 2 mm，这样万用表表笔可直接插入，给电路板调试或维修带来方便。

② PCB 标注规范

PCB 设计完成后，考虑到生产加工的需要，必须在 PCB 上加标志，如电路板名称、版本号、设计日期等。双面在 TOP 层，打上正向标志；单面在 BOTTOM 层，打上反向标志。单面板由于 PCB 设计镜像的效果，必须反向放置，这样在制板时不会出错。图 8.2.47 给出单、双面板标注示例。

图 8.2.47　单、双面板标注

③ 自制 PCB 要求

为了加快制板时间和节省制板费用，有时自制 PCB 板，多数为单面板。通用制板方法有机械雕刻或热转印加化学腐蚀的方法加工。为提高制板质量，对 PCB 设计提出了一些特殊要求：焊盘的最小尺寸定义为直径 D2/1；敷铜间隙设置为 0.8，以防板子焊接加工时容易连头短路。

④ PCB 板敷铜

PCB 板敷铜通常与地线(GND)相连，但有时根据设计需要，可以与其他网络相连。敷铜作用是提高电路板抗干扰能力以及改善功率器件散热的效果。电路板敷铜时，间距设置要适当加大，如布线时设置为 0.254 mm，敷铜时设置为 0.35 mm 或 0.4 mm，这样可减小电路板走线与敷铜面连头短路概率。敷铜完成后，间距设置恢复成正常布线时设置。间距设置方法见如图 8.2.30 所示。

⑤ 设计规则检查(DRC)

在 Altium Designer 中，设计规则用来定义 PCB 的设计要求。这些规则包括设计的各个方面，从布线宽度、间隙、平面布线连接方式、走线取道方式等。规则还可以监测你的布线状况，也可以在任何时间进行测试处理，并生成设计规则检查报告。

PCB 设计完成后，进行 DRC 检查。操作过程：

Tools/Design Rule Check ↙，弹出对话框，如图 8.2.48 所示。进行 DRC Report Options，然后点击 Run DRC，弹出对话框，如图 8.2.49 所示。查看冲突明细进行纠正，反复几次，直到应该消除冲突全部消除为止。至此完成了 DC/DC 直流电源 PCB 设计工作。

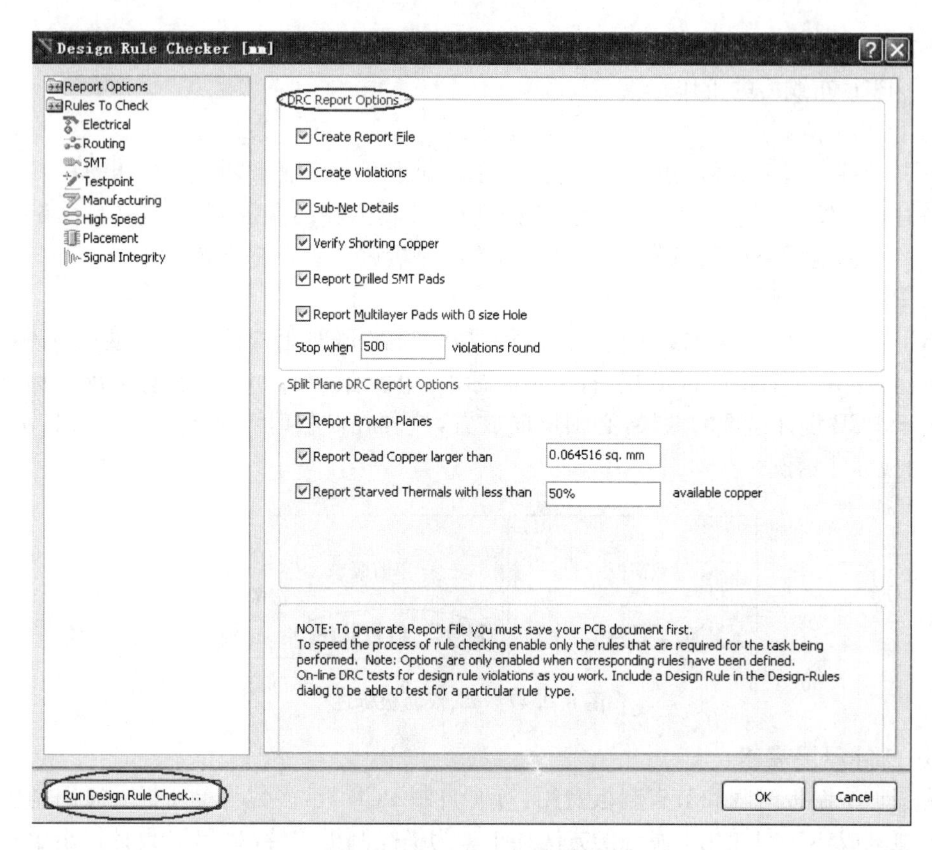


图 8.2.48 DRC 选项对话框

**Summary**

| Warnings | Count |
|---|---|
| Total | 0 |

| Rule Violations | Count |
|---|---|
| Net Antennae (Tolerance=0mm) (All) | 0 |
| Silk to Silk (Clearance=0.254mm) (All),(All) | 2 |
| Silkscreen Over Component Pads (Clearance=0.254mm) (All),(All) | 76 |
| Minimum Solder Mask Sliver (Gap=0.254mm) (All),(All) | 0 |
| Hole To Hole Clearance (Gap=0.254mm) (All),(All) | 0 |
| Hole Size Constraint (Min=0.025mm) (Max=5mm) (All) | 0 |
| Height Constraint (Min=0mm) (Max=25.4mm) (Prefered=12.7mm) (All) | 0 |
| Width Constraint (Min=0.254mm) (Max=1mm) (Preferred=0.6mm) (All) | 0 |
| Power Plane Connect Rule(Relief Connect )(Expansion=0.508mm) (Conductor Width=0.254mm) (Air Gap=0.254mm) (Entries=4) (All) | 0 |
| Clearance Constraint (Gap=0.2mm) (All),(All) | 0 |
| Un-Routed Net Constraint ( (All) ) | 0 |
| Short-Circuit Constraint (Allowed=No) (All),(All) | 0 |
| Total | 78 |

图 8.2.49 规则冲突汇总对话框

8. PCB 板制作

PCB 板制作基本上采用外加工方式，只需把 *.PCB 发给厂家，并注明加工工艺要求即可。如遇到电子竞赛非常时期，有时也采用自制完成。

9. PCB 板设计学习工作单

PCB 板设计学习工作单如图 8.2.50 所示。学习工作单检查 PCB 板设计任务单元学习过程中，PCB 板设计模块化、布局、布线规范化具体应用效果。

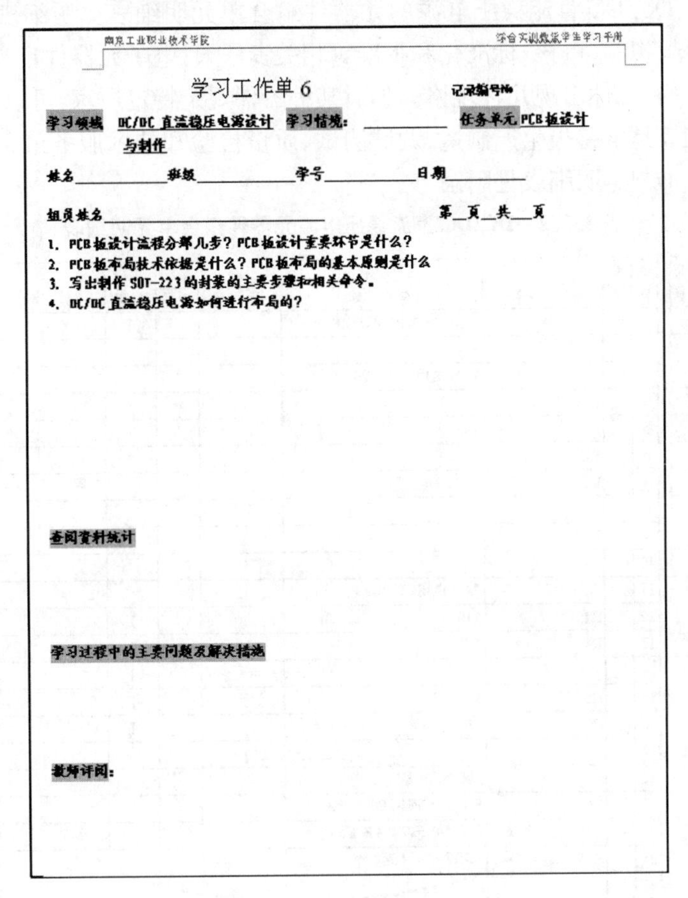
南京工业职业技术学院　　综合实训教学学生学习手册

学习工作单 6　　记录编号№

学习领域 DC/DC 直流稳压电源设计与制作　学习情境：＿＿＿＿　任务单元 PCB 板设计

姓名＿＿＿＿ 班级＿＿＿＿ 学号＿＿＿＿ 日期＿＿＿＿

组员姓名＿＿＿＿＿＿＿＿　第＿页＿共＿页

1. PCB 板设计流程分哪几步？PCB 板设计重要环节是什么？
2. PCB 板布局技术依据是什么？PCB 板布局的基本原则是什么
3. 写出制作 SOT-223 的封装的主要步骤和相关命令。
4. DC/DC 直流稳压电源如何进行布局的？

查阅资料统计

学习过程中的主要问题及解决措施

教师评阅：

**图 8.2.50　PCB 板设计学习工作单**

## 8.2.5　电路板工艺文件及安装焊接

工艺是劳动者利用生产工具对各种原材料、半成品进行加工或处理，改变它的几何形状、外形尺寸、表面状态、内部组织、物理化学性能及它们之间的关系，最后成为产品的方法。

1. 工艺文件的作用

(1) 为生产准备提供必要的资料。

(2) 为生产部门提供工艺方法和流程，确保经济、高效地生产出合格产品。

(3) 为质量控制部门提供产品质量的检测方法和计量检测仪器及设备。

(4) 为企业操作人员的培训提供依据，以满足生产的需要。

(5) 是建立和调整生产环境、保证安全生产的指导文件。

(6) 是企业经济核算的重要材料，是加强定额管理、对企业职工进行考核的重要依据。

2. 电路板工艺文件

对 DC/DC 直流稳压电源设计与制作综合实训项目来说，电路板工艺文件有：元器件组合单元明细表、电路板元件位号图、电路板调试说明和产品说明书等。

(1) 元器件组合单元明细表

表 8.2.2 是 DC/DC 直流稳压电源的元器件组合单元明细表。明细表主要特征有：产品名称、产品图号；拟制、审核、标准化和批准等相关责任人；电子元器件定义标准化、唯一性和准确性，防止一种元件出现几种规格。如对某种器件规定特定厂家，可以在明细表备注栏加以注明。明细表是电路板生产制造、调试测试、质量检验和技术服务最重要的工艺文件。参照电子公司标准制定明细表见附录 A。

**表 8.2.2　DC/DC 直流稳压电源元器件组合单元明细表**

| 单位 | 份数 | 序号 | 幅面 | 代号 | 名称 | 装入 代号 | 装入 数量 | 总数量 | 备注 | 更改 |
|---|---|---|---|---|---|---|---|---|---|---|
| | | 1 | | | 印制板POWER.PCB | | | 1 | | |
| | | 2 | | | | | | | | |
| | | 3 | | | 贴片电阻（0805）±5% | | | | | |
| | | 4 | | R1-3,R8-11 | 1 | | | 7 | | |
| | | 5 | | R12 | 180 | | | 1 | | |
| | | 6 | | R7,17 | 1K | | | 2 | | |
| | | 7 | | R19 | 3.9K | | | 1 | 不用 | |
| | | 8 | | | | | | | | |
| | | 9 | | | | | | | | |
| | | 10 | | | | | | | | |
| | | 11 | | | 贴片电阻（0805）±1% | | | | | |
| | | 12 | | R18 | 240 | | | 1 | | |
| | | 13 | | R4 | 1K | | | 1 | | |
| | | 14 | | R14 | 2.2K | | | 1 | | |
| | | 15 | | R5 | 3K | | | 1 | | |
| | | 16 | | R13 | 47K | | | 1 | | |
| | | 17 | | | | | | | | |
| | | 18 | | | 功率电阻器 | | | | | |
| | | 19 | | R6 | RY15-0.5W-100±5% | | | 1 | | |
| | | 20 | | R`15 | RY15-0.5W-2.4K±5% | | | 1 | | |
| | | 21 | | R16 | RX27-8W-4.3±5% | | | 1 | | |
| | | 22 | | | | | | | | |
| | | 23 | | RP1 | 电位器3296-3.9K | | | 1 | | |
| | | 24 | | | | | | | | |
| | | 25 | | | 贴片电容（0805） | | | | | |
| | | 26 | | C4,11 | 470PF | | | 2 | | |
| | | 27 | | | 0.1uF | | | 14 | | |
| | | 28 | | | | | | | | |
| | | 29 | | | | | | | | |

| 旧底图总号 | | | 更改标记 | 数量 | 更改单号 | 签名 | 日期 |
|---|---|---|---|---|---|---|---|
| 底图总号 | 拟制 | 李宏 | 元器件组合单元（DC/DC直流稳压电源）明细表 | NGY2.022.150 | | | |
| | 审核 | 成吉明 | | | | | |
| 日期 签名 | | | | 等级标 | 第1张 | 共2张 | |
| | 标准化 | 王平 | | | | | |
| | 批准 | 赵明 | | | | | |

格式(5)　　描图　　幅面:4

(2) 电路板元件位号图

电路板元器件位号图如图 8.2.51 所示。其说明元器件在电路板中的位置及外形大小，与电路板组合单元明细表结合可以完成其安装、焊接工作。

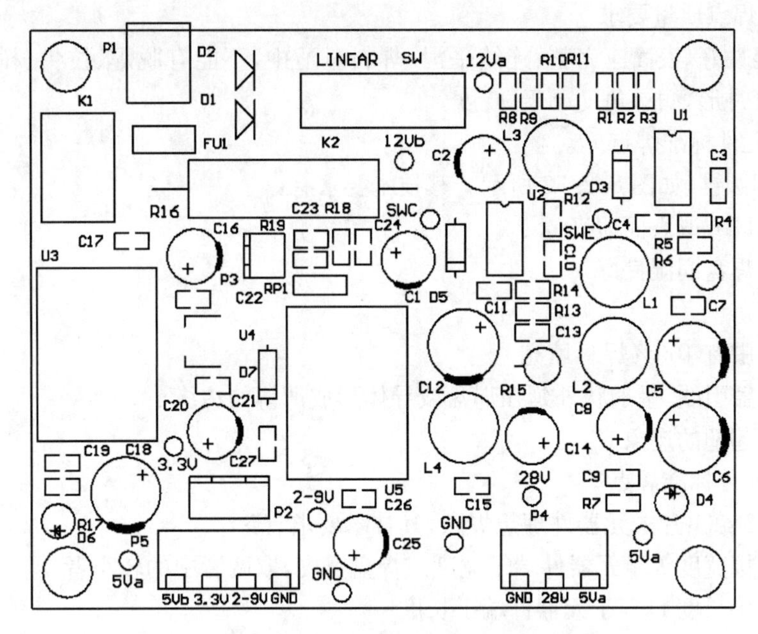


**图 8.2.51　电路板元器件位号图**

(3) 调试说明

调试说明，即调试工艺方案，是指一整套适用于调试某产品或电路板的具体内容与项目、步骤与方法、测试条件与测量仪表、有关事项与安全操作规程；同时还包括测试记录表格、签署格式与送交手续等。制定调试说明，要求调试内容具体、切实可行；测试条件仔细、清晰；测量仪表和工装选择合理；测试数据尽量格式化，以便从数据中寻找规律。

调试说明通常分为 5 部分：仪器仪表、技术指标、调试与测试、DC/DC 直流电源测试表、芯片工作点及波形。技术人员按照调试说明操作细则就能完成电路板调试与测试工作。参照电子公司标准制定调试说明见附录 C。

(4) 电子产品说明书

说明书是对产品的用途、规格、性能和使用方法用图形和文字简要说明。说明书是一种比较特殊的文体，具有科学性、简明性和诱导性特点，它通常附在产品包装上或者单独成册，目的是让消费者了解该产品，以便做出正确的选择，能正确使用和操作该产品。

说明书包含产品概述、技术参数、操作说明和注意事项等内容。

3. 电路板安装焊接工艺要求及规范

电路板安装、焊接工艺参照 IPC(国际电子工业联接协会)标准。IPC 拥有两千六百多个协会成员，包括世界著名的从事印制电路板设计、制造、组装、OEM(Original equipment manufacturer 即原始设备制造商)制作、EMS(Electronics manufacture service 即电子制造服务)外包的大公司，IPC 与 ISO、IEEE、JEDC 一样，是美国乃至全球电子制造业最有影响力的国际组织之一。

IPC－A－610是国际上电子制造业界普遍公认的可作为国际通行的质量检验标准。IPC－A－610规定了怎样把元器件准确地组装到PCB上，对每种级别的标准都提供了可测量的元器件位置和焊点尺寸，并提供合格焊点的相应技术指标。

(1) IPC焊点质量要求

焊点润湿性好，表面应完整、连续平滑、焊料量适中，不能有脱焊、拉尖、桥接等不良焊点。焊点呈弯月形，润湿角度小于90度。

① 通孔元件标准焊点

焊点呈凹圆锥，如图8.2.52所示。其技术要求有：

- 无空洞区域或表面瑕疵
- 引线和焊盘润湿良好
- 引线可辨识
- 引线周围有100％焊料填充
- 焊料覆盖引线，呈羽状外延在焊盘或导体形成薄薄的边缘
- 无填充起翘的迹象

② 片式元件标准焊点

图8.2.53给出片式元器件理想焊点，其技术要求有：

- 末端连接宽度等于元器件端子宽度或焊盘宽度，取两者中的较小者
- 侧面连接长度D等于元器件端子长度
- 最大填充高度为焊料厚度加上元器件端子高度

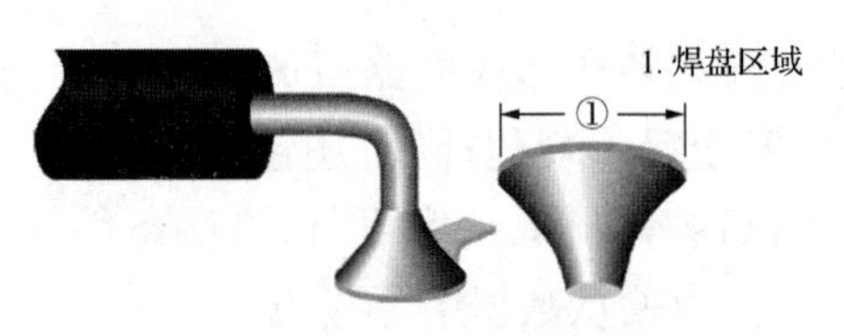


图8.2.52 通孔元器件标准焊点

图8.2.53 片式元器件标准焊点

(2) 元件安装焊接标准品与不良品比较

学生在初次操作时，会不按工艺操作规范进行加工和焊接。常表现很强随意，只要焊牢就行，养成不良习惯，对产品质量和可靠性造成很大隐患。

通孔元件典型案例有：图8.2.54(b)的水平元器件浮高，当高度超过1.5 mm时，是不可接受的；图8.2.55(b)立式元件倾斜，倾斜角度在垂直线≥±10°、与周围元件最小电气间距≤0.5 mm时，是不可接受的。

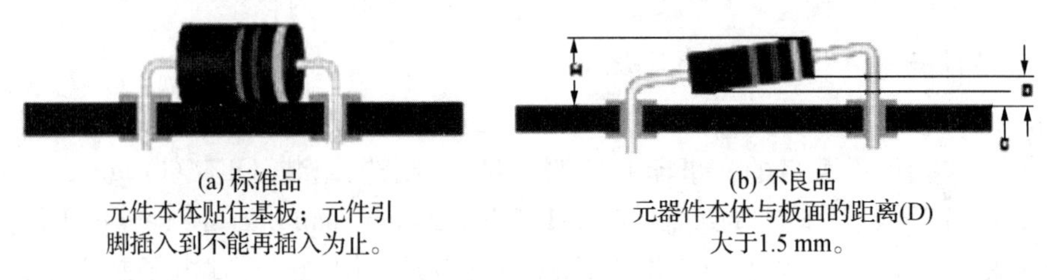


图8.2.54 元器件浮高

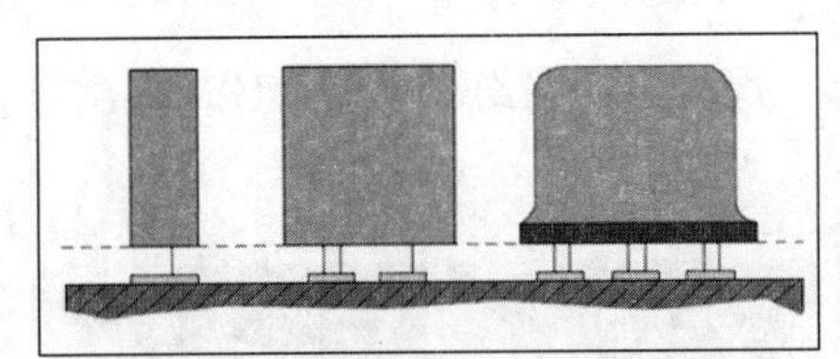

**图 8.2.55　立式元件倾斜**

片式元件典型案例有：图 8.2.56(b)元件侧面偏移，元件焊接偏离中心线，当偏离≥1/2 W 时，是不可接受的；图 8.2.57(b)平/L IC 引脚横向偏移，当偏离大于 1/4 引脚宽度时，是不可接受的；片式元器件以其裸露的电气参数面朝上放置，朝下放置不可接受，如图 8.2.58(b)所示。

(a) 无侧面偏移

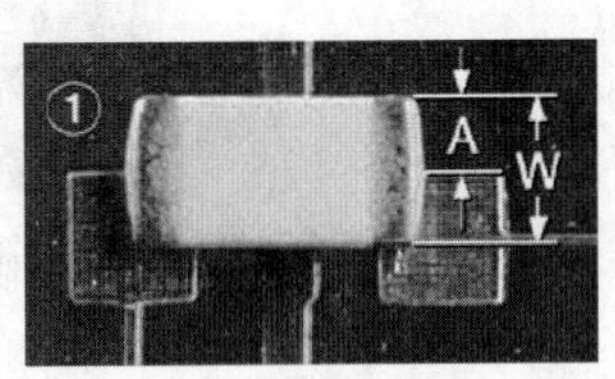

(b) 无侧面偏移

**图 8.2.56　元件侧面偏移**

(a) 无横向偏移

(b) 翼形引脚偏移

**图 8.2.57　扁平/L IC 引脚横向偏移**

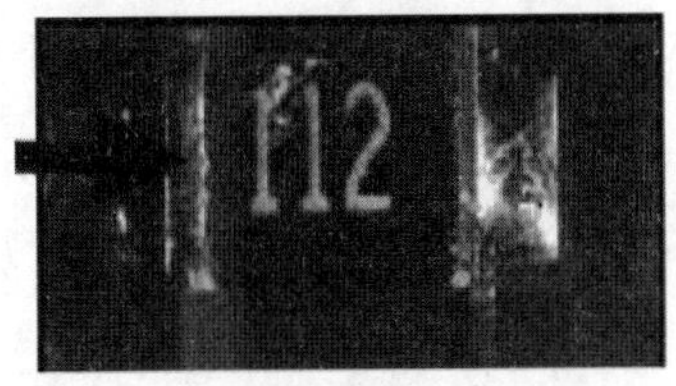

(a) 元件字面朝上

(b) 元件字面朝下

**图 8.2.58　元件字面**

4. 片式元件焊接工艺流程

片式元件常用器件有片式阻容元件和 IC 芯片，阻容元件采用点焊方法，IC 芯片采用拖焊方法。

(1) 阻容元件点焊

阻容元件图解点焊过程如图 8.2.59 所示。焊接过程可分解为 4 动作,依次进行。图 8.2.60 给出了阻容元件焊接后成品。

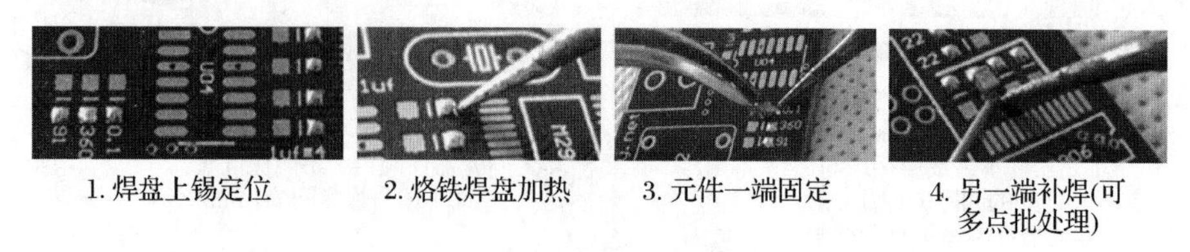


**图 8.2.59 阻容元件图解点焊过程**

**图 8.2.60 阻容元件焊接成品**

(2) IC 芯片拖焊

IC 芯片图解拖焊过程如图 8.2.61 所示。焊接过程可分解为 4 动作,依次进行,拖焊是关键工序。拖焊操作过程为:在镀好锡某一边的一端加一点干净松香;适当提高烙铁温度;PCB 板倾斜 45 度左右,烙铁头从加松香端慢慢拖动到另一端,用眼睛观测到引脚之间焊锡分开。反复实践,慢慢体会,就会明白其中技巧,掌握拖焊方法。

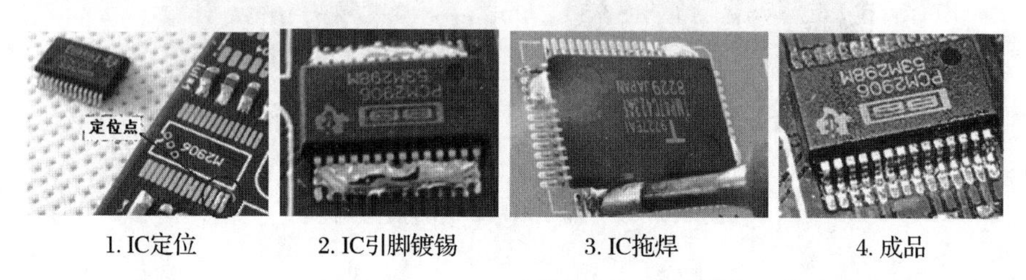


**图 8.2.61 IC 芯片图解拖焊过程**

5. 工字型电感器制作

DC/DC 开关变换器中,需自制 4 个工字型功率电感,下面讲解制作工艺和流程。

(1) 磁芯材料选用

制作功率电感磁芯材料有:铁氧体、铁粉芯和铁硅铝等。常用磁芯外形结构有工字型、环形、EI 型及 EE,磁性材料外形结构如图 8.2.62 所示。采用以上磁芯制作功率电感如图 8.2.63 所示。考虑到材料成本及采购方便等因素,电源产品使用工字型电感器做功率电感。

图 8.2.62　磁性材料外形结构

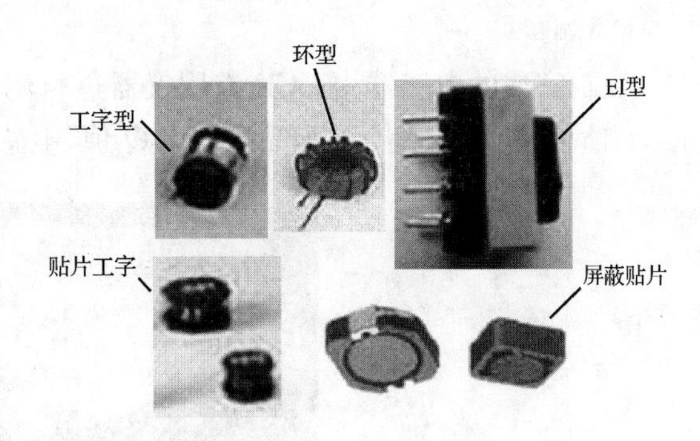


图 8.2.63　常用功率电感

(2) 工字型电感制作

根据设计要求选择工字型磁芯，选用磁芯尺寸为 10×12。

① 电感器匝数估算

在选好的磁芯上用细的漆包线(如 $d=0.3$)紧密平绕＝10 匝，用电感测量仪测量其电感量为 $L_1$；令设计待绕电感量为 $L_2$，由公式计算电感匝数 $n_2$ 为

$$n_2 = n_1\sqrt{L_2/L_1} \tag{8.2.1}$$

② 漆包线线径与工作电流关系

按漆包线电流密度 3 A/mm² 来设计，线径与工作电流关系为

$$I = 2.36d^2 \tag{8.2.2}$$

由式(8.2.2)可知，根据电源绕组电流值 $I$ 可计算出线径 $d$ 值，适当放余量选择漆包线线径。

③ 电感器绕制

电感器绕制分为准备、绕制和测量 3 个步骤，整个过程由学生手工制作完成。

A. 准备

剪适当长度的漆包线，一端作为绕制起始点，用刀片或其他工具去漆，环绕工字型磁芯一个引脚上并上锡焊接。

B. 绕制

漆包线引入卡扣按顺时针方向由下往上紧密平绕，至顶端由上往下紧密平绕，层层叠加，并计算匝数。结束端加工焊接方法同上，并用热缩套管对电感器进行封装，成品实物见图 8.2.64 所示。电感器绕制质量高低取决于线圈匝数之间紧密程度，绕制愈紧密，电感器漏感愈小，有利于提高其性能。

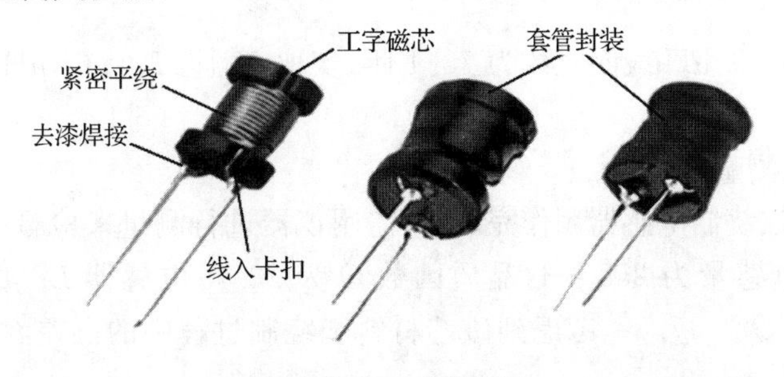


图 8.2.64　成品实物

C. 测量

绕制完成的电感器用 LCR 专用仪器进行测量，检验其电感量和 $Q$ 值是否符合技术要求。测量参数是电感量 $L$ 和品质因数 $Q$ 值，电感器测量仪器及测量方法如图 8.2.65 所示。

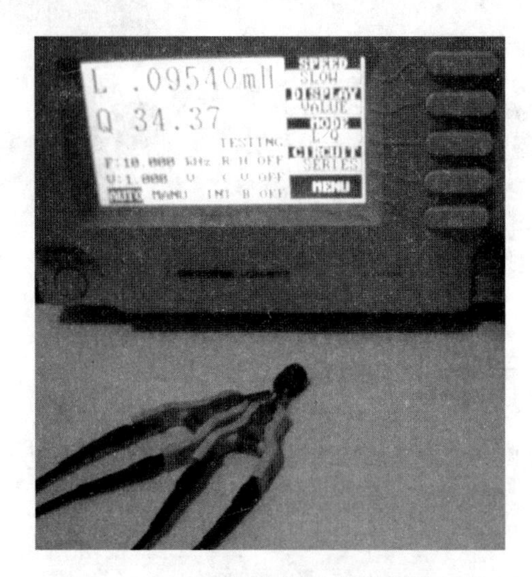


**图 8.2.65 电感器测量仪器及测量方法**

(3) 电感器制作实例

DC/DC 电源变换器开关变换有两组电源：28 V/0.15 A 与 5 V/0.6 A，28 V/0.15 A 所需电感器电感量 $L_2=250\ \mu\text{H}$；5 V/0.6 A 所需电感器电感量 $L_3=68\ \mu\text{H}$，按上述方法来绕制电感器。

① 漆包线线径计算与选择

按电流密度 3 A/mm$^2$ 来计算，28 V/0.15 A 升压绕组漆包线线径为

$$d=\sqrt{I/2.36}=\sqrt{0.15/2.36}\ \text{mm}=0.25\ \text{mm}$$

考虑到设计余量，选用线径为 0.3 mm 漆包线；同理，5 V/0.6 A 线径计算值为 0.50 mm，考虑到设计余量，选用线径为 0.52 mm 漆包线。

② 单匝线圈电感量计算

在选定磁芯 10×12 上用 $d=0.3$ mm 的漆包线紧密平绕 10 匝，用仪器测量其电感量 $L_1$ 为 4.1 $\mu$H，由式(1)计算每匝电感量 $L_0$ 为

$$L_0=n_0^2L_1/n_1^2=1\times4.1/100\ \mu\text{H}=0.041\ \mu\text{H}$$

由此得到，$L_2=250\ \mu\text{H}$ 线圈匝数为 78.1 匝，实取 79 匝；$L_3=68\ \mu\text{H}$ 线圈匝数为 40.7 匝，实取 41 匝。

③ 电感器参数测量

按上述介绍方法绕制电感器制作完成后，需用仪器进行测量来检验设计的准确性。电感器 $L_2$ 实测参数电感量为 253 $\mu$H，品质因数 $Q$ 为 22.1；电感器 $L_3$ 实测参数电感量为 68.8 $\mu$H，品质因数 $Q$ 为 17.8。考虑到磁芯材料和绕制过程中的误差因素，绕制电感器完全符合设计要求。

6. 电路板工艺文件及安装焊接学习工作单

电路板工艺文件及安装焊接学习工作单如图 8.2.66 所示。学习工作单检查该任务单元学习过程中，工艺文件在产品生产制造过程中的作用、工艺文件应用以及焊点质量评判和 SMT 元件焊接操作等具体应用效果。

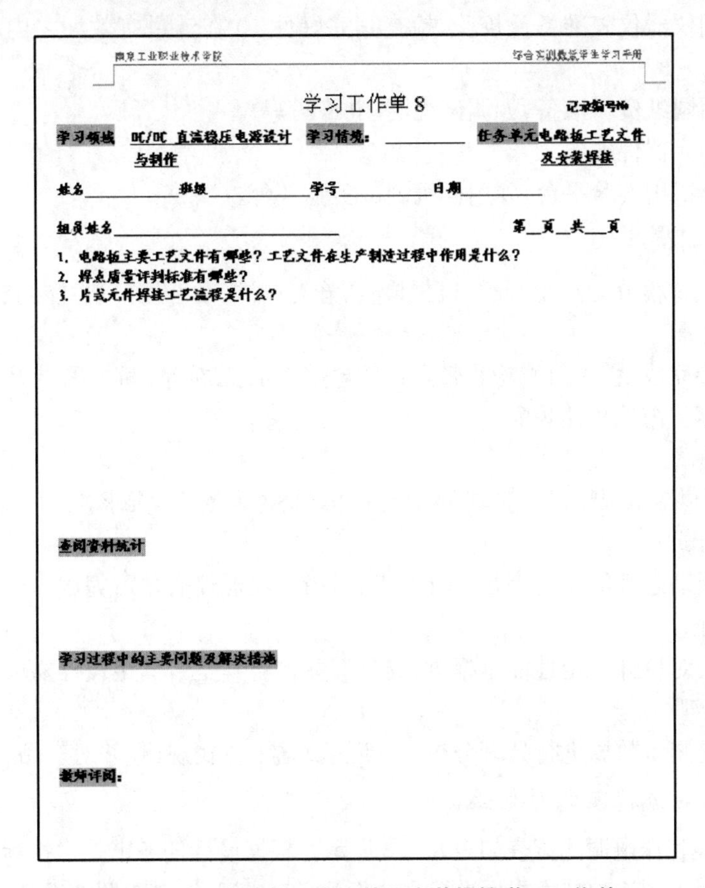

南京工业职业技术学院　　综合实训教学学生学习手册

学习工作单 8　　记录编号№

学习领域　DC/DC 直流稳压电源设计与制作　学习情境：＿＿＿＿　任务单元　电路板工艺文件及安装焊接

姓名＿＿＿＿ 班级＿＿＿＿ 学号＿＿＿＿ 日期＿＿＿＿

组员姓名＿＿＿＿＿＿＿＿　第＿页＿共＿页

1. 电路板主要工艺文件有哪些？工艺文件在生产制造过程中作用是什么？
2. 焊点质量评判标准有哪些？
3. 片式元件焊接工艺流程是什么？

查阅资料统计

学习过程中的主要问题及解决措施

教师评阅：

**图 8.2.66　电路板工艺文件及安装焊接学习工作单**

## 8.2.6　电路板调试与测试

电子整机产品调试工作，在生产过程中分为两个阶段：一是电路板调试，安排在电路板装配、焊接的工序之后；二是整机产品调试，只有各个单元装配以后，才能进行整机调试和测试。

1. 调试人员要求

(1) 懂得调试部件或整机电路原理，了解其使用条件和性能指标。

(2) 正确、合理地选择测量仪器仪表，掌握仪表使用方法和使用环境。

(3) 学会测试方法和数据处理方法。

(4) 熟悉调试过程中查找和排除故障的方法。

(5) 合理地组织、安排调试工序，并严格遵守安全操作规程。

2. 电路板调试

电路板完成安装焊接后，按照调试说明工艺流程对电路板进行调试测试，使产品达到设计所要求的功能和性能指标;同时,对电路板存在的故障进行维修,使其达到成品的技术要求。参照电子公司标准制定 DC/DC 直流稳压电源调试说明见附录 C。

3. 电路板调试前准备工作

电路板调试前准备工作有以下 4 项:

(1) 调试用仪器仪表准备及校验,检查其完好性,并在计量有效期之内;调试用工装夹具准备。

(2) 调试用图纸资料准备,如调试说明、电路图等。

(3) 调试用元器件准备。

(4) 搭建调试用实验平台,并用样机调试实验平台。

4. 电路板调试过程

电路板调试过程分为 5 个步骤:机械检查、静态调试、动态调试、性能测试和数据处理。

(1) 机械检查

电路板焊接完成后,用目测检查带元件的电路板有无虚焊、漏焊和错焊;用万用表测量各路电源是否存在与地短路现象。

(2) 静态调试

检查电路板供电电源是否正常、电路直流工作点是否满足设计要求,用万用表检测即可。

(3) 动态调试

检查电路板动态性能是否满足设计要求,需借助仪器仪表才可完成。

(4) 性能测试

用仪器仪表对设计规定性能指标进行测量,并检验其是否满足设计要求。

(5) 数据处理

对设计所得测量数据进行处理分析,以便从数据中寻找规律,并对产品质量做出评价。

5. DC/DC 直流稳压电源测试表

DC/DC 直流稳压电源测试表如表 8.2.3 所示。根据设计任务书技术指标和功能要求,对 DC/DC 直流稳压电源逐项技术指标进行测试并做好数据记录,再对照技术要求标准检验产品是否合格。如全部达到设计要求,给出测试结论“合格”,打上测试合格标记(如 QC PASS 标签),并签署测试人姓名及测试时间。如需要可以对测试表存档保管,以便日后查找。

**表 8.2.3 DC/DC 直流稳压电源测试表**

| 序号 | 项目 | 测试条件与指标 | | 测量数据 | 结论 |
|---|---|---|---|---|---|
| 1 | 线性电源 | 5VDC/0.8 A | 电源指示灯 D6 | 亮 | ✓ |
| | | | 精度≤±3% | 4.99 | 0.2% |
| | | | 电压调整率 $S_u$≤2% | $U_{o1}$=4.93;$U_{o2}$=4.92 | 0.2% |
| | | | 负载调整率 $S_I$≤2% | $U_{o1}$=4.95;$U_{o2}$=4.98 | 0.6% |
| | | 3.3VDC/0.5 A | 精度≤±3% | 3.32 | 0.6% |
| | | 2~9VDC/0.3 A | 电压范围≥2~9VDC | 1.25~9.75 | ✓ |

续表

| 序号 | 项目 | 测试条件与指标 | | 测量数据 | 结论 |
|---|---|---|---|---|---|
| 2 | 开关电源1 | 28VDC/0.15 A | 精度≤±3% | 28.8 | 2.86% |
| | | | 电压调整率 $S_u$≤5% | $U_{o1}$=28.8;$U_{o2}$=27.7 | 3.8% |
| | | | 负载调整率 $S_I$≤2% | $U_{o1}$=27.78;$U_{o2}$=27.83 | 0.18% |
| | | | 纹波≤0.28 Vpp(1%) | 40 mVpp | √ |
| | | | 效率≥70% | $P_{DC}$=5.16 W;$P_o$=4.15 W | 80.4% |
| 3 | 开关电源2 | 5VDC/0.6 A | 电源指示灯 D4 | 亮 | √ |
| | | | 精度≤±3% | 4.99 | 0.2% |
| | | | 电压调整率 $S_u$≤5 % | $U_{o1}$=5.0;$U_{o2}$=4.99 | 0.2% |
| | | | 负载调整率 $S_I$≤2% | $U_{o1}$=4.99;$U_{o2}$=5.01 | 0.4% |
| | | | 纹波≤0.05 Vpp(1%) | 20 mVpp | √ |
| | | | 效率≥70% | $P_{DC}$=4.12 W; $P_o$=3.08 W | 74.7% |
| 整机测试结果:合格<br>测试人:张三<br>日期:2014.12.13 | | | | | |

6. 电路板故障的查找与排除

以 DC/DC 直流稳压电源为例,故障查找类似电路板调试过程,即机械检查、静态调试、动态调试。首先,用目测电路板是否存在虚焊漏焊、被烧元器件,因为被烧元器件颜色明显存在差异;其次,用万用表测量芯片直流工作点是否满足要求,可与正常板工作进行比较;最后,用示波器测量芯片某些特征点波形,是否满足要求。如用示波器测量 DC/DC 直流稳压电源 MC34063 的 3 脚锯齿波波形和频率,验证其是否符合设计要求,波形如图 8.2.67 所示。

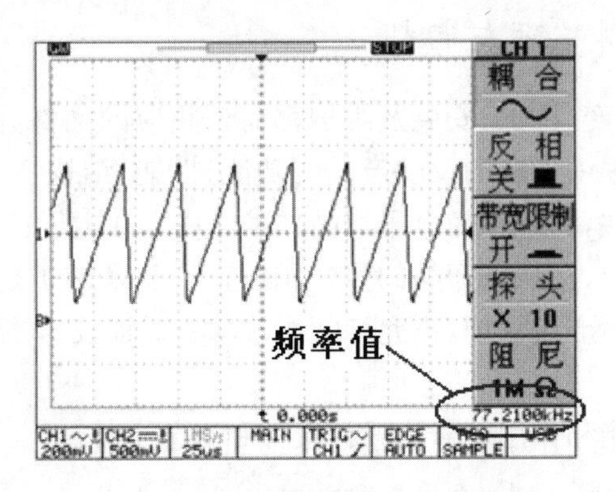


图 8.2.67　3 脚锯齿波波形和频率

7. 电路板调试与测试学习工作单

电路板调试与测试学习工作单如图 8.2.68 所示。学习工作单检查该任务单元学习过程中,对电路板调试过程的理解和应用能力。

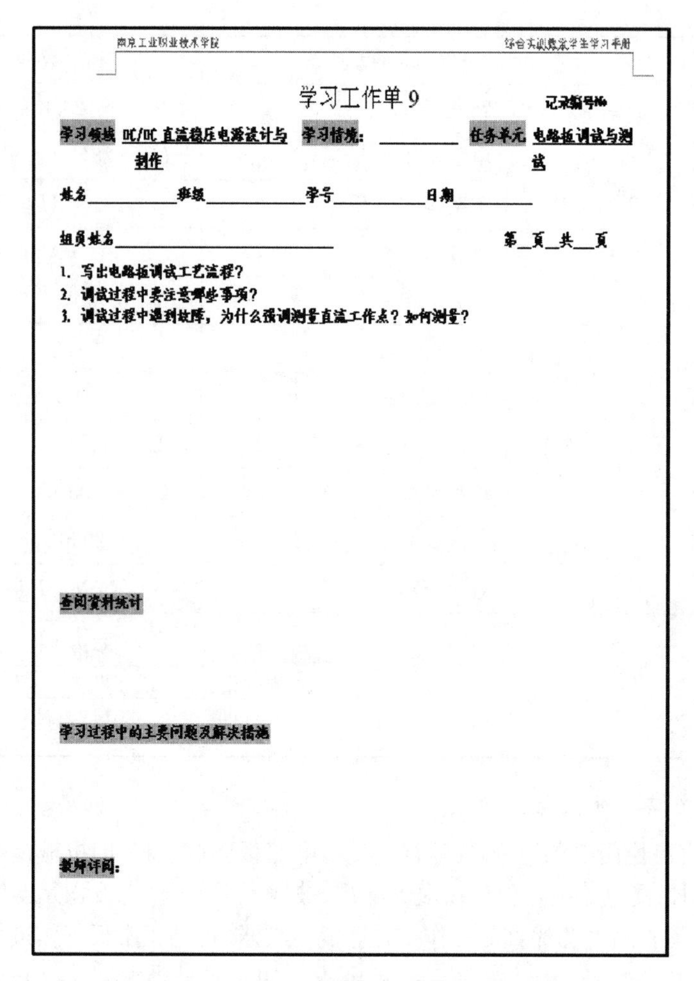

南京工业职业技术学院　　　　综合实训课程学生学习手册

学习工作单9　　　　记录编号No

学习领域 DC/DC 直流稳压电源设计与制作　学习情境：________　任务单元 电路板调试与测试

姓名________班级__________学号_________日期________

组员姓名______________________　　　　第__页__共__页

1. 写出电路板调试工艺流程？
2. 调试过程中要注意哪些事项？
3. 调试过程中遇到故障，为什么强调测量直流工作点？如何测量？

查阅资料统计

学习过程中的主要问题及解决措施

教师评阅：

**图 8.2.68　电路板调试与测试学习工作单**

## 8.2.7　技术资料整理与归档

电子产品的设计、生产、调试、安装及维护都需要相应的文件为依据。在电子产品的研发、设计、生产和制造过程中形成的反映产品的功能、性能、结构特点、试验方法和维护等具体要求的图纸和说明文件，都统称为电子产品技术文件。在电子产品生产企业中，电子技术文件具有生产法规的效力，在从事产品的生产、制造、检验及维护过程中必须严格执行。电子技术文件实行统一的标准化管理，不允许随意改动。保证技术文件的完整性、权威性和一致性。

技术文件按照其功能和作用可分为设计文件和工艺文件。

### 1. 设计文件

设计文件是产品在研制、设计和试制过程中形成的文字、图纸及技术资料，它规定了产品的组成形式、名称型号、结构尺寸、工作原理以及在生产、验收、使用、维修、储存和运输过程中的技术数据、图纸和说明文件。设计文件是产品生产和使用的基本依据。

DC/DC 直流稳压电源设计文件有：

（1）设计任务书

（2）整件明细表

（3）电路图

（4）PCB板设计文件及外形结构尺寸、加工说明文件

（5）产品设计总结报告

2. 工艺文件

工艺文件是根据技术文件、图纸及生产定型样机，结合工厂实际制定出来的文件。它以通用工艺文件和整机工艺文件形式，规定了设计图纸要求的具体加工方法。工艺文件是产品生产企业组织产品生产、工艺管理和指导员工操作的各种技术文件的总称。它是加工、装配、检验等生产环节的技术依据和准则，也是生产企业组织生产、成本核算、总量控制和原材料采购等领域的主要依据。

对DC/DC直流稳压电源设计与制作综合实训项目来说，工艺文件有：

（1）电路板元器件组合单元加工说明文件

（2）电路板调试说明

（3）产品说明书

3. 技术文件标准化

标准化是企业制造产品的法规，是确保产品质量的前提，是标准化管理、科学管理和提高生产企业效益的基础，也是进入国际市场的重要前提。技术文件中涉及的各种问题，比如，产品的名称、型号和测试方法，文件书写的格式、文件文幅的大小等必须有统一的标准来约束。只有政府或政府规定的部门才有权利制定、发布、修改或废止相应的国家标准或行业标准。

电子行业的技术文件主要依照行业标准SJ/T 207.1～SJ/T 207.8《设计文件管理制度》、SJ/T 10320《工艺文件格式》及SJ/T 10324《工艺文件成套性》进行编写。

### 8.2.8　项目验收

项目验收是学生完成整个实训过程后完成情况的评价总结，学习领域的一个重要组成部分。学习评价总结作为教学的一个环节，即作为学习的目标，也用以检查学习的情况。评价总结内容包括：对所学知识、项目制作完成成品、学习过程的评价。

1. 项目验收小组组建

由指导教师和学生代表组成项目验收小组。小组以学生为主体，负责组织协调、任务分配和数据记录及处理；教师为辅，负责指导与监督。

2. 项目验收流程

（1）制定测试项目和测试工作流程，指定小组成员的明确分工。

（2）搭建实验测试平台，用标准样机对其技术指标进行测试验证，检验测试平台准确性和完整性。

（3）对学生实训作品通电测试其每一项技术指标和功能；记录每一项指标的测试结果并进行数据处理和分析，最后给出测试结果及成绩等级。

### 8.2.9 总结与经验交流

项目设计与制作总结报告是学生对学习过程的总结和自我评价；对教师来说，通过学生总结报告，从某一侧面了解学生经过实训项目学习实践，其行动能力取得成效如何，存在的问题以及改进提高的措施。

1. 撰写项目技术报告

为使学生在综合实训课程学习中顺利完成项目技术报告，掌握撰写技术报告的基本方法，统一综合实训课程项目技术报告技术标准和规格要求。

项目技术报告包括标题、摘要、目录、正文、结论、致谢、参考文献、附录。

上述各项内容在论文中的编排顺序如下：

① 标题

每份技术报告都应有独立的封面或标题页。主要包括：题目、姓名、学号、综合实训课程名称和提交日期。

② 摘要

摘要需要单独一页，字数在150～200字之间，内容应该连贯，衔接合宜。摘要不是目录或者简介，而是整篇内容的提要，应列出主要解决的问题、研究方法和过程的说明、主要的论据和最后得出的结果或结论等。要求简洁而准确地阐述本报告的技术内容。

③ 目录

如果技术报告内容包含段落和章节，则应该提供目录。目录应该单独一页。包括每个章节的标题以及该章节的起始页码。

④ 前言

前言也称绪论，作为项目技术报告其前言应直接点明主旨并抓住读者的兴趣。好的开头不应该让读者猜测揣摩你技术报告写作的目的和完成的任务，而是应该简单明了地说明你技术报告的写作目的、应完成的任务和准备提供的论据。

⑤ 正文

在正文部分，按章节、段落阐述技术报告的主要内容。包括本项目技术任务的详细说明与交代、采用的技术方法与手段、关键技术问题解决过程与步骤的描述、依据的技术资料分析与阐述、完成的具体成果形式及分析、测试、验证等。

⑥ 结论

结论与开头应该在逻辑上呼应，或者通过主体的内容自然得出，通常由一个段落构成，并将报告中所有的内容自然地联结在一起。结论应该是对项目技术报告主体的总结和升华。注意不要在结论上节外生枝，引出其他的问题。

⑦ 致谢

报告中感谢那些给你提供帮助的人，是必要的礼节。

⑧ 参考文献

报告中所用引用其他资料文献的地方必须在引用处用顺序号予以标注，并应在报告的末尾将引用的出处按先后顺序号在报告的最后汇编在一起。

⑨ 附录

包括设计图纸、计算机程序及说明、过长的公式推导以及大量引用的调查表或原始数据。

2. 交流项目训练过程的经验和体会

学生以小组(3 人)形式,借助 PPT,一人主讲,另外二人补充。从专业能力、社会能力和方法能力三个方面,讲述经过综合实训课程后所学理论知识、设计方法、操作技能、团队协作、交流沟通和安全生产管理等方面的经验和体会,鼓励学生发表一些创造性观点和想法。对学生提出创新点,通过与学生进一步交流沟通和研讨,加以完善并付诸实施。

## 8.3　数字开关稳压电源设计与制作

采用 Buck 拓扑结构,以单片机为主控单元,根据电压电流反馈信号,通过 PWM 信号调制方式,对 Buck 变换器进行闭环控制,制作一个降压型 DC/DC 数字开关稳压电源。电源具有键盘设置和步进调整;输出电压、电流测量和数字显示功能;过流保护、故障排除自动恢复及声光报警功能。

### 8.3.1　方案总体设计

DC/DC 数字开关稳压电源由 5 部分组成:DC/DC 转换电路、辅助电源、主控制器、键盘&LCD 和报警电路。DC/DC 数字开关稳压电源组成框图如图 8.3.1 所示。

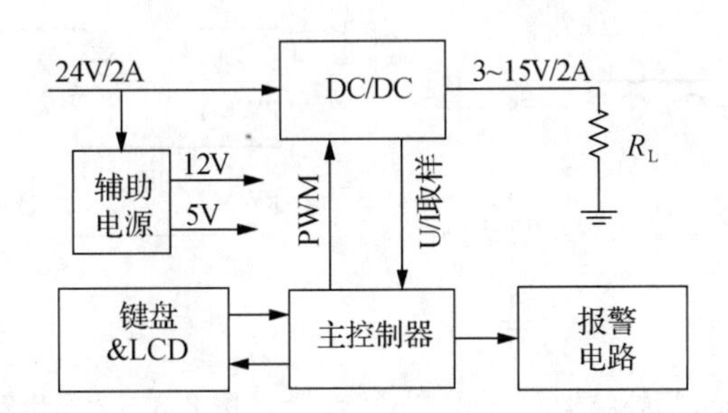


**图 8.3.1　数字开关稳压电源组成框图**

1. 设计任务书

(1) 输入部分

- 输入电压:24VDC
- 输入电流:≥2A

(2) 输出部分

- 电压:3 V~15 V/2 A,精度≤±2%
- 电流 $I_{omax}$:≤2 A
- 电压调整率:$S_u$≤1%
- 负载调整率:$S_I$≤1%
- 纹波电压(MAX):≤0.15 Vpp(1%)
- 效率:≥75%,效率要求尽量高

- 过流保护电流 $I_{o(th)}$：2.5 A±0.2 A

(3) 功能

- 键盘设置电压，步进调整值为 0.1 V
- 输出电压、电流测量和 LCD 显示
- 故障排除自动恢复及声光报警功能

2. 方案比较与论证

由项目设计任务书可知，降压型 DC/DC 数字开关稳压电源采用 Buck 拓扑结构，如图 8.3.2 所示。其有两种整流方式：肖特基二极管整流和同步整流。

(1) 整流二极管方式选择

**方案一：肖特基二极管整流方式**

采用肖特基二极管整流，如图 8.3.2 所示。只需要一只肖特基二极管，如图中 $D_1$，但在低电压、大电流输出的情况下，整流二极管导通压降造成的功耗占输出总功率的比率会明显增大，使电源效率变低。

**方案二：同步整流方式**

同步整流技术，简单地说，用 MOSFET 开关管来替代肖特基二极管。由于其导通时极低 $R_{DS}$，保证了很低开关功耗，这样可大大减少开关电源输出端的整流损耗，从而提高效率，降低电源本身发热。但是与肖特基二极管电路相比，同步整流方式控制电路略显复杂。同步整流 Buck 拓扑结构电路如图 8.3.3 所示。

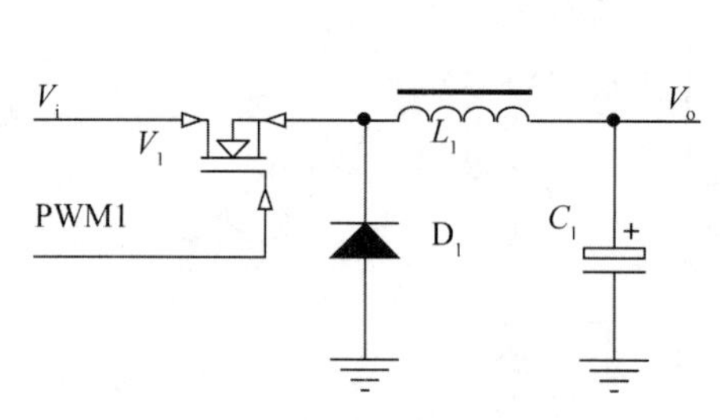


图 8.3.2 Buck 拓扑结构

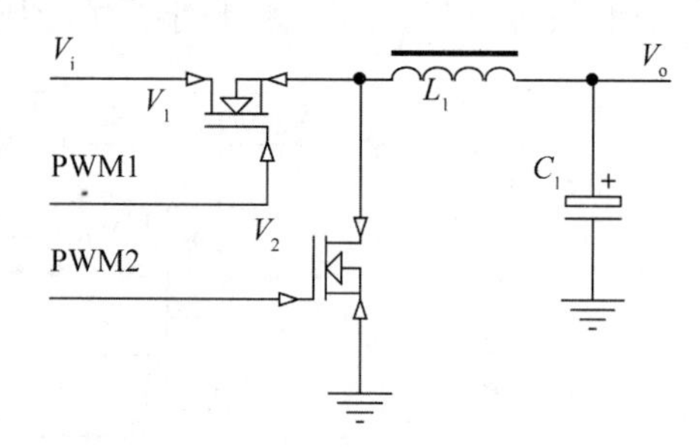


图 8.3.3 同步整流 Buck 拓扑结构

鉴于项目要求电源效率尽量高，经过上述比较分析，方案一虽可以实现项目技术要求且电路简单，当输出电压较低时，效率偏低；方案二能满足项目技术要求，可实现电源高的转换效率，虽电路结构复杂一点、成本高，比较后项目采用方案二。

(2) 控制方法及实现方案

**方案一：TI 公司 TL494 电源控制芯片**

此方法用 PWM 专用芯片产生 PWM 控制信号，容易实现，工作稳定，但不易实现输出电压的键盘设置和步进调整。

**方案二：单片机**

用单片机(MCU)内置的 PWM 发生器产生 PWM 信号；内置的 A/D 变换器实现电压电流信号的取样，省略了外置的 PWM 芯片和 A/D 变换芯片，大大简化电路，提高了电路可靠性。根据取样反馈信号对 PWM 脉宽进行调整以实现稳定电压输出；其次，利用单片机强大功能，实现键盘输入、LCD 输出显示、过流保护和声光报警功能。

经过上述比较分析，方案一无法实现项目技术要求；方案二能满足项目技术要求且电路简单，容易实现，故项目采用方案二。

3. 确定总体设计方案

综合上述各个模块的设计方案，DC/DC 数字开关稳压电源总体方案如图 8.3.4 所示。

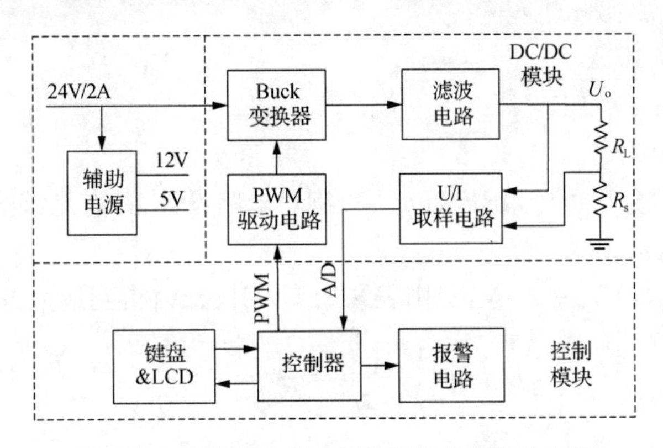


**图 8.3.4　DC/DC 数字开关稳压电源总体方案**

## 8.3.2　模块电路设计

1. Buck 变换器设计

同步整流 Buck 变换器应用电路如图 8.3.5 所示。设计任务书要求：输入电压 24 V/2 A，输出 3 V～15 V/2 A，电路设计条件参数为

$$V_o = 3\ \text{V} \sim 15\ \text{V}$$

$$I_o = 2\ \text{A}$$

$$f = 50\ \text{kHz}(\text{自设定})$$

$$V_{imin} = 24\ \text{V}$$

$$V_{ripple(p\text{-}p)} = 1\%V_{o(max)} = 150\ \text{mV}_{p\text{-}p}$$

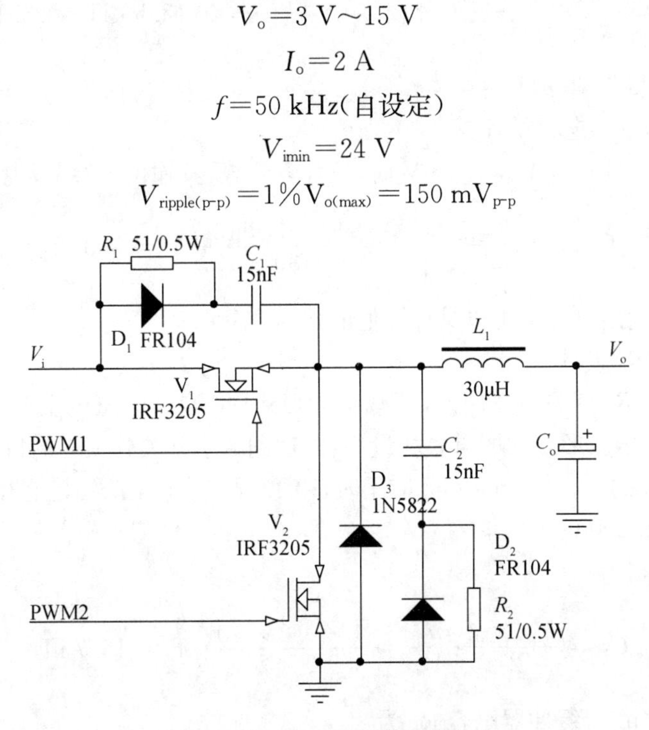


**图 8.3.5　Buck 变换器应用电路**

(1) 开关管选择

Buck 变换器采用同步整流，需要 2 个 MOS 管按半桥方式工作。通常首选低导通电阻($R_{DS}$)的 MOS 开关管。IR 公司的 IRF3205 主要参数为

- 耐压 $V_{(BR)DSS}$：55 V
- 导通电阻 $R_{DS(on)}$：8 mΩ
- 额定电流 $I_D$：110 A
- 输入电容 $C_{iss}$：3247PF
- 上升时间 $t_r$：101ns

由以上技术参数分析可知，IRF3205 可以满足电路设计，并有足够的设计余量。

(2) 电感 $L_1$ 计算

已知 $V_{omax}=15$ V，$V_{imin}=24$ V，引用表 8.2.1 设计公式，得到最大占空比 $D_{max}$ 为

$$D_{max}=\frac{V_{o(max)}}{V_{i(min)}}=\frac{15}{24}=0.625$$

最大导通时间 $T_{on(max)}$ 为

$$T_{on(max)}=D_{max}/f=0.625\times 20\ \mu s=12.5\ \mu s$$

峰值电流 $I_{pk(switch)}$ 为

$$I_{pk(switch)}=2I_o=4\ A$$

电感 $L_{1(min)}$ 为

$$L_{1(min)}=\frac{V_{in(min)}-V_{o(max)}}{I_{pk(switch)}}t_{on(max)}=\frac{24-15}{4}\times 12.5\ \mu H=28.1\ \mu H$$

实取 $L_1$ 电感量为 30 μH。

(3) 输出滤波电容电容量计算

由于 $V_o=3$ V～15 V，$V_{o(min)}=3$ V 时，按计算公式，其输出电容 $C_o$ 电容量值为

$$C_{o(min)}=\frac{I_{pk(switch)}T_s}{8V_{ripple(p\text{-}p)}}=\frac{4\times 20\times 10^{-6}}{8\times 30\times 10^{-3}}\ F=333\ \mu F$$

实际应用时，输出电容量可以是计算值的几倍。

(4) RCD 缓冲器设计

开关管两端加 RCD 关断缓冲器，可减缓 MOSFET 漏极电压的上升速度，使下降的电流波形同上升的电压波形之间的重叠尽量小，以达到减小开关管损耗的目的。

已知 IRF3205 的 $t_r=101$ ns，实际应用时，RCD 并接在输出端，其上升时间比给定时间要长，由此设定 $t_r=200$ ns。

缓冲器电容 $C_1$ 为

$$C_1=\frac{I_{pk(switch)}}{2}\cdot\frac{t_r}{V_{in}}=\frac{4\times 0.2\times 10^{-6}}{2\times 24}\ F=16.7\ nF$$

实取 $C_1$ 为 15 nF。缓冲器电容 $R_1$ 为

$$R_1 = \frac{t_{\text{on(min)}}}{3C_1} = \frac{2.5\times 10^{-6}}{3\times 15\times 10^{-9}}\ \Omega = 55.5\ \Omega$$

电阻功耗 $P_{R1}$ 为

$$P_{R1} = \frac{0.5C_1\cdot V_i^2}{T} = \frac{0.5\times 15\times 10^{-9}\times 24^2}{20\times 10^{-6}}\ \text{W} = 0.22\ \text{W}$$

选取 $R_1$ 标称电阻为 51 Ω/0.5 W。

缓冲器二极管 $D_1$ 选用 FR104 快速开关管，FR104 参数为

- 最大反向击穿电压 $V_{\text{RRM}}$：400 V
- 最大平均整流电流 $I_{\text{FM}}$：1 A
- 最大反向恢复时间 $t_r$：150 ns

（5）电感器 $L_1$ 制作

电感制作通用方法是铁氧体磁芯＋骨架。由于铁氧体磁导率 $\mu_r$：2 000～3 000，工程上采用磁芯加气隙方法来降低有效磁导率以消除磁饱和现象。这种方法制作电感器会产生间隙损耗和漏磁，电感稳定性变差并容易产生电磁干扰，影响电源性能。

铁硅铝磁芯作为一种新型复合电子材料。由于其具有良好的高频磁性能，良好的温度稳定性，宽恒导磁及低损耗、低成本等特点，已快速发展起来，在功率电感、线路滤波器、功率因素校正器等器件中得到了广泛的应用。

采用铁硅铝环形磁芯来制作电感可以解决上述技术缺陷，其磁导率 $\mu_r$：50～200，其高频性能和稳定性较好；与 EE、EI 型铁氧体的电感比较，不存在磁芯气隙及损耗，电感漏感较小。本方案中，选用外径 27，$\mu_r$ 为 160 的磁环；同时由于电路高频工作，采用多股漆包线绕制电感以减小铜线趋肤效应，降低电感损耗。

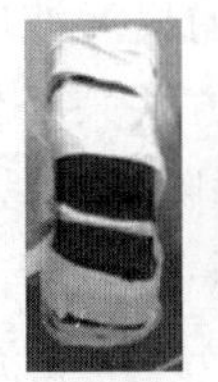
电感器

铁硅铝磁环

**图 8.3.6　电感器及铁硅铝磁环**

制作完成电感器及铁硅铝磁环如图 8.3.6 所示。至此完成了 Buck 变换器应用电路的设计。

2. PWM 驱动电路设计

Buck 变换器电路采用 MOSFET 做开关管构成了半桥工作方式，用 MOSFET 代替整流二极管用作同步整流。由于 MOSFET IRF3205 有相当大输入电容 $C_{\text{iss}}=3247\text{pF}$，单片机产生的 PWM 信号需经驱动电路来驱动 IRF3205。本设计选用 IR2104 作为驱动器，其技术参数为

- 最大工作电压 $V_{\text{OFFSET}}$：600 V(max)
- 输出电流 $I_{\text{O+/-}}$：130 mA/270 mA
- 输出电压 $V_{\text{OUT}}$：10 V～20 V
- 上升/下降时间 $t_{\text{on/off (typ)}}$：680 ns & 150 ns
- 死区时间 $\text{DT}_{\text{(typ)}}$：520 ns

IR2104 芯片内部已经接有下拉电阻到地，其控制端为/SD。当系统未开启工作时，/SD 置零，防止开关管误操作损害开关管和芯片；当系统正常工作时，/SD 置 1，使能 IR2104。IN 是 PWM 信号输入端；LO 是低边 MOS 管驱动输出 PWM2；HO 是高边 MOS 管驱动输

出 PWM1。IR2104 高边利用自举电路的原理提供高压悬浮驱动，由二极管 $D_1$ 和电容 $C_2$ 构成自举电路，周期性地充放电，达到高边 MOS 栅极自举的效果。图 8.3.7 给出死区时间时序图，死区时间有效地解决了 MOS 共态导通技术问题，其原理是变换器逻辑转换阶段，由于半导体器件内部载流子原因，高边或低边 MOS 管不能及时关断，出现两个 MOS 管短时同时导通，结果会带来 MOS 管损耗增加或损坏。基于 IR2104 的 PWM 驱动电路如图 8.3.8所示。

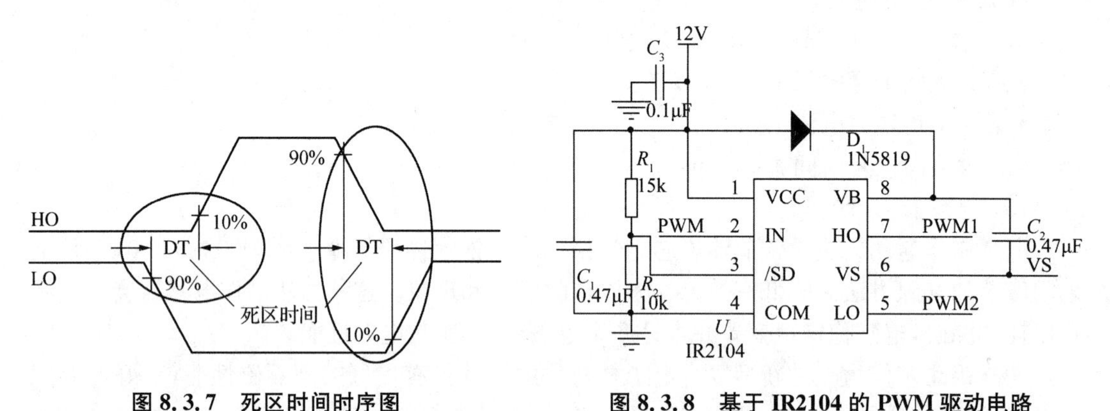


图 8.3.7 死区时间时序图

图 8.3.8 基于 IR2104 的 PWM 驱动电路

3. 滤波电路设计

由上计算得输出滤波电容 $C_0=333\ \mu F$，在实际应用时，其值输出电容量几倍，并采用多个电容器并联方法来降低电容器的 ESR；同时，输出端加共模扼流圈构成一个双向滤波器，一方面要滤除输出线上共模电磁干扰，另一方面又要抑制其本身不向外发出电磁干扰，避免影响同一电磁环境下其他电子设备的正常工作。设计完成输出滤波电路如图 8.3.9 所示，图(a)共模扼流圈方式，图(b)电感器方式。电容器参数为 220 μF/35 V，同容量电容器，耐压愈高，体积愈大，ESR 愈小。共模扼流圈电感量一般取值 3 μH～20 μH，取得过大会造成反馈环路不稳定。设计时有时会简化电路、降低成本，也可以采用工字电感器来滤波。

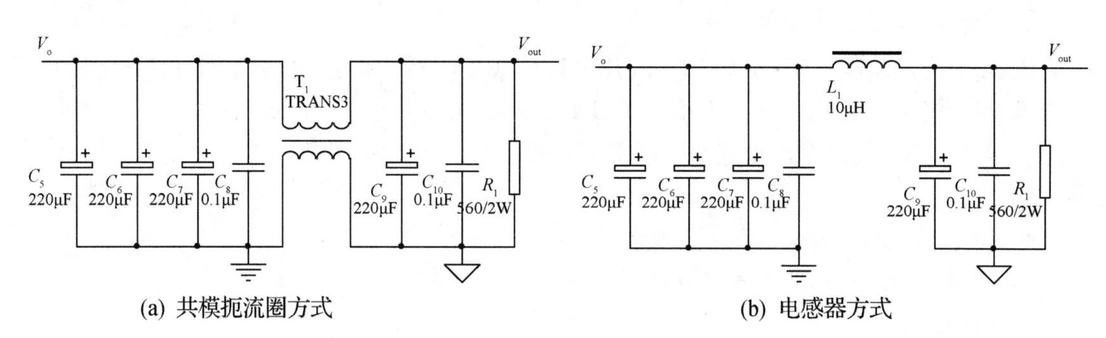


(a) 共模扼流圈方式　　(b) 电感器方式

图 8.3.9 输出滤波电路

4. 取样电路设计

取样电路由电压取样电路和电流取样电路组成，分别对输出电压信号和电流进行取样。

(1) 电压取样电路

电压取样电路由分压电路和运放 LM358 跟随器组成，如图 8.3.10 所示。分压电路由 $R_1$ 与 $R_2$ 组成，比例为 5∶1，电压范围为 0～3 V，可满足单片机（MCU）AD 输入电压 0～5 V 要求；$R_3$、$C_2$ 和 $R_4$、$C_3$ 滤波电路起电路抗干扰作用。取样输出信号 $AD_2$ 输入到 MCU 的 A/D 端与输出电压设定值进行比较，MCU 通过 PWM 脉宽调整来调节输出电压，实现电源系统闭环控制，保证电源稳定输出；同时 LCD 实时显示电压值。

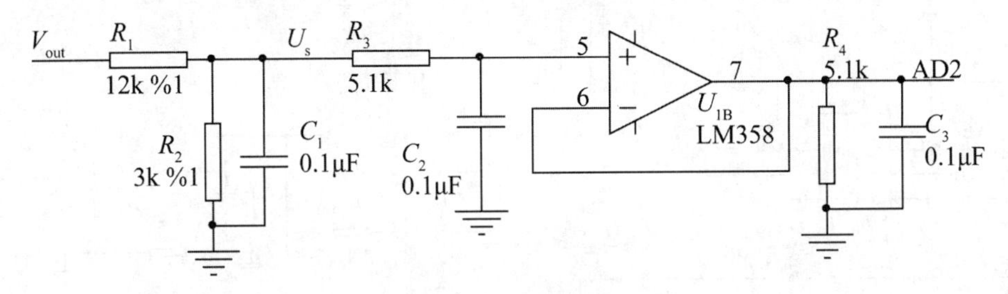


**图 8.3.10　电压取样电路**

(2) 电流取样电路

电流取样电路由电流取样和直流电压放大器组成，如图 8.3.11 所示。电流取样由 $R_1$、$R_2$ 并联阻值 0.05 Ω，电压范围为 0～250 mV；直流电压放大器将取样输入电压放大至 0～5 V，其放大倍数为 $K_V=20$，考虑到留有一定余量，取 $K_V=19$，则取 $R_5=1$ k，$R_6=18$ k。取样输出信号 AD1 输入到 MCU 的 A/D 端进行处理，实时显示电流值；同时与过载电流设定值进行比较。如电流过载，MCU 通过关闭 PWM 控制负载并启动声光报警；排除过流故障后，由软件控制电源自动恢复为正常状态。$R_3$ 与 $C_1$、$C_2$、$R_7$ 与 $C_3$ 为滤波电路起电路抗干扰作用。

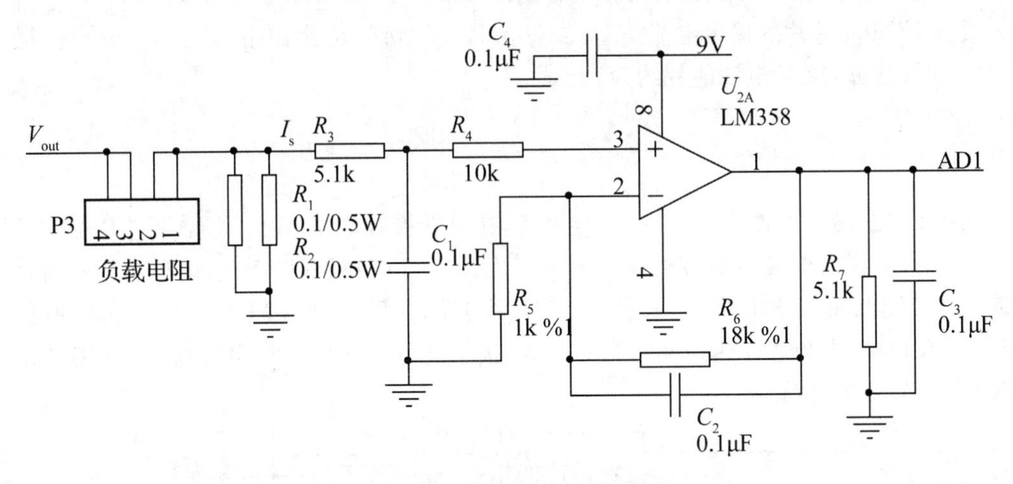


**图 8.3.11　电流取样电路**

至此 DC/DC 模块电路设计完成，其电路图如图 8.3.12 所示。

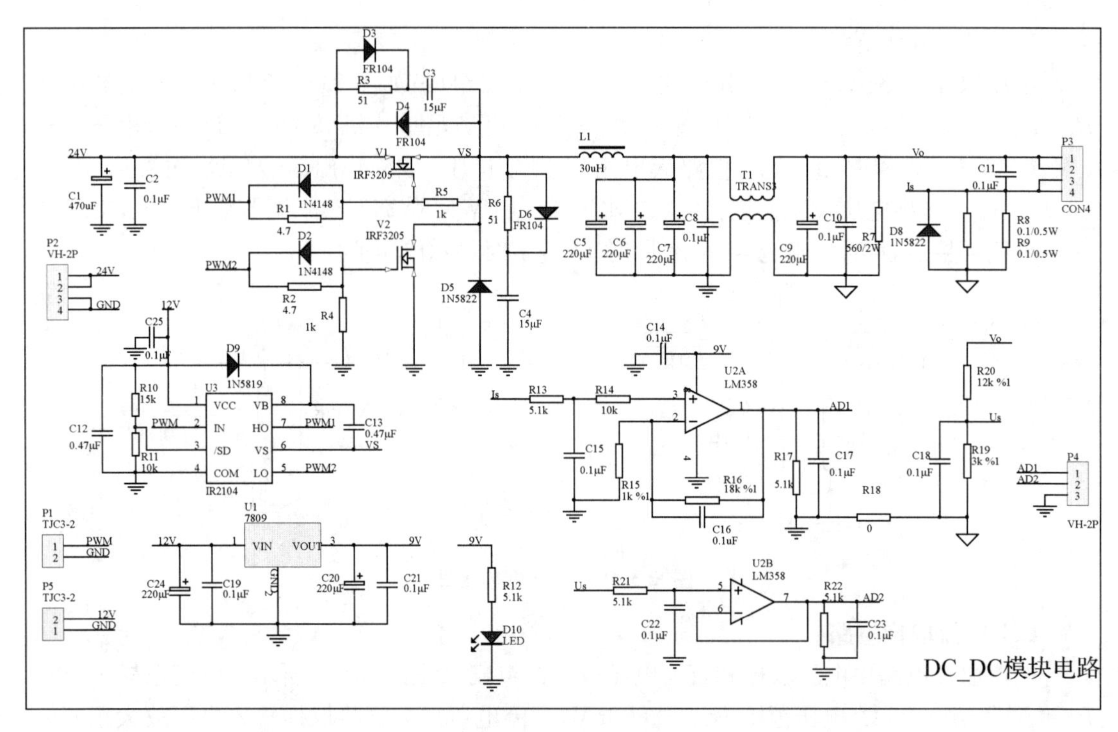


**图 8.3.12　DC/DC 模块电路**

5. 辅助电源设计

辅助电源解决 PWM 驱动器 IR2104 芯片 12 V 供电和控制模块 5 V 供电。采用开关 DC/DC 变换模式，降低电路功耗，简化电源电路散热问题，并可缩小电路板体积。

根据 IR2104 芯片的输出电流 $I_{O+/-}$：130 mA/270 mA，输出源电流为 130 mA，按最大占空比 80%计算，12 V 电源能耗约为

$$P_{D(max)} = \frac{I_o \cdot V_{DD}}{D} = \frac{0.13 \times 12}{0.8}\ \text{W} = 1.95\ \text{W}$$

选用 LM2576－12 作为 DC/DC 转换芯片，按其转换效率 0.75 计算，电源芯片热功耗约为 0.65 W。按芯片封装自身散热 0.4 W 来考虑，借助 PCB 板辅助散热，电源芯片不需要另加散热器。图 8.3.13 给出了 24 V 转 12 V 应用电路；同理，选用 LM2576－5.0 给控制模块 5 V/0.3 A 供电，电源芯片热功耗约为 0.5 W，按上述方法完成 5 V 电源设计，电路结构同 24 V 转 12 V 应用电路。

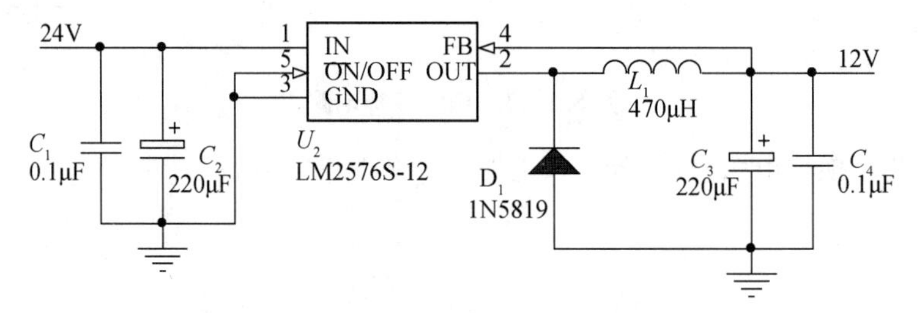


**图 8.3.13　24 V 转 12 V 应用电路**

6. 控制模块设计

控制模块是基于新型单片机的多功能控制系统，图 8.3.14 展示了控制系统主要功能。由图可知，系统可实现对 DC/DC 电源、电机控制、测量检测等模块进行控制。

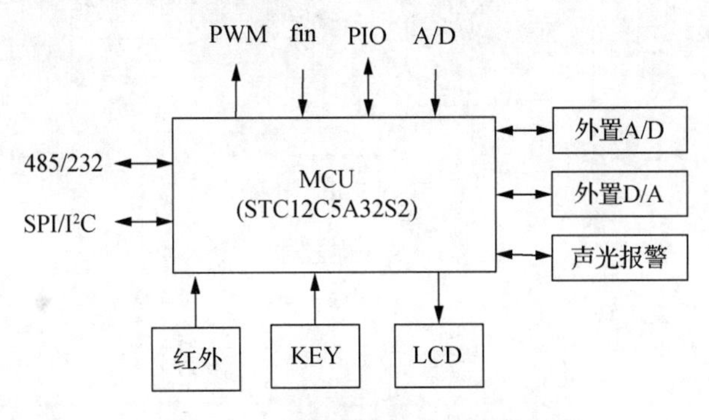


**图 8.3.14　新型单片机控制系统框图**

(1) 主要特点

- MCU 选用 51 内核的 STC12C5A32S 芯片，其功能强、社会用量大、成本低和串口下载编程方便
- 内外置 A/D 满足不同数据采样要求，16 位±1LSB 外置 A/D 能满足精密测量要求
- 外置 12 位 D/A 满足精密控制要求
- SPI/$I^2C$ 容易与带通信接口芯片进行数据交换，简化程序设计
- 485/232 容易与上位机进行通信，也可接入网络模块
- 红外接口可扩展键盘功能及遥控控制
- LCD12864 显示空间基本可满足常规显示需求

(2) 控制模块电路图

设计完成控制模块电路图如图 8.3.15 所示。电路板与外界通过接插件连接，操作简单方便；电路板供电采用 12 V/5 V 双模方式；内、外置 A/D 通过跳线器切换，操作简单方便；面板键盘与红外遥控双重控制，可拓展控制功能；LCD 背光程序控制，可随时进行开关有利节能。

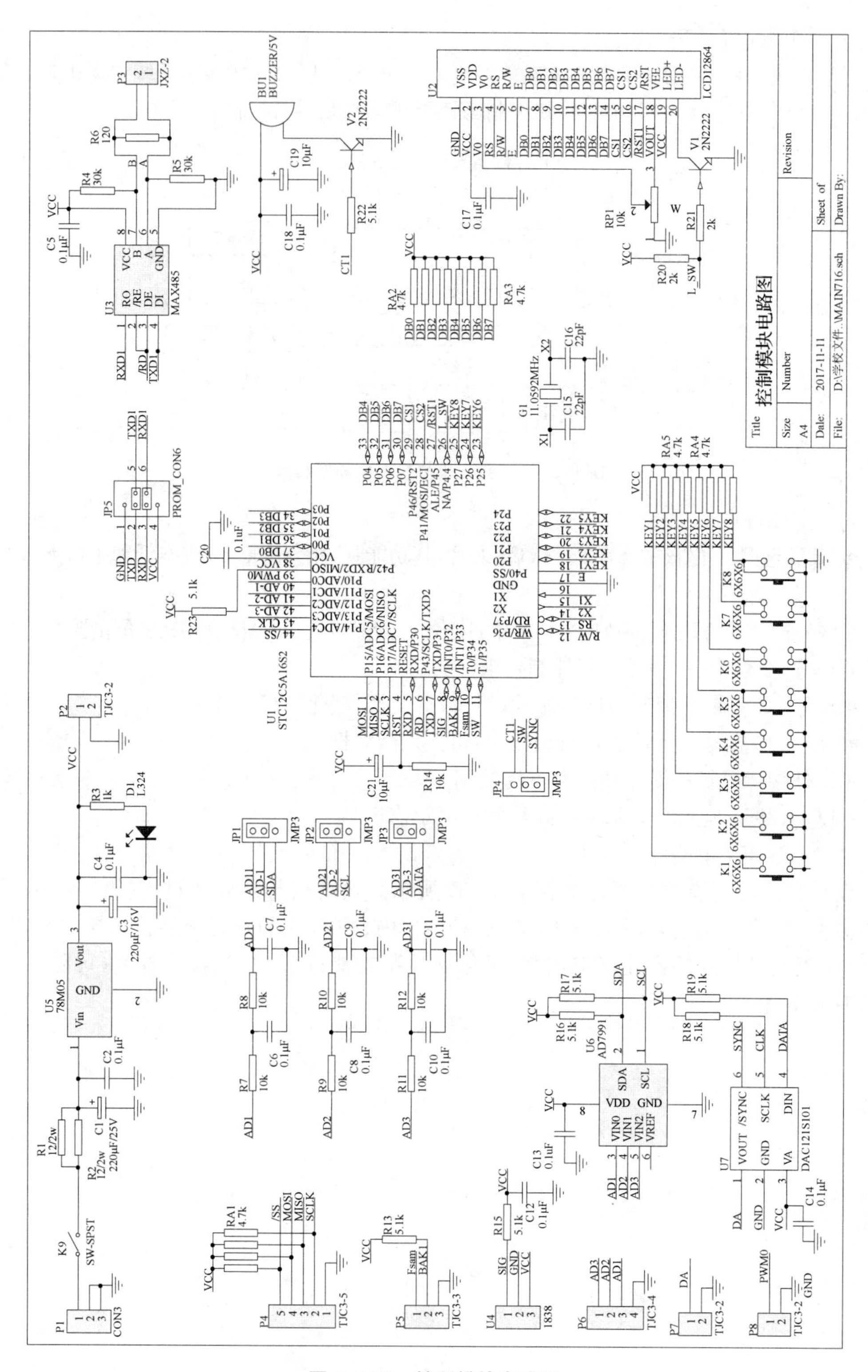

图 8.3.15　控制模块电路图

## 8.3.3 PCB图设计

由图8.3.4系统框图可知，DC/DC数字开关稳压电源由DC/DC模块、控制模块和辅助电源模块组成，涉及3个电路的PCB设计，主要讲解DC/DC模块电路板布局设计，由于辅助电源板比较简单就不作讲解。

1. DC/DC模块PCB图布局设计

根据图8.3.12所示DC/DC模块的电路图，可将其分为3个子模块，即Buck变换器与滤波电路模块、PWM驱动模块和电压电流取样模块。其中Buck变换器与滤波电路模块为大电流功率模块，而电压电流取样模块属于小信号电路。因此，在PCB图设计时，首先考虑的是模块化设计；其次采取分开隔离措施防止大信号、大功率模块干扰小信号模块，保证电压电流取样数据准确性。DC/DC模块PCB整体布局如图8.3.16所示。

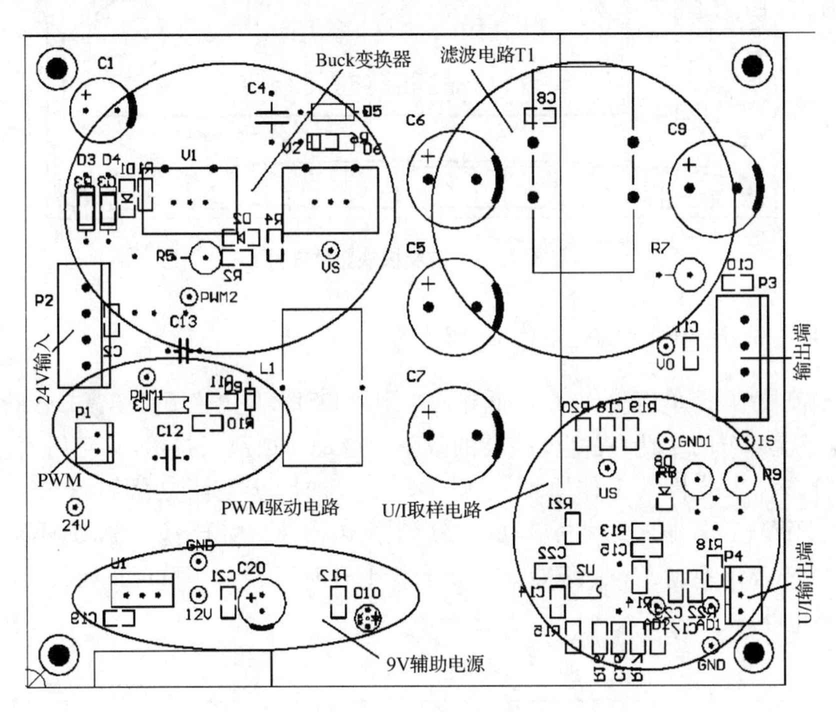


**图8.3.16　DC/DC模块PCB整体布局**

2. 控制模块PCB图布局设计

控制模块，作为一个带操作键的控制装置，PCB设计要符合工艺和使用习惯要求。操作键放在前面；连接器插座放在后面；要有标准安装孔和加测试点便于检测调试。

板间连接用插座插头，最好选用TJC3、VH、PH系列通用接插件。原则上同一种插座在板上使用一次，以防止连接错误。通用接插件通常带锁或卡扣，连接可靠不易出现接触不良问题。

根据图8.3.15控制模块的电路图，可将其分为2个子模块，即逻辑电路模块、AD/DA模块。因此，在PCB图设计时，只需把AD/DA模块放置边缘区域就可免受数字信号干扰。控制模块整体布局如图8.3.17所示。

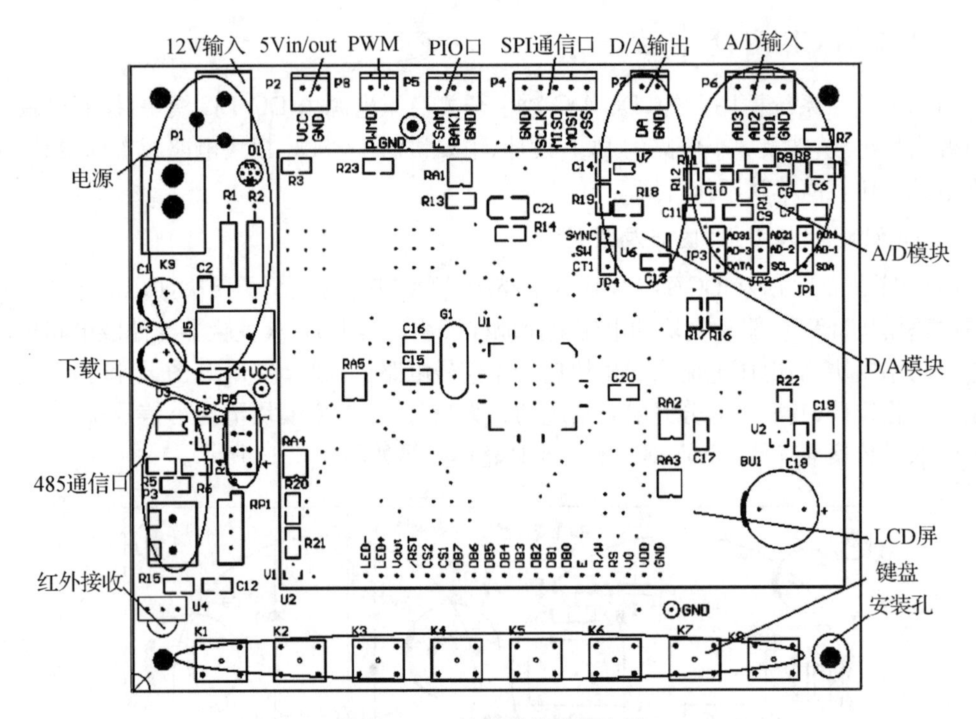


图 8.3.17 控制模块整体布局

## 8.3.4 同步整流电路工作波形及原理分析

同步整流技术，简单地说，就是用低导通电阻 MOSFET 代替用作续流二极管的肖特基整流，降低整流部分的功耗，提高变换器的效率。这是一项新兴技术，其应用面愈来愈广。在此用实验方法来分析其工作原理。DC/DC 模块的同步整流电路如图 8.3.18 所示。MCU 输出 PWM 信号输入到半桥驱动电路产生高边栅极驱动 PWM1 驱动 MOS 管 $V_1$；低边栅极驱动 PWM2 驱动 MOS 管 $V_2$。主要分析上升时间 $t_{on}$ 和下降时间 $t_{off}$、死区时间 DT 和电容自举电路。

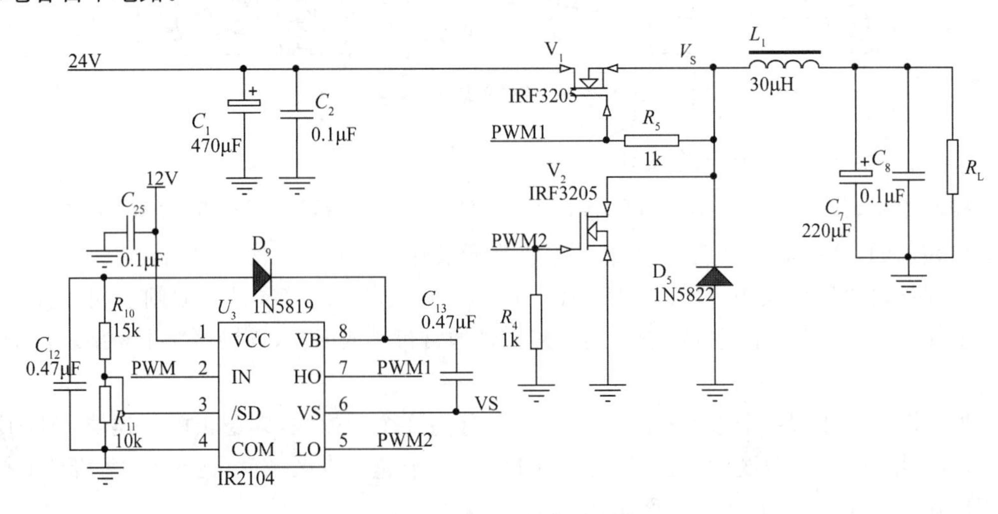


图 8.3.18 同步整流电路

1. 上升时间 $t_{on}$和下降时间 $t_{off}$

MCU 产生 50kHz PWM 信号，经 IR2104 驱动后得到 PWM 与/PWM1 波形，如图 8.3.19所示。由图可知，$t_{on}\approx 1.4\ \mu s$，$t_{off}\approx 0.6\ \mu s$。$t_{on}>t_{off}$是由于 IR2104 的 $I_{o+}<I_{o-}$（$I_{o+/-}=130$ mA/270 mA）所致。源电流 $I_{o+}$ 作为充电电流，电流值小，对 $C_{iss}$ 充电上升时间长；灌电流 $I_{o-}$ 作为放电电流，电流值大，对 $C_{iss}$ 放电下降时间短。$t_{on}$/ $t_{off}$较长的时间另一原因是 MOS 管输入电容过大（$C_{iss}=3\ 247$pF），至于 $t_{on}$/ $t_{off}$时间明显大于技术参数给定时间，其原因是测试条件和环境不同。

2. 死区时间 DT

图 8.3.20 给出了 PWM1/PWM2 波形，PWM1 与 PWM2 间存在死区时间 DT≈0.5 $\mu$s，与数据手册给出的 520 ns 参数基本一致，因为 DT 由驱动电路内部的硬件实现，误差就很小。死区时间很好地解决了 MOS 共态导通技术问题。

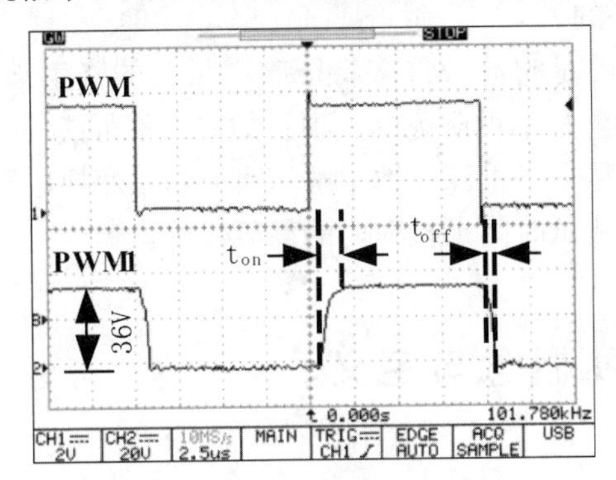


图 8.3.19　PWM 与 PWM1 波形

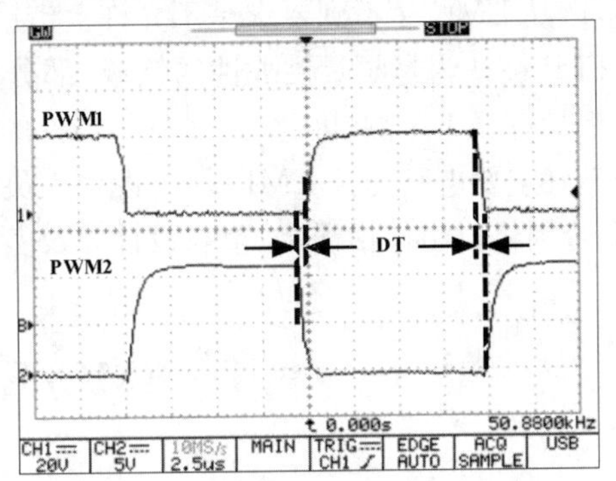


图 8.3.20　PWM1/PWM2 波形

3. 电容自举电路

为了使上边 MOS 管有低的 $R_{DS}$，高的输出动态范围，IR2104 高边利用自举电路的原理提供高压悬浮驱动。图 8.3.19 中，PWM1 波形的高电平达到 36 V，比电源电压高出 12 V，即 IR2104 电源电压值。

4. 电路工作效果分析

由 Buck 变换器工作原理可知，开关管工作波形可以反映出开关管工作状态和效果。图 8.3.21 给出了 PWM1 与 $V_S$ 波形图。由图看到高边 MOS 管 $V_1$ 输出 $V_S$ 波形上升时间/下降时间相当小，测量值约为 $t_{on}=250$ ns，$t_{off}=150$ ns，其结果可以有效降低 MOS 管功耗；其次，在 $V_S$ 波形上未见尖峰干扰，有利于电源输出端纹波及噪声的抑制，提高电源性能指标。

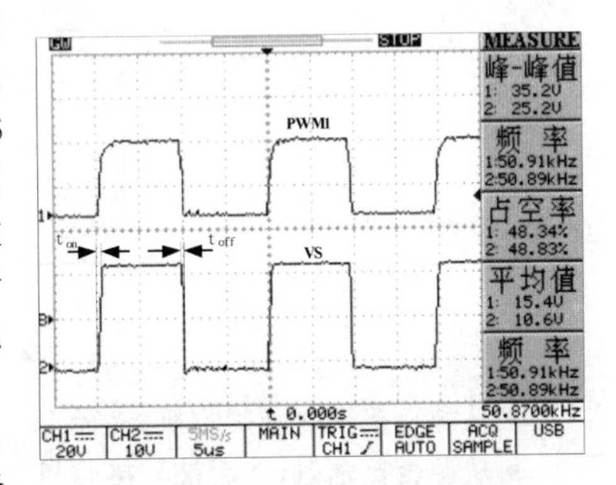


图 8.3.21　PWM1 与 $V_S$ 波形图

综合上述分析，同步整流与二极管整流相比，Buck 电路功耗明显降低，开关管输出波形的尖峰得到抑制，从而电源输出端纹波及噪声技术指标有所提高，这项新兴技术在新型电源设备中得到了广泛推广和应用。

# 第 9 章　电源 EMC

扫一扫
可见本章学习资料

电源设计者最终发现，造成电源在最后时刻仍可能重返重新设计阶段的因素有热问题、安全问题和电磁兼容(EMC)问题。热问题相对容易解决，用更好的散热器，改善通风条件；安全问题也可以解决，只要设计过程更加细心，增加安全措施；电磁干扰(EMI)，包括传导发射干扰和辐射干扰，一些被认为很有效的抗干扰措施有时也起不了多大的作用。法律条文规定，产品 EMC 达不到要求是不允许上市销售的。

EMI 被认为是颇具挑战性的领域，部分原因是它涉及许多特征难以量化的寄生参数，它们都具有显著影响，因此，针对具体器件的调整是不可避免的。项目的完成不可能等待工程师学好主要电路的抗 EMI 设计，设计人员需尽早尽量深入地了解和研究功率变换电路的 EMI，否则将付出包括误工、重新设计以及实验测试时间延长在内的高额代价。

## 9.1　EMC/EMI 概念与定义

电磁干扰是可能引起一个器件、一台设备或一个系统性能降级的任何电磁现象。电磁骚扰可以是自然界的电磁噪声、无用信号，或在媒质中传播时自身发生的改变。

考虑电磁干扰怎样从它的源传播到接收机(可以是器件或设备或系统)的。使用接收机这个术语来表达它接收到电磁干扰这一事实。图 9.1.1 表示了电磁干扰从它的源到达接收机的各种电磁干扰的机制，即：

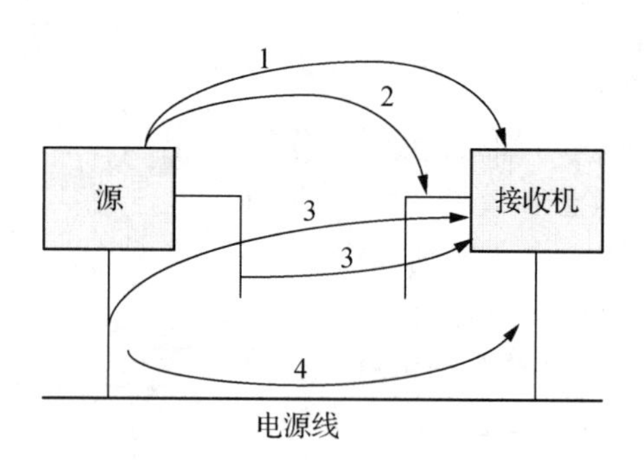


**图 9.1.1　电磁干扰的机制**

- 从源直接辐射到接收机(途径 1)。
- 从源直接辐射，然后被与接收机连接的电源电缆或信号/电缆拾取；电磁干扰经传导过程到达接收机(途径 2)。
- 电磁干扰由源的电源电缆、信号电缆或控制电缆辐射(途径 3)。

- 电磁干扰从源通过公用电源线或通过公用信号/控制电缆直接传导到接收机(途径4)。
- 电磁干扰由与源相连的各种电源/信号/控制电缆携带时,它会耦合进与接收机相连接的电源/信号/控制电缆中,尤其是这些电缆线捆扎在一起时,所以电磁干扰从它的源到达接收机的主要机制是辐射和传导。

EMI从源(一个或多个)耦合到接收机后,它能干扰接收机的正常工作。当电磁干扰超过容限时,接收机就成为受害者。

电磁兼容(EMC):设备或系统在其电磁环境中能正常工作且不对该环境中任何事物构成不能承受的电磁骚扰的能力。包括两个方面,一是它对同一电磁环境中其他设备的抗干扰能力或称敏感性;二是它对其他产品的电磁骚扰特性。

电磁干扰(EMI):电磁骚扰引起的设备、传输通道或系统性能的下降。电磁骚扰可能是电磁噪声、无用信号或传播媒介自身的变化。

电磁抗扰度(EI):装置、设备或系统面对电磁骚扰不降低运行性能的能力。

电磁敏感性(EMS):在存在电磁骚扰的情况下,装置、设备或系统不能避免性能降低的能力。

实际上,抗扰度与敏感性反映的都是对电磁骚扰的适应能力,仅仅是从不同的角度而言,敏感性高即意味着抗扰度低。对应电磁骚扰的两种表现形式,设备对电磁骚扰的抗扰性也同样分为传导抗扰性和辐射抗扰性。

## 9.2　标准

大多数国家的安全和EMC标准通常是合在一起的。CE认证(即欧洲共同体认证)就是一个例子,中国强制认证(CCC认证)也是一个例子。大体上说,在相关地区的产品必须有认证标志,并被认为是同时符合安全和EMC标准,但美国的安全和EMC是分开的。UL认证(美国保险商实验室)表示符合产品安全标准,而FCC认证(美国联邦通信委员会)则表示符合电磁干扰标准。必须意识到EMI/EMC/安全认证,被市场视为产品质量重要的标志,因此,尽管有些认证是出于自愿的,但实际的市场压力才使之成为必然。世界著名的EMC/安全标志如图9.2.1所示。

**图9.2.1　世界著名EMC/安全标志**

工程师们仍应清楚在工程上要怎样达到必需的兼容性,还要尽可能简单和划算。尽管当前的规定版本众多,大部分国家的EMI/EMC/安全标准实际上越来越趋向于著名的欧盟标准。一般电源工程师几乎可以只考虑欧洲EMI标准中的EN 55022。

EN 55022等同于CISPR 22(国际无线电干扰特别委员会,International Special

Committee on Radio Interference)，在标准体系中相当于产品类标准。EN 55022 规定了测量的范围、传导骚扰和辐射骚扰的 LIMIT 值、测量的环境要求、测量的方法等等。EN 55022 是针对 ITE 类产品而制定的无线辐射骚扰特性，即骚扰限值和测量方法的法规。ITE(information technology equipment)即信息技术设备或产品。传导骚扰测量频率范围是9 kHz～30 MHz；辐射骚扰测量频率范围是 30 MHz～1 GHz。最新版 EN 55022：2010，高端测量频率延伸到 6 GHz。这说明标准提高，其目的是进一步抑制越来越差的电磁环境所引起的干扰。

根据设备所处环境影响对其所受干扰量及其可接受性定义，EMI 限制基本被分为两个基本应用类别：

- A 类，对应于商业/工业仪器/环境。
- B 类，对应于家用或者住宅设备。

显然，B 类限制更为严格。实际上它比 A 类限制大概低 10 dB，发射水平的实际幅值比大约为 1∶3。与 A 类和 B 类发射限制一样，抗扰性也分为不同水平。表 9.2.1 是 CISPR 22 和 FCC 的传导发射限制表，传导发射 CISPR 22 限制图如图 9.2.2 所示。表 9.2.2 给出了 EN 55022 的辐射骚扰限制表，辐射发射 EN 55022 限制图如图 9.2.3 所示。

**表 9.2.1 传导发射限制**

| A 类(工业) | | | | | | | | |
|---|---|---|---|---|---|---|---|---|
| | PCC Part 15 | | | | CISPR 22 | | | |
| | 准峰值 | | 平均值 | | 准峰值 | | 平均值 | |
| 频率(MHz) | dBμV | mV | dBμV | mV | dBμV | mV | dBμV | mV |
| 0.15～0.45 | NA | NA | NA | NA | 79 | 9 | 66 | 2 |
| 0.45～0.5 | 60 | 1 | NA | NA | 79 | 9 | 66 | 2 |
| 0.5～1.705 | 60 | 1 | NA | NA | 73 | 4.5 | 60 | 1 |
| 1.705～30 | 69.5 | 3 | NA | NA | 73 | 4.5 | 60 | 1 |
| B 类(工业) | | | | | | | | |
| | PCC Part 15 | | | | CISPR 22 | | | |
| | 准峰值 | | 平均值 | | 准峰值 | | 平均值 | |
| 频率(MHz) | dBμV | mV | dBμV | mV | dBμV | mV | dBμV | mV |
| 0.15～0.45 | NA | NA | NA | HA | 66～56.9* | 2～0.7* | 56～46.9* | 0.63～0.22* |
| 0.45～0.5 | 48 | 0.25 | NA | NA | 56.9～56* | 0.7～0.63 | 46.9～46* | 0.22～0.2* |
| 0.5～1.705 | 48 | 0.25 | NA | NA | 56 | 0.63 | 46 | 0.2 |
| 1.705～30 | 48 | 0.25 | NA | NA | 60 | 1 | 50 | 0.32 |

表 9.2.2　辐射骚扰限制

**Limits for radiated disturbance of class A ITE at a measuring distance of 10 m**

| Frequency range MHz | Quasi-peak limits dB(μV/m) |
|---|---|
| 30 to 230 | 40 |
| 230 to 1 000 | 47 |
| NOTE 1　The lower limit shall apply at the transition frequency.<br>NOTE 2　Additional provisions may be required for cases where interference occurs. | |

**Limits for radiated disturbance of class B ITE at a measuring distance of 10 m**

| Frequency range MHz | Quasi-peak limits dB(μV/m) |
|---|---|
| 30 to 230 | 30 |
| 230 to 1 000 | 37 |
| NOTE 1　The lower limit shall apply at the transition frequency.<br>NOTE 2　Additional provisions may be required for cases where interference occurs. | |

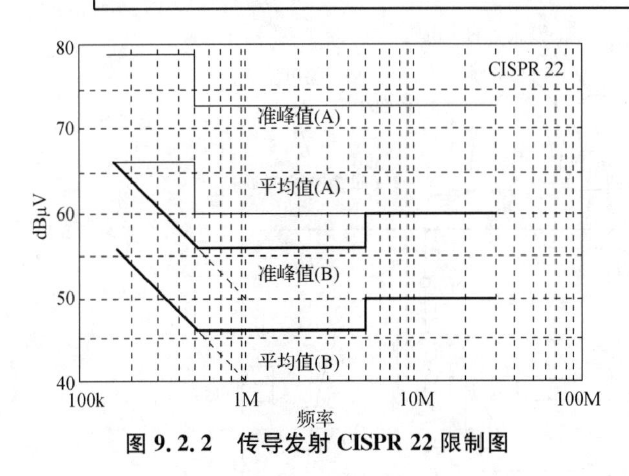


图 9.2.2　传导发射 CISPR 22 限制图

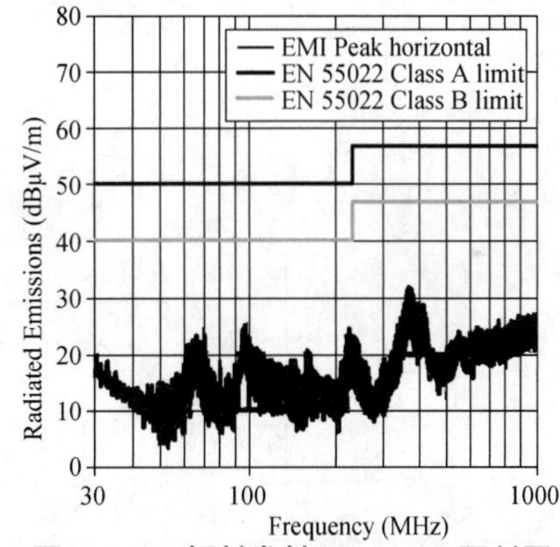


图 9.2.3　辐射发射 EN 55022 限制图

就EMI测量来说，大部分工程师倾向于用峰值测量来快速扫描EMI，所得出的结果与标准公布的准峰值进行比较，以得出其兼容性。若是可以有效地达到兼容性，就可以得到额外的容差（安全裕量），因为准峰值读数一定小于峰值读数。如果满足准峰值限制要求，通常可以同时满足平均值限制要求。

## 9.3　EMI产生

电源产品分为线性电源和开关电源两大类，涉及EMI突出问题的是开关电源。开关电源以其效率高、体积小、输出稳定性好的优点而迅速发展起来。但是，由于开关电源工作过程中的高频率、高 $\mathrm{d}i/\mathrm{d}t$ 和高 $\mathrm{d}v/\mathrm{d}t$，产生的浪涌电流和尖峰电压形成了干扰源。EMI的噪声源分为差模噪声源(DM)和共模噪声源(CM),下面讨论 DM 与 CM 产生的原因。

## 9.3.1 DM 噪声源

DM,又称对称模式(symmetric mode)或普通模式(normal mode)。开关电源 AC 输入端 DM 模型如图 9.3.1 所示。图中,L 表示相线;N 表示中线;E 表示安全地;EUT 表示被测设备。DM 噪声源在 L 与 N 之间,它会在这两线之间产生电流 $I_{dm}$,在地连接处没有该噪声源产生的电流。

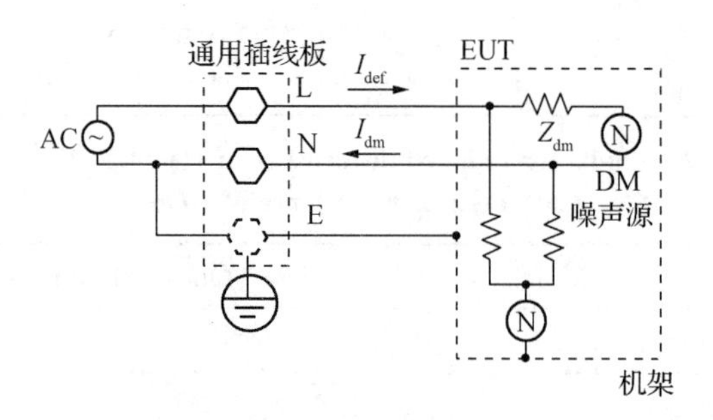


**图 9.3.1 DM 模型**

图 9.3.2 给出了 DM 噪声产生的原因示意图,具体分析如下:

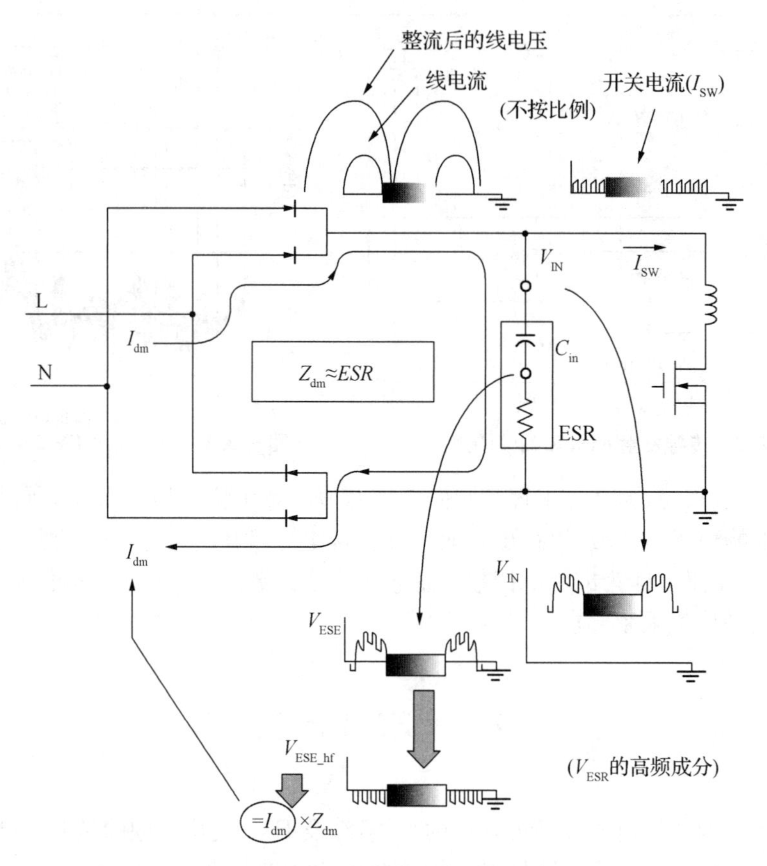


**图 9.3.2 DM 噪声产生的原因示意图**

电源输入大电容 $C_{in}$ 非理想电容，存在等效串联电阻（Equal Serial Resistance，ESR），电容两端会有高频电压纹波 $V_{ESR}$，$V_{ESR}$ 实际上是 DM 噪声的产生源，其本质是电压源 $V_{ESR\_hf}$（$V_{ESR}$ 的高频成分），但噪声的产生形式是噪声电流 $I_{dm}$。

输入线 L/N 电流只在交流周期中很短的时间内流经二极管，即二极管正向偏置但二极管关断时，高频开关电流仍可以流过 MOSFET，使 $V_{ESR}$ 变负，因此，高压直流母线上依然有高频纹波 $V_{IN}$。但意外的是，噪声还会出现在本应已经反向偏置的二极管靠近电网的一侧。因此，DM 噪声产生源在二极管导通时的模型是电压源；而在二极管截止时是电流源，这两个模型来回切换的频率是电网频率的两倍，使得分析很难。如在整流桥左边并一个 X 电容，可以认为 EMI 主要是电压源，可忽略电流源影响。

图中 $I_{dm}$ 方向是从 L 流入，N 流出。在另半个交流周期，这个方向会随着交流线电流反向而反向。因此，DM 电流方向“来回变换”取决于所处的交流周期的位置，从最终 EMI 测量角度而言毫无变化，因为每次测量要拾取几个交流周期。

### 9.3.2　CM 噪声源

CM 又称不对称模式（asymmetric mode）或接地泄漏模式（ground leakage mode）。由图 9.3.3 的 CM 模型可以看出，CM 噪声源一端接地，另一端对 L 线和 N 线的阻抗相等。CM 可能给 L 线和 N 线引入幅值相等且方向相同的噪声电流，但要注意假设前提是线路阻抗相等。阻抗不平衡时（在 L 线/N 线）会产生“不对称共模”电流分量，也就是实际电源中的共模情况，其实是不对称共模等效于实际共模量与差模量的和。换言之，当线路阻抗不平衡时候，CM 被转化成 DM。

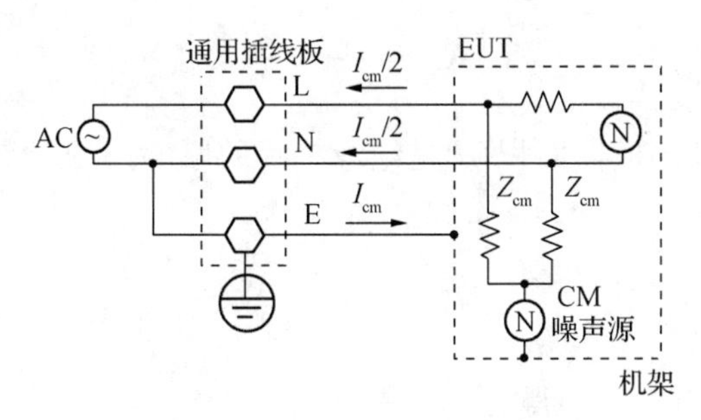


**图 9.3.3　CM 模型**

CM 噪声从定义上而言必须有到地的漏通道。例如，很多电源采用外壳作为效果良好的散热器，以此来为功率器件 MOSFET 散热，功率器件 MOSFET 安装外壳典型实例如图 9.3.4 所示。MOSFET 与外壳之间要有电气隔离，安装在散热器上 MOSFET 的漏极用绝缘垫片与散热器外壳隔离，以满足安全技术要求。由此两金属平面中间有介质（绝缘垫片）形成电容。

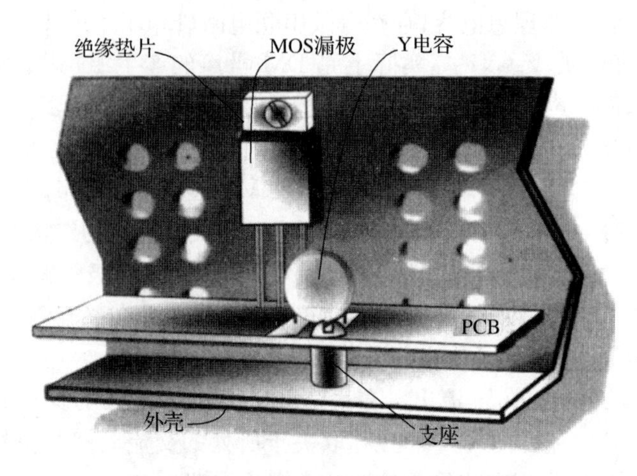


**图 9.3.4 MOSFET 安装外壳典型实例**

麦克斯韦定律指出，改变这些平面之间的电压会产生磁场，并产生流过寄生电容的电流，是指流入大地的噪声电流，即 CM，公式表示为

$$I = C\frac{\mathrm{d}V}{\mathrm{d}t} \tag{9.3.1}$$

通常没有很好的办法减小 $\mathrm{d}V/\mathrm{d}t$，过分减小 $\mathrm{d}V/\mathrm{d}t$ 会影响效率。因此，只有通过减小电容 $C$ 来减小这一电流。但仔细分析方程后，发现这是一个两难的问题。热阻抗（$R_{\mathrm{th}}$，单位为℃/W）公式表示为

$$R_{\mathrm{th}} = \frac{1}{\rho} \times \frac{d}{A} \tag{9.3.2}$$

式中，$A$ 是绝缘垫片的横截面积；$d$ 是绝缘垫片的厚度；$\rho$ 是绝缘材料的热导率。而电容 $C$ 为

$$C = \varepsilon_0 \varepsilon_r \times \frac{A}{d} \tag{9.3.3}$$

结合式(9.3.2)和式(9.3.3)得

$$R_{\mathrm{th}} = \frac{\varepsilon_0 \varepsilon_r}{C\rho} \tag{9.3.4}$$

结果是：

- $R_{\mathrm{th}}$ 和 $C$ 关系只与材料的热导率相关，与 $A$ 或 $d$ 无关。
- 要改善散热，电容量一定要增加，这显然会增加 CM 噪声电流。
- 由于成反比关系，绝缘垫片厚度增加寄生电容量减半时，EMI 大概可改善 6 dB，即 $20\times\log(1/C)$；反过来，$R_{\mathrm{th}}$ 随之增加，MOSFET 管损坏几率增加。因此，这种方法在减小 EMI 时会带来可靠性下降。

图 9.3.5 为共模噪声产生原因示意图。注意，忽略了经过变压器内部一次到二次寄生电容进入二次侧（接地）的共模电流。半个交流周期内 CM 噪声电流 $I_{\mathrm{cm}}$ 流过的主路径（黑箭头）两个电路图都在同一交流半周，上图为开关关断时电流可能流经的回路；下图为开关导

通时电流可能流经的回路。

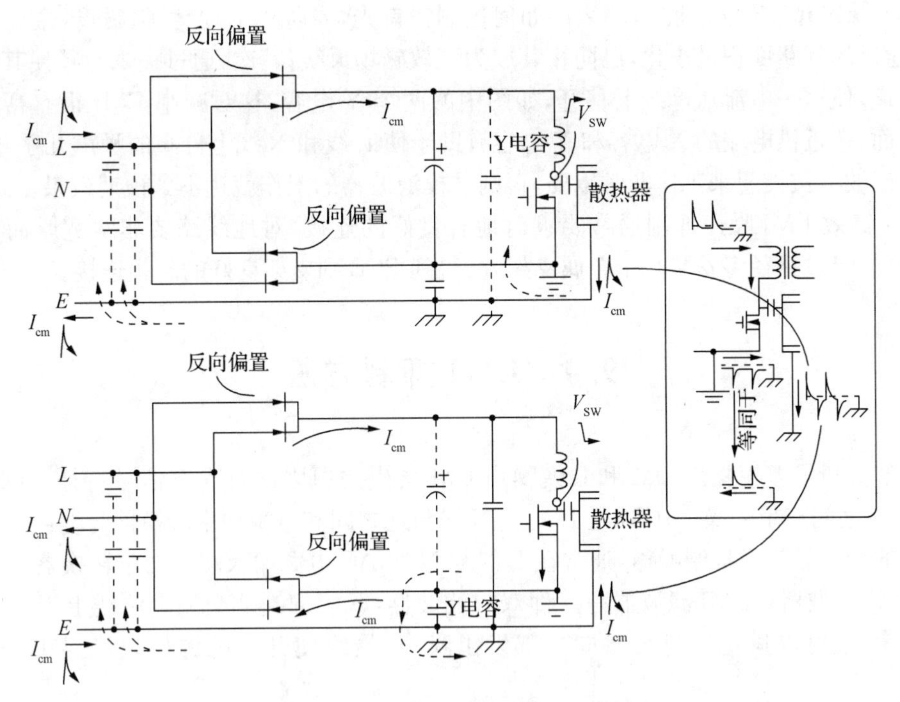


**图 9.3.5　CM 噪声产生原因示意图**

假设二极管是理想的，2个二极管导通，2个二极管截止，CM噪声也如此。注意图中的一些杂散CM通道（带箭头的虚线）会流过一定量的噪声。暂时忽略这些额外通道，尤其是图中带“Y电容”标志的元件，可以得到以下结论。

(1) 图中MOSFET关断时，漏极电压突然升高，电容两端电压突然改变时电容中会产生电流，电流大小为$I=CdV/dt$。注入电流进入机架或地，这一过程电容充电获得少量电荷。图中MOSFET导通时，漏极电压下降，寄生电容释放电量。

(2) 开关关断或导通瞬间，L线与N线端口、功率变换器产生尖峰的$I_{cm}$。有非对称CM电流流动意味着L线与N线上的电流并非任意时刻都完全相等。

(3) 无论功率变换器的MOSFET何时关断，电感不允许MOSFET上的电流变化，直至续流通道形成。MOSFET漏极电压上升，所有寄生和非寄生电容都会阻止其上升而被充电，如漏源电容$C_{OSS}$和外壳安装电容。换言之，寄生电容承担了电感上的所有能量，这正是为什么开关变换器中CM噪声产生源工作特性像电流源的原因。

(4) 漏源电容$C_{OSS}$必须充电以开始续流，因为电容另一端紧紧连在固定的电压母线上（一次地）。实际上，只要切断与地电连接，那么就可使流过寄生电容的电流强制为零。这对实际开关过程没有影响，只是电容另一端外壳可以浮动。这样做的结果是寄生电容充电电流变成零，$dV/dt$也变为零，即电容电压没有净变化，外壳上的$dV/dt$最终正好等于MOSFET漏极上的$dV/dt$，并开始辐射。因此，通过几乎不允许CM进入电网母线，成功地改善了传导发射频谱，但肯定会陷入严重的辐射问题中。

(5) 实际要做的是提供CM电流流通通道，这样可以阻止机架上的$dV/dt$变化。为了从整体上减小噪声，必须切实保证有效接地（保护地或大地），即从PCB到外壳，都有良好的接地。

(6) 既然允许有 $I_{cm}$ 流过,那么该如何控制?首先,要防止 $I_{cm}$ 产生强磁场,主要目标是使 $I_{cm}$ 通道的环路面积最小化,已防止其成为高效磁场天线;其次,通过提供途径使其回到产生源通道,使这一电流从母线上移开,如图中的两个 Y 电容,这对减小 EMI 很有帮助。整流桥前面、接近供电端的 X 电容和 Y 电容有助于使 L 线和 N 线上分布的噪声几乎相等,这对共模滤波器按设想来工作非常重要,否则共模滤波器的工作就达不到预期效果。

(7) 高效 EMI 噪声抑制通常要求对地有良好的连接,对地线路要非常宽厚而且要直通,尽可能经过路径多安装几个金属支架,已得到 PCB 到支架良好的高频连接。

# 9.4 EMI 抑制方法

上节分析了差模噪声 DM 和共模噪声 CM 产生的原因以及噪声信号特征。DM 是 L 线与 N 线之间产生的噪声;CM 是 L 线或 N 线与地之间和电源功率转换器与地或主电源之间产生的噪声。为了抑制噪声,通常在 L 线与 N 线 AC 电源输入端与功率转换器之间插入一个 EMI 滤波器。EMI 滤波器是一种双向滤波器,既能抑制从交流电源线上引入的外部电磁噪声,还可以避免本身设备向外部发出噪声,最终使开关电源模块满足 EMC 设计要求。

## 9.4.1 EMI 滤波器

EMI 滤波器是由电容和电感构成的低通滤波器,最终目的是从整体上控制传导发射,典型 EMI 滤波器如图 9.4.1 所示。图中一级针对差模噪声,另一级针对共模噪声。

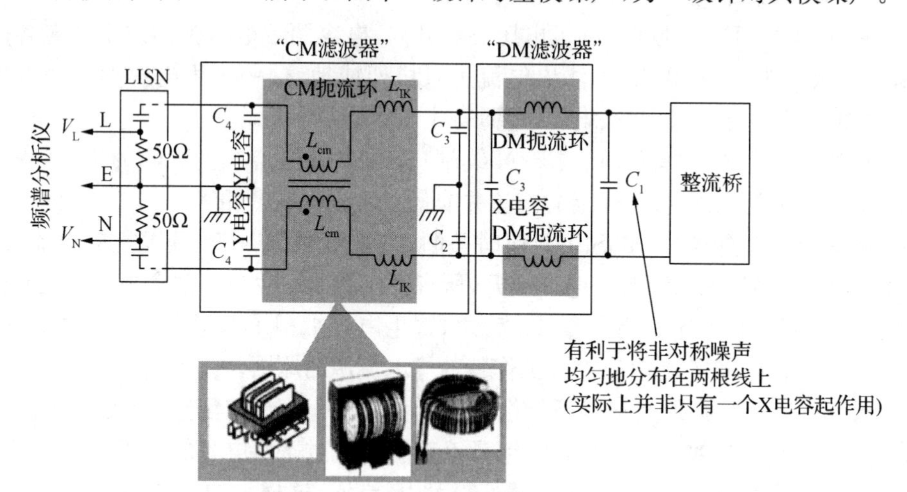


**图 9.4.1 典型 EMI 滤波器**

CM 级与 DM 都是对称平衡的,从整流桥出来的噪声和进入线路阻抗稳定网络(LISN)的噪声来看,效果等同于两个级联的 LC 滤波器,这种滤波器结构可得到良好的高频衰减(滚降)。有时不平衡滤波器也可工作,如一个 DM 扼流圈。如果线路阻抗不平衡,会使 CM 噪声转化为 DM 噪声,其技术要求尽可能保证 CM 平衡和 DM 对称。

滤波器通常放置在整流桥之前，因为滤波器在这个位置同时可以抑制整流桥二极管产生的噪声。因为，二极管在关断瞬间，会产生大量中高频的噪声。通用方法是在每个二极管并上小RC吸收电路。

中等功率变换器的CM扼流环每个绕组线圈电感量范围是10 mH～50 mH；DM扼流环通常小得多，电感量范围是500 μH～1 mH。CM扼流环每个绕组都存在漏感$L_k$，在原理上是非耦合的，所以它们没有任何共同的磁路。实际上，对DM噪声表现为一感抗值。CM扼流环的这一潜在的电感$L_k$被用作非故意的DM扼流环。因此，在小功率变换器中通常没有独立的DM扼流环。

安规电容定义：是指用于这样的场合，即电容器失效后，不会导致电击，不危及人身安全，它包括了X电容和Y电容。电容壳体上一般都标有安全认证标志（如UL、CSA等标识）和耐压AC250V或AC275V字样。安规电容实物如图9.4.2所示。

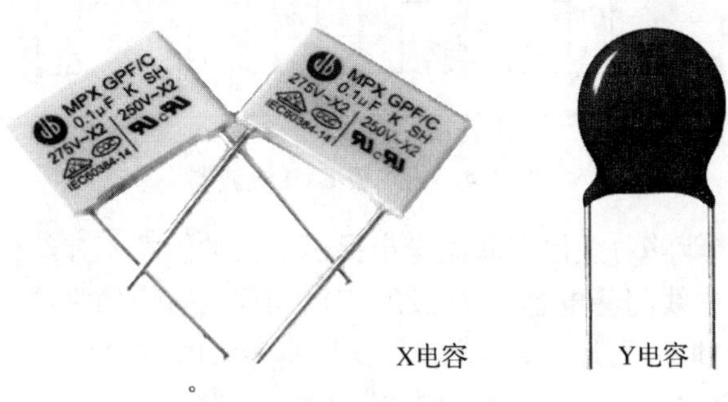


图9.4.2　规电容实物

X电容（X-caps）：线间电容，用来抑制差模噪声。离线式应用中输入整流桥前的X电容必须是安规电容，X电容的脉冲试验典型值高达2.5 kV。但整流桥后电容从安全角度来说是无此要求。通常X电容多选用纹波电流比较大的聚酯薄膜类安规电容器。X电容一般都标有安全认证标志和耐压AC250 V或AC275 V字样，但其真正的直流耐压高达2 000 V以上，使用的时候不要随意使用标称耐压AC250 V或者DC400 V之类的普通电容来代用。

Y电容（Y-caps）：线对地电容，用来抑制共模噪声。离线式应用中输入整流桥前的Y电容必须是安规电容。因为Y电容失效可能会造成触电死亡，所以Y电容的脉冲试验典型值高达5 kV。有些应用场合甚至可能需要两个Y电容串联达到双重绝缘。通常Y电容多选用瓷片安规电容器。

一般情况下，Y电容工作在亚热带的机器，要求对地漏电电流不能超过0.7 mA；工作在温带的机器，要求对地漏电电流不能超过0.35 mA。因此，Y电容的总容量一般都不能超过4 700 pF(472)。Y电容的电容量必须受到限制，从而达到控制在额定频率及额定电压作用下，流过它的漏电流的大小和对系统EMC性能影响的目的。GJB151规定Y电容的容量应不大于0.1 μF。Y电容除符合相应的电网电压耐压外，还要求这种电容器在电气和机械性能方面有足够的安全余量，避免在极端恶劣环境条件下出现击穿短路现象，Y电容的耐压性能对保护人身安全具有重要意义。必须强调，Y电容不得随意使用标称耐压AC250 V或者DC400 V之类的普通电容来代用。

我们注意到Y电容安全标准比X电容要高。因此X电容的位置可以使用Y电容，反之则不然。

## 9.4.2 应用实例

常用产品有单级 EMI 滤波器和双级 EMI 滤波器，双级是两个单级串联组合。对于中功率及以上开关电源产品来说，在电源线入口处安装双级 EMI 滤波器，可对电源产生的高频脉冲干扰电压有极好的衰减，对 AC 电源端引入噪声有优良的滤波特性，以满足 CE 或 FCC 标准的 EMC 要求；同时，是保证通过射频传导发射试验测试的有效方法，双级 EMI 滤波器如图 9.4.3 所示。

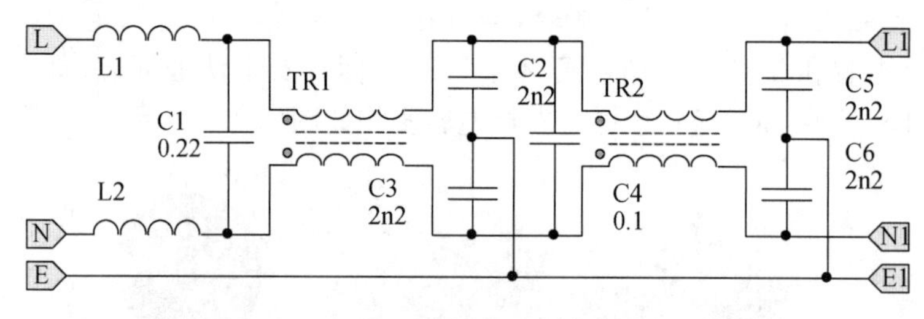


**图 9.4.3 双级 EMI 滤波器**

双级 EMI 滤波器能够对差模和共模噪声提供更大的阻抗不连续性，从而得到更大的衰减量。跨接于相线与中线间的电容 C1(0.22 μF)、C4(0.1 μF)用来抑制差模噪声，由于两线间属于低阻状态，电容取值要加大；相线或中线与地并联电容 C2 与 C3、C5 与 C6 旁路高频共模噪声到地，由于两线与地间属于高阻状态，电容取值较小，还可以减小并联电容产生的漏电流，提高安全性。

德国 API 公司(www.apitech.com)双级 EMI 滤波器 62-MMF 系列产品插入损耗如图 9.4.4 所示。滤波器在 0.2 MHz～20 MHz 带宽内对噪声有较大的插入损耗，可达到 40 dB以上，最高可达 70 dB。应用双级 EMI 滤波器使电源产品更容易达到 EMC 设计要求。

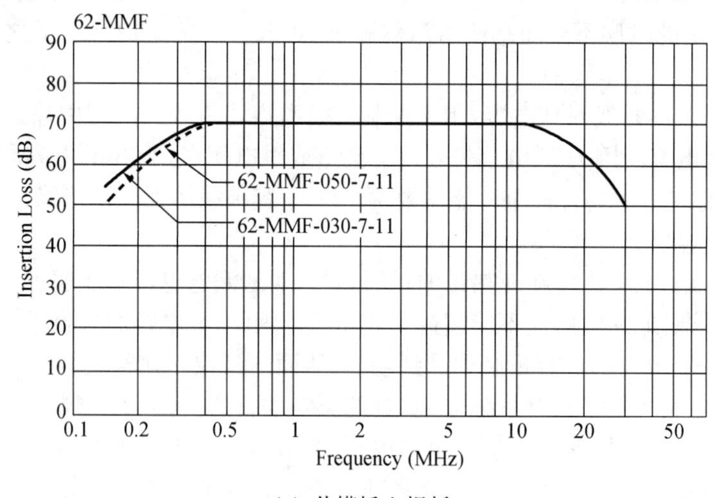


(a) 共模插入损耗

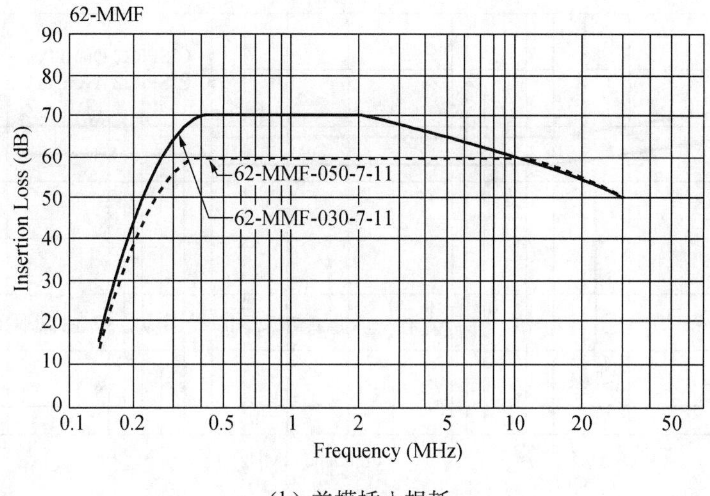


（b）差模插入损耗

**图 9.4.4　插入损耗**

下面是 DC/DC 电源变换器测量传导骚扰实验结果。当未加 EMI 滤波器时，传导骚扰电压频谱图如图 9.4.5 所示。当加 EMI 滤波器时，传导骚扰电压频谱图如图 9.4.6 所示。实验测试结果表明，未加 EMI 滤波器会造成某些频率点超过 EMC 标准；加 EMI 滤波器可有效抑制噪声电平，满足 EMC 标准要求，并且还有一定裕量。

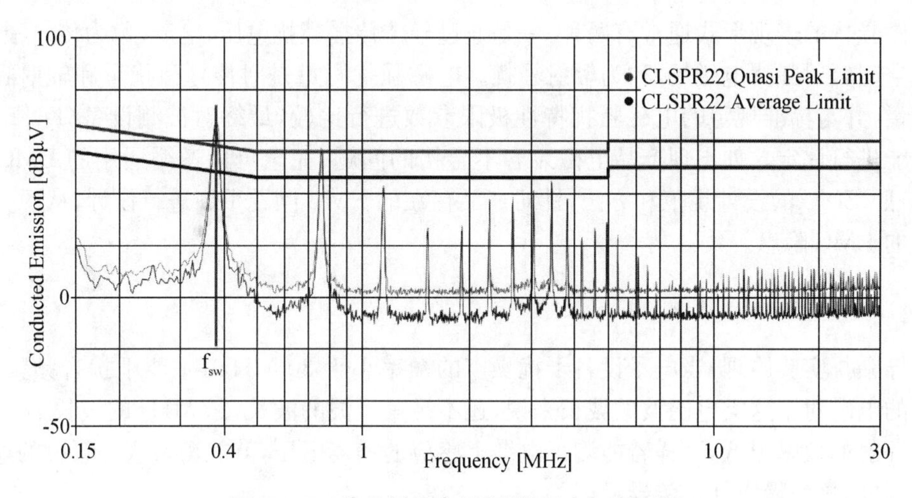


**图 9.4.5　传导骚扰电压频谱图(未加滤波器)**

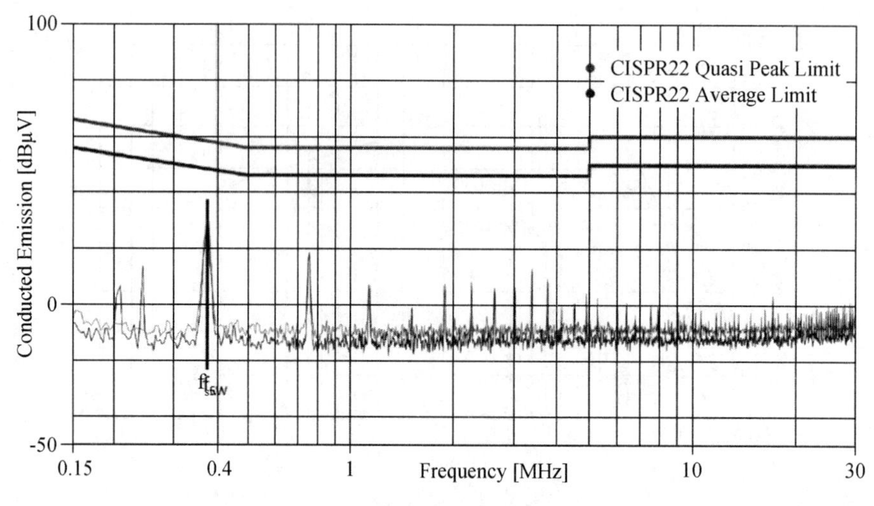


图 9.4.6 传导骚扰电压频谱图(加滤波器)

# 9.5 EMI 测量

电磁骚扰的表现形式通常有两种,一是通过导体传播骚扰电压、电流,称为传导骚扰;二是通过空间辐射骚扰电磁场,称为辐射骚扰。电磁骚扰测量是对传导骚扰量和辐射骚扰量进行测量,并与标准规定的电磁骚扰特性极限参数进行比较,最终对被测设备(DUT)的抗扰度性能进行评定。如出现产品电磁兼容不合格的问题,完全可以遵循通用的 EMC 设计思路,按照 EMC 的设计规范和方法,针对产品存在的 EMC 问题重新进行设计,从源头上解决存在的 EMC 隐患。

## 9.5.1 传导骚扰测量

传导骚扰实验原理:当电子设备干扰噪声的频率小于 30 MHz,主要干扰音频频段,电子设备的电缆对于这类电磁波的波长来说,还不足一个波的波长(30 MHz 的波长为 10 m),向空中辐射的效率很低,这样若能测得电缆上感应的噪声电压,就能衡量这一频段的电磁噪声干扰程度,这类噪声就是传导噪声。

测量的目的是测量开关电源注入 AC 电源线的传导辐射骚扰电平。按照欧盟 DIN EN 55016-2-1 标准完成辐射骚扰电平测量。标准说明了被测噪声电平的类型、配置不同接口的设备和测试平台。传导辐射骚扰电平频率范围是 9 kHz~30 MHz,实际操作时频率范围是 150 kHz~30 MHz。测量平台,除了 EMI 接收机(频谱分析仪)外,配置了线路阻抗稳定网络(LISN)、探头、换流器钳夹和容性耦合器。开关电源传导辐射骚扰测试原理图如图 9.5.1 所示。传导辐射骚扰测试平台如图 9.5.2 所示。

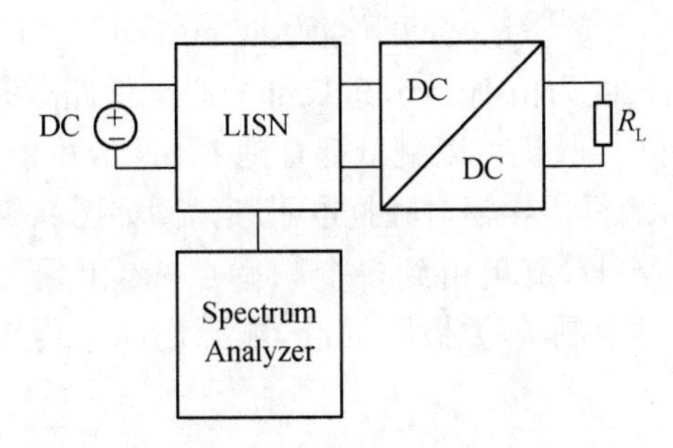


图9.5.1 开关电源传导辐射骚扰测试原理图

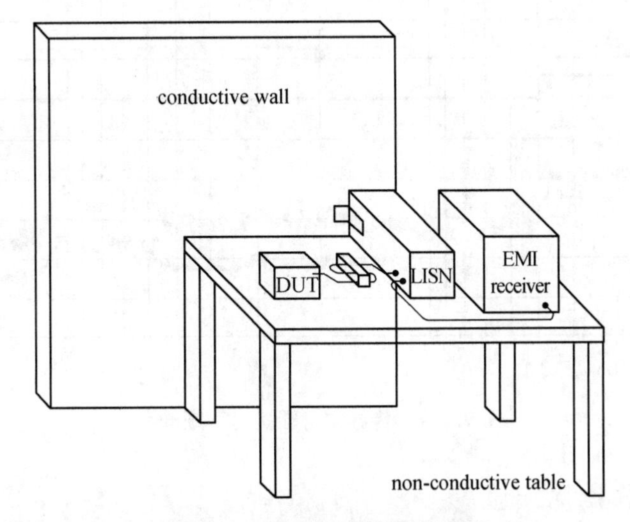


图9.5.2 传导辐射骚扰测试平台

线路阻抗稳定网络(LISN):串接在受试设备电源进线处的网络。它在给定频率范围内,为骚扰电压的测量提供规定的负载阻抗,LISN典型电路如图9.5.3所示。其作用是:

- 在被测设备(DUT)及供电电源之间起高频隔离作用,避免来自供电电源的噪声进入DUT,或DUT的噪声进入供电电源线,从而影响测量结果。
- 模拟实际的供电电源阻抗,为DUT的电源端子间提供规定的阻抗,以使测量结果统一化。
- 保持测试频段内的阻抗稳定为50欧,以实现与测量接收机/频谱分析仪的输入阻抗匹配。

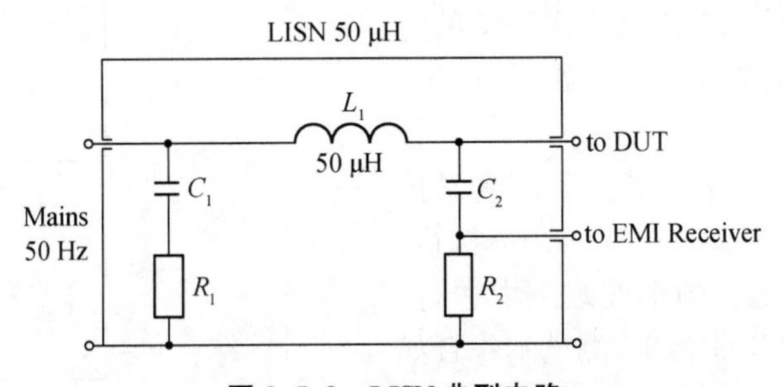


图9.5.3 LISN典型电路

DUT安装在一个不导电工作台上,位于参考地电平上,工作台高度大约40 cm。如果有一个直立的参考地电平,工作台高度至少80 cm。LISN必须保证与参考地良好连接。

DUT 与其连接电缆布置时，与参考地之间距离为 40 cm；DUT 与 LISN 之间距离为 80 cm，DUT 与 LISN 之间电缆线长度为精确 1 m，过长部分必须短路或折叠，因此，完成了一根长度为 1 m 的高频电缆。EMI 接收机可以测量耦合到 LISN 的每根电缆线上的噪声。

对某一开关电源产品，测得传导辐射骚扰电平频谱图如图 9.5.4 所示。由图可知，测量频率范围是 150 kHz～30 MHz，测量得到多个频率点峰值电平（绿线）和平均值电平（红线），对照表 9.2.1 传导发射限制 A 类极限标准，电源产品的传导骚扰限制技术指标满足 EMC 设计要求。

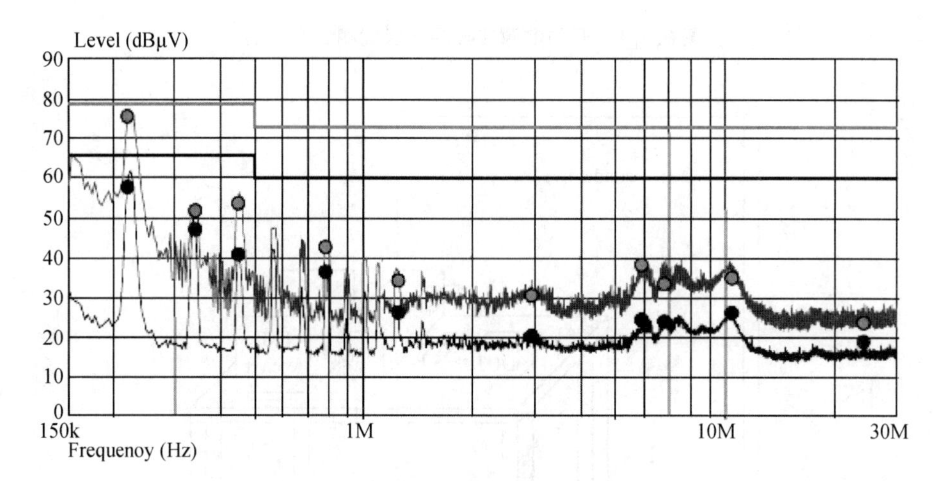


**图 9.5.4 传导辐射骚扰电平频谱图**

## 9.5.2 辐射骚扰测量

辐射骚扰实验原理：当天线的总长度大于信号波长 λ 的 1/20，会向空间产生有效的辐射发射；当天线的长度为 λ/2 的整数倍时，辐射的能量最大。当噪声频率大于 30 MHz 时，电子设备的电缆、开孔、缝隙都容易满足上述条件，形成辐射发射。辐射骚扰场强度频率范围是 30 MHz～1 GHz。测量的目的是测量开关电源产生的辐射进入周围环境的电磁场强度。基本测试实验平台如图 9.5.5 所示。

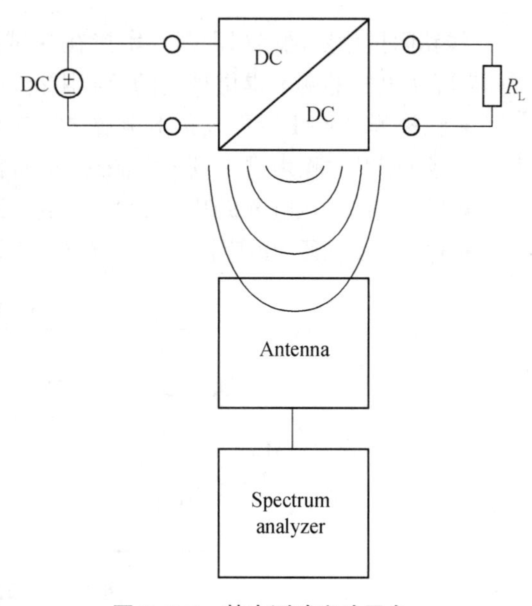


**图 9.5.5 基本测试实验平台**

30 MHz 以上辐射干扰场强的测量是按照欧盟通用标准 DIN EN 55016－2－3 执行，测量操作在带导电地板的电波暗室内进行。DUT 放置在不导电工作台上，测试工作台如图 9.5.6 所示。通过旋转 DUT 达到测量最佳位置，工作台必须安装在转盘上。在大型消声室内，接收天线架设点与 DUT 距离是 10 m，天线可以垂直上下移动，判定每个测量频率点最大电场强度(峰值频谱)。为了测量 DUT 辐射场的水平和垂直极化,天线方向也可以调整。在小型电波暗室内,接收天线架设点与 DUT 距离是 3 m。天线与 DUT 之间的地板必须是电波吸收材料覆盖。电波暗室测试平台如图 9.5.7 所示。

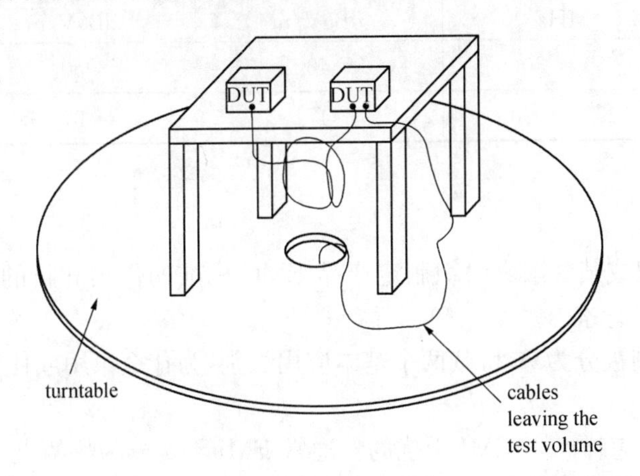


图 9.5.6　测试工作台

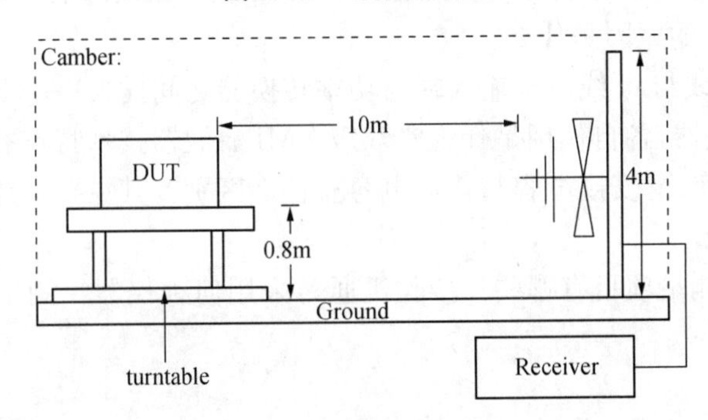


图 9.5.7　电波暗室测试平台

对某一开关电源产品,在天线与 DUT 距离为 3 m 时,测得辐射骚扰电平频谱图如图 9.5.8所示。由图可知,测量频率范围是 30 MHz~1 GHz,测量得到多个频率点峰值电平。对照表 9.5.1 辐射骚扰限制 A 类极限标准,电源产品的辐射骚扰限制技术指标满足了

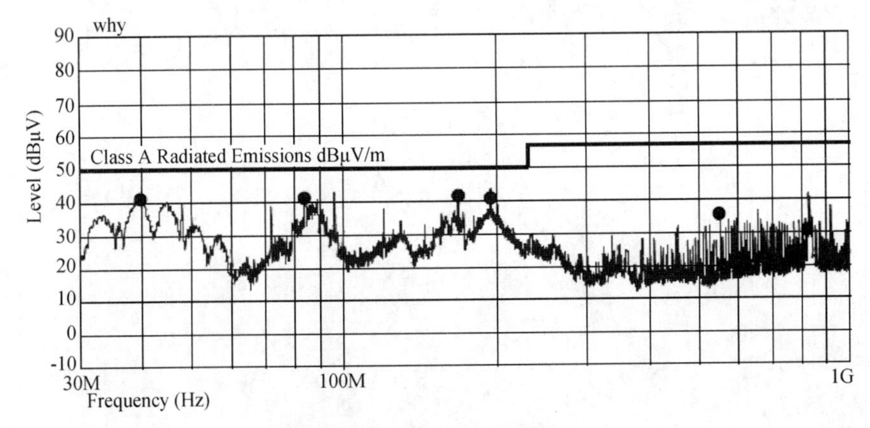


图 9.5.8　辐射骚扰电平频谱图

EMC 设计要求。

表 9.5.1 辐射骚扰限制 A 类极限标准

| Frequency band MHz | Quasi-peak 10m dBμV/m | Quasi-peak 3m dBμV/m |
|---|---|---|
| 30—230 | 40 | 50 |
| 230—1000 | 47 | 57 |

## 思考题与习题

9.1 国际组织或某些国家组织制定产品 EMC 标准的作用和目的是什么？为什么要强制执行产品 EMC 标准？

9.2 EMI 限制被分为 A 和 B 两个基本应用类别，为什么家用或住宅类 ITE 产品 EMI 限制更为严格？

9.3 开关电源怎样产生 EMI 干扰的？通常 EMI 干扰分为哪两类？

9.4 抑制 DM 噪声最有效的方法是什么？抑制 CM 噪声最有效的方法是什么？CM 噪声转化为 DM 噪声的原因是什么？

9.5 通常在 L 线与 N 线电源输入端与功率转换器之间插入一个 EMI 滤波器，EMI 滤波器含有哪两种滤波器，各自作用是什么？双级 EMI 滤波器技术特点有什么？

9.6 X 安规电容、Y 安规电容与普通电容有什么区别？其主要特点是什么？互换使用后会造成什么后果？

9.7 电磁骚扰测量项目有哪些？接收机通常采用何种仪器？测量的各自频率范围是多少？

# 第10章　安全与可靠性

对于电源产品而言，安全、可靠性历来被视为重要的性能之一。为此，在电源产品设计制造过程中，需遵守国际组织颁布的安全与可靠性方面标准。保证电源产品在满足电气技术指标条件下能正常工作，同时还要满足外界、自身电路或负载电路出现故障的情况下，也能安全可靠地工作。

## 10.1　安全

各种安全标准和规章的最主要目的是避免损伤，生命损失或者财产损害，潜在危险是按以下级别定义：

- 电击
- 危险能量
- 物理损伤
- 辐射和化学灾害

DC－DC 转换器的一个关键问题是提高转换器的应用安全性。如果 DC－DC 转换器是经过安全认证的，那么应用设计者可以把 DC－DC 转换器当作一个安全组件，信任转换器的制造商，产品已达到安全标准并提供足够的内部安全保障。如果 DC－DC 转换器已经通过认证，这个任务就会变得相对简单。

新的安全认证规章的宗旨在于强调产品设计者的责任，包括危险防范工程和风险管理，作为安全认证过程中的一个部分。相比传统的电子安全标准，如 60950 或者 ETS300，只关注 DC－DC 转换器本身的安全问题，而不考虑对最终用户的后续风险。新的安全认证规章相对于传统的电子安全标准是一个重大的改变，对制造商产品的安全性提出了非常苛刻的要求。

危险防范工程包括以下四个步骤：

（1）确保产品的危险源头；

（2）分类危险的严重性；

（3）制定合适的安全措施；

（4）确保安全措施有效。

### 10.1.1　电击

大部分应用中的 DC－DC 转换器都是配套 AC－DC 转换器使用的，也就是说 AC－DC 转换器的输出作为 DC－DC 转换器的输入。如果 AC－DC 转换器隔离失效而使危险电压出现在输出端，那么随后的 DC－DC 的隔离必须保护最终用户免于电击伤害。这种双重的独立保护机制是许多安全标准的基本原则。

1. 绝缘等级

安全标准定义了三个主要的绝缘等级。

(1) 功能绝缘：绝缘层足够使转换器正常工作，满足适当的安全隔离要求并且在失效时不至于引发火灾，但绝缘能力不足以提供电击防护。图 10.1.1 是一个功能绝缘的转换器，输入和输出的绕组相互缠绕在一起，其上的漆包线是仅有的绝缘保护，虽然这种结构非常简单，但是仍然可以达到 4kVdc 的绝缘。大多数 DC－DC 转换器的电源是非危险电压，都处于这个安全等级。

图 10.1.1　功能绝缘的转换器

(2) 基本或者补充绝缘：满足功能绝缘的要求并带有对电击的附加绝缘防护，这个防护层至少有 0.4 mm 厚，它的内部安全隔离也比功能绝缘大得多。图 10.1.2 是一个基本绝缘的转换器，安装在塑料盒中的环形磁芯形成了一个“桥”，物理上分隔了输入和输出绕组。基本绝缘的 DC－DC 转换器一般都有物理绝缘层，绝缘不只依赖于变压器的漆包线。

图 10.1.2　基本绝缘的转换器

(3) 双重或加强绝缘：满足基础绝缘的要求并带有多重物理绝缘壁垒来提供电击防护。每层壁垒至少有 0.4 mm 厚，内部安全隔离也更大。图 10.1.3 是一个加强型绝缘的转换器。输出绕组使用了三层绝缘的线，聚酯薄膜提供了额外的输入输出之间的爬电隔离并提供隔离壁垒。这种 DC－DC 转换器可以承受长时间的危险交流电压(工作电压＝250 Vac)并提供高达 10 kVdc 的隔离。

**图 10.1.3　加强绝缘的转换器**

2. 人体阈值电流

定义一个电流造成的伤害不是一件容易的事。人体的电阻在 110 Vdc 时大约是 2 kΩ，随着电压上升而下降。但是这个关系对于不同的人区别很大，皮肤的电阻比内部器官的电阻高得多，一个皮肤非常干燥的人的电阻可能高达 100 kΩ。完全接触（整个手大约 8 $cm^2$）的接触面积比部分接触（比如 0.1 $cm^2$ 的指尖面积）的电阻小。交流电流更加危险，因为皮肤在这里成为电接触与皮下组织之间的绝缘体，所以交流电阻比直流电阻小得多。

为了定义电流造成的伤害，首先定义人体免于受到电击的电流限制是直流电流为 2 mA、50 Hz 交流峰值电流为 0.7 mA 或有效值（RMS）为 0.5 mA。表 10.1.1 给出了流经人体的阈值电流等级。

**表 10.1.1　流经人体的阈值电流等级**

| 电流效应 | 电流 | 用电安全 |
|---|---|---|
| 最小反应 | 小于 0.5 mA | ES1 |
| 惊吓反应，但没有伤害 | 高达 5 mA | ES2 |
| 肌肉收缩，但是可以放手 | 高达 10 mA | ES3 |
| 心脏除颤，内部受伤，死亡 | 大于 10 mA | |

当 DC - DC 转换器的输出被限制在小于 60 Vdc 或 42.4 Vac 时，是安全电压，不需要担心用户会受到电击。AC - DC 转换器的隔离能力必须在转换器失效时足以阻隔危险电压并防止用户受到电击。230 Vac 电源的峰值电压为 325 V，要求隔离能力大于 500 Vdc 的 DC - DC 转换器。

3. 电击防护

安全标准从绝缘力度、电气间隙和爬电距离三个主要方面考虑对电击的防护。

（1）绝缘力度

用直流电或交流电测试绝缘力度的安全性，绝缘层必须承受 60 秒这个电压而无损。

（2）电气间隙

在保证电气性能稳定和安全的情况下，通过空气能实现绝缘的最短距离。如果一个转换器是全封闭的，没有任何空气流通，电气间隙就是输入引脚到输出引脚的距离。对于开放式的 DC - DC 转换器，电气间隙不包括内部变压器绕组的间隔，但包括初级绕组到次级引脚之间的电气间隙。表 10.1.2 给出了不同绝缘等级空气中的电气间隙最小值。

表 10.1.2 不同绝缘等级空气中的电气间隙最小值

| 直流(交流)电压 | | | | | | | | | |
|---|---|---|---|---|---|---|---|---|---|
| 绝缘等级 | 12 (12) | 36 (30) | 75 (60) | 150(125) | 300(250) | 450(400) | 600(500) | 800(660) | Vdc(Vac) |
| 功能 | 0.4 | 0.5 | 0.7 | 1.0 | 1.6 | 2.4 | 3 | 4 | mm |
| 基本 | 0.8 | 1 | 1.2 | 1.6 | 2.5 | 3.5 | 4.5 | 6 | mm |
| 加强 | 1.6 | 2 | 2.4 | 3.2 | 5 | 7 | 9 | 13 | mm |

(3) 爬电距离

爬电距离的最小值是由操作电压、材料的表面电导率和污染程度决定的。爬电距离测的是 PCB 板上初级与次级之间最短的距离。绝缘材料的比较性漏电指数(Comparative Tracking Index,CTI)指的是输入输出之间的绝缘材料的表面电导性对爬电距离的影响。材料等级的定义如表 10.1.3 所示。

表 10.1.3 材料等级的定义

| 绝缘等级 I: | 600≤CTI |
|---|---|
| 绝缘等级 II: | 400≤CTI<600 |
| 绝缘等级 IIIa: | 175≤CTI<400 |
| 绝缘等级 IIIb: | 100≤CTI<175 |

一个标准的 FR4 PCB 板的 CTI 一般在 200 到 250,如果有焊接阻焊层,增加到 400(绝缘等级Ⅲa);如果是带有 PTFE 涂层的板,CTI 可以大于 600(绝缘等级Ⅰ),由此说明了电路板增加绝缘等级技术措施。污染程度指的是表面湿度或污染物对计算爬电距离最小值的影响。如在工业环境或户外环境,由于较脏环境,爬电距离必须增加。全封闭的 DC - DC 转换器隔绝了灰尘、潮湿和污染,此处与应用环境无关。

实际应用中,工作电压指的是转换器正常工作时,加载在其上的最大电压。如一个2∶1 输入范围,额定输入为 48 V,额定输出为 24 V 的转换器,需满足:$U_{\mathrm{I(max)}}$ 72 V+ $U_{\mathrm{O(max)}}$ 24 V =96 V 的爬电距离要求。

4. 保护性接地

除了电绝缘外,保护性接地(PE)也是一种避免电击的方法。如果一个 AC - DC 转换器带有基本绝缘,一个输出与保护性接地相连,那么这样的转换器满足两种方式的安全要求。如果输出是浮空的话,那么绝缘层必须是加强型的。任何潜在的危险电压都不得暴露,任何暴露的导电部分在正常工作时都不得有潜在危险。常见的接地符号如图 10.1.4 所示。

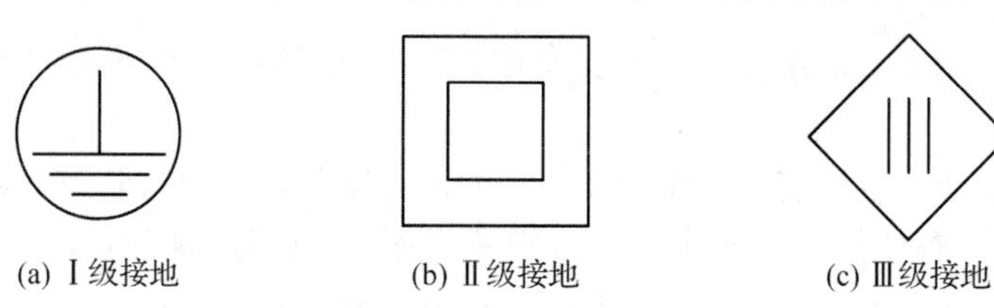

(a) Ⅰ级接地 (b) Ⅱ级接地 (c) Ⅲ级接地

图 10.1.4 接地符号

国际电工委员会(IEC)对电路的等级分类为：

Ⅰ级装备：使用保护性接地的系统(如接地金属外壳或者接地的输出)，而且出错时断路(保险丝)作为一级保护，这种系统只需要基本绝缘。没有暴露的潜在危险电压(接地的金属外壳或者接地的非导电外壳)。Ⅰ级电源必须标有图(a)中的接地标志。

Ⅱ级装备：使用双层或加强绝缘从而避免使用接地外壳，无潜在危险电压(非导电外壳)。图(b)为有双层绝缘的Ⅱ级接地标志。

Ⅲ级装备：电源电压是安全电压，且内部没有产生潜在危险电压的可能。可以使用功能性接地，但不允许使用保护性接地。图(c)为Ⅲ级标志。

国际电气规范(NEC)也用“等级”描述不同的保护，用阿拉伯数字描述对过剩能耗(火灾)的保护等级。分类为：

- 1 级电路：功率＜1 kVA，输出电压＜30 Vac；
- 2 级电路：功率＜100 VA，输入电压＜600 Vac，输出电压＜42.5 Vac；
- 3 级电路：功率＜100 VA，输入电压＜600 Vac，输出电压＜100 Vac，并需要对电击的额外防护。

对于 DC－DC 转换器，几乎所有的低输入电压 DC－DC 转换器都可以被归入Ⅲ级电源。如果Ⅰ级或Ⅱ级的 AC－DC 电源的输出是隔离型的，这种输出是相对地端的电压。这种方法对隔离型或非隔离型的 DC－DC 转换器同样适用。图 10.1.5 是电信业电路中常用的接地图示，其中所有的直流电压都是指相对于参考地端的电压(Ⅰ级输入，Ⅱ级输出)。

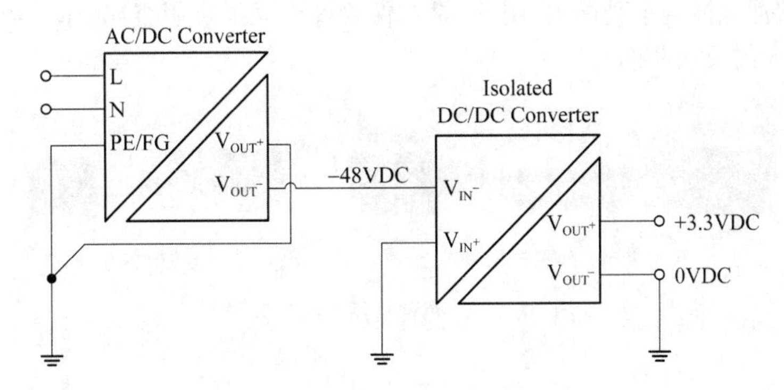


**图 10.1.5　电信业中的电源接地图示**

## 10.1.2　危险能量

IEC/UL60950 定义危险电能为：等于或大于 240 VA 的可接触功率等级，持续时间等于或大于 60 秒，或者电容器两端在 2 V 或更高的电压下，储存能量等于或大于 20 J 的情况。达到这种能量级时，能量释放(如短路或接触到蓄能元件)足以造成伤害或者起火。

降低这种危险能量可能引起的伤害或起火的最主要方法是：

- 物理保护(如外壳，有保护层的接触点，密封包装)；
- 能量消耗(如电容放电电路)；
- 火花抑制(如缓冲网)；
- 本质安全(如设计时限制能量)；
- 过流限制(如保险丝)。

1. 保险丝

保险丝(Fuse),IEC127 标准定义为熔断器(fuse-link),其主要是起过载或短路保护作用。电路中正确设置保险丝,保险丝就会在电流异常时,发热燃烧,自身熔断切断电流,保护电路安全运行。

保险丝的反应时间为

$$t_{\text{clear}} = t_{\text{melt}} + t_{\text{quench}} \tag{10.1.1}$$

$t_{\text{melt}}$是熔断时间,与熔断积分 $I^2t$(熔断这一保险丝所需的能量)、环境温度、预加载和保险丝结构有关,$t_{\text{quench}}$是电弧作用时间,与保险丝上的电压和保险丝结构有关。

保险丝的额定容量随温度、海拔和频率的增高而降低。在实际应用中,一般选择保险丝电流为额定电流的 1.3 倍至 1.5 倍;对冲击电流和切换负载时产生的电流,保险丝最好还有缓慢熔断的特性。因此,保险丝的反应时间和冲击电流,这两种情况需要折中考虑。

保险丝的结构决定了它的反应时间。它需要承受由于冲击电流、切换负载或冲击负载而造成的非常高的短暂过高电流而不熔断。这对于 DC–DC 转换器而言尤其重要,这是因为启动时输入滤波电容开始充电产生冲击电流,同时变压器的磁场开始建立,所以即使对于低功率的 DC–DC 转换器,它的冲击电流也可能到达几个安培。

为了解决冲击电流这一技术问题,通常用延时保险丝来取代普通保险丝。如图 10.1.6 为两种常用延时保险丝。图(a)是用螺旋形丝线增加自感,因此,在不影响稳态中断电流的情况下,提高浪涌电流的承受能力;图(b)是在保险丝上添加一团金属,作为散热器,通过散热以减缓保险丝的反应时间。

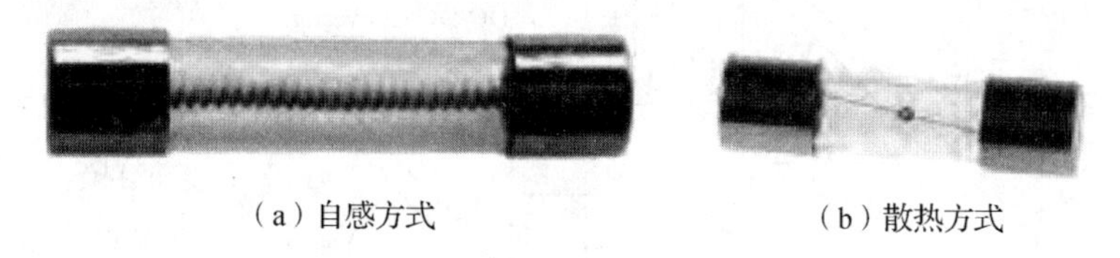

(a) 自感方式　　(b) 散热方式

**图 10.1.6 两种常用延时保险丝**

2. 断路器

断路器是指能够关合、承载和开断正常回路条件下的电流,并能在规定的时间内关合、承载和开断异常回路条件下的电流的开关装置。

热磁微型断路器(MCB)用两个独立的触发机制中断电流。磁断路对很高的短路电流的反应速度很快(一般在 5 ms 内),热断路对持续的过流需要几秒钟的反应时间。

3. 固有安全性

固有安全性试图通过减少电路中的能量等级来排除隐患,这样故障不至于造成灾害。固有安全性的四个原则是减小、替代、缓和、简化。对电源来说,这个原则意味着设计电源时,尽量使存储的能量最小,用几个小功率的电源替代一个大功率的电源,限制电源内部和外部的电流,使电源的使用尽量简便;其次,主电源应该单独安置在良好的环境中,这样环境压力不至于造成可能的故障。

4. 本质安全性

本质安全电路的设计原则是电源不具有足够的能量造成可燃的本地热量或电火花。这种设计大致分为两个保护等级：单级故障保护和双极故障保护；其次，还需要考虑电源被使用的环境或区域。

对于电源，是否符合本质安全需要对所有元件做失效模式后果分析(Failure Mode Effect Analysis，FMEA)，最坏情况的表面温度分析，并在峰值电流、峰值电压和输出短路时的最大释放能量中找到可燃能量源。

DC-DC转换器在本质安全电路中是很重要的一个部分，因为它可以提供电绝缘，限制能量和提供隔离、电气间隙、爬电距离。图10.1.7给出了本质安全性电源系统的例子，两个DC-DC转换器被用来提供安全绝缘和降低源电压至燃爆性气体的可燃电压以下。

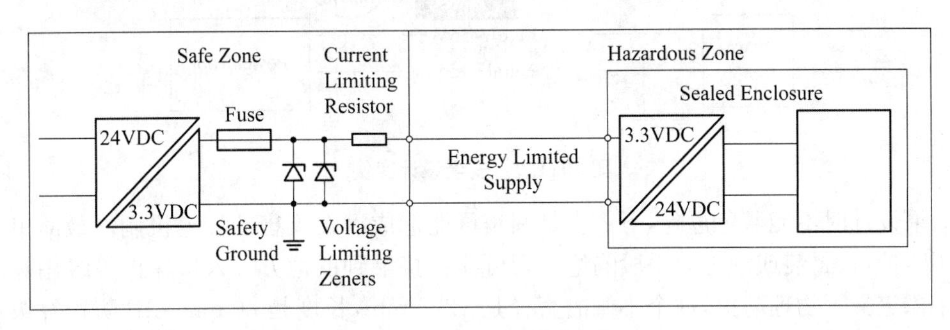


图10.1.7　本质安全性电源系统

## 10.1.3　安全设计

基于危险(HB)的安全设计，第一是评估设备中存在的任何危险；第二确定这些危险是如何通过检查转移到人体和最终阶段来成为危险的；最后阶段是设计保护措施来形成一个有效的保护措施。所有这些步骤都可以在生产前设计阶段进行评估。一种成功的方案是基于研究收集有关潜在危险、转移机制和人体对伤害的生理敏感性的资料，并运用人体工程学原理进行安全设计，图10.1.8框图描述了安全设计步骤。

为了使电气和电子产品安全使用，在以往事故调查的基础上，制定了各种安全标准、法规和证书。为了设计可以通过安全标准的电源，电源安全设计从一开始就考虑危险、传递机制和伤害风险，并设计适当的保障措施。

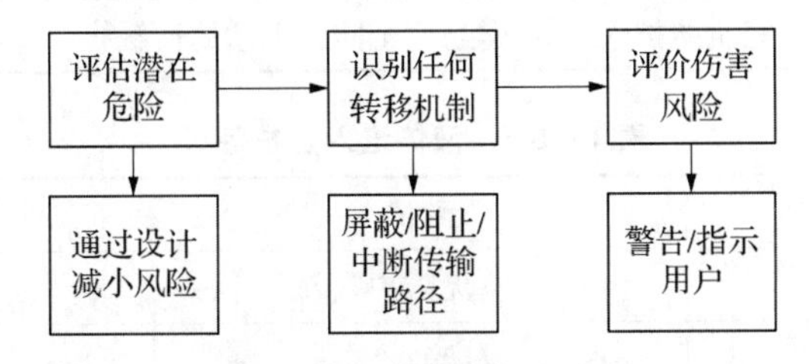


图10.1.8　安全设计步骤

如在建筑工地使用电动工具，从安全考虑可用降压、次级带中心抽头隔离变压器供电，中心抽头与设备地线相连，设备对地的最大电压从230 Vac降为55 Vac，这个设计就安全了。安全设计实例如图10.1.9所示。

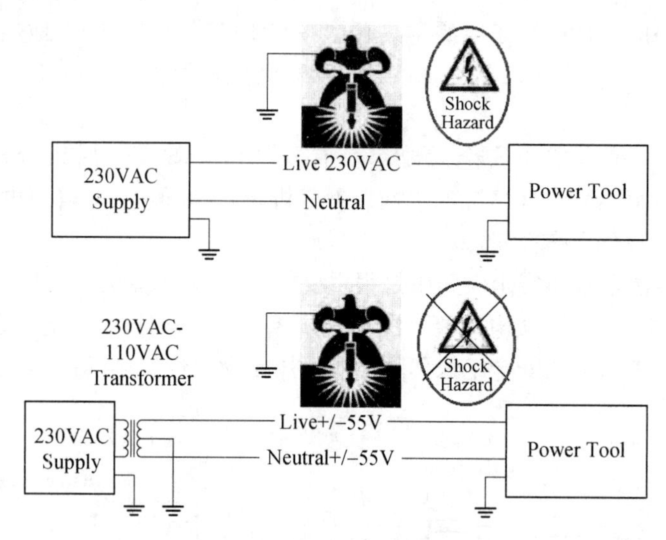


**图10.1.9 安全设计实例**

如果设计时不能避免危险,下一步是调查可能造成潜在灾害的传递机制。最简单的方法是用防护罩、封装或绝缘等手段隔绝一切可能被接触到的地方。入口保护等级用标准尺寸的小棒定义了物理防护,这个小棒的直径是12.5 mm,长度是80 mm。IP防护等级通常是由两个数字所组成,第1个数字表示固体颗粒进入防护等级,如表10.1.4所示;第2个数字表示液体进入防护等级,如表10.1.5所示。

**表10.1.4 固体颗粒进入防护等级**

| 等级 | 物体尺寸 | 防护效果 |
|---|---|---|
| 0 | | 不防护接触或物体进入 |
| 1 | >50 mm | 防护无意的大面积接触(比如手),但是不防护蓄意接触 |
| 2 | >12.5 mm | 防护无意的手指接触 |
| 3 | >2.5 mm | 防护无意的工具、粗导线等的接触 |
| 4 | >1 mm | 防护无意的细导线、小零件等的接触 |
| 5 | 防尘 | 不完全防护入口的灰尘,但不影响正常工作;完全防护无意的接触 |
| 6 | 尘密 | 完全防护入口的灰尘;完全防护无意的接触 |

**表10.1.5 液体进入防护等级**

| 等级 | 测试 | 防护效果 |
|---|---|---|
| 0 | 无防护 | 无 |
| 1 | 滴水 | 防护小雨 |
| 2 | 高达15°的滴水 | 防护大雨 |
| 3 | 洒水 | 防护高达60°的洒水 |

续表

| 等级 | 测试 | 防护效果 |
|---|---|---|
| 4 | 溅水 | 防护任何角度的水 |
| 5 | 喷水 | 防护喷嘴喷出的水 |
| 6 | 强喷水 | 防护喷嘴喷出的任何角度水 |
| 6K | 高压强喷水 | 防护强喷水 |
| 7 | 深到 1 米浸没 | 可防护浸没 30 分钟 |
| 8 | 深于 1 米浸没 | 可防护持续浸没 |

安全设计的最后一步是用警示标签，安全使用说明书和随装备的指示说明书来提醒用户远离危险。标签按灾害的等级标有“警告”，“注意”或者“危险”。

1. 失效模式及影响分析

故障模式及影响分析(Failure Mode and Effect Analysis，FMEA)是很重要的安全设计技巧。从简单的层面说，每个设计中的元件都可能在正常工作中出现短路或开路的故障。可以分析这种故障的结果，查看这种故障对电源和其他可能与之相连的系统或部件的安全和性能的影响。然后用 FMEA 根据以下的定义评估故障严重性。故障严重性等级如表 10.1.6 所示。

**表 10.1.6　故障严重性等级**

| 严重性 | 定义 |
|---|---|
| 灾难性的 | 导致多级灾祸并且/或者多级系统完全失效 |
| 危险的 | ● 损害系统安全或产生危险状况<br>● 大幅减小安全范围或可工作能力<br>● 严重的或致命的伤害 |
| 有害的 | ● 大幅减小系统安全性并且产生有害状况<br>● 严重减小安全范围或可工作能力<br>● 生理压力包括受伤<br>● 重大的环境损害和/或重大的财产损害 |
| 轻微的 | ● 不严重影响系统安全<br>● 有一些生理不适<br>● 轻微的环境损害，和/或轻微的财产损害 |
| 无影响的 | 对安全和性能无影响 |

与安全设计技术不同，FEEA 不需要考虑可能发生的事件。如进行风险评估，风险计算：风险＝严重性×可能性。故障可能性等级如表 10.1.7 所示。

表 10.1.7 故障可能性等级

| 可能性 | 定义 |
|---|---|
| 较可能 | ● 定性分析：一个元件的整个系统/运作生命周期中预计发生一次或多次故障<br>● 定量分析：每工作小时发生故障的可能性大于 $1\times10^{-5}$ |
| 较不可能 | ● 定性分析：一个元件的整个生命周期都不太可能发生故障，可能在整个系统的生命周期中发生几次故障<br>● 定量分析：每工作小时发生故障的可能性小于 $1\times10^{-5}$，但大于 $1\times10^{-7}$ |
| 极不可能 | ● 定性分析：一个元件的整个生命周期都预计不发生故障，可能在整个系统的生命周期中发生少数几次故障<br>● 定量分析：每工作小时发生故障的可能性小于 $1\times10^{-7}$，但大于 $1\times10^{-9}$ |
| 微乎其微 | ● 定性分析：整个系统/运作生命周期中预计几乎不可能故障<br>● 定量分析：每工作小时发生故障的可能性小于 $1\times10^{-9}$ |

# 10.2 可靠性

## 10.2.1 可靠性预测

电子设备能够正常工作的时间长度是评价可靠性的重要指标。人们用统计法来预测元器件、装配件或者装置的可靠性。

最早的预测电子元件和配件可靠性的系统方法是美国军方的"军事手册-电子装备的可靠性预测"，通常称为 MIL-HDBK-217，它由巨大的数据库构成，其中主要为测量得到的各种元器件的故障率(由马里兰大学完成的对大量电子、电气和电子机械设备的现场故障的经验分析)。该手册包含了两种预测可靠性的方法，部分应力分析(PSA)和部件数量分析(PCA)。PSA 方法需要大量具体的信息，多用于产品设计的后期阶段，因为测量数据和初步的结果可以被用于可靠性模型中。而 PCA 方法只需要很少的信息，比如零件数量、质量等级和应用环境。MIL-HDBK 217 技术的最大优点是 PCA 方法可以仅仅基于材料清单(BOM)和预期的使用数量预测可靠性，因此一个尚未生产的产品的可靠性可以这样预测：

$$\lambda_P = (\sum N_C\lambda_C)\cdot(1+0.2\pi_E)\cdot\pi_F\cdot\pi_Q\cdot\pi_L \tag{10.2.1}$$

其中，$N_C$——元件数量(每种元件)；

$\lambda_C$——每种元件的可靠性(基本值取自数据库)；

$\pi_E$——环境应力因数(由具体应用决定)；

$\pi_F$——混合功能应力(由元件之间的互相作用引起的附加应力)；

$\pi_Q$——筛选等级因数(根据元件公差的标准或预先筛选);

$\pi_L$——成熟度因数(已知的并已经测试过的设计或者新的尝试)。

**表 10.2.1　通过元件数量计算一个 DC-DC 转换器的 MTBF**

| NO. | 元件 | 数量 | $\pi_P$失效率[$10^{-6}$/h] TAMB=25 ℃ | $\pi_P$失效率[$10^{-6}$/h] TAMB=85 ℃ |
|---|---|---|---|---|
| 1 | 三极管 | 2 | 0.020 3 | 0.060 9 |
| 2 | 二极管 | 2 | 0.108 9 | 0.544 3 |
| 3 | 电阻 | 3 | 0.037 0 | 0.171 6 |
| 4 | 电容 | 5 | 0.169 9 | 1.700 0 |
| 5 | 变压器 | 1 | 0.225 6 | 1.920 0 |
| 6 | PCB,引脚 | 2 | 0.009 2 | 0.009 2 |
| $\pi_P$总失效率[$10^{-6}$/h] | | | 0.570 8 | 4.406 0 |
| 平均失效间隔时间(MIL-HDBK-217F) | | | 1 751.927 | 226.963 |
| 状态 | | 输入 | 额定输入 | 额定输入 |
| | | 输出 | 满载 | 满载 |

通过计算可以得到每个元件的特性。总的可靠性可以将所有单个结果相加而得到。失效率可以通过两次失效发生之间的时间来定义。平均失效间隔时间(Mean Time Between Failures,MTBF),也通过第一次出现失效所需要的时间(Mean Time To Failure, MTTF)来定义。标准失效率的曲线可以用众所周知的“浴盆曲线”来描述,如图 10.2.1 所示。所有元件和系统的曲线形状都近似相同,只是时间轴方向上的延伸率不同。它可以分为三个区域:早期故障期(Ⅰ),有效工作期(Ⅱ),生命终期(Ⅲ)。MTTF 包含了区域Ⅰ和Ⅱ,而 MTBF 只包含了区域(Ⅱ)。

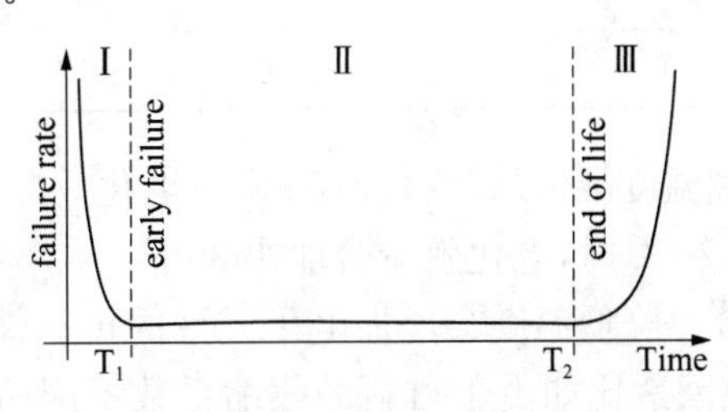


**图 10.2.1　失效率的浴盆曲线**

区域Ⅰ描述了早期故障，它通常是由潜在的材料失效或是在发货前的最终产品检测中没被发现的制造缺陷所造成的。早期故障通常持续的时间较短，即使是很复杂的系统在使用了200小时后也很少再出现早期故障。对于DC-DC转换器来说，大多数早期故障会在使用24小时之内发生。24小时对保质期为三年的转换器来说可能很短，但是试想一个DC-DC转换器的工作频率为100 kHz，开关三极管和变压器在使用的第一天就会被操作1亿4千万次以上，如有元件缺陷，这段时间内就应该会发生故障。

在区域Ⅱ的有效工作寿命阶段，故障率持续稳定在较低的等级。第二个过渡时间($T_2$)，从有效果工作寿命阶段到产品的生命终期，受到许多因素的影响，比如设计以及所使用的元件的质量，制造时的组装质量以及应用的环境压力。

区域Ⅲ表明了产品寿命周期的末期，其间由于磨损、材料的化学降解和突发故障导致产品性能下降。

### 10.2.2 MTBF和温度

可靠性随着温度的上升而降低，数据手册的MTBF只在室温有效。可靠性如此依赖于温度的原因是基于化学过程的活化能。早在1898年，瑞典化学家Arrhenius证明了化学反应速率受温度影响，温度每升高10度，化学反应的速度加快一倍。

阿伦尼乌斯公式(Arrhenius equation)是化学术语，是瑞典的阿伦尼乌斯所创立的化学反应速率常数随温度变化关系的经验公式。表明了反应速率常数与温度呈指数关系。

$$k = A \cdot \exp\left(\frac{-E_A}{k_B T}\right) \tag{10.2.2}$$

式中，$k$为反应速率；$A$为常数；$E_A$为活化能；$k_B$是玻尔兹曼常数；$T$是热力学温度。Arrhenius公式已经在化学领域之外有很多应用，也常被应用于电子元件的工作寿命计算，因为元件的老化的原因多是自然化学效应(如腐蚀效应，材料失效，半导体晶格错位等)。公式也可变形来给出加速因数，与温度有关。对于电子元件，活化能为0.6电子伏特，其加速因数为：

$$\text{AccelerationFactor} = \exp\left(\frac{0.6\,e\text{V}}{k_B} \cdot \left(\frac{1}{T_{\text{REF}}} - \frac{1}{T_{\text{AMB}}}\right)\right) \tag{10.2.3}$$

式中，$T_{\text{REF}}$为参考温度；$T_{\text{AMB}}$指的是电子设备周围环境温度。

**表10.2.2 不同环境温度下的加速因数**

| 环境温度(℃) | 25 | 30 | 40 | 50 | 60 | 70 | 80 |
|---|---|---|---|---|---|---|---|
| 加速因数 | 1 | 1.5 | 3 | 6 | 12 | 22 | 40 |

从表中可以看出当环境温度翻倍从25℃到50℃时老化效应加速，其加速因数为6。如果温度继续上升从25℃到75℃时，老化效应会加快30倍。

同样的效应也反向有效。降低温度会增加电子元件的可靠性。然而，在非常低温的情况下(如低于-20℃)，其他因素比如由于材料的收缩系数不同而导致的机械应力变化；或者焊点变脆而导致更高的故障率，所以Arrhenius关系不能无限延伸。

### 10.2.3　可靠性设计

可靠性可以通过选择适当的元件值、拓扑结构和长寿命规格来设计电源。主要的设计标准是选择正确的元件规格，使用经过试验和测试的电路拓扑结构，并考虑在设计阶段将应用的预期电气、热和环境应力。此外，可靠性设计中最重要的方法之一是电源在生产中易于理解地进行测试。这意味着使用物理方法测试波形、电压和温度来确保电源可以在应用中正常工作。任何接近公差极限的值或失真波形都可能意味着即使转换器符合规格书中的参数，其寿命有可能不符合。

正如前面章节所提到的，高温是工作寿命和高可靠性的天敌。制造商对每一个元器件都有温度上限的规定，一个结构良好的可靠性设计不会让任何元件承受像温度上限那么高的应力。表 10.2.3 给出了一些常用 DC－DC 转换器元件的典型最高工作温度和建议最高热降额。

**表 10.2.3　最高工作温度的设计**

| 元件 | 最高工作温度（制造商的数据单） | 建议设计时的最高工作问题（最坏情况） |
|---|---|---|
| 贴片电阻 | 125 ℃ | 115 ℃ |
| 贴片电容 | 125 ℃ | 115 ℃ |
| 贴片二极管 | 125 ℃ | 115 ℃ |
| 场效应管（结温度） | 155 ℃ | 140 ℃ |
| 变压器 | 130 ℃ | 120 ℃ |
| 光电耦合器 | 110 ℃ | 100 ℃ |
| PCB(FR4) | 140 ℃ | 130 ℃ |

### 10.2.4　PCB 布局可靠性因素

如果一个元器件超过了设计时的容许温度，要么在 PCB 上添加额外的散热器来传导散热，或者用多个元件并联来分流。DC－DC 转换器的引脚也能将热量从转换器传导至 PCB 板。对于金属外壳的 DC－DC 转换器，尽可能将高温元件安置在接近外壳的位置，或添加额外的导热散热器，两者都有助于散热。

将元件放置在有一定距离的地方可以有效地阻止两个元器件之间的热传导。如一个较常见的错误是将光电耦合器贴近变压器放置以节省空间。虽然变压器可以承受住内部接近 120 ℃的高温，但是光电耦合器的温度极限是 100 ℃。因此，虽然光电耦合器内部几乎不会散发出热量，但它会因为邻近的高温元器件而导致过热，从而成为限制转换器的最大工作环境温度的因素之一。类似的情况也可能出现在位置邻近的二极管元件上。一般二极管散发的热量占了 DC－DC 转换器所散发的热量中很大一部分，因为二极管有 $V_F$。如在两个二极管之间安置一个电容，尽管两个二极管都处于温度限制内，电容却可能因为受热而超出了温度限制。

贴片电阻是DC-DC转换器中可靠性最高的元件,但是即使如此,设计它们的PCB布局时还是需要小心,因为陶瓷基板非常脆。

电路板通过冲压或钻孔工具来打孔,这样电路板在组装作业中直接用手分割。任何裁断或切割都会给PCB带来机械应力而导致变形。如贴片电阻和其他陶瓷元件的安装位置太过靠近边缘,那么元件有可能损坏而失效。

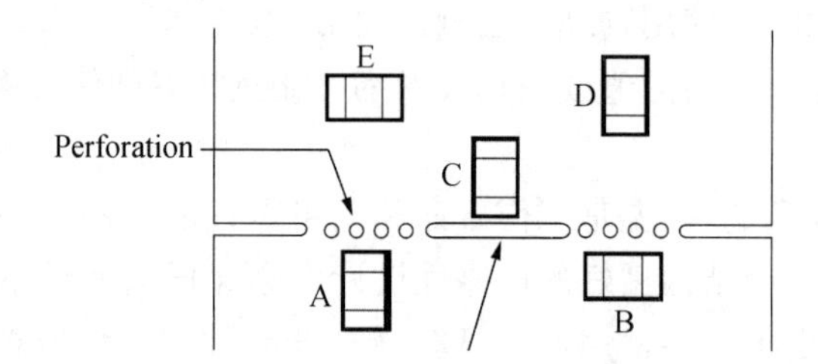


**图10.2.2 贴片电阻位置**

在图10.2.2中描述了几个贴片电阻位置。当PCB被切分时,电阻A受到的机械应力要比电阻B大;电阻C受到冲孔槽或所带来的应力比电阻D要大;电阻E所在的位置最理想,平行于切口边缘,距切口边缘的距离大于其自身的长度。图10.2.3展示了正确和错误折断贯通孔的方法。贯通孔在弯曲PCB板时会折断,因而弯曲方向应该朝向元件那一侧,这样最大机械应力机出现在PCB板的另外一侧。

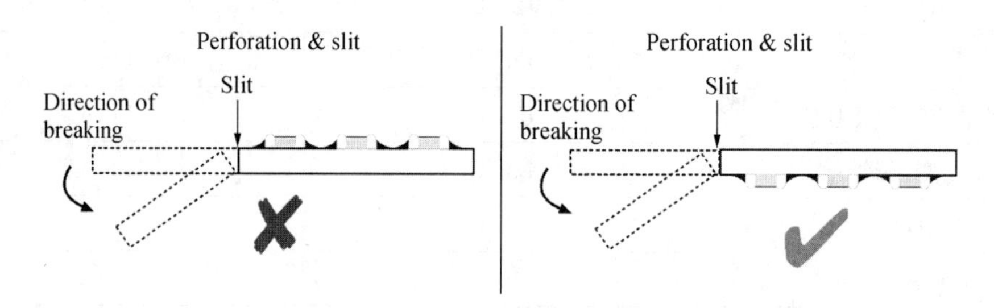


**图10.2.3 折断贯通孔的方法**

## 10.2.5 电容可靠性

DC-DC转换器通常使用多层陶瓷电容(MLCC)、钽电容或者电解电容,可见图5.1.3。

### 1. 多层陶瓷电容

多层陶瓷电容(MLCC)在DC-DC电源中使用很多,其电容量较高,无极性,ESR和ESL很低,并且能在很宽的频率范围和温度范围内保持稳定的电容值。然而,如工作电压超过MLCC的额定电压,其容易发生故障。额定电压由电容结构决定,MLCC由多层金属层组成,中间由很薄的陶瓷绝缘片隔开。和电解电容不同,如任意两层之间发生电弧放电,MLCC没有自我修复机制,很快就会损坏。

机械故障是导致MLCC故障的主要因素。裂缝使得层与层之间可能产生弧形放电,并导致污染物、湿气或者腐蚀物侵入而发生故障。和贴片电阻一样,PCB的布局必须注意尽量减少产品受到的应力,这会使电容开裂进而失效。MLCC电容功能性能见5.1.2章节。

电容值与直流电压有关。为了达到高的电容值,层与层之间的绝缘介电层非常薄(只有几微米厚)，因此对电场压力十分敏感。如表 10.2.4 所示，一个在 6.3 V 时额定容值为 10 μF/0805 MLCC 电容，电压上升会出现明显的电容下降。

**表 10.2.4　施加电压对电容值的影响**

| 施加电压(V) | 0 | 2 | 4 | 6 |
|---|---|---|---|---|
| 电容值(μF) | 10 | 8.8 | 7.2 | 5.7 |

2. 电解电容和钽电容

电解电容常用于 DC-DC 转换器中用作输入输出电路的滤波。如 IGBT 驱动设备所需的平均功率为 2 W，但其峰值栅极驱动电流可达到几个安培。在 DC-DC 变换器输出中，一个具有低 ESR 的大容量电解电容器，可以实现低功率 DC-DC 变换器无法实现的峰值驱动电流。钽和铝电解电容具有相似的结构，在金属层(钽或铝)之间注入凝胶状的电解质隔开。使用电解质大大提高了容积率，因此相同体积的电解电容能够提供 2 倍于 MLCC 电容的电容量。电解电容还可以自我修复板层之间的小尺寸损伤。

钽电容提供了一些优于铝电容的特性，比如相同体积的钽电容的容量更高以及电容随温度和时间的变化更稳定。然而，钽电容易被瞬态过电压损坏，严重降低它的可靠性。如果钽电容发生故障，由于电弧放电产生的热量可以引燃阴极材料(锰氧化物)，导致电容器燃毁。

电容的正常工作寿命阶段主要是指 ESR 翻倍所经历的时间，或者 10%的电容因短路或断路而发生故障所经历的时间。电解电容的老化最主要原因是电解质不断地变干而导致 ESR 值随着时间逐渐上升，直到它的性能差得不可接受。

规格书上所列出的参数都是在最大压力下(加速老化效应)进行测试而得到的加速应力筛选值(HASS)。它的额定工作寿命可能只有几千小时。实际使用中，当这些元件的工作电压远低于绝对最大电压时，其工作寿命可能大大延长。实际工作寿命为：

$$L_W = L_N \cdot \left(4.3 - 3.3 \cdot \frac{V_W}{V_N}\right) \cdot 2^{(T_N - T_W)/10} \tag{10.2.4}$$

式中，$L_N$为规格书中的额定工作寿命；$V_W$是实际电压；$V_N$是额定电压；$T_W$是实际温度；$T_N$是额定温度。

从这组公式中，得到 3 个重要结论：

(1) 电容的容量与电容工作寿命无关，使用大容量的电容不会改变其可靠性。

(2) 电容工作寿命取决于实际电压 $V_W$和额定电压 $V_N$的比值。

(3) 温度是至关重要的，因为它遵循指数定律。

例如，电容的额定寿命为 2 000 小时/85 ℃，并且它被用在一个直流电压为额定电压 70%的电源中，工作温度为 40 ℃，根据公式可以计算出电容的实际寿命为

$$L_W = 2\,000 \times (4.3 - 3.3 \times 0.7) \times 2^{(85-40)/10} = 90\,509 \text{ hours}$$

从此可以看出，在降低了电压和温度后，电容的实际工作寿命增加了几十倍。可靠性设计可以通过降低电容所受的电压和工作温度来实现。好的热力学设计对于电解电容的工作寿命的影响最大，并且遵循两条基本法则，第一，内部发热会明显增加热应力，所以纹波电流

越高，电容的 ESR 产生的功耗就越大。当电容老化后，ESR 会上升，其内部温度上升进而加速工作寿命的衰减。由于电容可靠性和电容容量无关，大容量的电容其内部发热量较低进而寿命较长，而其占据表面积较大，容易散热。第二，布局上应该尽量使电解电容远离散热片、变压器或半导体元功率器件，以保持其工作环境温度尽可能低；同时必须注意非屏蔽电感元件，它会辐射电磁场而在电容的各层中产生涡流效应，进而导致局部发热，电容的位置应尽量避免接触电感。

### 10.2.6 半导体可靠性

功率半导体元件在 DC－DC 转换器中，作为开关切换和控制高电流、高电压的元件，因而承受较高的电气应力和热应力，这会缩短它们的工作寿命。

通过合理的设计可以降低半导体所受的电气应力和热应力，比如所有的半导体都容易受到瞬态过压电压的损坏。图 10.2.4 给出了开关拓扑结构，单极开关拓扑通过开关 FET 生成双倍的输入电压；而在推挽式拓扑中，FET 只用于开关输入电压。如果在输入端出现电涌，单极开关拓扑相比推挽式拓扑更容易超出其额定电压上限而发生故障。单极开关拓扑加在开关元器件上的耐压是推挽式开关拓扑的两倍。

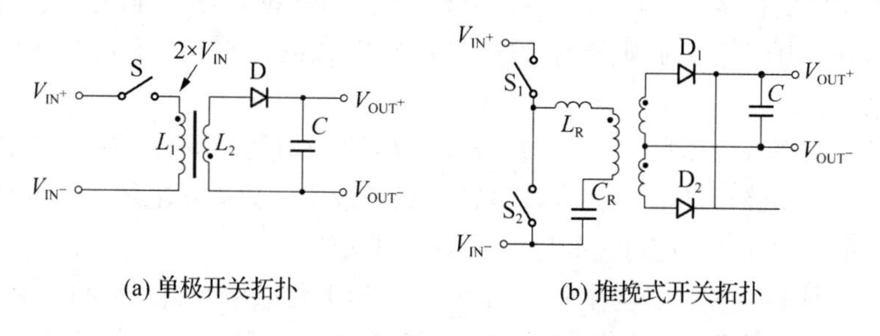


(a) 单极开关拓扑　　(b) 推挽式开关拓扑

**图 10.2.4　两种开关拓扑结构**

通常功率转换器中最热的半导体元件是开关 FET 和整流二极管，因为通常它们都位于输入输出端之间的大电流主通道上。被动元器件发生过热时，倾向于相对均匀地发散热量，但半导体倾向于非均匀散发。热应力开始集中于装置内某个局部较弱的位置或者边缘，并且很快造成进一步的损坏，最后发生热击穿。一般来说，即便是很大的半导体器件，所封装的芯片都非常小，这样热惯性可以帮助吸收任何瞬态过热效应。

FET 或二极管添加散热片，可以有效地提升半导体器件内部的平均散热能力，但由于结壳热阻的存在，对任何突然形成的热点或其他热不规则现象无效。当进行可靠性设计时，最安全的方法是为半导体制定一个电流限制，确保一定范围内的瞬态过热效应对其正常工作没有影响。二极管、三极管和 FET 可以通过降额到额定峰值功率 70%以下来提高器件可靠性。

### 10.2.7 电感可靠性

电感器几乎用于每个 DC－DC 变换器，变压器是任何变换器设计的核心，也是迄今为止决定整体性能的最关键部件。使用的最常见的变压器类型是铁氧体环形或线轴类型，因为它们在高频下工作良好，并且可以构建闭合磁路。铁氧体磁芯由氧化铁($Fe_2O_4$)和其他金属，比如锰锌(MnZn)和镍锌(NiZn)以及黏合剂组合而成，然后压制成某一形状并高温烧制成容易被磁化的晶体结构。磁芯非常脆，处理时必须十分小心。微型磁环通常会额外地包裹一层尼龙或者环氧树脂涂层，使其表面光滑以降低运输途中损坏的可能性，并使手动绕线更方便。

两种结构，环型磁芯的可靠性较高，其带有自屏蔽功能，因为磁通量紧密地束缚在环形磁芯内；线轴型变压器，如在组装和使用时出现裂缝，会产生气隙，从而改变其特性，则线轴型变压器可能会失效。在胶合两半铁氧体时也会可能发生同样的问题，所以两半铁氧体必须完好无损，准确对齐，并且完好重叠以保证互相紧密接合。在可靠性设计时，最重要的一点是确保磁芯的温度始终低于居里温度，当温度超过居里温度后，磁芯会失去磁性。不同的铁氧体化合物的居里温度各不相同。

强烈建议使用屏蔽电感器。磁屏蔽不仅可以阻止相邻元件之间的干扰，如果两个非屏蔽电感器彼此靠近放置，它们将相互作用以降低其有效电感。图 10.2.5 为两种常用贴片的功率电感。图 10.2.6 为两个相邻的非屏蔽电感之间的相互影响。

**图 10.2.5　两种常用贴片功率电感**

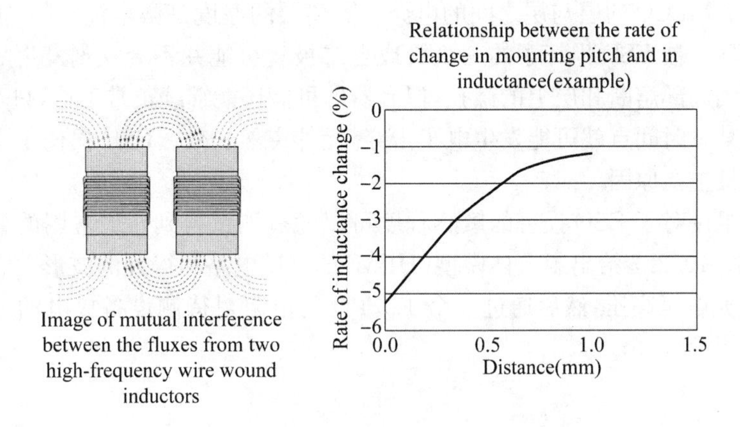


**图 10.2.6　两个相邻的非屏蔽电感之间的相互影响**

非屏蔽电感也会损害 DC－DC 转换器周边安装部件的可靠性。杂散磁场将感应电流在任何相邻的导体中流动，无论是 PCB 印制条，电容器层还是电缆线束。大多数铁氧体在工作周期中会不断提高它们的初始性能。当转换器开或关时，它会循环变热或变冷，再加上高速振动的磁通会造成磁边界的自校准，缓慢提升磁导率。虽然这对 DC－DC 转换器的性能来说是积极的，这意味着在使用的前几周，非屏蔽电感器可以缓慢地增加它们的投射磁场，直到突然产生问题。另一方面，屏蔽电感器将慢慢收紧任何磁漏。这种效果在使用 50—60 小时后消失，然后保持稳定。

## 10.2.8 静电放电

静电是摩擦电，当两种不同的绝缘材料在一起摩擦时，产生电荷差异。在生产过程中的挤压、切割、搬运、搅拌和过滤以及生活中的行走、起立、脱衣服等，都会产生静电。静电在生产现场无处不在，其值高达几千伏甚至几万伏，且与环境湿度有关，表 10.2.5 列出了生产现场高湿度和低湿度时静电电压。当静电通过电子元件被放电至地端，有可能会发生静电放电(ESD)损坏，导致半导体或其他静电敏感元器件产生不可逆的损坏。安全起见，必须确保所有的操作员、设备、椅子和地板都是接地的，这样才可以确保整个区域都有 ESD 防护，有时还可以使用空气加湿器来降低工作现场静电电荷积聚。

**表 10.2.5 高湿度和低湿度时静电电压**

| 来源 | 低湿度 | 高湿度 |
| --- | --- | --- |
| 走过地毯 | 35 000 V | 1 500 V |
| 走过乙烯基地板 | 12 000 V | 250 V |
| 操作员在长凳上 | 6 000 V | 100 V |
| 拆除塑料包装 | 20 000 V | 1 200 V |
| 从椅子上起身 | 18 000 V | 1 500 V |

半导体容易受到 ESD 损伤的原因是其精细的薄膜结构，高压会导致金属氧化物绝缘击穿和局部熔断。MLCC 的层与层之间的电介质隔离层的厚度是微米级别的，很容易因为瞬态高电压而损坏。被 ESD 损坏了的三极管或者二极管可能并不会立刻发生故障。电子显微镜能够观察到局部熔断和层上的微孔，但元器件可能还能继续正常工作，只是漏电流在持续增长。到了某一时间点就可能发生电子击穿，元件突然失效。ESD 损伤是那些无法解释的早期故障的最主要原因。

元器件和组件对于 ESD 损害的敏感程度可以通过测试得到。最常用的方法称为人体模型(HBM)，图 10.2.7 给出了人体模型(HBM)的测试电路和得到的波形。它通过给一个 100 pF 的电容充电至高压，然后通过一个 1.5 kΩ 的电阻对待测设备放电的方式来模拟人类活动产生的能量。

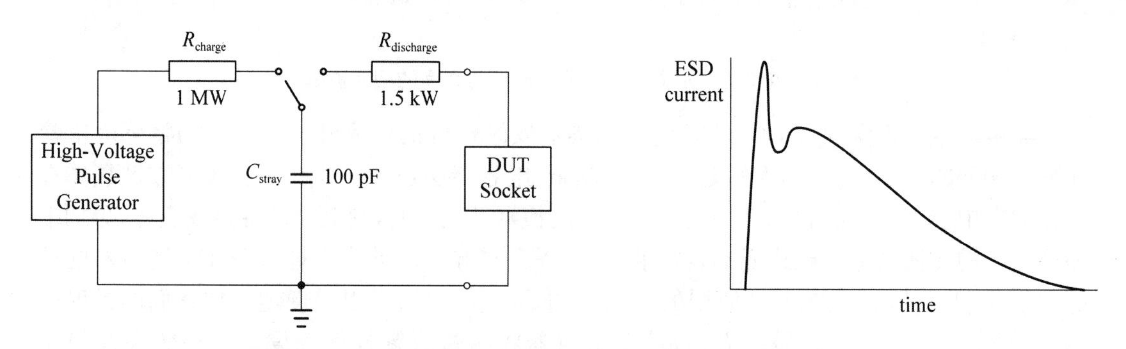


**图 10.2.7 人体模型(HBM)的测试电路和得到的波形**

在产品设计时，需加入 ESD 保护措施。选用高抗 ESD 的器件；在输入端添加 TVS 来限制输入；在 PCB 上构建火花缝隙将敏感元器件和能量隔离开来。为了有效提高 DC-DC 转换器可靠性，产品制造、组装在 ESD 受控区域，并且使用抗静电的包装，这样运输途中的振动也不会产生明显的摩擦电。

抗 ESD 现场应采取下列措施：

(1) 接地，生产现场可靠接大地；

(2) 绝缘体表面喷抗静电剂以增大电导率；

(3) 控制现场湿度，采用喷雾、洒水等方法，使环境相对湿度保持在 60%～70%。

**思考题与习题**

10.1　安全标准中定义的安全绝缘等级是什么？

10.2　爬电距离和电气间隙有什么不同？

10.3　说明国际电工委员会(IEC)对电路的等级分类及接地方式。

10.4　保险丝和断路器各有什么特点？

10.5　电源产品安全设计分几个步骤？说明 IP 防护等级定义？

10.6　标准失效率的曲线包括哪些区域？

10.7　具体说明 MLCC 电容中 X7R 和 Y5U 温度特性？

10.8　防止 ESD 损坏半导体器件有哪些措施？

# 第 11 章　LED 特性与驱动器

扫一扫
可见本章学习资料

LED 光源具有省电、寿命长、耐振动、响应速度快、冷光源等特点，广泛应用于指示灯、信号灯、显示屏、景观照明等领域。由于 LED 是特性敏感的半导体器件，又具有负温度特性，因而在应用过程中，需要稳定 LED 的工作状态及加一些必要保护措施。LED 光源设计涉及效率转换、恒流精度、电源寿命、电磁兼容等相关技术，设计一款性能良好的恒流源必须综合考虑这些因素。

## 11.1　LED 特性

LED 是一种非线性器件，图 11.1.1 为大功率 LED 有效工作区域（TAMB＝25 ℃）。当施加于 LED 上的电压很低时，LED 处于截止状态；如果电压不断升高，当突破一个特定的阈值时，LED 将立即发光，这时流过它的电流迅速上升；此后，如果电压继续上升，LED 很快便会因过热而烧断。控制 LED 在截止和完全烧断这一很窄的带内工作，是正确应用 LED 的一个关键。

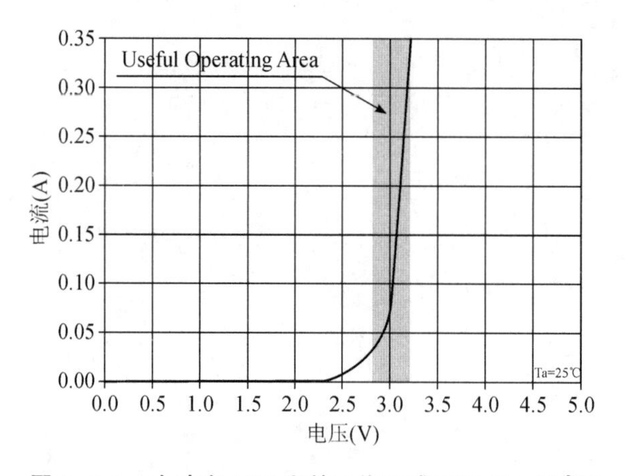


**图11.1.1　大功率 LED 有效工作区域（TAMB＝25 ℃）**

来自不同生产批次的规格完全相同的 LED，可能它们的导通阈值电压或正向导通电压（$V_F$）差异很大。大多数大功率 LED 的规格书标出的 $V_F$ 公差范围大约为 20%，图 11.1.2 为规格相同 4 个 LED 的 $V-I$ 特性曲线，它们 $V_F$ 存在较大差异。在这个例子中，如果选择幅值为 3 V 的供电电压，LED1 就会过载，流过 LED2 电流为 300 mA，LED3 电流 250 mA，LED4 电流只有 125 mA。此外，这些特性曲线还是动态的。当 LED 的温度升高，这些曲线将随之向左漂移（$V_F$ 随着温度升高而下降）。

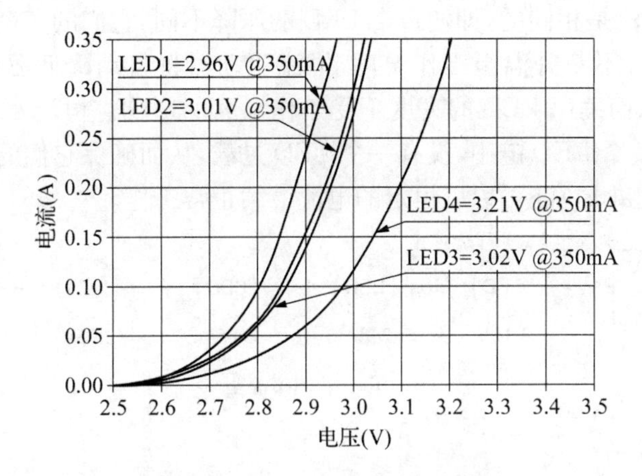


**图 11.1.2　LED $V$-$I$ 特性曲线**

图 11.1.3 是 LED 的光通量与电流的关系曲线，两者成准线性关系。在上述 3 V 供电电压的例子中，LED1 像超新星一样非常亮，而 LED2 比 LED3 稍微亮一点，而 LED4 非常暗。

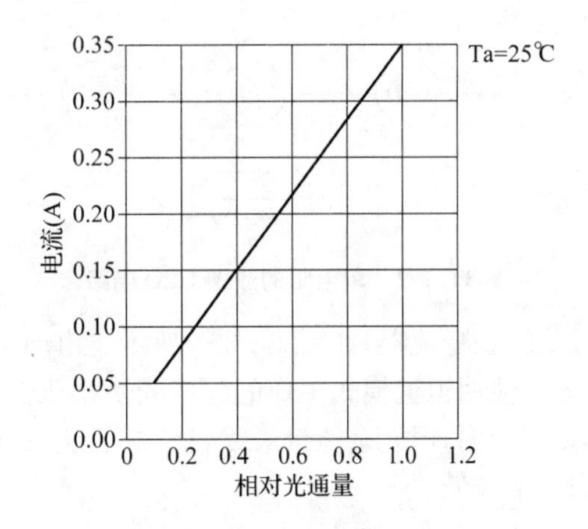


**图 11.1.3　LED 输出光通量和电流的关系**

## 11.2　LED 驱动方式

从 LED 的 $V$-$I$ 曲线可知，当施加在 LED 上的正向电压发生波动时，流过 LED 上的电流会发生很大改变，从而发光强度出现大幅波动。为此，需要为 LED 通道提供恒定的电流，实现 LED 的稳定发光，并把 LED 光闪烁控制在可接受范围以内。

### 11.2.1　恒流驱动 LED

解决 $V_F$ 差异很大的方法是使用恒定的电流来驱动 LED，而不是恒定电压。在恒流驱动的 LED 中，LED 驱动器可以自动调节输出电压以保持输出电流恒定，从而保持 LED 发光强度恒定。这种方法能用于单个 LED 或者多个串联的 LED 串，如图 11.2.1 所示。只要流过所有LED的电流是相同的，即使每个LED的压降不同，它们的亮度也是相同的。

当LED导通后，不断升温至工作温度，恒流驱动器将自动降低驱动电压以保持流过LED的电流恒定，从而确保LED的亮度不受工作温度的影响。恒流驱动器的另一个显著优点是它可以保证整个LED链中，没有一个LED过载，从而确保它们的工作寿命。如果有一个LED短路，其他LED还可以以恒定的电流继续正常工作。

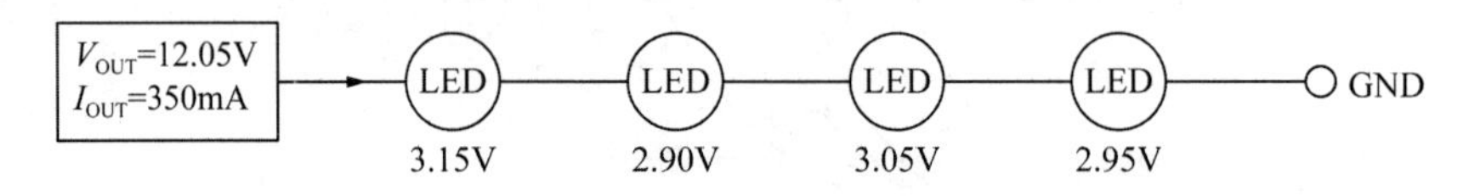


**图 11.2.1　LED 串**

## 1. LED常用驱动方式

最简单的恒流源是通过电阻来驱动LED簇的恒定电压源，如图11.2.2所示。如果施加在电阻两端的电压和LED的$V_F$一样，当$V_F$发生10%的波动时，$V_F$的10%变化却引起50%的LED电流变化。这种解决方法简单廉价，但是恒流控制效果不佳而且功耗大、效率很低。

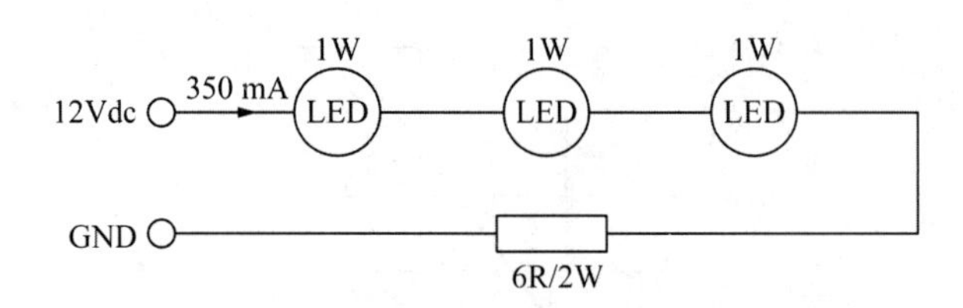


**图 11.2.2　单电阻的簇型 LED 电路**

另一种简单的恒流源是线性稳流器，如图11.2.3所示。市面上有几种低价的LED驱动用的就是这种方法，或者是使用恒流模式工作的标准线性稳压器。内部反馈电路可以控制电流波动在±5%的公差范围内，但冗余能量最终将变成热能，稳流器需要配备良好的散热部件，因此，这种方法的效率较低。

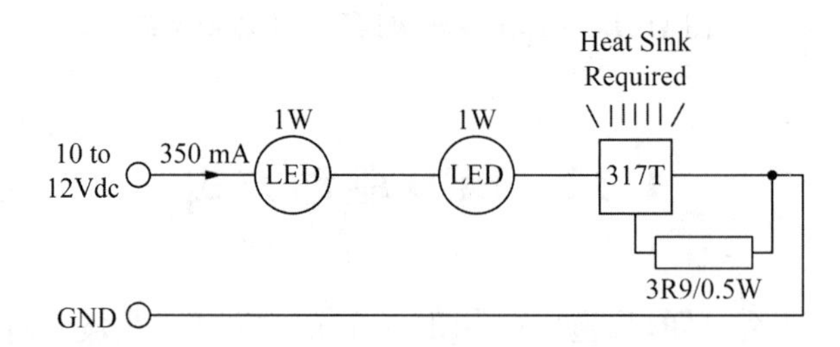


**图 11.2.3　线性稳流器的 LED 电路**

最好的恒流源是开关稳流器，如图11.2.4所示。这种驱动方式的价格比其他解决方式的价格要高，但在很大的LED负载范围内，输出电流的精度可以达到±3%，并且转换效率可以高达96%，只有4%的能量被转化为热能，无需散热器件，这种方法的效率较高。

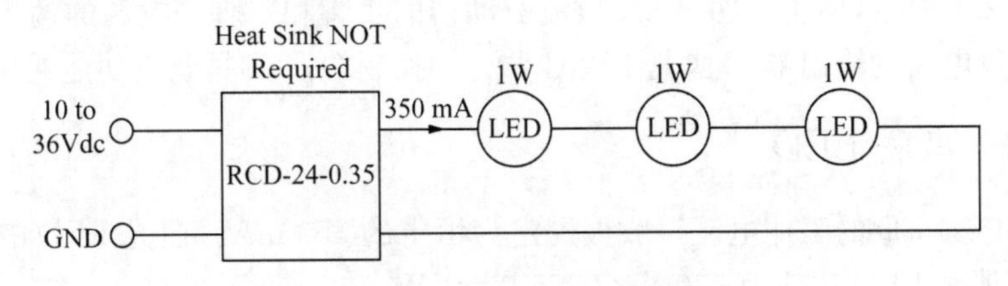


图 11.2.4　开关稳流器的 LED 电路

DC－DC 开关稳流器可以在很大的输入输出电压范围内正常工作。输出电压范围越大意味着可以串联的 LED 就越多，亮度调节范围也越大。

2. LED 恒流驱动器

RECOM 公司推出了具有恒定电流，能够可靠地驱动 LED 照明的 RCD－24－XX 系列全套解决方案。RCD 系列是一款专为驱动大功率白光 LED 而设计的开关降压恒流源。提供 300 mA、350 mA、500 mA、600 mA、700 mA、1 000 mA 和 1 200 mA 标准输出电流，使得此驱动器可以兼容各种 LED 应用电路。RCD 系列尺寸小、功能齐全，具有极高效率、宽输入电压范围、可在高环境温度下工作的特点。采用 PWM 数字控制和模拟电压控制的两种调光方式。PWM 调光功能的工作频率介于 20 至 200 Hz 之间，可实现 0 至 100％的线性调光。两种调光控制方式彼此独立，也可以组合使用。驱动器的可靠性与其驱动的 LED 相当，即使在全工作温度下也是如此。降压转换器的输入电压介于 4.5 至 36 V 之间。此系列还具有待机功能，额定输出电流精度为±2％，适用于电池供电的应用。常用型号的参数如表 11.2.1 所示。

表 11.2.1　RCD 系列恒流驱动器参数

| 系列 | 功率(W) | 输入电压(V) | 主输出电压(V) | 安装类型 | 封装类型 |
|---|---|---|---|---|---|
| RCD－24 | 10.5—7.2 | 1.5—36,6—36 | 2—35,3—31 | THT,引线 | DIP |
| RCDE－48 | 18.2,6.4,54.6 | 6—60 | 3—52 | THT | DIP24 |
| RPY－1.5Q | 7.5 | 4—36 | 0.8—34.8 | SMD | QFN |
| RPY－24/PL | 10.5—32 | 4.5—36,6—36 | 2—32,2—35 | SMD | 开放式 |
| RCD－48 | 19.6—67.2 | 9—60 | 2—56 | THT,引线 | DIP |

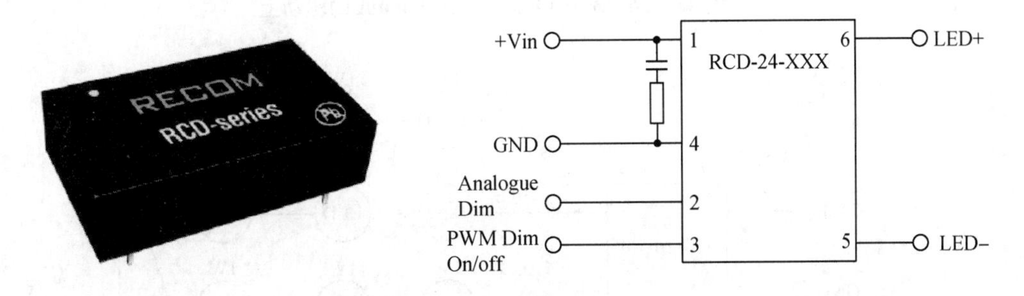


图 11.2.5　RCD－24－XX 恒流驱动器引脚图

如图 11.2.5 所示，RCD-24-XX 恒流驱动器的 1 脚和 4 脚是电源的输入端，5 脚和 6 脚是驱动 LED 电路的输出端，2 脚是 PWM 调光的控制端，3 脚是调光功能的使能端。

## 11.2.2 串联 LED

大功率白光 LED 的工作电流一般被设定为恒定的 350 mA。白光 LED 的电气特性决定 $V_F$ 为 3 V，那么 LED 功耗为 3.0 V×0.35 A=1 W。

大多数 DC-DC 恒流 LED 驱动器事实上是降压转换器，输出电压的最大值小于输入电压。因此，输入电压决定了可被驱动的 LED 个数，如表 11.2.2 所示。如果输入电压是非稳压的(例如：电池)，那么可驱动的 LED 总数则取决于输入电压的最小值。

**表 11.2.2 可串联 LED 个数与输入电压的关系**

| 输入电压(Vdc) | 5 | 12 | 24 | 36 | 50 |
|---|---|---|---|---|---|
| 可串联的 LED 个数 | 1 | 3 | 7 | 10 | 15 |

如何在相同的输入电压下驱动更多的 LED 呢？可以采用升压转换器或并联 LED 串的方法。升压转换器提升了 LED 串上的驱动电压，可以实现 LED 驱动数量的增加。并联 LED 的方法不受驱动电压的影响，但驱动电流需要增加。例如，一条 LED 串需要 350 mA 的电流，三条并联的 LED 串就需要 1.05 A 的驱动电流。因此，选择 LED 驱动器时必须了解输入电压的最小值和并联的 LED 串数量。

## 11.2.3 并联 LED

图 11.2.6 和 11.2.7 是两种 1 W 白光 LED 组合，全部使用稳定的 12 Vdc 源电压。一个稳定的 12 V 电压最多可以驱动 3 个 LED，每个 LED 电流相等，有失效保护，其缺点是可驱动的 LED 数量有限；9 个 LED 分成 3 串连接在 1 050 mA 的驱动上，可驱动的 LED 数量是单串的 3 倍，缺点是无失效保护，每条支路中的电流不平均。

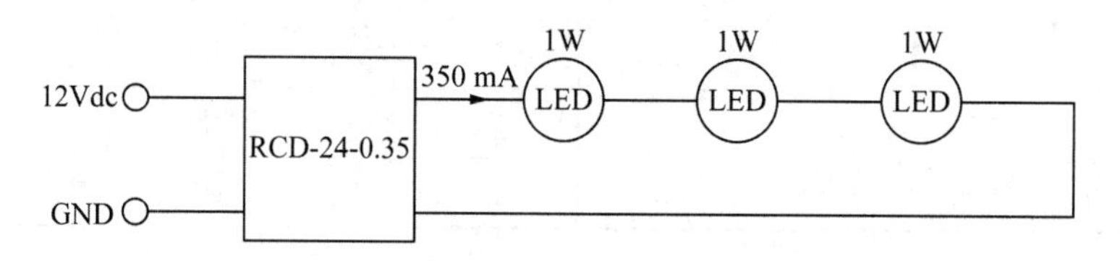


**图 11.2.6 3 个 LED 串联在 350 mA 的驱动上**

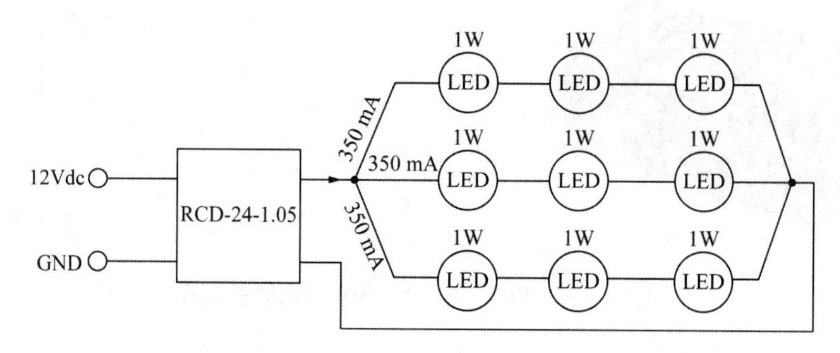


**图 11.2.7 9 个 LED 分成 3 串连接在 1 050 mA 的驱动上**

一个 LED 驱动器驱动一串 LED 是最安全可靠的工作方式。如果任何一个 LED 发生断路，同一串上其他 LED 的电流通路将断路；如果任何一个发生 LED 短路，流经其余 LED 的电流保持不变。

用一个 LED 驱动器驱动多条 LED 串的优点是更多的 LED 可以被同时驱动，但是当 LED 失效时，这种驱动方式存在危险。如果任何一个 LED 发生短路，那么流过每条 LED 串的电流将非常不平均，绝大部分电流将流向 LED 数量较少的那一条。这会引发多米诺骨牌效应，最终导致整个 LED 装置失效。

大功率 LED 可靠性相对较高，上述故障并不常发生在大功率的 LED 上。因此，许多 LED 灯光设计者出于便利和成本的考虑，宁愿冒险采用这种一个驱动器驱动多个 LED 的方法。

## 11.2.4　并联 LED 串的电流均衡

多条 LED 串并联时出现的电流不平均问题也需要考虑。图 11.2.8 是理想情况下的两路电流分配情况。在图 11.2.9 中，由于各个 LED 的驱动电压的差异，导致电流实际分配是不均衡的。电流的不均衡问题还不足以导致过载支路发生故障，两条支路还是可以正常工作的。两条支路上 LED 的驱动电流有 6%的差别，因此发光情况存在差异。

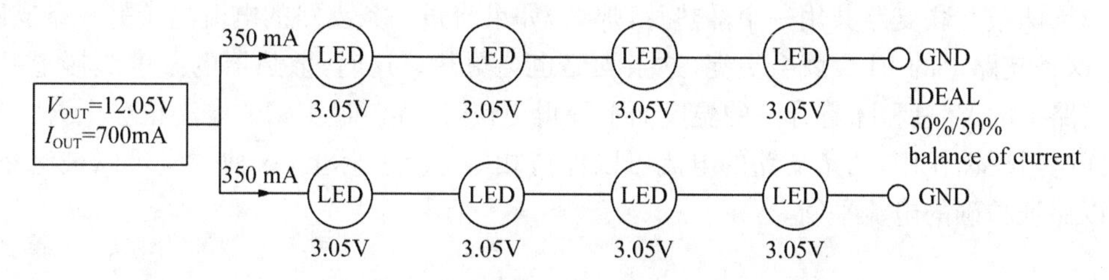


**图 11.2.8　理想情况下的电流分配**

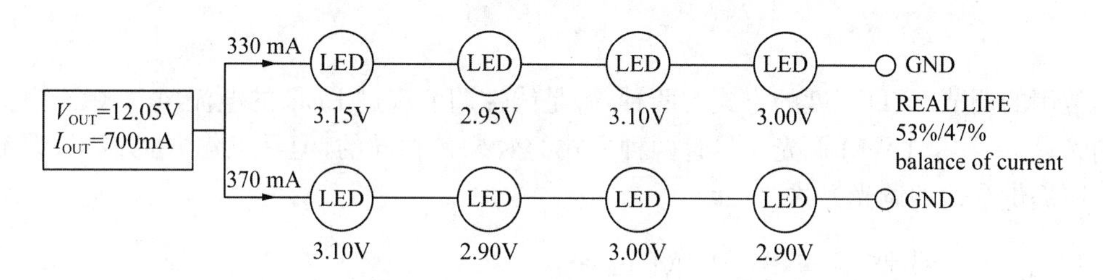


**图 11.2.9　实际情况下的电流分配**

有两种方法可以解决这个支路电流分配不均的问题，一种方法是为每个支路配置一个驱动器；另一种方法是添加外部电路来均衡电流分配，如镜像电流源。

图 11.2.10 中左边的 NPN 三极管的功能是提供参照电流，右边 NPN 三极管“镜像”这个电流。在这种工况下，两条支路中的电流将不得不自动平均分配。理论上镜像电流源电路不需要发射极这个 1 Ω 电阻，但是实际操作中，这两个 1 Ω 电阻可起反馈作用，有助于抵消两个三极管之间 $V_{BE}$的差别，从而提高镜像电流的精确度。

镜像电流源还能保护 LED。如果左边支路中的 LED 发生断路，这时右边支路受到镜像电流源的保护(因为参考电流为 0，所以另一支路中的电流也为 0)。如果任何一个 LED

发生短路的话，由于电流是镜像的，所以两条支路中的电流还是可以保持平均分配。

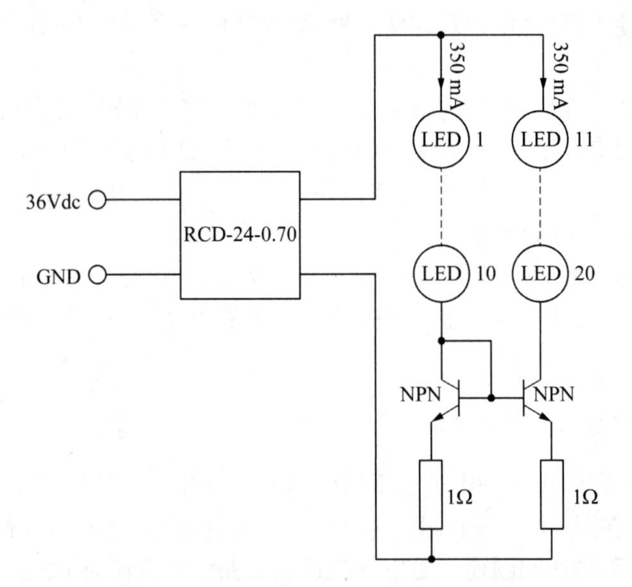


**图 11.2.10 用镜像电流来平均分配电流**

如果两条并联支路共用一个散热片，那么，如果流过一条支路的电流高于另一条支路的电流，这条支路上的 LED 就会更亮，这条支路也会更热。这时，散热器的温度缓慢上升，另一条支路上的 $V_F$总和随着升高的温度而下降得更快，这样流过支路的电流也会上升。但由于 1 Ω 电阻反馈作用，两条支路的电流可以保持相等。但实际上，这种效应可以被测量，但不足以保证精确的电流平衡。

# 11.3 LED 调光

常用的调节 LED 亮度的方式有两种：一是线性调节流过 LED 的电流，1—10 V 模拟电压调光；另一种是 PWM 调光。尽管两种方式的效果是相同的，但是工作方式不同，为不同的应用提供合适的调光方式。

## 11.3.1 模拟调光与 PWM 调光

### 1. 模拟调光

图 11.3.1 给出了 LED 模拟调光控制系统。LED 的 $V_F$工作带是非常窄的，通常高亮度的片式 LED 在 2.5 V 时开始发光，在 2.7 V 时达到最高亮度的 10%，在 3.1 V 时达到最高亮度。该系统是负反馈闭环系统，由电位器产生 1—10 V 直流电压来调光，控制 LED 发光亮度。通过测量电流取样电阻的电压与调光参考电压比较，自动调节施加在 LED 上的电压稳压器输出，来稳定 LED 驱动电流。即使 LED 产生温漂或老化现象而偏移，反馈系统保证 LED 驱动电流稳定。

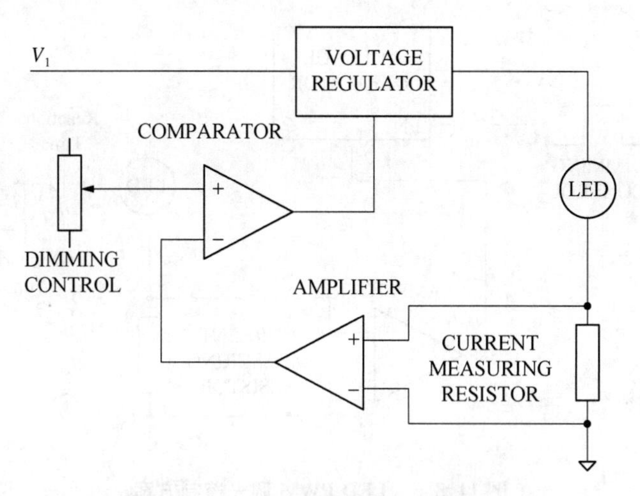


**图 11.3.1　LED模拟调光控制系统**

除了亮度的最小极限和最大极限,模拟调光的特性曲线在其他区域几乎是线性的,如图11.3.2所示。在最亮极限,比较器的饱和效应导致非线性的响应;在最暗极限,电流取样电阻的电压过低,运算放大器的失调电压影响凸显,成为主要的误差源。在靠近亮度极限最大值和最小值3%的范围内,即使是设计非常良好的模拟调光电路,非线性变化也是无法避免的。

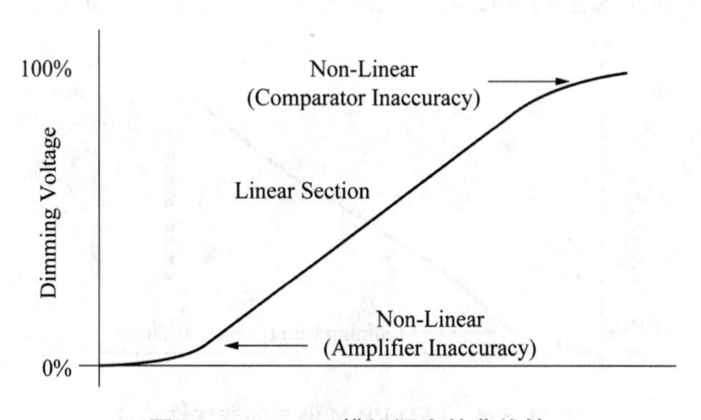


**图 11.3.2　LED模拟调光的非线性**

2. PWM调光

图11.3.3是LED的PWM调光控制方案。PWM调光也需要一个电流取样电阻和用于测量电流的运算放大器,来监测流过LED的最大电流,但施加于LED上的电压通过PWM输入来控制稳压器的通断实现调光。这种方式非常简洁,常被用在单片IC的LED驱动中。

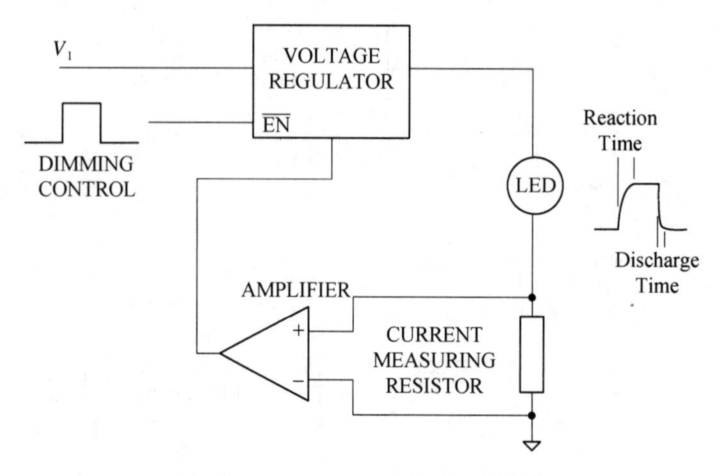


**图 11.3.3 LED PWM 调光控制方案**

PWM 调光的线性程度不及模拟调光，如图 11.3.4 所示。当 PWM 控制输入脉宽变低时，由于输出电容需要时间通过 LED 负载来放电，输出电压并不会立即断开；当 PWM 控制输入脉宽变高时，稳压器在收到 EN 使能端的信号需要一个通电的时间，存在延迟。这种接通和断开的延迟说明 PWM 控制只能使用频率较低的 PWM 信号(几百 Hz)，而且调光响应的特性曲线是非线性的。在许多设计中，由于驱动无法对过于短促的 PWM 输入信号作出及时的反应，PWM 调光无法将亮度调低至最大亮度的 10%。

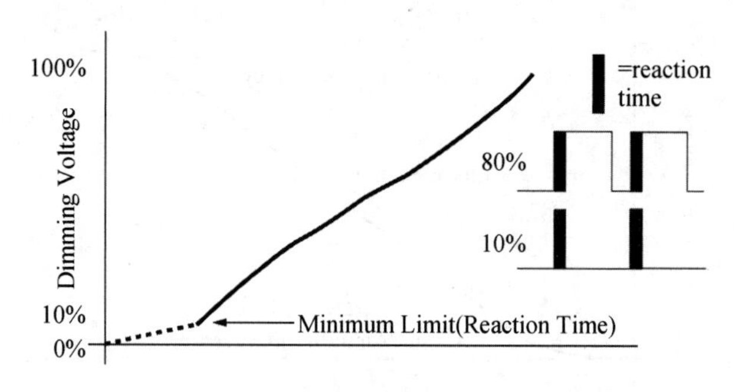


**图 11.3.4 LED PWM 调光的非线性特性**

调光的非线性特性除了用 PWM 调光信号来驱动 EN 使能引脚，还可以用 FET 通断来控制 LED 串与地的连接，如图 11.3.5 所示。由于 FET 的响应速度比稳流反馈回路快得多，因而可以将亮度调低至最大亮度的 5%。当断开 LED 负载时，输出会立刻攀升至最大值，所以再次接通 LED 后，稳流器需要时间重新找到平衡。这个电流过冲在每一个 PWM 周期中都会出现，所以这个方法对 LED 的寿命是有影响的。

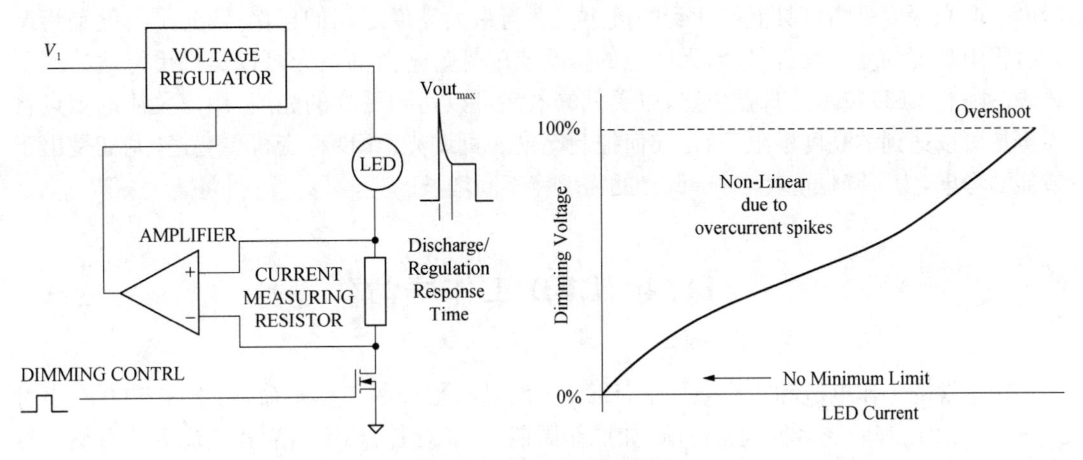


**图 11.3.5　LED 开关调光**

## 11.3.2　亮度感知

通过前面的讨论可知,没有哪一种调光方式是完美的。人类的视觉对于亮度的感知是非线性的。在亮度很低时,虹膜会自动扩张来接受更多光线,所以我们感知到的 LED 亮度比亮度计测得的亮度值要高。关于感知亮度和实测亮度之间的关系,可以用平方根的关系来计算,如将 LED 的电流调到额定值的 25%,眼睛实际感知到的亮度是 $\sqrt{0.25}=50\%$,如图 11.3.6 所示,达一半的额定亮度。

尽管几乎所有的 LED 驱动制造商都尽可能地提高调光的线性度和数据上的精确度,但是我们眼睛却更喜欢于白炽灯的非线性曲线,因为相比 LED 的线性响应,这种非线性曲线更符合人类对亮度的感知。目前 LED 市场的需求还是以线性调光为主导,因为这样更方便与不同的灯管匹配。未来这种需求可能会因为市场不断趋向成熟而改变,对自然调光的需求将逐渐高于线性调光的需求。

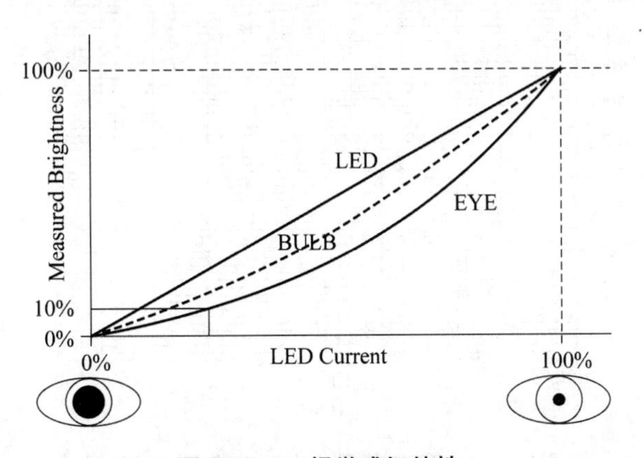


**图 11.3.6　视觉感知特性**

LED 调光率是指 LED 灯具在调光过程中的亮度调节范围和精度。调光率的高低直接影响灯具的节能效果和使用体验。LED 调光率主要涉及两个关键参数:调光深度和调光平滑度。调光深度是指灯具能够达到的最小亮度与最大亮度之间的比例;调光平滑度是指调光过程中亮度的变化是否平滑,无明显的阶跃或闪烁。平滑的调光可以提供更舒适的照明体验。随着 LED 技术的日益成熟,以更低的电流可以达到更高的亮度,用户关注的重点将不再是可以达到的亮度极限,而是如何控制亮度。可调光 LED 将变得更普遍,尤其是出于节能的考虑,为了降低能耗,对于调光的需求将不断增长。

## 11.4 LED 工作寿命

在正常的工作电流和工作条件下,LED 一般具有很长的工作寿命,可能在 50 000 小时或更长。LED 寿命受多种因素影响,如操作周期、外部设备、环境温度和气流等。在整个寿命过程中,光输出慢慢衰减,光谱可能发生偏移,导致颜色和光效的失效。2015 年 6 月 26 日,北美照明工程协会(IESNA)和美国国家标准学会(ANSI)联合颁布了 LED 封装、阵列、模块的光通量和颜色的维持测试方法(LM-80)的标准文件。

LED 产品的寿命为 50%的灯坏掉的时间或平均光通维持率降低到 70%的时间,取先发生的那个时间,用 B50L70 标记。

LED 光输出随着时间的衰减曲线可以用指数函数表示:

$$\Phi(t) = \beta \cdot e^{-at} \tag{11.4.1}$$

式中,$\Phi(t)$为 $t$ 时刻的光通维持率;$\beta$ 为由最小二乘曲线拟合派生出的推算初始化常数;$\alpha$ 为最小二乘曲线拟合派生出的衰减系数;$t$ 为以小时为单位的光通维持时间。可以根据灯珠的 LM-80 报告推算出 $\beta$ 和 $\alpha$,从而得出 LED 的平均光通维持率随时间衰减的曲线如图 11.4.1 所示。

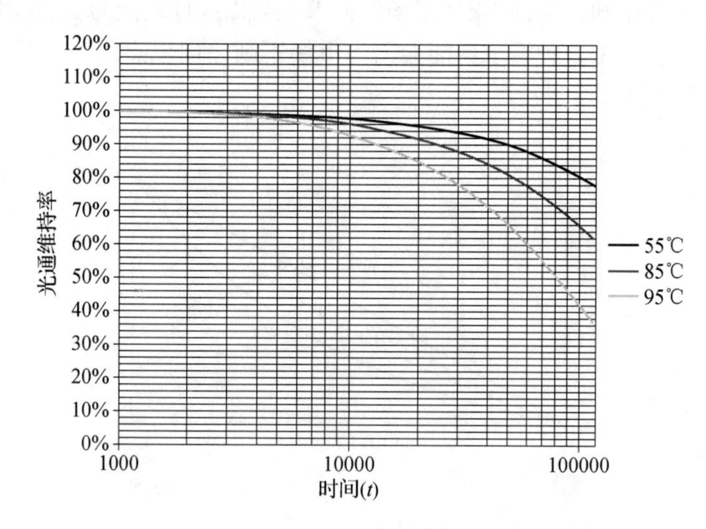


**图 11.4.1 LED 的平均光通维持率随时间衰减**

# 11.5 LED散热

1. LED结温与工作寿命

如果想让大功率LED的工作寿命接近规格书中标注的值，那么必须为其配备良好的散热片。为什么高效的LED还是会变热？一个流明效率为每瓦50流明的LED，相比一个效率比它低得多的白炽灯更需要注意散热问题。

用下面的例子来解释：一个100 W的卤素灯可以发出5 W的有效光。剩余的95 W功耗大约80 W会以红外线的方式放射出去，而只有15 W以热量的形式传导至灯罩。而一个50 W的LED也可以发出5 W的有效光，但剩余45 W的能量全部被转换为热量传导至灯罩。因此，虽然LED的流明效率是白炽灯的两倍，但是灯罩却要承受大约三倍的热量。

另一个LED和白炽灯的重要区别是白炽灯依靠高温来发光（灯丝因高温泛白光），而LED的寿命如果结温上升到100 ℃以上就会急剧恶化，如表11.5.1所示。

**表11.5.1　LED的工作寿命与结温**

| 结温度 | <100 ℃ | 100—115 ℃ | 115—125 ℃ | >125 ℃ |
|---|---|---|---|---|
| LED寿命B50：50%存活率 | 1 | 3 | 7 | 10 |

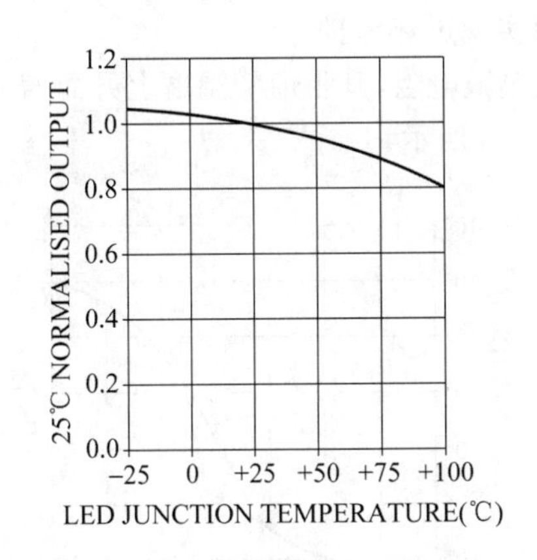


**图11.5.1　LED光通量与LED结温度的变化**

大功率LED的流明效率随着结温度的上升而下降。规格书给出25 ℃时的输出光通量如图11.5.1所示。在结温度达到65 ℃时，输出亮度通常会下降10%，而100 ℃时下降20%。此外，设计良好的LED，其工作时的基板温度大约为65 ℃。为了确保LED的温度不会过高，可以随着上升的温度降低LED的功率。只有在散热充分、环境温度合理受限的情况下，LED才能以全功率工作。如果LED的基板温度过高，必须采取措施降低内部功耗。

2. 降低额定温度

图11.5.2为典型的LED温度降额曲线。在制造商给出的最大工作温度之内，LED的电流保持恒定。当LED的温度超过上限时，电流和功率被强制降低，可以调低LED的亮

度,不因过热而损坏。这条曲线被称为“降额曲线”,确保 LED 可以在安全的损耗范围内工作。图中 55 ℃的阈值温度指的是基片温度或者散热片温度,LED 本身一般会比这个温度高出大约 15 ℃,也就是 70 ℃;内部的结温度大约要高出 35 ℃,也就是 90 ℃。因此 55 ℃为全功率工作的安全上限,对于高性能 LED 这一温度可以升至 65 ℃。

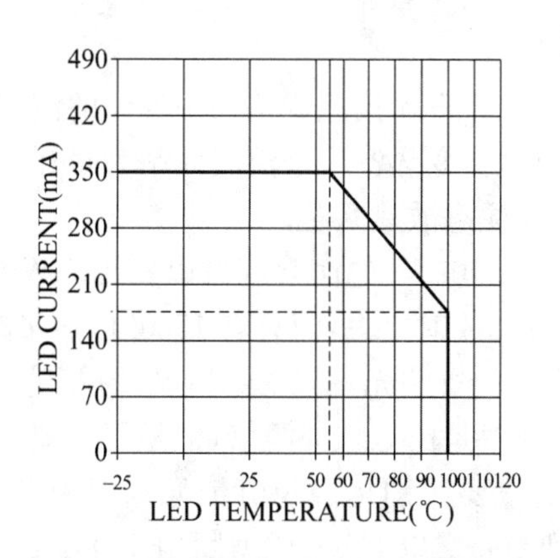


图 11.5.2 典型的 LED 温度降额曲线

(1) 为 LED 的驱动添加自动热降额

如果 LED 驱动带有调光输入,可以很容易地通过添加外部温度传感器及调理电路来得到如图 11.5.2 所示的自动降额特性。

(2) 通过 PTC 热敏电阻实现过热保护

PTC 是一种正温度系数热敏电阻,其阻值随温度上升而增大。PTC 热敏电阻的特性曲线可能是非线性的,如图 11.5.3 所示。

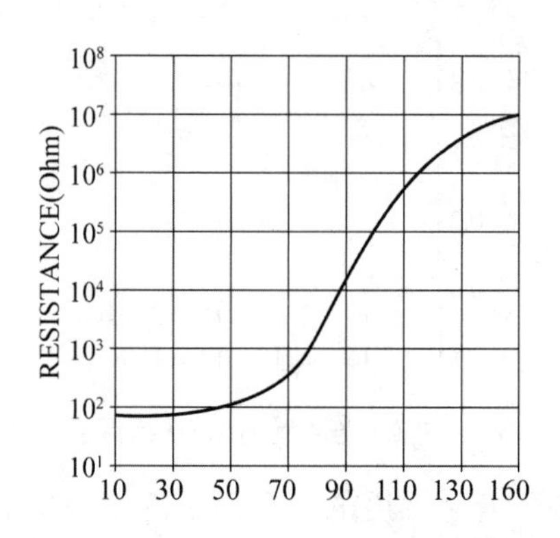


图 11.5.3 典型的 PTC 热敏电阻阻抗/温度曲线

只要温度保持在阈值温度(70 ℃)以下,PTC 热敏电阻的阻值较低,大约为 100 欧左右。一旦超过这个阈值,阻值迅速蹿升:当温度达到 100 ℃时,PTC 阻值为 10 万欧。PTC 热敏电阻可以预先集成在安装支架上,然后将其紧挨在 LED 灯的散热外壳安装,以便监控其温度。

图 11.5.4 为 PTC 和 RCD-24 模块构成的 LED 降额电路,利用 PTC 的阻值随温度的变化进行自动降额调光。PTC 的阈值温度可以从 60 ℃到 130 ℃,以 10 ℃的步长递增,如果所需的降额温度点不同,只需要选择不同的 PTC,以满足 LED 规格的要求。如果输入电压

是变化的,可以添加稳压二极管或者线性稳压器来提供稳定的参考电压。

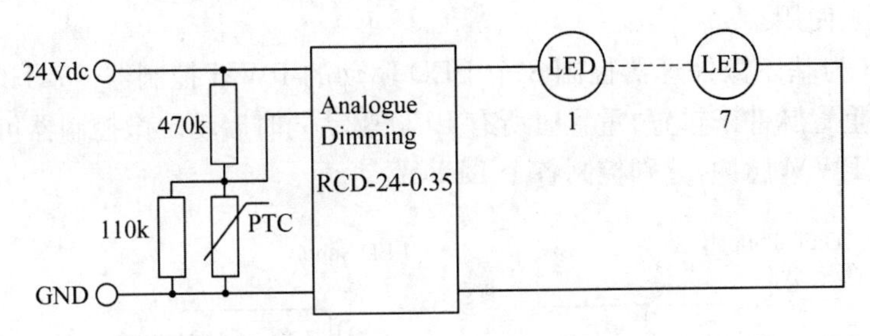


**图 11.5.4　利用 PTC 的降额电路**

(3) 通过模拟热传感 IC 实现过热保护

很多温度传感器可以提供随温度线性输出。它们的造价与 PTC 热敏电阻差不多,但线性度和拐点的精度高得多,温度监测的解析度可以达到<1℃。温度传感器的输出信号需要运算放大器电路放大,以产生一个可以使用的控制电压信号。

在图 11.5.5 中,温度传感器提供的输出随温度线性变化。这一输出电压预先校准为 10 mV/℃+600 mV,也就是说 55 ℃时的输出电压是 1.15 V。运算放大器模块包含两个低功率的运算放大器和一个精准的 200 mV 参照电压。拐点预设在 1.15 V,增益则被设定在 100 ℃时 LED 的电流为额定值的 50%。这个电路的优点是:这个电路降额曲线的拐点是可调的,适用于不同生产商的不同 LED 产品。

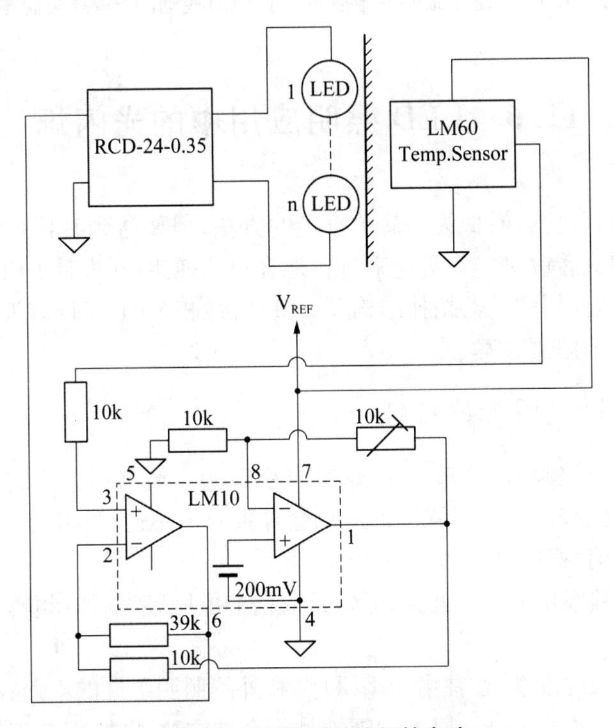


**图 11.5.5　模拟过热保护电路**

(4) 通过微控制器实现过热保护

微控制器输出 PWM,以超过人眼可以察觉的频率快速开/关 LED 来调节 LED 的亮度。通过内置功能设定阈值温度，并调节 PWM 信号以匹配 LED 的降额曲线。因此，通常微控制器更易于使用。

图 11.5.6 为基于微处理器控制 8 个 LED 驱动的 PWM 控制器。74HC252 可寻址锁存器可以通过重置脉冲来重置，重置时所有 LED 驱动同时启动。微控制器可以生成 8 个带有不同延迟的 PWM 脉冲，分别控制各个 LED 驱动。

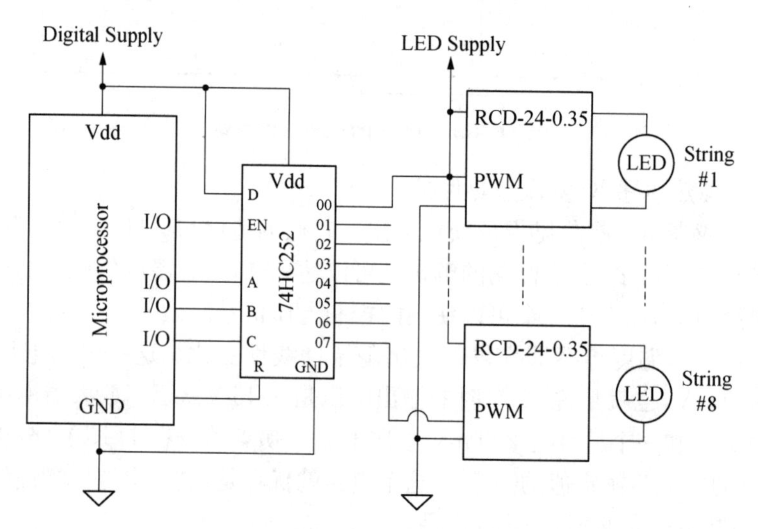


**图 11.5.6 基于微处理器控制 8 个 LED 驱动的 PWM 控制器**

## 11.6 LED 照明应用中的光闪烁

将 LED 用来替代灯具，看似为一简单直接的方法，但要达到替代传统型灯具的照明质量，仍有许多细节要完善改进。为避免来自各地客户的抱怨，在设计 LED 灯时，就要特别考虑光闪烁问题。本节介绍驱动器拓扑结构及 LED 特性相关的 LED 灯闪烁的现象，LED 驱动器驱动 LED 灯串的解决方案。

### 11.6.1 LED 光闪烁的特性

优质的室内照明需要均匀分布的光，这来自稳定的光输出和合适的色温。人眼对较低频率下的光强度变化比较敏感，光强度的波动会导致身体不适、眼睛疲劳或头痛。

基本上 LED 灯有两种可能会发生的光闪烁：

① 与交流电网频率相关的光波动，通常是双倍的电网频率(如：频率 50 Hz，光波动频率 100 Hz)。

② 随机型的光强度波动(往往由于 LED 灯和外围照明组件的不兼容而造成)。

虽然对大多数人而言，75 Hz 以上的闪烁是不会被注意到的，但是闪烁的感知不只与频率有关，也与光输出的波峰和波谷的强度及这些变化持续的时间有关。

根据 IES 国际标准，闪烁有两种量化方法，如图 11.6.1 所示。闪烁百分比是非常简单的，而且它是可以用在一般具有周期性变化且波形相对对称的光源。闪烁百分比公式为

$$\text{Ficker} = \frac{A-B}{A+B} \times 100\% \tag{11.6.1}$$

式中，$A$ 为最大光强度；$B$ 为最小光强度。然而，具有非对称波形或呈现非周期性闪烁的光源，闪烁指数则是一个较好量化闪烁的方式，因为它考虑到波形形状的差异。闪烁指数公式为

$$\text{Index} = \frac{\text{Area1}}{\text{Area1} + \text{Area2}} \tag{11.6.2}$$

式中，Area1 为大于平均光强度面积；Area2 为小于平均光强度面积。

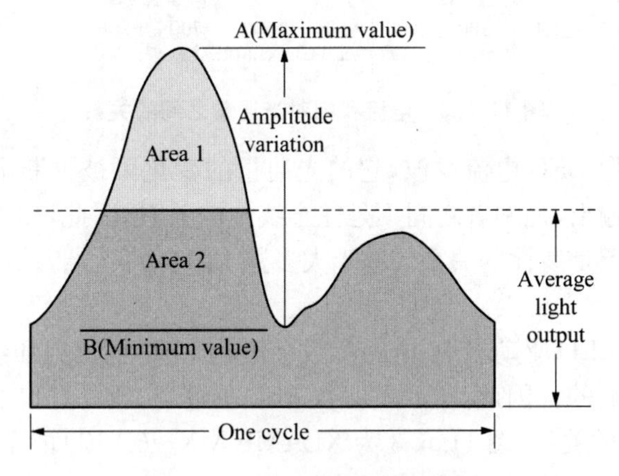


**图 11.6.1　闪烁有两种量化方法**

传统光源并非完全没有闪烁，白炽灯的闪烁相对较低，其闪烁百分比约为 10%～20%，这是由于灯丝加热的时间常数较长；用电磁式镇流器的节能灯，它的闪烁则相当高，闪烁百分比高达 37%～70%；使用电子式镇流器的节能灯，它的闪烁较低，闪烁百分比只有 5% 左右。

目前，针对 LED 灯最大可接受的闪烁还没有明确的标准存在，但许多 LED 照明厂商规定：在 100 Hz—120 Hz 的频率范围内，闪烁百分比需小于 30%。LED 的光输出和流过 LED 的电流有直接关系，也就是变化的 LED 电流会立即反映出 LED 的光输出。因此，若希望 LED 灯完全无闪烁的话，需要有一稳定的 LED 驱动电流。

### 11.6.2　闪烁与 LED 电流及电压纹波之间的关系

以 Cree 公司的高亮度 LED 产品，XLAMP MX - 6 LED，它的电流和相对光通量之间的关系如图 11.6.2 所示。

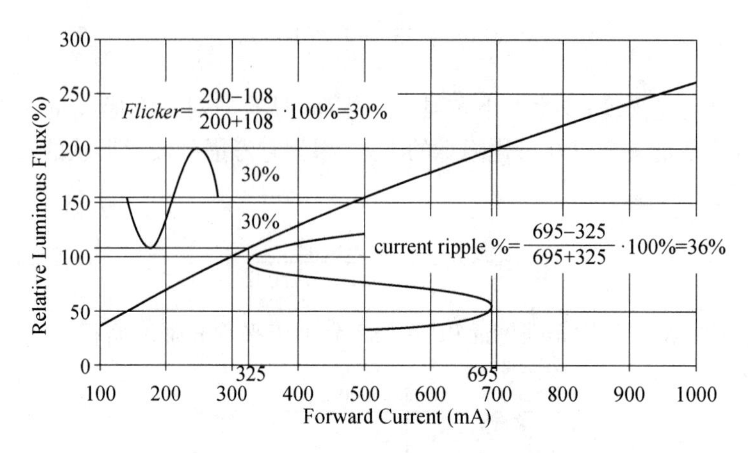


图 11.6.2 电流和相对光通量之间的关系

图中显示一正弦形 LED 电流纹波，它的光通量的变化可被推断出来。LED 电流的改变会直接改变它的光输出，但两者之间不是完全线性的关系，因此，LED 电流纹波和其衍生的闪烁百分比之间也不是线性的关系。对于大多数 LED 而言，光闪烁百分比是低于电流变化百分比的。

在大多数离线式 LED 驱动器中，电路参数会影响 LED 输出电压纹波，而 LED 电流纹波则是受电压纹波影响的。因此，重要的是要知道在整个 LED 灯串上的电压纹波和流过 LED 的电流纹波之间的关系，图 11.6.3 为 XLAMP MX－6 LED 的 $I/V$ 特性曲线，可用来测量 LED 动态电阻，$R_{dynamic}=1.3\ \Omega$。

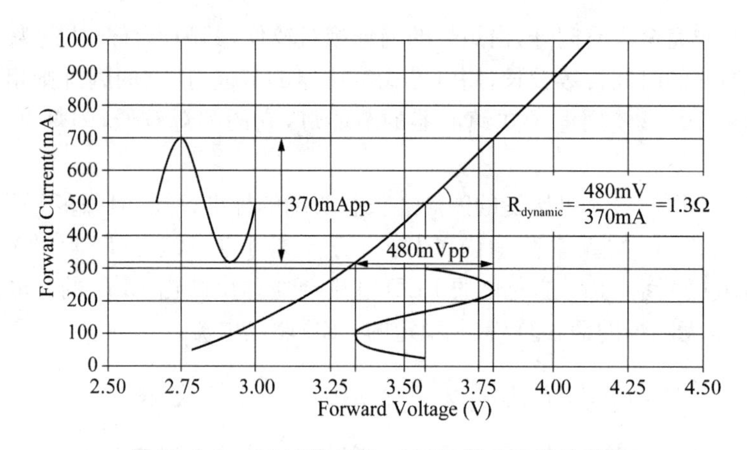


图 11.6.3 XLAMP MX－6 LED 的 I/V 特性曲线

LED 在各工作点上的动态电阻决定了 LED 上的电压纹波与电流纹波之间的关系。LED 的动态电阻相当小，这表示一个非常小的电压纹波就可以产生很大的电流纹波。因为 $I/V$ 曲线的斜率随不同的工作点而不同，动态电阻是以 LED 的平均电流作为它的工作点来决定。当 LED 串联时，动态电阻需要乘 LED 的数量；当 LED 并联时，动态电阻则需要除以并联的 LED 的数量。

### 11.6.3　AC－DC 型驱动器的基本电路

要了解 AC－DC 型 LED 灯有 100 Hz/120 Hz 闪烁的原因，就需先了解由交流电源供电的 LED 驱动器的基本电路。AC－DC 型开关式 LED 驱动器的基本电路如图 11.6.4 所示。

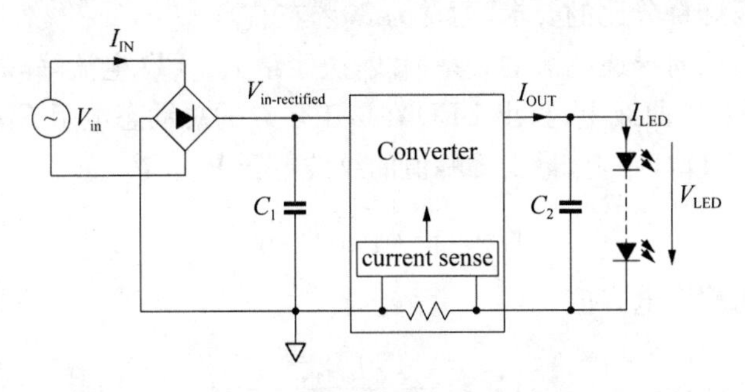


**图 11.6.4　AC－DC 型开关式 LED 驱动器的基本电路**

在大多数单级 AC－DC 型 LED 驱动器中，转换器可以由降压、升降压或返驰式转换器构成的，它将整流后的电源电压转换为合适的输出电压来驱动 LED 灯串。主要的反馈回路是通过 LED 电流检测，以提供恒定电流(平均值)至 LED 灯串。

若要 LED 没有闪烁，LED 电流($I_{LED}$)就必须是一个稳定的直流电流，而 LED 上的电压($V_{LED}$)也是一个固定的直流电压。由于电网电压是一正弦波，所以在电路输入输出端需要加滤波电容($C_1/C_2$)，将交流电压转换成直流电压。由于 $C_1/C_2$ 取值大小不同，产生了低功率因数电路和高功率因数电路，如图 11.6.5 所示。

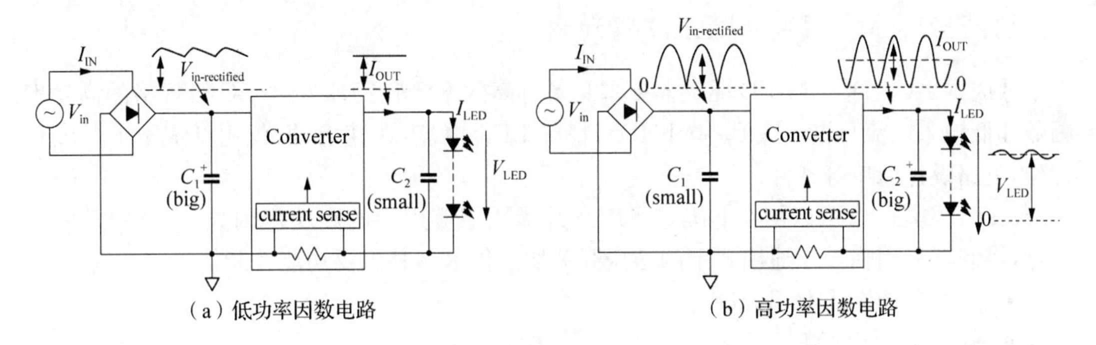


**图 11.6.5　低功率因数电路和高功率因数电路**

图(a)中 $C_1$ 作为大容量滤波电容，可提供转换器一个相对稳定的直流输入电压，并且因有快速电流反馈控制回路，输出电流 $I_{OUT}$ 较稳定。$C_2$ 只用来过滤转换器中的高频开关噪声，只需小的电容值。因为在 LED 电流中，和电网频率相同的成份是较小的，所以 100 Hz/120 Hz的闪烁较少。然而，选用大电容值的 $C_1$ 将造成脉冲状的输入电流，进而导致较低的功率因数；同时也造成电网电流 $I_{IN}$会有较高的谐波失真。这种解决方案通常仅被使用于低功率(＜6 W)的 LED 驱动器。

近来，大多数高功率的 LED 灯要求有高功率因数和低输入电流谐波。在图(b)中，$C_1$ 必须使用较小的电容，且转换器需要一低带宽的控制回路才能尽可能维持正弦波形的输入电流。高功率因数转换器的输出电流近似于正弦波二次方的函数，也就是倍频的余弦波波形，而 LED 的平均电流即为余弦波的平均值（mean value）。$C_2$ 用来降低整个 LED 灯串电压上的纹波，显然若要达到非常小的 LED 电压纹波就需要大容量的 $C_2$。输出电压纹波与 LED 的特性，共同决定了 LED 电流纹波及 LED 灯泡的 100 Hz/120 Hz 闪烁。

实现高 PFC 单级 LED 驱动器闪烁的设计方法如下：

（1）制定最大闪烁百分比的要求（通常为 30%左右）；

（2）由光通量与正向导通电流的关系曲线，决定最大 LED 电流峰峰值（$I_{LED\_PP}$）；

（3）由 LED 的 $I/V$ 曲线上，找出 LED 在该工作点的总动态电阻 $R_{DT}$；

（4）求出整个 LED 灯串上，最大峰峰值的纹波电压 $V_{O\_PP}$：

$$V_{O\_PP} = I_{LED\_PP} \cdot R_{RT} \tag{11.6.3}$$

（5）确定所需的输出电容值：

$$C_O = \frac{I_{O\_PP}}{V_{O\_PP} \cdot 2\pi \cdot f} \tag{11.6.4}$$

式中，$I$ 为 2 倍 LED 的平均电流（对高功率因数转换器而言，是很好的一个近似值；$f$ 是 2 倍的电网频率。

## 11.7 LED 驱动器的应用

LED 驱动可以分为 AC－DC 型、DC－DC 型和线性稳流型三类。

### 11.7.1 AC－DC 型 LED 驱动器

低成本 AC－DC 型 LED 驱动器要求具备有高效率，满足 IEC61000 C 级规格的高功率因数和低输入电流总谐波失真率（THD），精确 LED 电流，快速启动，仅用低成本电子元件构建，电路设计简单等条件。

RT8487 是一个可以用在非隔离降压及升降压型应用中的高功率因数 LED 驱动的控制器，控制器采用临界导通模式下的谐振开关切换技术。其主要功能性能如下：

- 支持高 PFC 和低 THD
- 高精度恒流电路
- 极低待机电流
- 独特的可编程 AND 功能实现 ZVS
- 内置过温/过压保护
- LED 开路/短路/过流保护

RT8487 功能框图如图 11.7.1 所示。RT8487 引脚功能描述如表 11.7.1 所示。

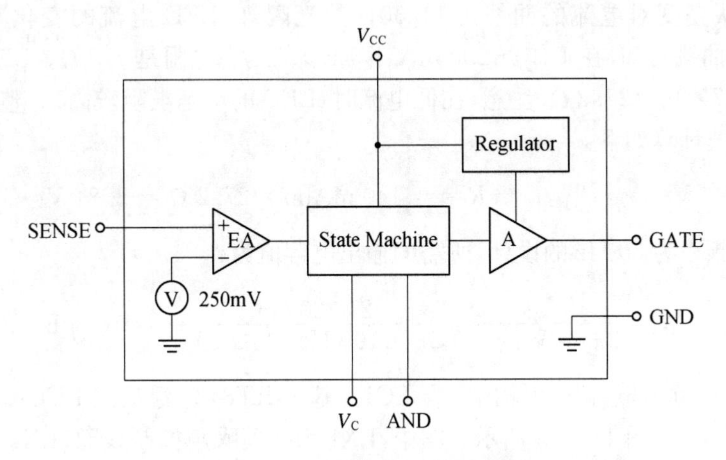


**图 11.7.1　RT8487 功能框图**

**表 11.7.1　RT8487 引脚功能描述**

| Pin No. | Pin Name | Pin Function |
|---|---|---|
| 1 | $V_{CC}$ | Supply Voltage Input. For good bypass, a ceramic capacitor near the VCC pin is required. |
| 2 | GND | Ground. |
| 3 | GATE | Gate Driver Output for External MOSFET Switch. |
| 4 | AND | AND Function Pin. |
| 5 | $V_C$ | Close Loop Compensation Node. |
| 6 | SENSE | LED Current Sense Input. The typical sensing threshold is 250 mV between the SENSE and GND pin. |

下面的应用实例是 10 W LED 灯的设计，它使用 16 个 Cree XLAMP MX－6 LED 串连在一起，LED 灯串电压为 49 V。此驱动器专为平均输出电流 200 mA 而设计，它的闪烁百分比定为 30％。通过图 11.7.2 Cree XLAMP MX－6 LED 的特性曲线，可求得 LED 的纹波电流和电压值。

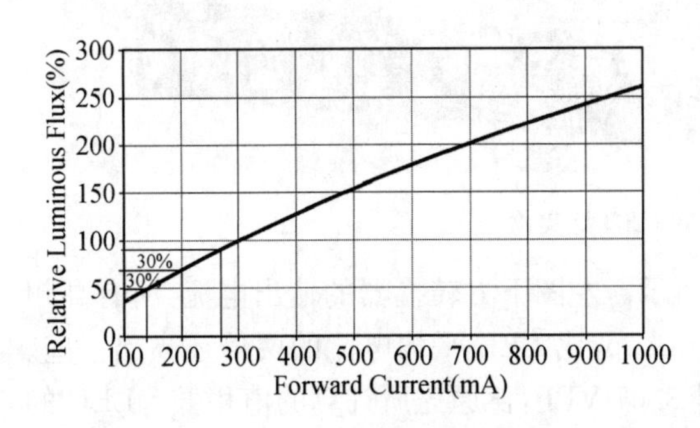


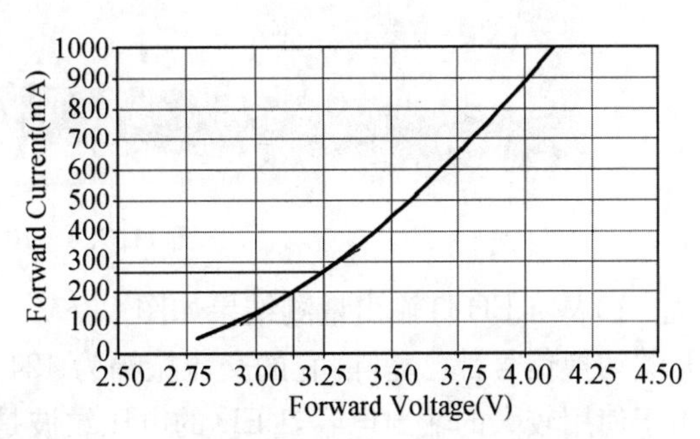


**图 11.7.2　Cree XLAMP MX－6 LED 的特性曲线**

由上图，从亮度对电流的曲线可知，30%的光闪烁，LED 电流的变化是±70 mA 或35%。从 $I/V$ 曲线可知，在工作点 200 mA 下 LED 的动态电阻是 1.7 Ω。LED 灯串组的动态电阻则是 1.7×16=27.2 Ω(注意，在低电流时，LED 的动态电阻较高)。整个灯串组合被允许的电压纹波计算如下：

$$V_{\mathrm{O\_PP}} = I_{\mathrm{LED\_PP}} \times R_{\mathrm{DT}} = 140\ \mathrm{mApp} \times 27.2\ \Omega = 3.81\ \mathrm{V}$$

对于电网频率为 50 Hz 的设计，所需的输出电容值为：

$$C_{\mathrm{O}} = \frac{I_{\mathrm{O\_AC}}}{2\pi f \cdot V_{\mathrm{O\_AC}}} = \frac{2 \times 200\ \mathrm{mA}}{2\pi \times 100\ \mathrm{Hz} \times 3.81\ V_{\mathrm{pp}}} = 167\ \mu\mathrm{F}$$

选 220 μF 标称值电容作为输出电容 EC1。基于 RT8487 浮动式 BUCK 变换的高功率因数 10 W LED 灯如图 11.7.3 所示。图中，LX1 为共模噪声抑制线圈，LX2 为差模噪声抑制电感，R1/R2/R3 为启动电阻，R7/R8 电流取样电阻，R11/D8/ZD1 为自举电路，L1/Q1/D5/EC1/R7/R8 构成 BUCK 拓扑电路。10 W LED 灯实物如图 11.7.4 所示。

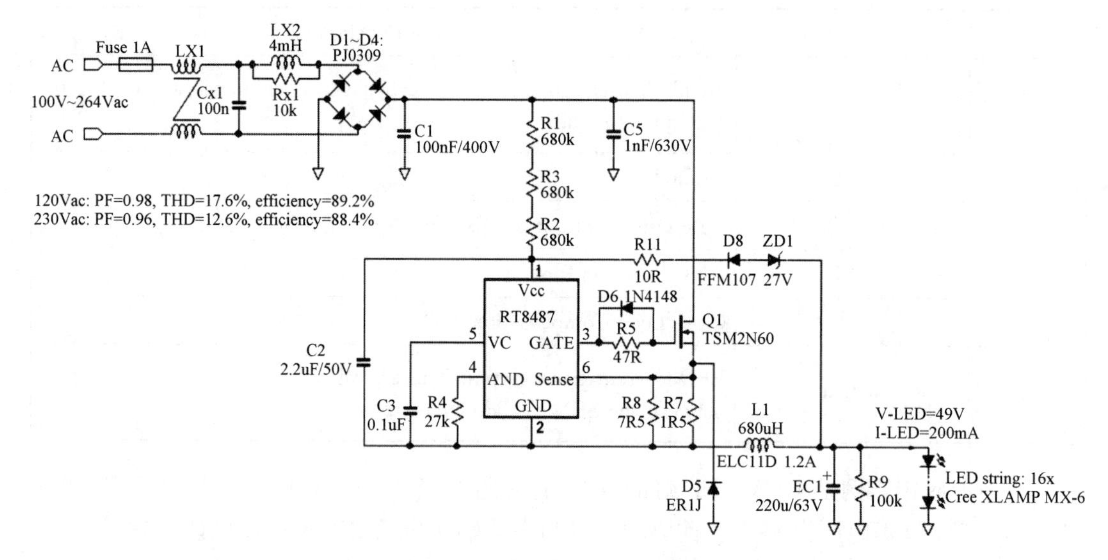


**图 11.7.3 基于 RT 8487 浮动式 BUCK 变换的高功率因数 10 W LED 灯**

**图 11.7.4 10 W LED 灯实物**

10 W LED 灯输出量测结果如图 11.7.5 所示。左图下方转换器的输出电流，所有高频开关切换信号都已滤除，它的交流振幅为 424 mApp，比 LED 平均电流的两倍还高出一些。由于使用较大的输出电容，LED 的电压纹波是 3.07 VPP，比原先所计算的值稍低。LED 的平均电流为 200 mA，其纹波为 120 mApp，即 30%。LED 灯串组的动态电阻是略低于从 LED 图表计算出来的值：3.07 V/120 mA = 25.6 Ω。在右侧示波器图形显示的是 LED 电流和测得的光输出。所测得的闪烁是 26.1%，低于所要求的最大值。

测试结果所得的技术数据表明设计满足技术要求。

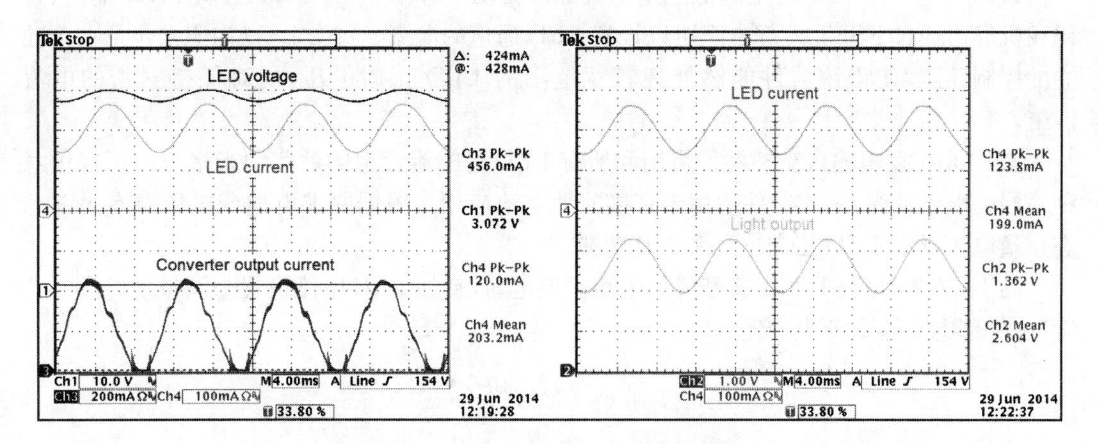


图 11.7.5　10 W LED 灯输出量测结果

## 11.7.2　DC－DC 型 LED 驱动器

### 1. RGB 三色灯驱动电路

CAT3626 是一款具有 6 通道可编程调光电流的 DC－DC 型 LED 驱动器。六通道的 LED 驱动被配置成三对独立的通道，每对通道可实现 $I^2C$ 接口下，0～32 mA 范围内0.5 mA 的步进调节。工作在恒定 1 MHz 的开关频率下，实现低噪声和低输入纹波。输入电压从 3 V到 5.5 V，效率高达 91%，是锂离子电池供电设备的理想选择。

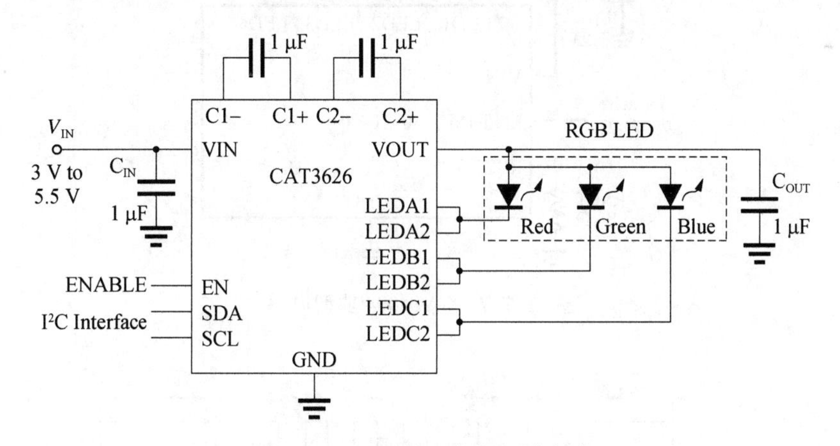


图 11.7.6　RGB 三色灯驱动电路

CAT3626 是驱动具有共同阳极配置的 RGB(红绿蓝)led 的理想选择。与红色、绿色和蓝色 LED 相关的单个 LED 电流可通过 $I^2C$ 接口独立编程，生成准确的混合颜色。可以通过重新编程的 RegEn 寄存器的状态，保持适当的 PWM 占空比来完成调光的效果。

RGB 三色灯驱动电路如图 11.7.6 所示。广泛应用在 RGB 三色灯、LCD 和键盘背光、手机、掌上终端、数码相机等场合。

### 2. 线性稳流型 LED 驱动器

CAT4004 提供四个匹配的低压差电流源来驱动 LED，应用于 LCD 背光、移动电话、数码相机等。通过 RSET 外部电阻可以设置 LED 通道的电流。每个 LED 沟道都包括一个独立的控制环路，使得该器件能够处理较宽范围的 LED 正向电压，同时保持紧密的电流匹配。

EN/DIM 逻辑输入支持器件启用和所有 LED 的电流设定的数字调光接口。可提供六种不同的电流调光比，此器件适用于直接驱动电池应用。根据要求电池或电压源有足够动态余量电压驱动 LED 正向电压和电流势阱。

图 11.7.7 为 CAT4004 典型应用电路。通电时，初始 LED 电流设置为满量程（100%亮度）由外部电阻器 RSET 控制。

$$I_{\mathrm{LED}} = 132 \times \frac{0.6\ \mathrm{V}}{R_{\mathrm{SET}}}$$

EN/DIM 引脚有两个主要功能：一是使能和禁用设备；二是通过输入脉冲信号对 LED 电流实现 6 级调光，如图 11.7.8 所示。在每一个连续脉冲的上升沿，电流被依次减少 50%。6 节调光电流分别为满量程的 100%、50%、25%、12.5%、6.25%和 3.125%。每个脉冲宽度应在 200 ns 到 100 μs 秒之间。比最小 $T_{\mathrm{LO}}$快的脉冲可以被器件忽略和滤波；超过最大 $T_{\mathrm{LO}}$的脉冲可能会使设备关闭。EN/DIM 保持低电平 1.5 毫秒或更长时间时，LED 驱动器将进入“零电流”关闭模式。

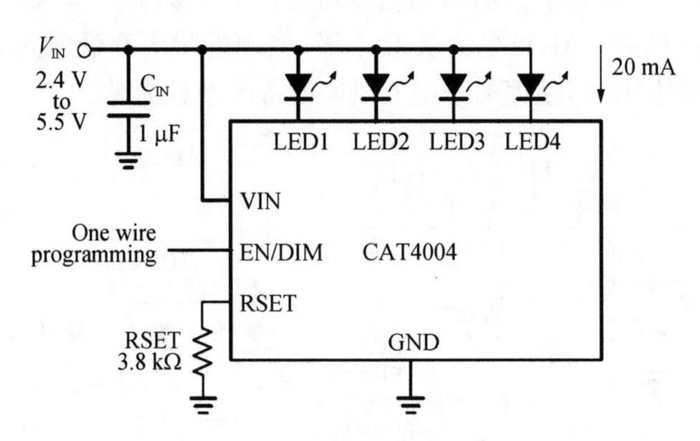


**图 11.7.7　CAT4004 典型电路**

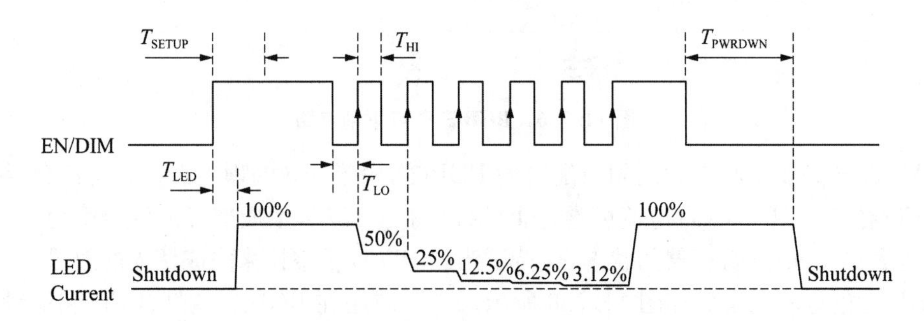


**图 11.7.8　EN/DIM 调光时序图**

## 思考题与习题

11.1　为什么 LED 电源采用恒流驱动，而不采用恒压驱动？

11.2　常用的 LED 恒流驱动方式有哪些？

11.3　用一个 LED 驱动器驱动多条 LED 串有什么缺点？

11.4　模拟调光和 PWM 调光各有什么特点？

11.5　说明 LED 调光率的概念。

11.6　如何定义 LED 产品的寿命？

11.7　LED 的热保护方式有哪些？

11.8　说明控制 LED 光闪烁有哪些方法？

11.9　说明为什么要提高 LED 灯 FPC 和 THD？

# 第 12 章　新型开关电源电路及应用

扫一扫
可见本章学习资料

本章讲述了应用开关电源新近研究新技术、相关技术标准以及新型功率器件，设计基于 USB PD 标准的高功率密度、高效率 140 W USB PD3.1 EPR 电源；同时，应用多相 DC/DC 变换技术，设计 1.5 V/100 A 直流电源，以满足处理器等器件低压大电流供电要求。

## 12.1　140 W USB PD3.1 电源设计

根据 USB PD3.1 技术标准，140 W USB PD3.1 EPR 电源技术参数如下：

- 输入电压：90 VAC—265 VAC
- 输出电压：

□5 V±3%/3 A±3%，效率 $\eta\geqslant90\%$，$V_{rip}\leqslant200$ mV

□9 V±3%/3 A±3%，效率 $\eta\geqslant90\%$，$V_{rip}\leqslant200$ mV

□12 V±2%/5 A±3%，效率 $\eta\geqslant90\%$，$V_{rip}\leqslant175$ mV

□15 V±2%/5 A±3%，效率 $\eta\geqslant90\%$，$V_{rip}\leqslant150$ mV

□20 V±2%/5 A±3%，效率 $\eta\geqslant90\%$，$V_{rip}\leqslant150$ mV

□28 V±2%/5 A±3%，效率 $\eta\geqslant90\%$，$V_{rip}\leqslant125$ mV

□15 V—28 V/5 A EPR 可调电源，步长 0.1 V，效率 $\eta\geqslant90\%$，$V_{rip}\leqslant150$ mV

- 传导 EMI 测试，28 V/5 A，浮动输出，满足欧盟 EN55022 B 级标准。

### 12.1.1　USB PD 标准

USB PD(Power Delivery)快充技术是由 USB 开发者论坛 USB - IF（USB Implementers Forum)制定的一种快速充电规范，旨在通过 USB 接口实现更高功率的充电和更灵活的电力传输。

1. *发展历程重要节点*

- 2012 年 7 月：发布 USB PD1.0 标准，但因技术问题很快被替代；
- 2014 年 8 月：USB PD2.0 标准发布，并发布 Type - C1.0 接口标准，奠定了后续发展基础；
- 2015 年底—2017 年 2 月：USB PD3.0 标准以及其重要更新(增加可编程电源 PPS)逐步推出；
- 2021 年 5 月 25 日：USB PD3.1 标准发布。

2. 各版本具体信息

(1) USB PD2.0

规定 USB Type－C 接口为唯一标准接口，赋予其充电、数据传输、音频传输等多种功能，是第一个真正量产商用的快充标准，为实现 USB PD 快充大一统奠定了基础。定义了支持 5 V/3 A、9 V/3 A、12 V/3 A、15 V/3 A、20 V/5 A 输出，最大充电功率达到 100 W。

(2) USB PD3.0

相对于 PD2.0 主要在三个方面变化，增加了对设备内置电池特性更为详细的描述；增加了通过 PD 通信进行设备软硬件版本识别和软件更新的功能；增加了数字证书及数字签名功能。支持 5 V/3 A、9 V/3 A、12 V/3 A、15 V/3 A、20 V/5 A 输出，最大功率 100 W。

(3) USB PD3.0 PPS(可编程电源)

属于 USB PD3.0 中支持的一种电源类型，整合了高压低电流、低压大电流两种充电模式。电压调幅降为 20 mV 一挡，目前在安卓手机阵营占有率非常高，配合手机内置电荷泵可实现高效大功率快充。其特点是在 PD3.0 的功率基础上，通过编程可实现更精细的电压电流组合来满足不同功率需求，但没有明确新的固定功率规范。

(4) USB PD3.1

- 标准功率范围(SPR)：和之前 PD3.0 PPS 一样，最大充电功率 100 W；扩展功率范围(EPR)；
- 扩展功率范围(EPR)：28 V/5 A，功率 140 W；36 V/5 A，功率 180 W；48 V/5 A，功率 240 W。

除了手机、配电盘等消费类产品外，扩大了适用范围，可用于显示器、服务器、电动工具、安防 POE 供电等领域。增加了三组固定电压(28 V、36 V、48 V )和三组可调电压挡(15 V—28 V/5 A、15 V—36 V/5 A、15 V—48 V/5 A)，最小调压步进是 0.1 V。对连接器和线缆等的安全规定提出更高的要求。

## 12.1.2　AC/DC 电源系统框架

根据 140 W USB PD3.1 电源技术参数，AC/DC 电源系统框架如图 12.1.1 所示。电源系统输入端考虑到抗干扰和低功耗技术要求，引入了输入 EMI 滤波器和有源桥式整流器；后续采用了两个基于 PowiGaN 的器件：HiperPFS－5 PFS5277F 用于功率因数校正(PFC)级；InnoSwitch5－Pro INN5377F－H905 用于反激式转换器 IC，搭配英集芯科技 IP2756 作为 USB PD 控制器，连接 Type－C 通用接口，实现电源与供电设备之间智能控制、快速充电灯功能。产品应用高功率密度适配器，多协议适配器，直充移动设备充电器，可调恒压及恒流 LED 镇流器等。

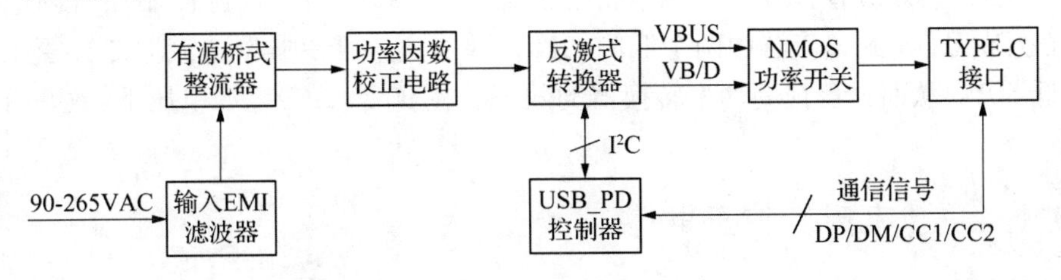


**图 12.1.1　AC/DC 电源电路系统框架**

## 12.1.3 EMI滤波器和有源桥式整流器

### 1. EMI滤波器

EMI滤波器和有源桥式整流器如图12.1.2所示。输入保险丝F100提供安全保护，防止灾难性故障，压敏电阻RV100防止AC线路瞬变干扰。电磁干扰抑制元件由共模扼流圈L100和L101、X电容C100、差模扼流圈L102、薄膜电容器C101和C102组成，两级共模电感组合滤波，可有效抑制EMI传导干扰，确保电源满足欧盟EN55022 B级标准。电阻R101(D1)和R102(D2)与HiperPFS－5 PFS5277F配合使用，一旦交流输入线断开，PFS5277F(D1/D2)内部连通，X电容储存的能量通过电阻R101和R102放电。这一设计优点：一是X电容容量范围可达100 nF～6 μF；二是通过加大X电容量，减小L100(360 μH)电感量，缩小L100体积，简化EMI滤波器设计。

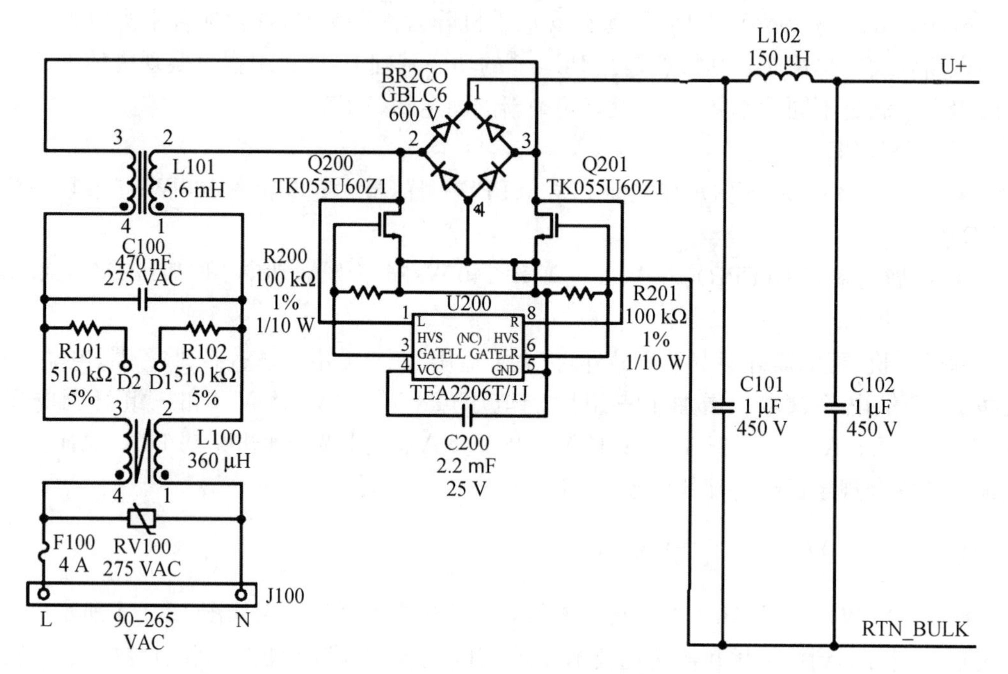


**图12.1.2 EMI滤波器和有源桥式整流器**

### 2. 有源桥式整流器

桥式整流器BR200对交流电压进行整流，并为PFC级提供全波整流电压。有源桥式整流控制器TEA2206T与场效应管Q200和Q201配合使用，场效应管并联在二极管上，当二极管导通时，场效应管打开。有源电桥控制器U200按定时时序脉冲驱动有源电桥场效应管，有效降低了桥式整流器中两个低侧二极管的功耗。可使典型整流器二极管正向传导损耗降低50%，从而显著提高功率转换器的效率。在90 V(AC)电源电压下，效率可以提高约0.7%。

## 12.1.4 功率因数校正电路

功率因数校正的主要目的是提高电力利用效率。功率因数 $\cos\varphi$ 是指有效功率与总耗电量(视在功率)之间的比值,它衡量了电力被有效利用的程度。当功率因数值越大,代表电力利用率越高。因此,通过 PFC 技术可以提高电源的功率因数,从而提高电力利用效率,减少能源浪费。

HiperPFS-5 系列采用新颖的准谐振 DCM PFC 控制器,具有 750 V PowiGaN, X 电容放电和高压自启动功能。HiperPFS-5 设备消除了外部电流检测电阻及其相关功率损耗的需要,并使用了一种创新的控制技术,可以根据输出负载、输入线路电压和输入线路周期调整开关频率。PowiGaN 的低开关和传导损耗以及其他高集成度的效率允许在没有散热器的情况下设计高达 220 W 的设计。

1. PFS5277F 芯片介绍

PFS5277F 是 HiperPFS-5 产品系列中一款非自偏置供电,输出功率 185 W,用于 USB PD 电源的功率因数校正电路。HiperPFS™-5 系列先进的功率因数校正 IC,利用 750 V PowiGaN 开关的低开关损耗来提高效率。其高集成度和先进的控制方法有助于减少元件数目和缩小电感尺寸,从而减小系统尺寸。HiperPFS-5 IC 采用超薄表面贴装型 InSOP-T28F 封装,可直接将热量传导至 PCB,无需占用空间的散热片。

产品特点:

- 在整个负载范围内保持高效率及高功率因数

□在 10%至 100%负载范围内效率可高达 98%以上

□20%负载下功率因数(PF)为 0.96

- 准谐振断续导通模式(DCM)控制

□输出功率达 250 W 时仍无需散热片

□PFC 级可并联,以增加输出功率

□最小的升压电感和简单的升压二极管

□低开关损耗

□功率因数增强电路可补偿 EMI 滤波器和整流桥产生的畸变

- 在 230 VAC 输入下空载功耗<40 mW,内部集成自动 X 电容放电
- 750 V 的 PowiGaN™开关

□在 305 VAC 输入电压下保持高功率因数,且具有 80%的降额

□轻松耐受 460 VAC 的输入电压骤升

- 高度集成

□外形紧凑自偏置供电支持高压启动

□源极散热可降低 EMI

- 可设定的电源备妥(PG)信号可实现对浪涌的主动控制
- 可选择的功率限制可实现快速原型设计
- 通过 IEC62368 安规认证

PFS5277F 功能原理框图如图 12.1.3 所示。PFS5277F 引脚配置及功能如图 12.1.4 所示。

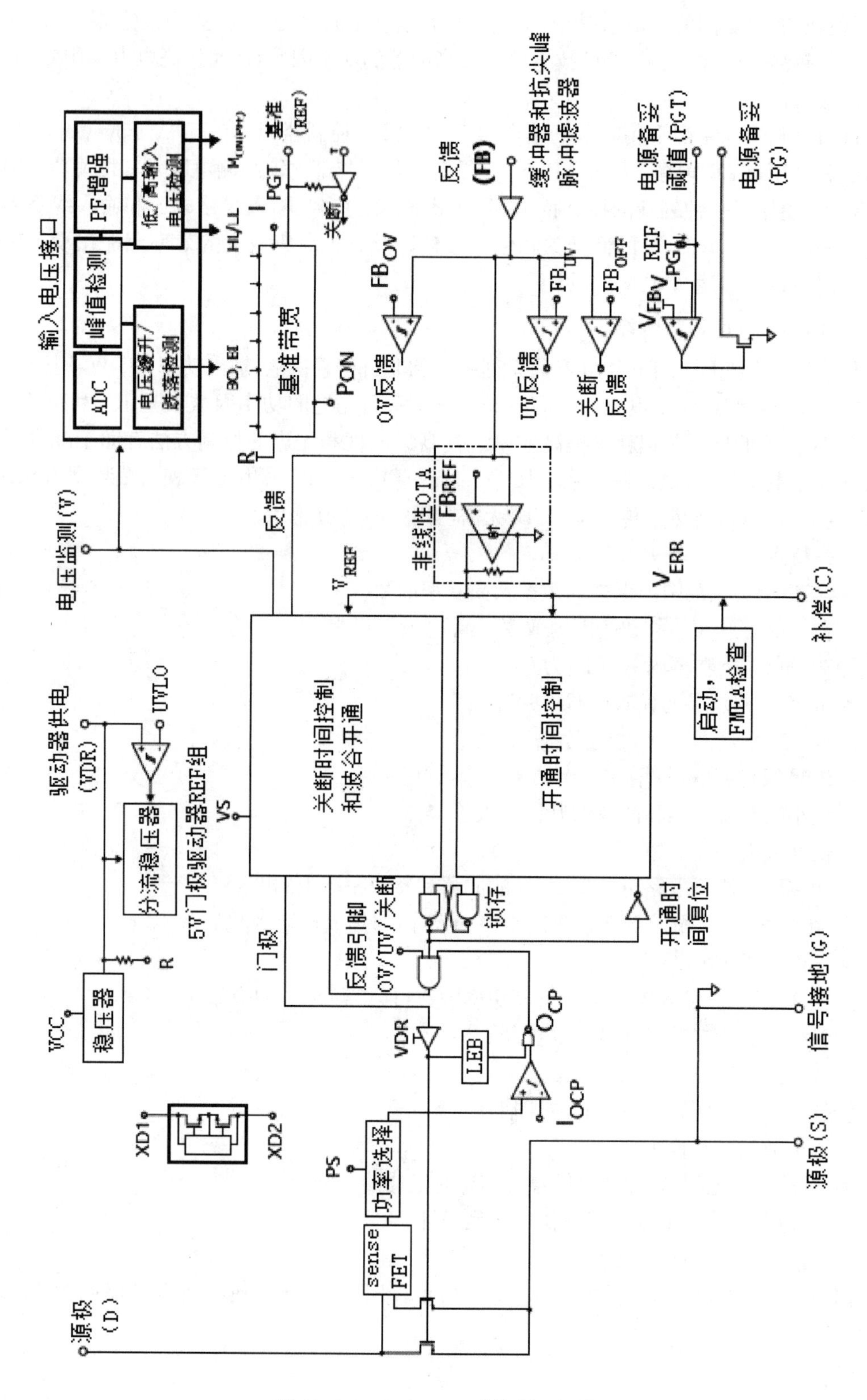


图 12.1.3　PFS5277F 功能原理框图

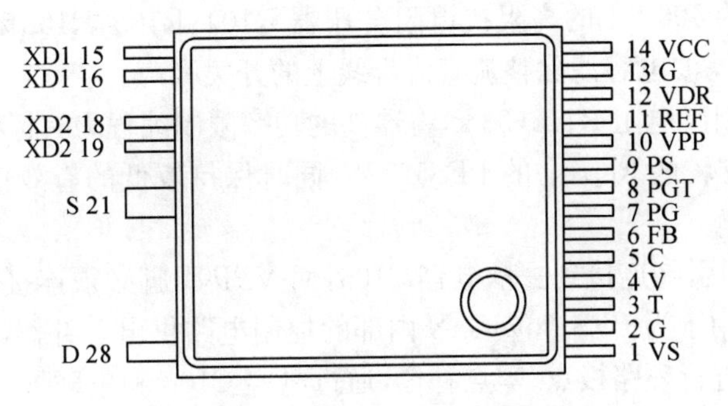


**图 12.1.4　PFS5277F 引脚配置及功能**

2. HiperPFS－5 系列控制算法

HiperPFS－5 产品系列是一种可变开关频率升压 PFC 器件，它采用的是恒定安秒导通时间与恒定伏秒关断时间控制算法。该算法用于调整输出电压，并对输入电流进行整形，使其符合所规定的谐波电流限值和高功率因数。对开关电流进行积分和控制，使其在开关导通期间具有恒定的安秒乘积，从而使平均输入电流波形跟随输入电压波形。对输出与输入电压之间的差值进行积分，可保持由升压电感、稳压输出电压和功率决定的恒定伏秒平衡。控制器设置每个导通周期内输送的电荷量。每个周期电荷随着负载变化在许多开关周期内逐渐发生变化，可认为它在给定的半个工频周期内保持恒定。在导通时间($t_{ON}$)设置恒定电荷(或安秒)控制，就有：

$$K_2 = I_{IN} \times t_{ON} \tag{12.1.1}$$

在关断时间($t_{OFF}$)设置恒定的伏秒数。对关断时间进行控制可使其满足：

$$K_1 = (V_O - V_{IN}) \times t_{OFF} \tag{12.1.2}$$

由于导通时间内的伏秒数必须等于关断时间的伏秒数，以维持 PFC 扼流圈内的磁通量平衡，因此导通时间($t_{ON}$)也被控制，使得：

$$K_1 = V_{IN} \times t_{ON} \tag{12.1.3}$$

将 $t_{ON}$ 从(12.1.3)代入(12.1.1)可得：

$$I_{IN} = V_{IN} \times K_2 / K_1 \qquad (12.1.3)$$

上式表明，通过控制恒定的安秒导通时间和恒定的伏秒关断时间，输入电流 $I_{IN}$ 与输入电压 $V_{IN}$ 可成正比，从而满足基本的功率因数校正要求。

3. 基于 PFS5277F 功率因数校正电路

基于 PFS5277F 功率因数校正电路如图 12.1.5 所示。PFC 功率级由升压电感 T100、升压二极管 D101、旁路二极管 D100、电容 C104 和 PFS5277F U100 组成，电容 C103 用于去耦。

VS 脚通过外部电阻 R106 连接到电感 T100 上的辅助绕组，电感辅助绕组上的电压为控制器提供有关漏极电压的信息。R106 用于限制通过 VS 引脚的电流，并用于波谷开关定时的精细调整。

V引脚通过大约100：1的高阻抗电阻分压器R104、R105、R108和R112连接到整流高压直流轨。C107滤波电容滤除整流直流母线上的开关噪声。

功率选择(PS)引脚电阻R115(33 k)将器件的功率限制编程为其标称输出功率的70%。该方案通过选择具有较低$R_{DS(ON)}$的PFS5277F,同时保持较低的有效值(RMS)电流,从而最大限度地提高效率。

参考电压(REF)引脚连接到去耦电容C106,而VPP引脚必须连接到REF引脚。REF电压额定值为5 V,用于为PFS PowiGaN内部的控制电路供电。补偿(C)引脚用于对跨导误差放大器(OTA)进行环路极点/零点补偿,通过电容C108和串联R-C电路R114/C111网络实现。

反馈(FB)引脚连接至主稳压反馈电阻分压网络,还用来提供快速的过压和欠压保护。反馈电阻网络由上端R107、R109、R111和下端R116及C109组成,推荐放置一个介于8 MΩ和16 MΩ±1%之间的上端分压电阻,C109用于去耦滤波。内置控制器具有一个低带宽、高增益跨导误差放大器(非线性OTA),其同相端连接到3.85 V的内部电压参考,反相端由外部FB引脚,可实现升压跟随器功能。FB连接到分压器比值为3.85：400的输出电压分压器网络,以确保额定PFC输出电压为400 V。反馈引脚直接连接到分压器网络,以确保快速瞬态负载响应。

PG引脚用于实现升压跟随器功能。在PG引脚和FB引脚之间连接R110,以改变低压输入与高压输入之间的输出电压,该功能在低压交流输入下,可提高效率。

PGT引脚用于设定输出电压阈值,当输出电压低于该阈值时,PG信号脚变成高阻抗,表示PFC电压不在调整范围内。PG信号指示的这个低阈值电压可通过连接于PGT引脚和信地之间的一个电阻R113设定。PGT引脚悬空,处于升压跟随器模式工作方式。

选择分压比以确保PFC标称输出低电压为255 V。在高线电压输入,PG引脚被拉低,连接电阻R110与R116并联,从而增加PFC输出电压。选择R110值将PFC标称高端输出电压设置为380 V。

在低输出功率(输入功率< 75 W)时关闭PFC,优化系统效率。输出端的USB PD控制器计算输出功率并决定是否打开或关闭PFC。USB PD控制器使能信号PFC_EN驱动光耦U101,触发线性稳压器工作,该稳压器由晶体管Q102、R131、稳压管VR102和滤波电容C122组成。当PFC_EN为高电平时,线性稳压器给PFS5277F的VCC供电;当PFC_EN为低电平时,PFS5277F被禁用,这种禁用PFC级的方法仅适用于非自偏置的PFS527xF系列芯片。

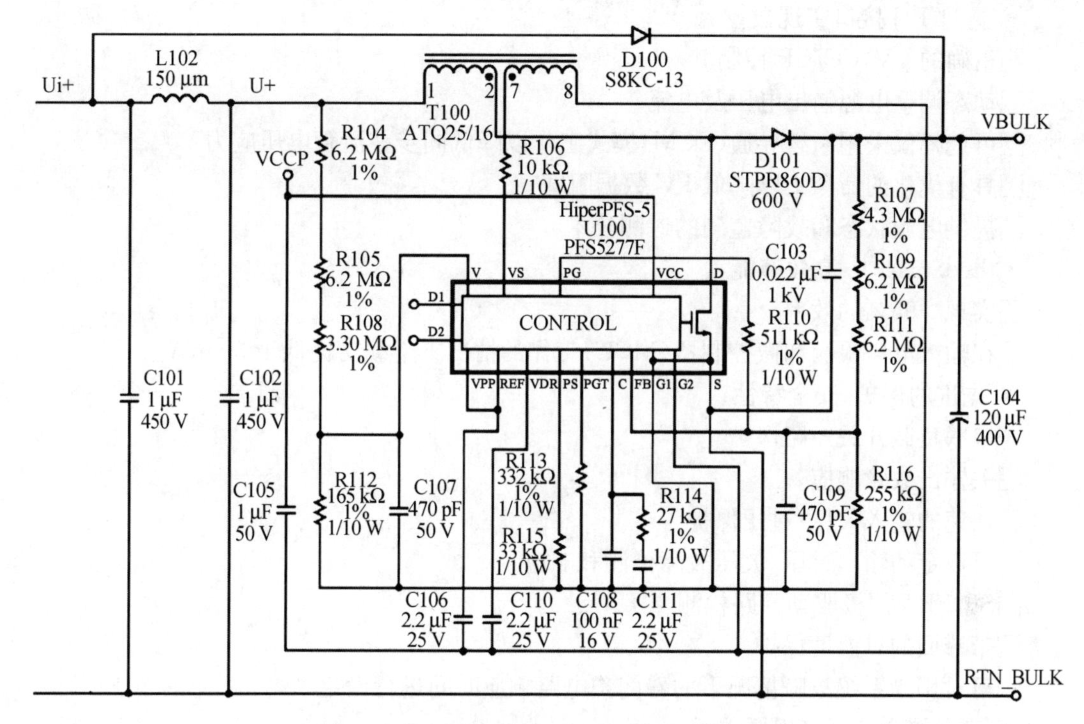


**图 12.1.5　基于 PFS5277F 功率因数校正电路**

## 12.1.5　反激式控制器电路

PI 公司新近推出第五代 InnoSwitch 5 - Pro 系列反激式控制器，是一款高效率、可数字控制的反激式开关 IC，应用开发了新一代 USB PD 适配器和配电盘，其效率可达 95%。PFS5277F 是 InnoSwitch 5 - Pro 其中一款产品。

1. PFS5277F 芯片介绍

(1) PFS5277F 产品特点

- PFS5277F 的新特性

□采用先进的 SR FET 控制技术的零电压开关(ZVS)无需有源钳位

□支持 3 V 至 30 V 的超宽输出电压范围

□支持 28 V USB PD 扩展功率范围(EPR)

□具有无损耗输入电压检测功能，可进行自适应的 DCM/CCM/ZVS 控制

□实现<2%的恒流精度，满足 UFCS 协议

- 高度集成，外形紧凑

□750 V 和 900 V 耐压的 PowiGaNTM 初级开关管选项

□高达 140kHz 的稳态开关频率降低了变压器尺寸

□集成同步整流驱动器和次级侧检测

□反馈方式采用内部集成的 FluxLinkTM 技术，且满足高压绝缘(HIPOT)

□可驱动低成本的 N 沟道 FET 串联负载开关

□集成了 3.6 V 电源，用于为外部微控制器(MCU)供电

- 通过 $I^2C$ 接口实现数控

□精确的 CV/CC/CP 控制

□动态调整电源输出电压及电流

□可选择仅采用断续导通(DCM)模式工作以降低同步整流管电压应力

□具有优化的命令集以降低 $I^2C$ 数据阻塞

□提供电源状态和故障监测的遥测技术

- EcoSmart™-高效节能

□实现>95%的效率

□在输入电压检测和微控制器(MCU)工作的情况下空载功耗低于 30 mW

- 先进的保护/安全特性

□串联负载开关短路保护

□关输出故障响应

□快速的输入欠压/过压保护

□可设定的输出过压/欠压故障检测和响应

□SR FET 门极驱动开路检测

□带滞回的过温度保护

□可对用于系统故障情况下的看门狗电路响应时间进行设定

- 完全符合各项安规要求

□加强绝缘强度>4000 VAC

□产品 100%进行 HIPOT 测试

□通过 UL1577 隔离电压 4000 VAC(最大值)安全认证。有待通过 TUV (EN62368－1 和 CQC (GB4943.1)安全认证

INN5377F 引脚配置及功能如图 12.1.6 所示。

(2) 引脚功能

P1:电流检测(IS);

P2:次级接地(GND);

P3/P12/P13/P14/P16:悬空脚(NC);

P4:次级旁路(BPS),接旁路电容,用于为次级电路 IC 供电;

P5:$I^2C$ 时钟(SCL);

P6:$I^2C$ 串联数据(SDA);

P7:外部 VCC 供电(uVCC),外部控制器的 3.6 V 供电;

P8:VBUS 串联开关驱动和负载放电(VB/D),输出路径 NMOS 驱动控制;

P9:同步整流驱动(SR),接外部 SR FET 的栅极;

P10:输出电压(VOUT),检测输出电压稳压情况;

P11:正激(FWD),接变压器次级绕组,提供有关初级开关的时序信息,并在 VOUT 低于某个阈值时为 IC 次级供电;

P17:初级旁路(BPP),接旁路电容,为 IC 初级电路供电,ILIM 选择引脚;

P18:HSD 引脚应接地;

P19:源极(S);

P28：漏极(D)。

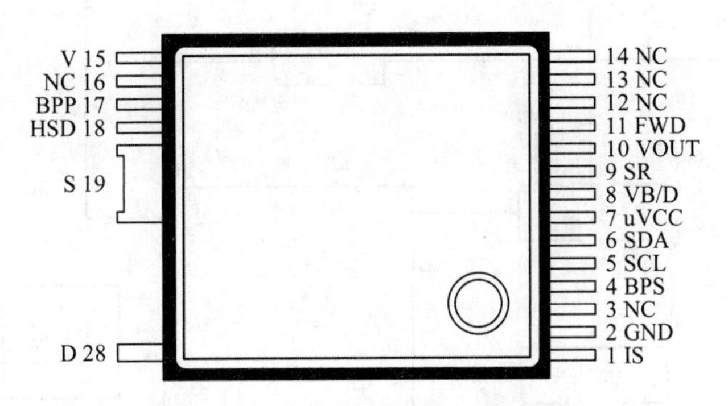


**图 12.1.6　INN5377F 引脚配置及功能**

(3) 功能描述

在 INN5377F 中集成了一个高压功率开关以及初级侧和次级侧控制器。其架构采用一种由邦定线和内嵌框架结构组成的创造性的磁感耦合反馈机制(FluxLink)，提供一种安全可靠且高性价比的控制方式，从次级侧控制器向初级控制器传递精确的输出电压和输出电流信息。

INN5377F 次级控制器如图 12.1.7 所示，其包括磁感耦合至初级接收器的发射器电路、控制电源参数和微处理器控制的 $I^2C$ 接口、次级旁路引脚 4.5 V 稳压器、同步整流管 FET 驱动器、振荡器和时钟功能电路以及众多集成的保护特性。

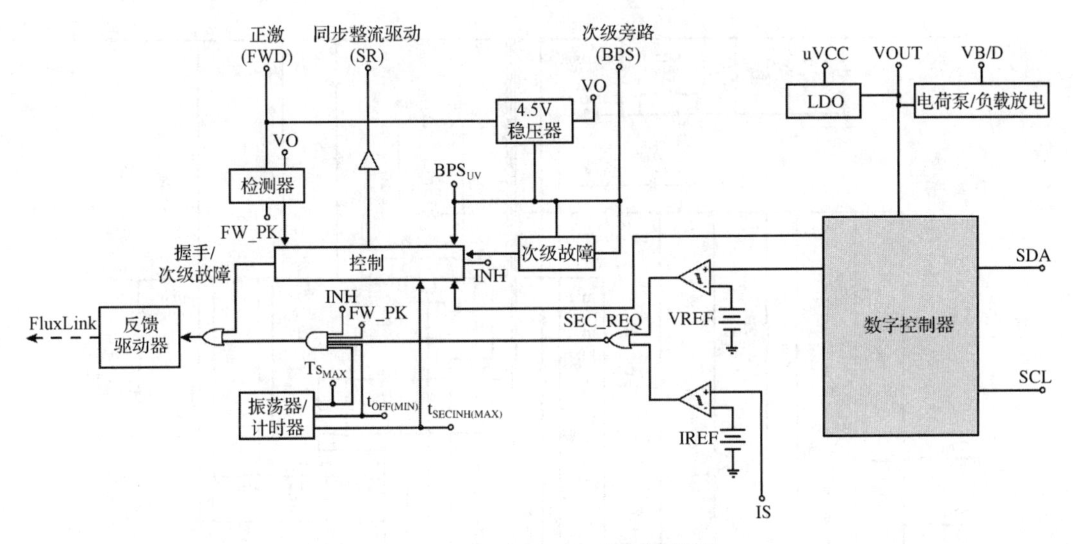


**图 12.1.7　INN5377F 次级控制器**

INN5377F 初级控制器如图 12.1.8 所示，是准谐振(QR)反激式控制器，它能够在连续导通模式(CCM)下工作。该控制器同时使用变频和可变限流点控制方案。初级控制器包括频率调制振荡器、磁感耦合至次级控制器的接收器电路、限流点控制器、初级旁路引脚 5 V稳压器、旁路过压检测电路、无损耗输入电压检测电路、限流点选择电路、过温保护和前沿消隐。

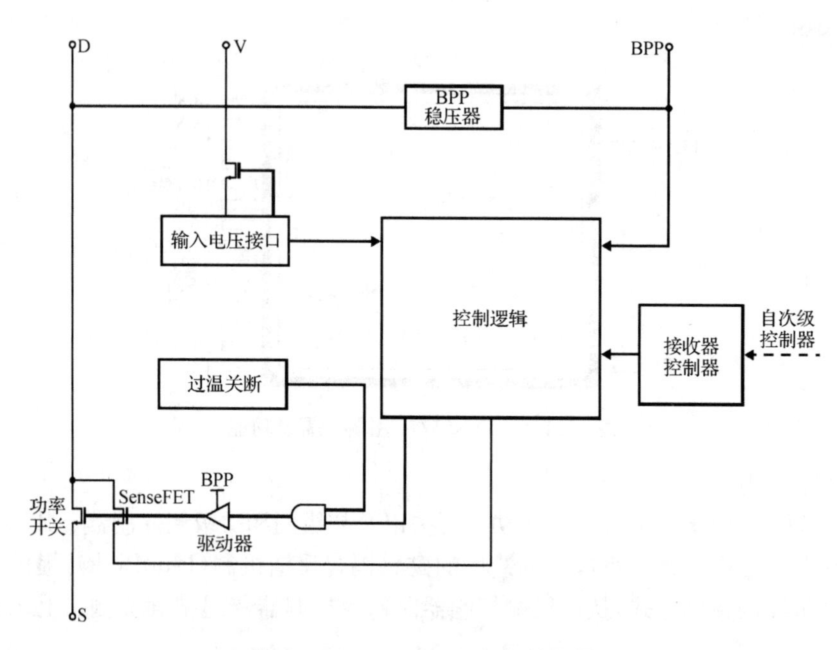


**图 12.1.8 INN5377F 初级控制器**

## 2. 基于 INN5377F 反激式控制器电路

基于 INN5377F 反激式控制器电路如图 12.1.9 所示，由初级电路和次级电路两部分组成。

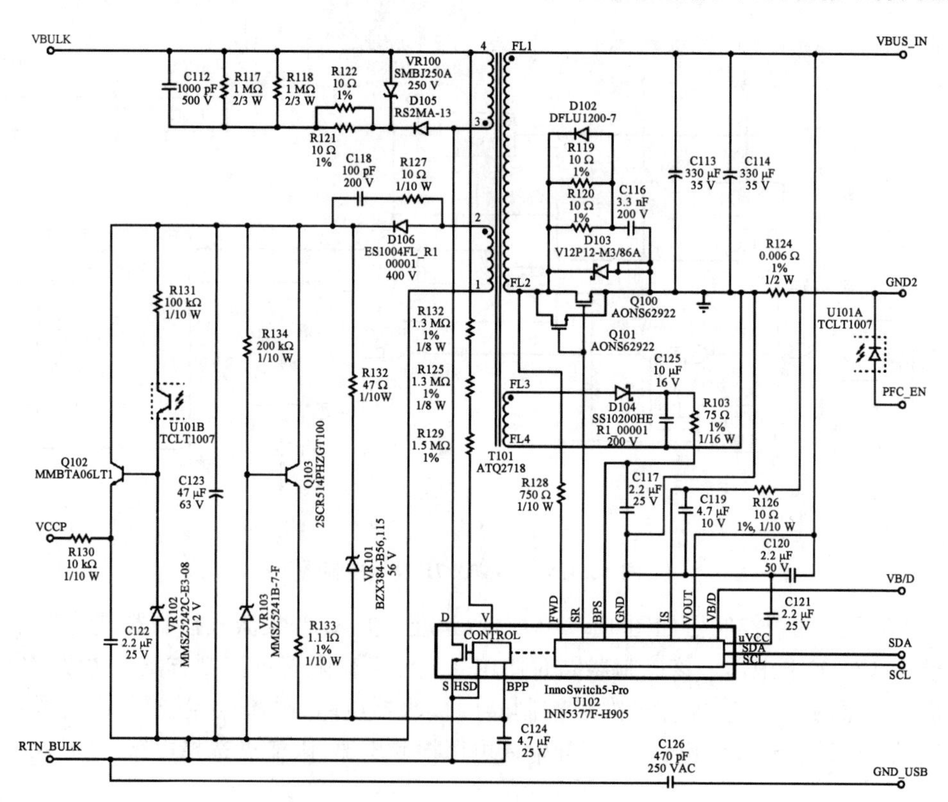


**图 12.1.9 基于 INN5377F 反激式控制器电路**

(1) 初级电路

INN5377F(U102)控制 DC-DC 级反激变换器。变压器 T101 初级主绕组线圈一端连接 PFC 输出直流母线;另一端接 U102 内部 PowiGaN 开关的漏极(D)上。通过电阻网络 R123、R125 和 R129 连接到直流母线 VBULK,为 INN5377F 的 V(UNDER/OVER INPUT VOLTAGE)提供输入欠压/过压检测信号。电容 C124 是 BPP 引脚去耦滤波,为初级控制器提供电源,电容 C124 的值设置了 INN5377F 的电流限制,即标准模式或增加 ILIM 模式,在此设计中,选择了增加 ILIM 模式。

初级 RCD 钳位电路在 U102 开关瞬间限制 U102 的漏极峰值电压。存储在变压器 T101 漏电感中的能量通过二极管 D105 传递给电容器 C112。电阻 R121 和 R122 限制进入电容器 C112 的峰值电流,电阻 R117 和 R118 消耗 C112 中的能量。暂态电压抑制器(TVS)VR100 用于保护 U102 在电源异常情况下免受过高漏极电压的击穿损坏。

INN5377F 是自启动的,当第一次输入交流时,通过内部高压电流源给 BPP 电容器 C124 充电。在正常工作期间,集成电路的初级侧模块由初级辅助绕组构建线性稳压电源供电。辅助绕组的输出经二极管 D106 整流,电容器 C123 滤波得到直流电压输入到线性稳压电路。线性稳压电路由三极管 Q103、R134 和稳压管 VR103 组成,确保 R133 有足够的电流流入 U102 的 BPP 引脚。通过向 BPP 注入足够的电流,不需要 U102 的内部电流源给 C124 充电,从而在空载和正常工作时最大限度地降低功耗。

输出调节是通过调制控制方式实现的,其中开关周期的频率和 ILIM 是根据输出负载来调整的。在高负载时,变换器工作在高开关频率,在所选限流范围内 ILIM 值较高;在轻载或空载时,变换器工作在低开关频率,ILIM 值较低。在一个工作周期,开关保持打开,在特定工作状态下,直到初级线圈斜坡电流到设备电流限制为止。

锁存关断/自动重启主侧过压保护采用稳压二极管 VR101 和限流电阻 R132 实现。在反激变换器中,辅助绕组的输出跟踪变换器的输出电压。当变换器输出过压时,辅助绕组电压升高,导致 VR101 击穿,进而导致电流流入 U102 的 BPP 引脚。如果流入 BPP 引脚的电流增加超过 ISD 阈值,U102 控制器锁存以防止输出电压进一步增加。Y 型电容 C126 连接在桥式整流回路和次级回路轨之间,用于降低共模电磁干扰。

(2) 次级电路

INN5377F 的次级电路提供输出电压,输出电流传感,并提供驱动同步整流的 MOSFET 的信号。变压器的二次电压由 SR FET Q100、Q101 和二极管 D103 整流,电容器 C113 和 C114 滤波得到。电阻 R119 和 R20 以及电容 C116 降低了 SR 场效应管的漏极峰值电压。二极管 D102 用于降低 SR 场效应管主体二极管导通时发生的损耗。次级绕组开关时序信息经电阻 R128 馈送到 U102 的 FWD 引脚, U102 的次级控制器控制 Q100/Q101 的通断。

在连续导通工作模式(CCM)下,SR FET 会在发送下一个开关周期请求之前关断,这可以提供出色的同步整流工作,防止可能出现的交越导通现象;在不连续工作模式(DCM)下,当 MOSFET 上的电压降低于大约 $V_{SR(TH)}$ mV 的阈值时,功率 MOSFET 关闭。

使用同步整流管在 DCM 模式下实现动态可设定的 ZVS 工作。为了提高变换效率并消除开关损耗,INN5377F 采取一种实现初级开关管零电压开关的方式,即在 DCM 工作模式下发送开关请求前,短时间使能同步整流管。在此期间,励磁电流以由初级反射输出电压决定的速率沿负方向充电。在SR导通时间结束时，磁化能量将开始对初级开关上的漏极节点电容进行放电，以在每个导通周期之前强制初级功率开关两端的电压为零。该工作模式仅在断续导通模式下可用，当有CCM开关请求时，该功能自动禁止。通过发送$I^2C$命令设定功率变换器仅以DCM模式工作。使能SR-ZVS模式也有利于同步整流管，因为当初级开关导通时，它可以限制同步整流管两端的峰值电压。智能零电压模式开关工作时序如图12.1.10所示。

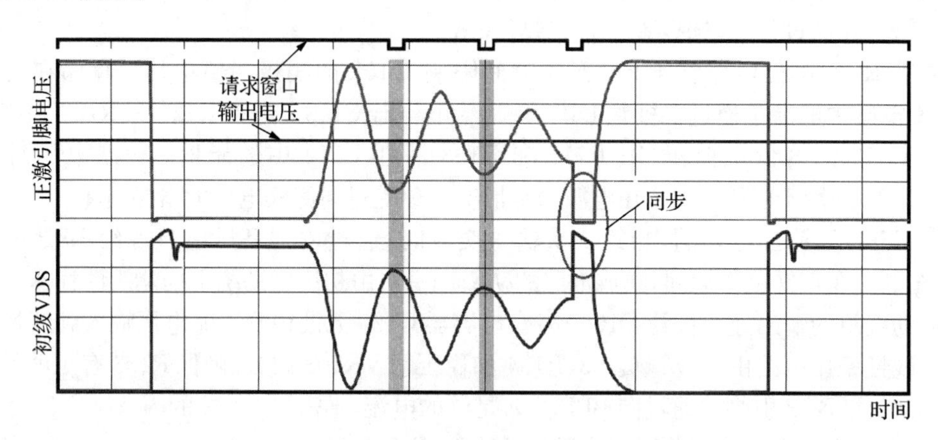


**图12.1.10 智能零电压模式开关工作时序**

这种工作模式不会检测初级侧的励磁振荡波峰的位置，而是使用正激引脚的谷值电压(当它低于输出电压水平时)来启动SR-ZVS工作。该模式的$I^2C$设定命令详情见数据手册的命令寄存器部分。SR-ZVS工作模式利用输出能量实现初级功率开关管的零电压开关。这种工作模式在高输入电压和较高负载条件下使用时非常有利，因为它具有足够的反射输出电压，可在短时间内沿负方向对励磁电流进行充电。在SR-ZVS模式下，需要在初级钳位电路中添加一个TVS二极管，以限制INN5377F初级开关管在ESD、EFT等异常动态事件期间的峰值漏极电压。

U102由次级辅助绕组正向电压供电，为了提高系统效率和降低二次侧内部消耗，采用了辅助绕组电路。当输出电压设置为28 V时，辅助绕组被设计用于向IC提供电流。在较低输出电压设置时，电源来自输出电压(VOUT)引脚。辅助绕组电压由二极管D104整流，电容器C125滤波，经电阻R103限制电流流向U102的BPS引脚，电容C117去耦滤波。

输出电流通过R124的压降来检测，经R126和C119滤波得到取样电压，注入IS进行检测。USB PD控制器通过$I^2C$接口配置内部电流检测阈值，其最大值为32 mV，可减少损耗。一旦超过阈值，INN5377F根据其配置做出响应。在本设计中，INN5377F被设置为在过流事件时关闭电源，但也可以通过使用变频和调整初级开关限流控制方案来配置为保持固定输出电流。

对于恒流(CC)操作，当输出电压低于5 V时，INN5377F内的次级控制器将直接从辅助绕组供电。在初级电源开关的导通时间内，出现次级辅助绕组上的正向电压用于通过R128和内部稳压器对BPS引脚C117充电，这允许输出电流调节到维持最低的过压/欠压阈值。低于这个阈值，系统自动进入重启，直到输出负载减小。

当输出电流低于CC阈值时，变换器工作在恒压模式。输出电压由INN5377F的

VOUT 引脚监控。与电流调节类似，输出电压与 USB PD 控制器，通过 $I^2C$ 接口设置的内部电压阈值进行比较。输出电压调节是通过变频和调整初级开关峰值限流控制方案来实现的。电容 C120 用作 VOUT 引脚的去耦电容。

### 12.1.6　USB PD 控制器与 Type-C 接口电路

USB PD 控制器选用英集芯公司（Injoinic Corp）生产的 IP2756，其是一款集成多种协议，用于 USB 端口的快充协议控制 IC，支持多种快充协议。在本设计中，支持 USB PD2.0/PD3.1/PPS/EPR36 V，为适配器、车充等单向输出应用提供完整的解决方案。

1. 芯片介绍

(1) 产品特点

● 快充规格

□集成 USB Power Delivery(2.0/3.1)协议

-集成 Type-C 协议(Source)

-集成 PD2.0/PD3.1SPR&EPR 36 V 协议

- PD with EPR USB-IF TID：9627

-集成对 E-Marker 线缆的识别和支持

□集成 QC5/QC4+/QC3+/QC3.0/QC2.0 协议

-支持 Class B 电压等级

□集成 FCP/SCP 输出快充协议

□集成 AFC 输出快充协议

□集成 SFCP 输出快充协议

□集成 MTK PE+ 2.0/1.1 输出快充协议

□集成 UFCS 融合快充协议

-通过 UFCS 融合快速充电功能认证

-证书 0302347161322ROM-UFCS00054

□兼容 BC1.2，Apple，SAMSUNG 手机快充

● 内置基准电源

□集成可编程电压环路控制，最小步进 10 mV

□集成可编程电流环路控制，最小步进 12.5 mA

□集成低端电流检测

□支持线损补偿功能

● 支持多种电压调整方式

□控制 PWM controller feedback

□驱动控制光耦

□I2C 接口控制

● 电源管理

□集成 NMOS 驱动

□集成 NMOS 压差检测

□内置自动控制泄放功能

□支持待机低功耗模式

- 多重保护、高可靠性

□输出过流、过压、短路保护

□支持 2 路 NTC 过温保护,内置 NTC 开路检测

□DP/DM/CC1/CC2 过压保护

- 工作电压 3—40 V
- 封装 QFN24

(2) 引脚配置及功能

IP2756 引脚配置及功能如图 12.1.11 所示。表 12.1.1 给出了 IP2756 引脚功能说明。

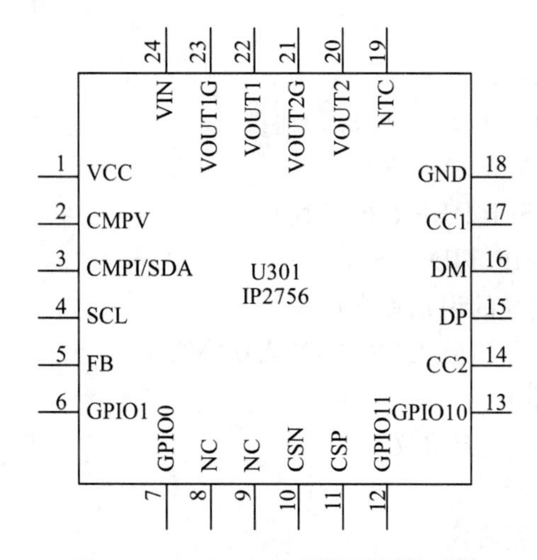


**图 12.1.11 IP2756 引脚配置及功能**

**表 12.1.1 IP2756 引脚功能说明**

| 引脚序号 | 引脚名称 | 引脚描述 |
|---|---|---|
| 1 | VCC | 内部电源输出,需外接 2.2 μF |
| 2 | CMPV | 光耦反馈环路电压补偿 |
| 3 | CMPI/SDA | 光耦反馈回路电流补偿/$I^2C$ 总线数据 |
| 4 | SCL | $I^2C$ 总线时钟,可配置为通用输入输出接口 |
| 5 | FB | 反馈环路的驱动输出端 |
| 6 | GPIO2 | 通用输入输出接口 2,可配置为 ADC |
| 7 | GPIO1 | 通用输入输出接口 1,可配置为 ADC |
| 8 | GPIO0 | 通用输入输出接口 0 |
| 9 | GPIO11 | 通用输入输出接口 11 |
| 10 | CSN | 低端电流采样负端 |
| 11 | CSP | 低端电流采样正端 |
| 12 | GPIO10 | 通用输入输出接口 10,可配置为 UART_TX |

续表

| | | |
|---|---|---|
| 13 | GPIO9 | 通用输入输出接口 9,可配置为 UART_RX |
| 14 | CC2 | Type-C 检测引脚 CC2 |
| 15 | DP | USB_DP,可配置为 UART_TX/UART_RX/GPIO |
| 16 | DM | USB_DM,可配置为 UART_TX/UART_RX/GPIO |
| 17 | CC1 | Type-C 检测引脚 CC1 |
| 18 | GND | 接地 |
| 19 | NTC1 | 温度 ADC 输入 1,可配置内部上拉电流源;可复用为通用输入输出接口 |
| 20 | NTC2 | 温度 ADC 输入 2,可配置内部上拉电流源;可复用为通用输入输出接口 |
| 21 | GPIO13 | 通用输入输出接口 13 |
| 22 | VOUT | 功率路径电源检测引脚 |
| 23 | VOUTG | 功率路径 NMOS 控制 |
| 24 | VIN | 电源输入 |
| 25 | EPAD | 接地 |

2. Type-C 引脚配置及功能说明

USB Type-C 是 USB 连接器系统的一种相对较新的标准,提供高达 10Gb/s 的高速数据传输以及高达 140 W 的功率。在智能手机和移动设备作为标配接口,并能够进行电力传输和数据传输。

USB Type-C 三大功能

- 一个可翻转的连接接口,接口的设计使插头可以相对于插座翻转;
- 支持 USB 2.0、USB 3.0 和 USB 3.1 Gen 2 标准;
- 允许设备协商并通过接口选择适当的功率流。

(1) Type-C 引脚配置

Type-C 母口配置如图 12.1.12 所示。Type-C 公口配置如图 12.1.13 所示。

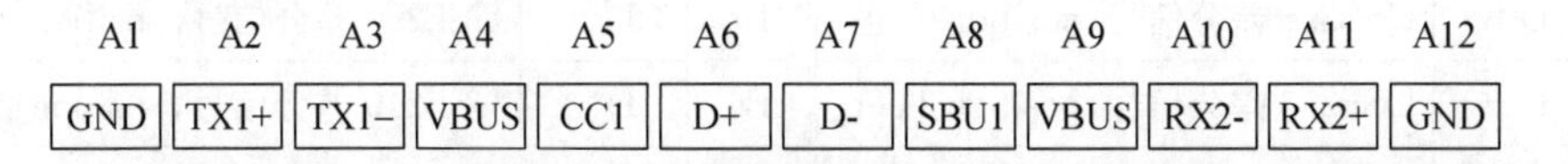

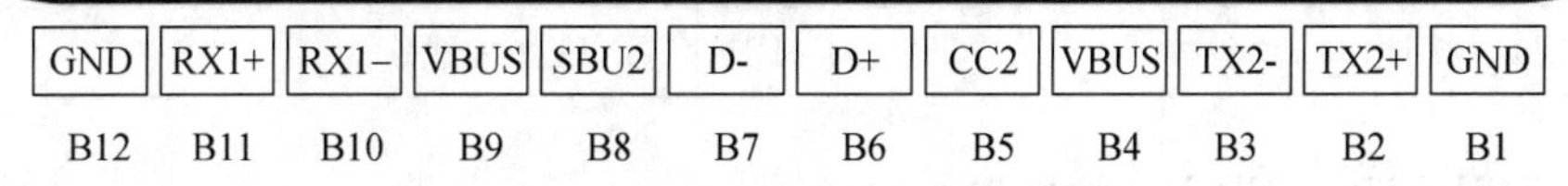


**图 12.1.12　Type-C 母口配置**

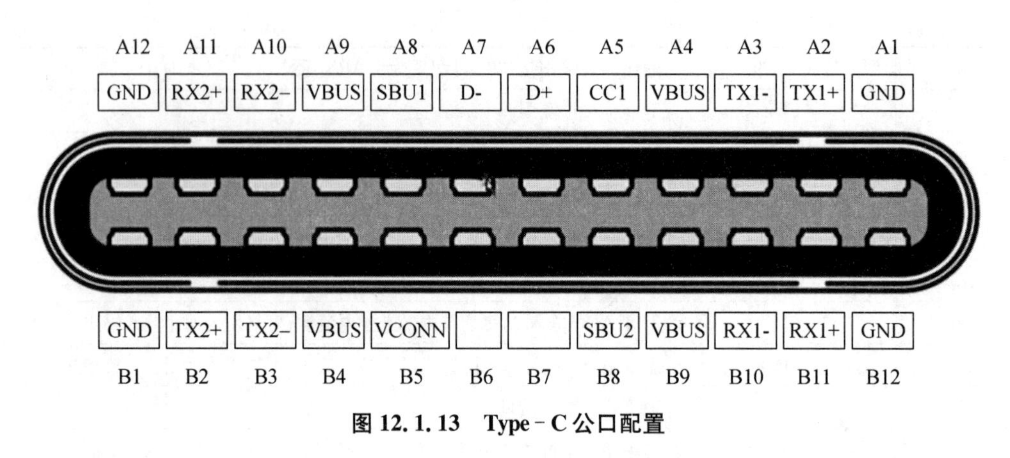


**图 12.1.13 Type-C 公口配置**

(2) Type-C 引脚功能说明

Type-C 引脚功能如表 12.1.2 所示。对照表 12.1.2 对特殊引脚功能加以说明。

- D+和 D−引脚是用于 USB 2.0 连接的差分对；
- 两组 RX、TX 差分对，只有一组用于 USB 3.0/USB 3.1 协议；
- CC1 和 CC2 是通道配置引脚，执行许多功能，如电缆连接和移除检测、插座/插头方向检测、当前广播、传递源电流能力信息的方式，用于 PD 和备用模式所需的通信。

**表 12.1.2 Type-C 引脚功能**

| 引脚 | 名称 | 描述 | 引脚 | 名称 | 描述 |
|---|---|---|---|---|---|
| A1 | GND | 接地 | B12 | GND | 接地 |
| A2 | TX1+ | SuperSpeed 差分信号#1,TX,正 | B11 | RX1+ | SuperSpeed 差分信号#1,RX,正 |
| A3 | TX1− | SuperSpeed 差分信号#1,TX,负 | B10 | RX1− | SuperSpeed 差分信号#1,RX,正 |
| A4 | $V_{BUS}$ | 总线电源 | B9 | $V_{BUS}$ | 总线电源 |
| A5 | CC1 | Configuration channel | B8 | SBU2 | Sideband use(SBU) |
| A6 | D+ | USB2.0 差分信号,position 1,正 | B7 | D− | USB2.0 差分信号,position 2,正 |
| A7 | D− | USB2.0 差分信号,position 1,负 | B6 | D+ | USB2.0 差分信号,position 2,负 |
| A8 | SBU1 | Sideband use(SBU) | B5 | CC2 | Configuration channel |
| A9 | $V_{BUS}$ | 总线电源 | B4 | $V_{BUS}$ | 总线电源 |
| A10 | RX2− | SuperSpeed 差分信号#2,RX,负 | B3 | TX2− | SuperSpeed 差分信号#2,TX,负 |
| A11 | RX2+ | SuperSpeed 差分信号#2,RX,正 | B2 | TX2+ | SuperSpeed 差分信号#2,TX,正 |
| A12 | GND | 接地 | B1 | GND | 接地 |

3. 基于 IP2756 USB PD 控制器

基于 IP2756 USB PD 控制器如图 12.1.14 所示。在电路中，英集芯公司 IP2756 (U301)是 USB Type-C 和 USB PD3.1/EPR 28 V 控制器。U301 由反激输出电压 VBUS_IN 供电。USB PD 协议通过 CC1 或 CC2 线进行通信，具体取决于 USB Type-C 插头连接的方向。

U301 通过 I²C(SCL/SDA)接口与 INN5377F 通信。芯片中设置几个命令寄存器,如 CV,CC,VKP,OVA 和 UVA 参数。这些参数分别对应 INN5377F 的输出电压寄存器、输出恒电流寄存器、输出恒功率电压阈值寄存器、输出过压阈值寄存器和输出欠压阈值寄存器。INN5377F 的状态由 IP2756 IC 通过 I²C 接口从遥测寄存器读取。

反激转换器输出 VBUS_IN,通过 NMOS(Q300)开关控制,连接或断开 USB Type－C 插座 J300。Q300 由 INN5377F 的 VB/D 引脚控制,该引脚可以提供高于输出电压约 7 V 的电压来驱动 NMOS。二极管 D300 横跨 Q300 的源极和栅极,Q300 的栅端经电阻 R300 连接到 VB/D 引脚,在 Q300 关断时,为输出电压提供放电通路。输出端采用电容 C300 作为去耦电容,用于 ESD 保护和输出电压纹波抑制。

IP2756 通过电阻 R311 感知 VBUS_IN 电压。VBUS_IN 经 R302、C301 滤波后,作为 U301 电源。U301 的内部电源 VCC 用电容 C302 去耦。R303、R305、R307、R308,电容器 C304、C305 和 TVS 管 TVS300、TVS301、TVS302 和 TVS303 用于保护 CC1/CC2 和 D+/D－线路免遭 ESD 静电冲击损坏。负温度系数热敏电阻(NTC)RT300 用于感知 USB Type－C 连接器温度。

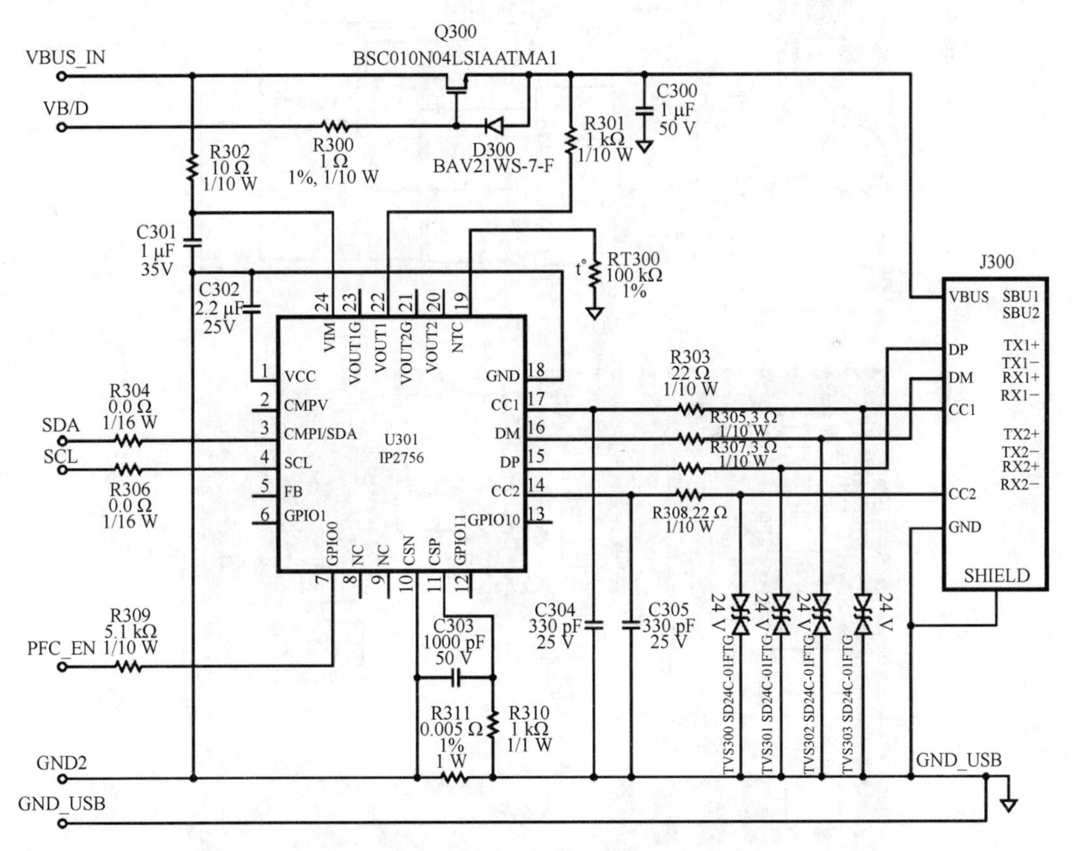


**图 12.1.14　基于 IP2756 USB PD 控制器**

## 12.1.7 PCB设计与电路板组装

### 1. PCB设计

140 W USB PD3.1电源电路板由主板、有源桥式整流板和USB PD板组成。主板采用FR4，2 oz覆铜板，厚度1.6 mm，4层PCB板，PCB尺寸为80.5 mm×60.35 mm。主板TOP/BOTTOM布局如图12.1.15所示。

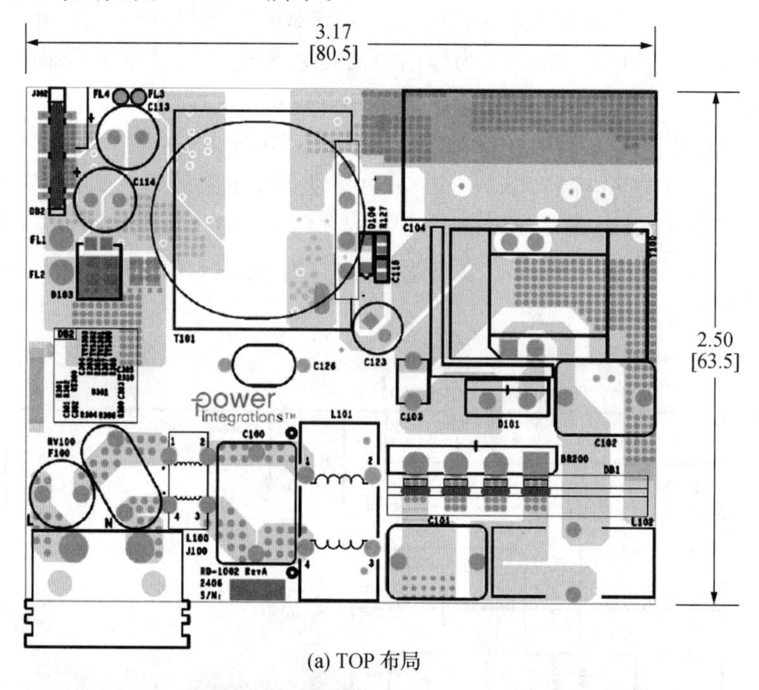


(a) TOP布局

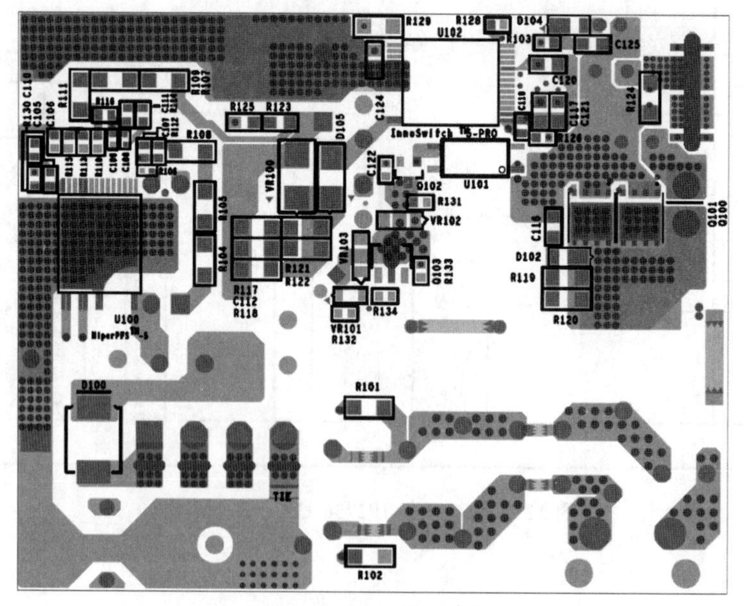

(b) BOTTOM布局

**图12.1.15 主板TOP/BOTTOM布局**

有源桥式整流板采用 FR4，2 oz 覆铜板，厚度 0.8 mm，2 层 PCB 板，有源桥式整流板 TOP/BOTTOM 布局如图 12.1.16 所示。

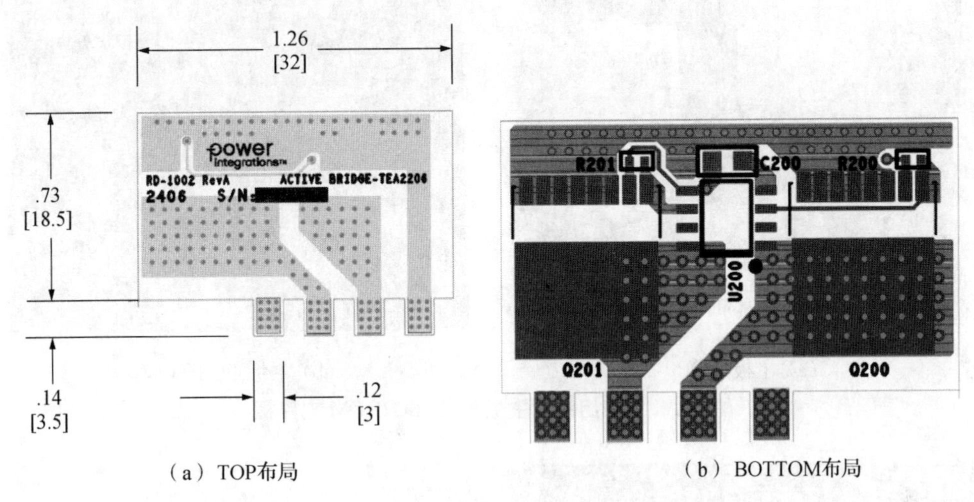


（a）TOP布局　（b）BOTTOM布局

**图 12.1.16　有源桥式整流板 TOP/BOTTOM 布局**

USB PD 板采用 FR4，2 oz 覆铜板，厚度 1.6 mm，2 层 PCB 板，USB PD 板 TOP/BOTTOM 布局如图 12.1.17 所示。

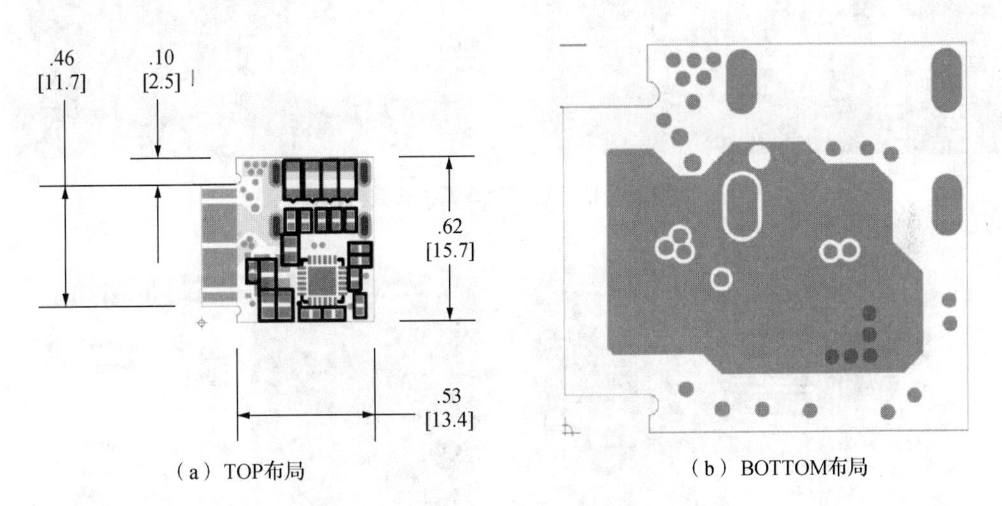


（a）TOP布局　（b）BOTTOM布局

**图 12.1.17　USB PD 板 TOP/BOTTOM 布局**

2. 电路板组装

组装后主板 TOP/BOTTOM 电路板如图 12.1.18 所示。组装后有源桥式整流板如图 12.1.19 所示。组装后 USB PD 板如图 12.1.20 所示。

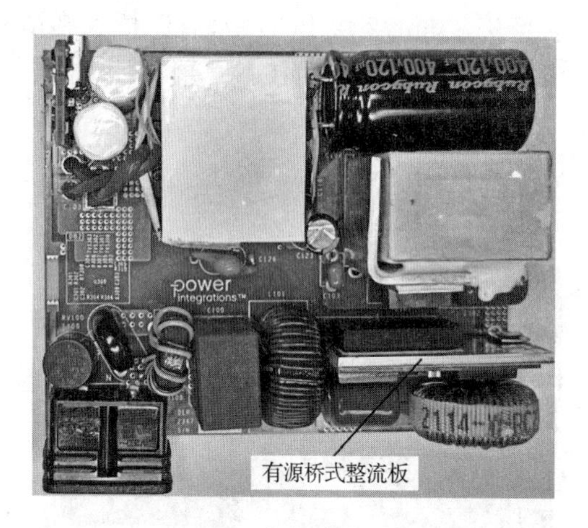


(a) 主板 TOP

(b) 主板 BOTTOM

图 12.1.18 组装后主板 TOP/BOTTOM 电路板

图 12.1.19 组装后有源桥式整流板

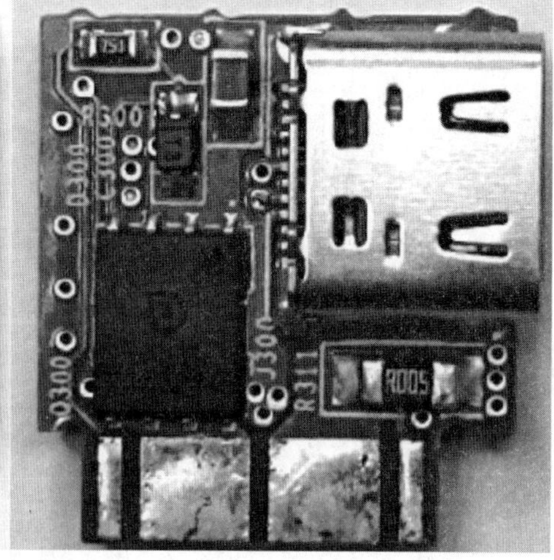


图 12.1.20 组装后 USB PD 板

## 12.1.8　整机性能测试

通过反激式控制器输出电容端测量输出电压 $V_{BUS}$,除非另有技术要求,所有测量都在室温下进行。

1. 效率测量

在满功率工况下,在给定输出电压5 V,9 V,15 V,20 V和28 V条件下,输入电压与满功率效率关系曲线如图12.1.21所示。从各路输出电压曲线可知,最低效率大于93%,满足电源产品设计技术参数要求。

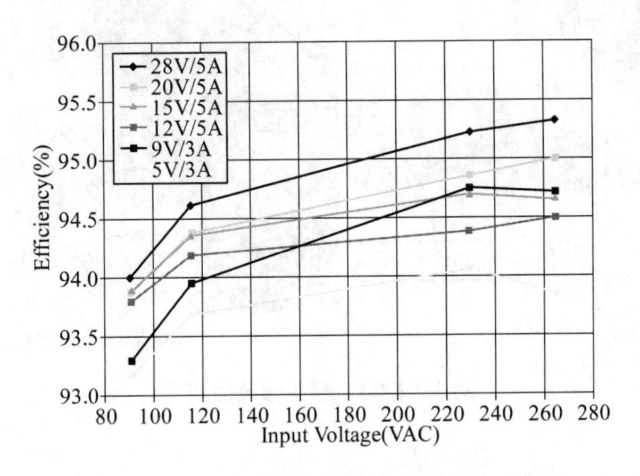


**图12.1.21　输入电压与满功率效率关系曲线**

2. 有源桥式整流与二极管整流效率比较

有源桥组件被移除并替换为GBU8K二极管桥整流器。有源桥式整流与二极管整流效率比较曲线如图12.1.22所示。由图可知,在最低输入电压和最高输入电压下,两者的满载效率差值分别为0.63%和0.16%,实验说明应用有源桥式整流可提高电源效率。

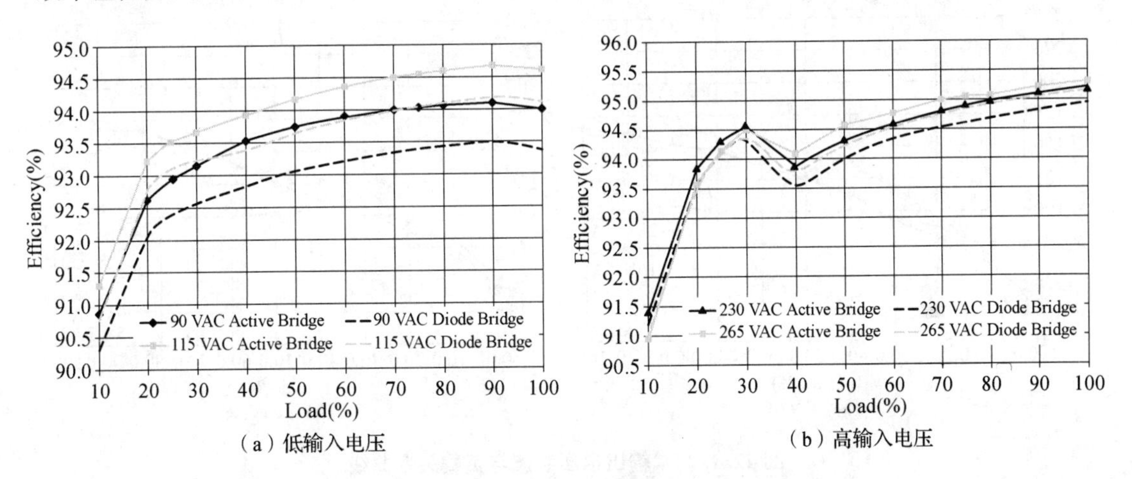


（a）低输入电压　　（b）高输入电压

**图12.1.22　有源桥式整流与二极管整流效率比较曲线**

2. 纹波测量

(1) 纹波测量技术

对于直流输出脉动测量,必须利用修改的示波器测试探针,以减少由于拾取而产生的伪信号。探头修改的配置如图12.1.23所示。

示波器探头配置4987BA适配器,两个电容器并联在探头尖端。电容器包括1个0.1 μF/50 V陶瓷电容器和1个47 μF/50 V铝电解电容器。铝电解型电容器是极化的,因此必须保持直流输出的对应极性。

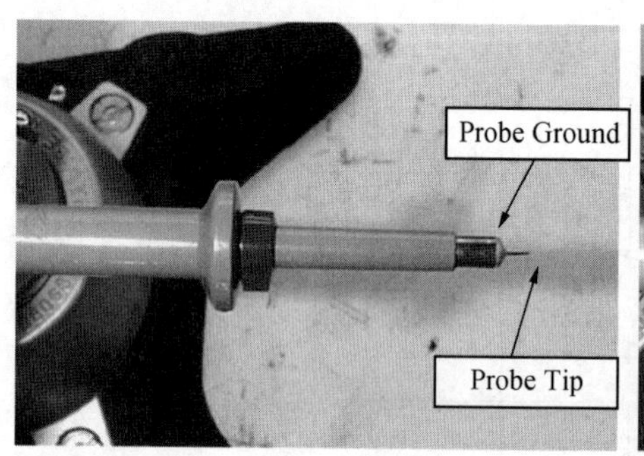


(a) 示波器探头

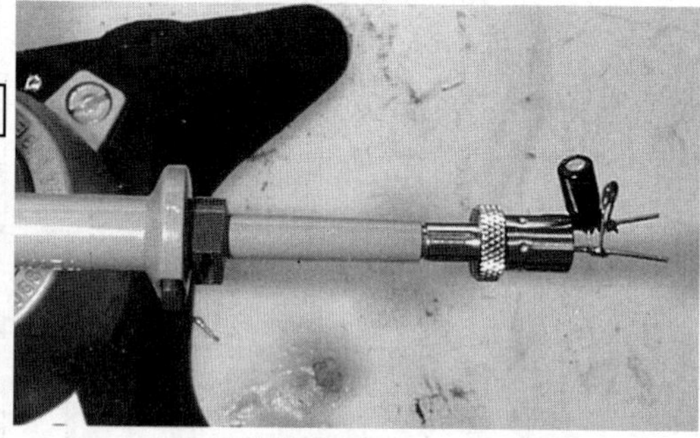

(b) 示波器探头配置4987BA适配器

**图12.1.23 探头修改的配置**

(2) 纹波测量

在低输入电压和高输入电压条件下,输出电压纹波与负载关系曲线如图12.1.24所示。从曲线所展示的数据可知,在给定输出电压5 V,9 V,15 V,20 V和28 V条件下,输出电压纹波满足电源产品设计技术参数要求。示波器实测90 VAC,28 V/5 A输出电压纹波如图12.1.25所示,其 $V_{RIP}$=107 $mV_{PP}$。实测所得波形展示了纹波三角波特征,且工作频率随输出电压和输出功率等参数变化。

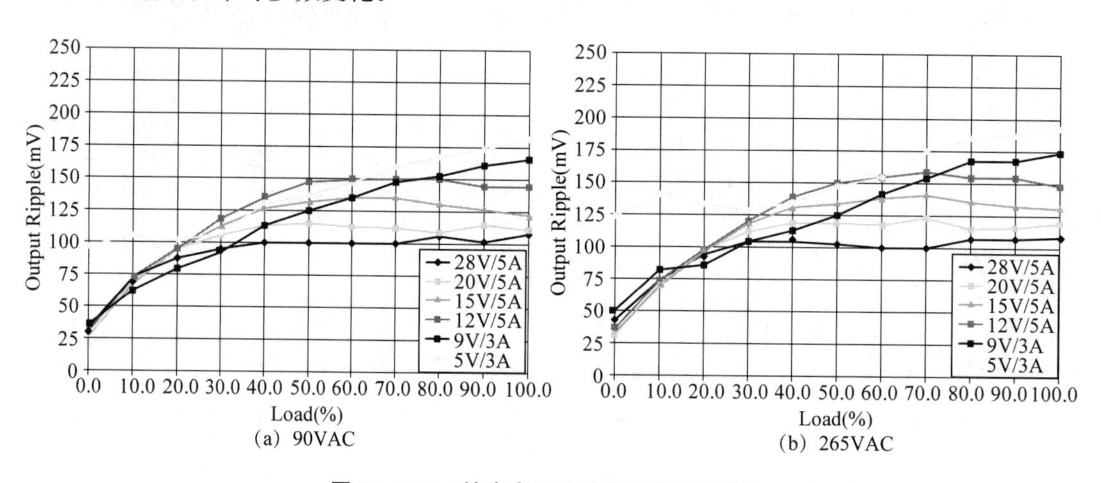


(a) 90VAC (b) 265VAC

**图12.1.24 输出电压纹波与负载关系曲线**

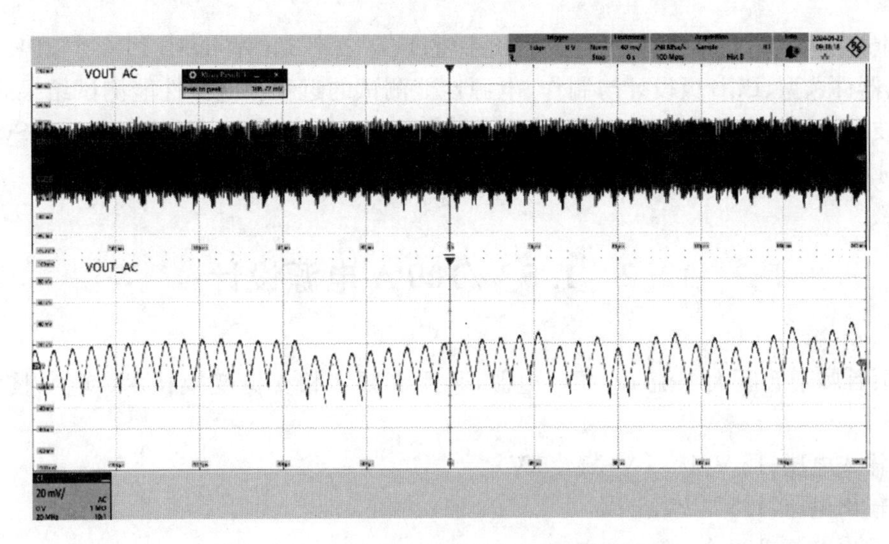


图 12.1.25　90 VAC,28 V/5 A 输出电压纹波

3. 传导 EMI 测量

EN 55022 是欧洲电磁兼容性(EMC)标准之一,具体规定了信息技术设备(ITE)和广播电信设备的射频骚扰特性的要求。主要是对电子产品的传导骚扰测量和辐射骚扰测量。本电源产品在输入 265 VAC,28 V/5 A 负载,浮动输出时,进行传导 EMI 测试,传导 EMI 频谱图如图 12.1.26 所示。对照欧盟 EN55022 B 级标准,其裕度 8 dB,满足电源产品设计技术参数要求。

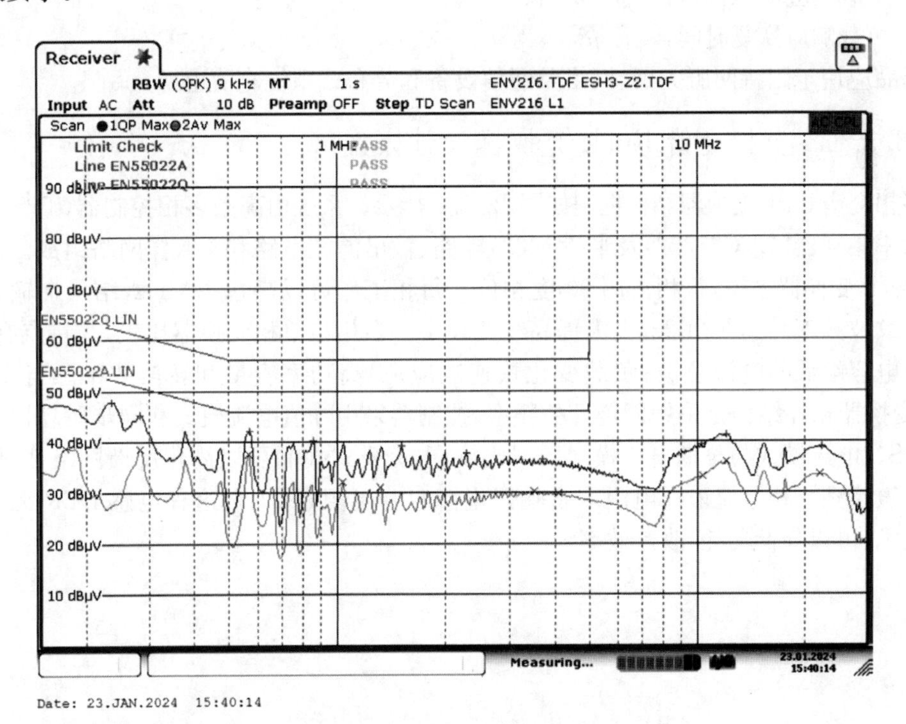


图 12.1.26　传导 EMI 频谱图

以上描述了基于USB PD标准的高功率密度、高效率140 W USB PD3.1 EPR电源产品设计、器件选型、PCB板设计与制作、电源性能测试的过程。电源性能测试结果表明，电源主要技术指标符合设计要求，验证了设计方案切实可行。PI公司最新推出InnoSwitch5-Pro系列芯片展示了其强大的功能和性能，在业内会得到广泛的应用。

## 12.2 1.5 V/100 A 电源设计

本项目属于低压大电流DC/DC电源，采用高频多相交错变换技术。电源技术参数如下：

- 输入电压；12 V(10.5 V—14.5 V)
- 输出电压：1.5 V±2.2%
- 输出电流：100 A
- 工作频率：420 kHz
- 电压调整率：±0.1%
- 负载调整率：±0.3%
- 满载效率：86.5%
- 输出纹波：200 $mV_{PP}$
- 输出纹波：10 $mV_{PP}$
- 负载响应电压偏差：≤200 $mV_{PK}$
- 负载响应恢复时间：≤15 μs

产品应用于因特网服务器、网络及通信设备和分布式系统直流电源。

### 12.2.1 多相交错Buck变换器设计方案

多相交错Buck变换器结构框图如图12.2.1所示。系统由高频多相控制器(TPS40090)、四路功率驱动器(UCC27222)及半桥MOS电路、输出滤波电路和I取样网络组成。对一个四相Buck变换器来说，每相占用90度相位。每相工作可以高达1 MHz，结果在输入输出端有效纹波频率高达4 MHz，大大提高纹波频率。多相与单相变换器比较，其特点有：输入与输出电容端低的电流纹波；负载变化快速响应；提高功率容量和转换效率。当今，单相Buck变换器拓扑结构是采用固定开关频率、控制器采用峰值电流模式和同步驱动器驱动功率MOS。电流模式与早期电压模式控制比较，电流模式控制可以简化反馈网络，降低输入线电压敏感性。相电流采样电阻取自输出电感自身电阻(DCR)，这种电感DCR无损采样电流技术，可以降低功耗，改善效率。

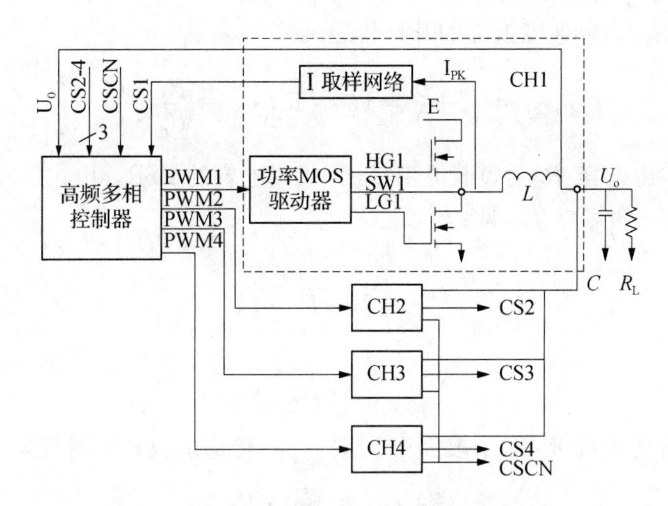


**图 12.2.1　多相交错 Buck 变换器结构框图**

## 12.2.2　峰值电流模式控制原理

峰值电流模式控制是通过一个内部的电流环来实现的，其由电流采样电路 $G_i$ 和斜坡补偿电路组成。采样电流斜坡与补偿斜坡相加，然后与误差放大器输出 $V_c$ 比较进行调制产生脉宽调制(PWM)信号，用来控制 MOSFET 导通，即峰值电流模式控制的 PWM 调制器。峰值电流模式 Buck 变换器模型如图 12.2.2 所示。峰值电流模式构建了迫使相电流匹配电流环，这样可有效地实现在大电流工况下多相电流均衡；同时，遵循占空比因数算法得到反馈电流，并通过斜坡补偿避免次谐波振荡造成系统不稳定。一个理想电流模式变换器仅依靠直流或电感器平均电流，内部电流环可转化为电压控制电流源，电感器可以从外部的电压控制环中去除。

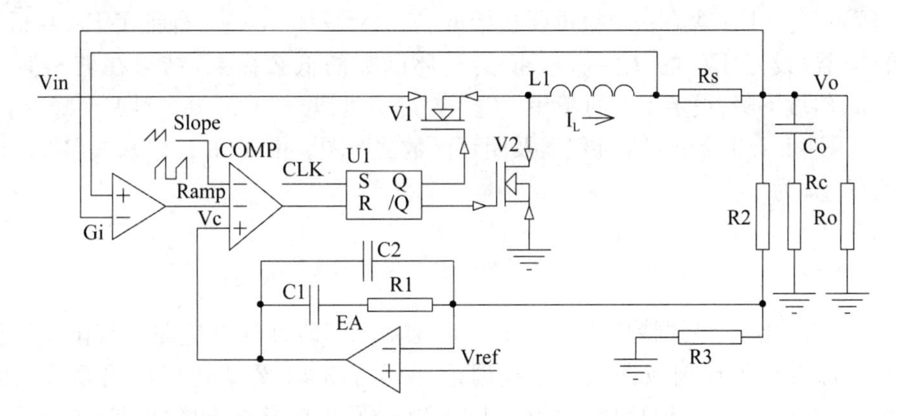


**图 12.2.2　峰值电流模式 Buck 变换器模型**

## 12.2.3　环路补偿设计

一个峰值电流模式 Buck 变换器，这是一个双环控制系统。为了保证系统的稳定性，需采取环路补偿措施，使环路有足够增益带宽和相位裕度。由图 12.2.2 可知，$V_C$ 控制峰值电流 $\Delta I_L$，如果纹波电流 $\Delta I_L$ 很小，调制器可以简化为一个电压控制电流源，假设其跨道增益

为 $G_{CS}$，峰值电流模式 Buck 变换器的开环传递函数 $G_{OPEN}$ 为

$$G_{OPEN}=\frac{V_O(s)}{V_C(s)}=G_{CS}\cdot R_O\cdot\frac{1+sR_C\cdot C_O}{1+sR_O\cdot C_O} \tag{12.2.1}$$

式中，$C_O$ 为输出电容；$R_O$ 为负载电阻；$R_C$ 为输出电容的 ESR。由式(12.2.1)可知，$G_{OPEN}$ 有一个极点 $f_{p1}$ 和一个零点 $f_{z1}$，即：

$$f_{p1}=\frac{1}{2\pi\cdot R_O\cdot C_O} \tag{12.2.2}$$

$$f_{z1}=\frac{1}{2\pi\cdot R_C\cdot C_O} \tag{12.2.3}$$

其中，$f_{p1}$ 被称为负载极点；$f_{z1}$ 被称为 ESR 零点，传递函数直流增益为

$$G_{DC\_OPEN}=G_{CS}\cdot R_O \tag{12.2.4}$$

图 12.2.3 为峰值电流模式 Buck 变换器的波特图。由图可知，开环函数低频增益比较低，稳态误差较大；当 $f>f_{z1}$ 时，由于 ESR 零点的作用使高频衰减变缓，不利于高频噪声抑制。

根据以上电流模式 Buck 变换器频率特性分析，为了达到所要求的带宽，补偿 PWM 调制器在转折频率点 $f_{p1}$ 增益损失，需要配置补偿器，即误差放大器(EA)，构建闭环系统，以满足环路性能要求。在 EA 中，由 $R_1$、$C_1$、$C_2$ 构建了 2 型补偿网络，如图 12.2.2 所示。误差放大器传递函数 $G_{EA}$ 为

$$G_{EA}=\frac{V_C(s)}{V_O(s)}=\frac{1+sR_1\cdot C_1}{sR_2\cdot C_1(1+sR_1\cdot C_2)} \tag{12.2.5}$$

式中，满足 $C_1>>C_2$ 条件。由上式可知，误差放大器含有一个初始极点 $f_{p0}$，一个极点 $f_{p2}$，一个零点 $f_{z2}$。EA 含有一个很重要初始极点 $f_{p0}=1/(2\pi R_2C_1)$，保证了 EA 在低频端有足够高的增益；设定 EA 的 $f_{z2}=f_{p1}$，抵消开环函数的低频极点，结果在转折频率点以 −20 dB/dec斜坡下降；设定 EA 的 $f_{z1}=f_{p2}$，在 $f_{z1}$ 点处以 −20 dB/dec 斜坡下降，用来滤除高频噪声。图 12.2.3 给出 EA 补偿器及闭环函数波特图。由式(12.2.1)、式(12.2.5)得到闭环函数 $G_{CLOSE}$ 为

$$G_{CLOSE}=G_{OPEN}\cdot G_{EA}=G_{CS}\cdot R_O\cdot\frac{1}{sR_2C_1} \tag{12.2.6}$$

由式可知，补偿后幅频特性以 −20 dB/dec 斜坡下降，开环响应曲线与 EA 的补偿器响应曲线叠加得到闭环响应曲线，$G_{CLOSE}$ 理论计算与图 12.2.3 补偿后幅频特性曲线一致。由图12.2.3 可知，补偿后闭环特性具有：提高了低频段直流增益；EA 增加零点，加大了带宽，使系统有大于 45°相位裕度，满足系统稳定要求；EA 增加高频极点，有利于抑制高频噪声。

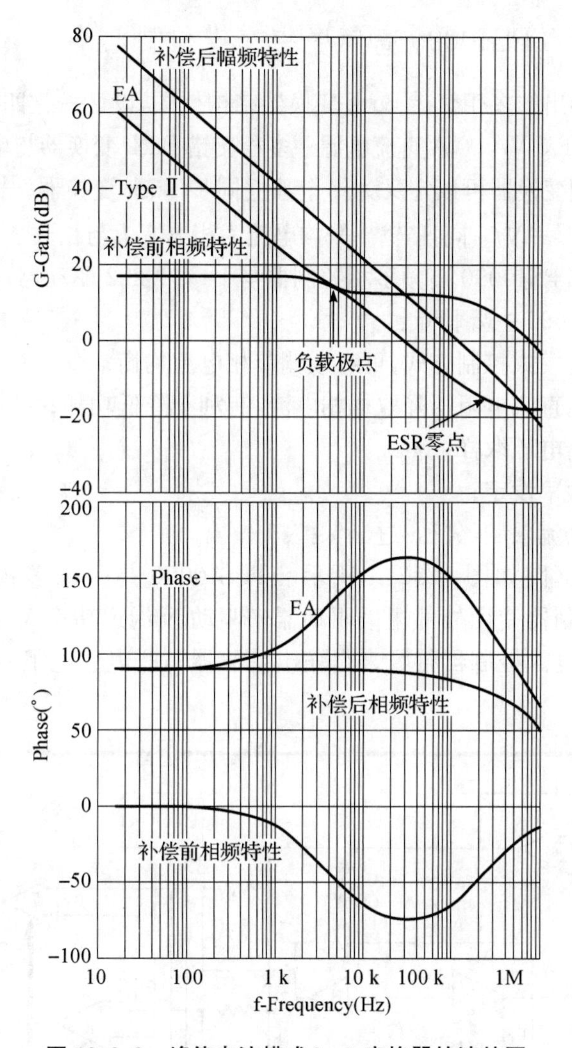


**图 12.2.3　峰值电流模式 buck 变换器的波特图**

在已知 $R_O$、$R_C$、$C_O$前提下，结合式(12.2.2)、式(12.2.3)、式(12.2.5)及 EA 补偿条件，选定 EA 补偿网络元件参数。首先，固定 $R_2$值，则 $R_1$的值为

$$R_1 = R_2 \cdot 10^{-\frac{G_{EA}}{20}} \tag{12.2.7}$$

式中，$G_{EA}$为系统在 $f_{p1}$转折频率点的增益。$C_1$的值为

$$C_1 = \frac{1}{2\pi \cdot f_{p1} \cdot R_1} \tag{12.2.8}$$

同理，$C_2$的值为

$$C_2 = \frac{1}{2\pi \cdot f_{z1} \cdot R_1} \tag{12.2.9}$$

至此，可以确定误差放大器的元件参数。

### 12.2.4 基于 TPS40090 高频多相交错控制电路

根据图 12.2.1 给出的多相交错 Buck 变换器结构框图，设计一款四相交错 Buck 变换器，其输入 12 VDC，输出 1.5 V/100 A 直流电源。多相交错 Buck 变换器与单相同步 Buck 变换器有相同设计方程，每相变换器可以定义为一个独立同步 Buck 变换器。输出频率 $f_o$ 为相频率 $f_s$ 与相数 $N$ 乘积，即 $f_o = Nf_s$；同理，输出平均电流为相电流 $I_s$ 与相数 $N$ 乘积，即 $I_o = NI_s$。

选用 TI 公司的 TPS40090 高频多相控制器与 UCC27222 驱动器，在频率 420 kHz 设计 Buck 变换器。TPS40090 主要特点：

- 采用峰值电流模式控制方式，可有效调节相电流均衡；
- 通过电感器的直流电阻压降取样相电流，有利于降低功耗；
- 实时差分输出电压取样；
- 可编程工作频率设定；
- 可编程输出电流限制，欠压/过压保护。

TPS40090 功能框图如图 12.2.4 所示。TPS40090 是一款多相、同步、峰值电流模式、降压控制器。控制器使用外部栅极驱动器来驱动 N 沟道功率 MOSFET。控制器可配置为二、三或四相供电。控制器接收来自输出滤波器串联电感电阻 DCR 感测的电流比例信号。

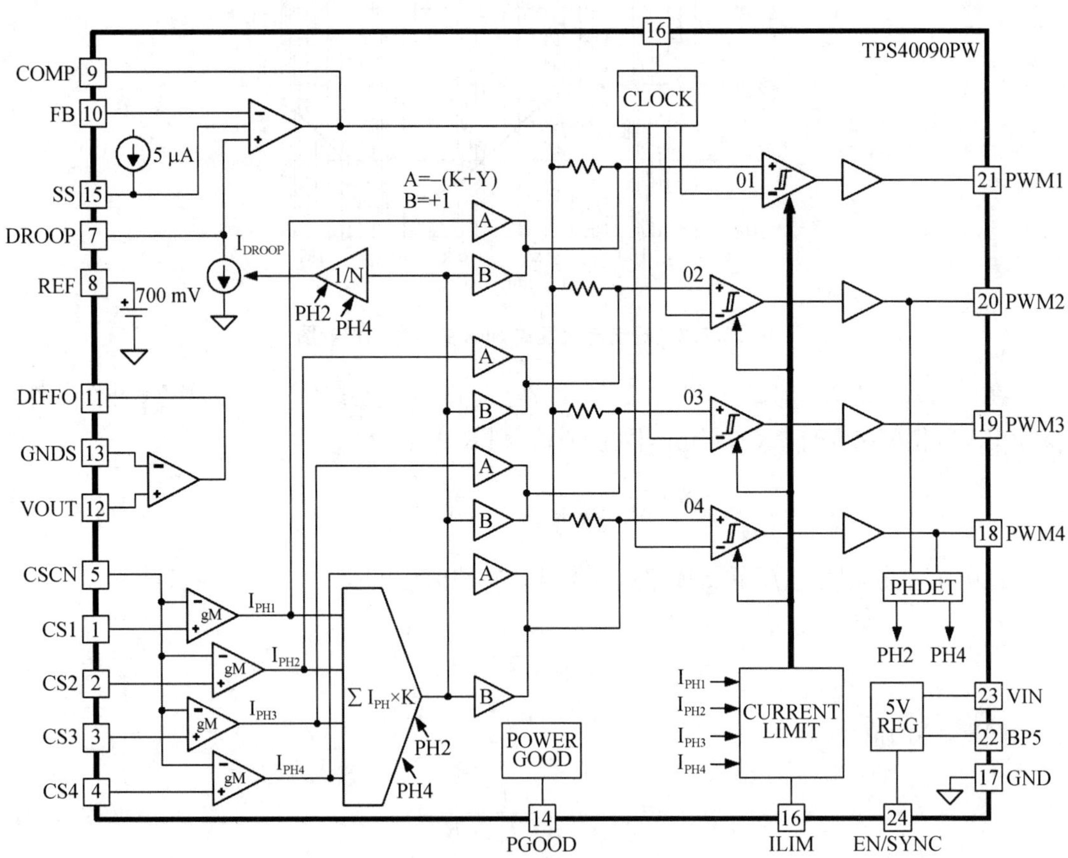


**图 12.2.4 TPS40090 功能框图**

基于 TPS40090 的多相交错控制器如图 12.2.5 所示。

1. 补偿器 EA 元件参数选择

$R_7$、$C_9$、$C_{10}$组建的补偿器 EA 参数决定环路带宽和相位裕度，从而影响环路瞬态响应技术性能。由式(12.2.2)、式(12.2.3)及已知 $R_O=15\ \text{m}\Omega$、$R_C=0.25\ \text{m}\Omega$、$C_O=1\,800\ \mu\text{F}$，计算得到：$f_{p1}=3.96\ \text{kHz}$；$f_{z1}=354\ \text{kHz}$，其中 $R_C$为由 4 个 TDK 公司 10 μF/6.3 V X7R 陶瓷电容并联组合所得。由式(12.2.7)、式(12.2.8)、式(12.2.9)及设定 $G_{EA}=12\ \text{dB}$、$R_4=10\ \text{k}\Omega$，计算得到：$R_7=40.2\ \text{k}\Omega$，$C_9=1\ \text{nF}$，$C_{10}=10\ \text{PF}$。

2. 工作频率 $R_T$选择

$R_T$ 引脚连接电阻 $R_{12}$到地，设置振荡频率。根据数据手册给定计算公式：

$$R_T = R_{12} = K_{PH} \times (39.2 \times 10^3 \times f_{PH}^{-1.041} - 7)$$

其中，$K_{PH}=1.0$；$f_{PH}=420\ \text{kHz}$；计算得：$R_T=65.8\ \text{k}\Omega$，取标称值 64.9 kΩ。

3. 设定输出电压下降的 $R_{DROOP}$选择

DROOP 引脚用电阻 $R_{10}$与 REF 相连，用于编程下降函数。本设计中，计算得 $R_{10}=10\ \Omega$，详细计算过程参见 TPS40090 数据手册。

CS1/CS2/CS3/CS4 用于感应各相的电感电流，$C_2$、$C_5$、$C_7$、$C_8$ 是滤波电容；PWM1/PWM2/PWM3/PWM4 交替相移 PWM 输出控制外部驱动器；SS 引脚连接电容 $C_{12}$到地，提供可编程的软启动；REF 经 $R_2$、$R_1$ 分压后加到 ILIM 引脚，设置逐周限流门限；VIN_12 V经 $R_{11}$、$R_{12}$分压后加到 EN/SYNC 引脚，施加一个逻辑高信号使控制器工作；SYNC 加一个脉冲信号，将主振荡器同步到外部时钟源脉冲的上升沿。

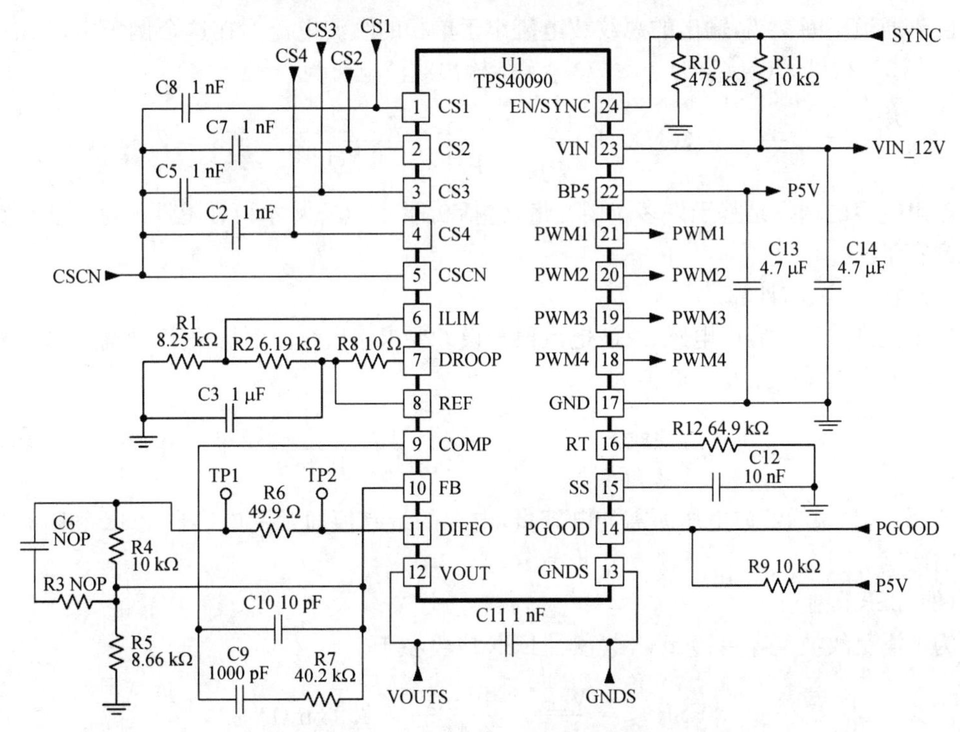


图 12.2.5　基于 TPS40090 的多相交错控制器

### 12.2.5 驱动与输出功率电路

驱动与输出功率电路如图 12.2.6 所示。驱动电路选用 UCC27222PWP，输出功率电路由 NMOS 半桥电路、输出滤波电路及电流感应电路组成。涉及 NMOS 管、功率电感、输出电容及电流感测电路元件参数选择。

1. NMOS 管选择

在 NMOS 半桥电路中，上管是开关方式工作，下管是整流方式工作。在高比阶跃中，对开关场效应管和整流场效应管有不同的要求。四相交错占空比约为 12%，整流场效应管在大多数传导损失中占主导地位，低 $R_{ds\,(on)}$ MOS 管优先。由于整流场效应管的 $dV/dt$ 导通和交叉导通，选择 $Q_{gs}>Q_{gd}$ 的整流场效应管。来自 Siliconix 的两个 Si7880DP 并联用于整流场效应管，其 $R_{DS\,(on)}=3\ \text{m}\Omega$，$Q_{gs}=18\ \text{nC}$，$Q_{gd}=10.5\ \text{nC}$。在高电压、大电流的开关场效应管中，开关损耗占主导地位。单个 Si7860DP 因其总栅极电荷低而被选择。电路 Q12/Q16 为 Si7880DP；Q4/Q8 为 Si7860DP。

2. 功率电感选择

每个相位的输出电感值可以从关断时间的伏秒计算出来。其计算公式为

$$L=\frac{V_O}{f\times I_{RIP}}\left(1-\frac{V_O}{V_I}\right)$$

其中，$I_{RIP}$ 取最大相电流 $I_{PH(MAX)}$ 的 10%—40%。如取 $I_{RIP}=20\%$，$I_{PH(MAX)}=5\ \text{A}$，$L=0.63\ \mu\text{H}$。选用 TDK 型号 SPM12550 - R62M300、0.6 μH、1.75 mΩ 电感，电路 $L1=0.6\ \mu\text{H}$。

3. 输出电容选择

由于通道不断交错，输出的总纹波电流小于单相的纹波电流。在这个例子中，$N_{PH}=4$，$D_{min}=0.107$，结果 $K(N_{PH},D)=0.573$。实际输出纹波电流为

$$I_{RIP}=\frac{V_O}{L\times f}\times K(N_{PH},D)=\frac{1.5\ \text{V}}{0.6\ \mu\text{H}\times 420\ \text{kHz}}\times 0.573=3.41\ \text{A}$$

输出电容的选择是基于许多应用变量，包括功能、成本、尺寸和可用性。分三步计算输出电容容量。

(1) 最小 $C_{O(min)}$ 计算

最小允许输出电容由电感、纹波电流值和设计要求输出纹波电压决定，如输出纹波电压 $V_{RIP}=10\ \text{mV}$，其输出最小电容值为

$$C_{O(min)}=\frac{I_{RIP}}{8\times f\times V_{RIP}}=\frac{3.41\ \text{A}}{8\times 420\ \text{kHz}\times 10\ \text{mV}}=101\ \mu\text{F}$$

然而，这只说明纹波电压所需的电容量，电容的最终值通常受电容器 ESR 和瞬态响应因素的影响。

(2) ESR 限制

为了满足纹波 $V_{RIP}=10\ \text{mV}$，电容器 ESR 应当小于

$$\text{ESR}\leqslant=\frac{V_{RIP}}{I_{RIP}}=\frac{10\ \text{mV}}{3.41\ \text{A}}=2.93\ \text{m}\Omega$$

（3）瞬态因素考虑

由于存在负载满载到空载阶跃跳变，会出现瞬态电压过冲现象，这时选择电感器和输出电容需要额外考虑。通过计算电感能量等于电容能量方程可以得到

$$C_O = \frac{L \times I^2}{V^2} = \frac{L_{EQ} \times [(I_{OH})^2 - (I_{OL})^2]}{(V_{O2})^2 - (V_{O1})^2} = \frac{\frac{0.6\ \mu H}{4} \times (100\ A)^2}{(1.75\ V)^2 - (1.5)^2} = 1\ 846\ \mu F$$

式中，$L_{EQ}$ 等效电感；$I_{OH}$ 满载电流；$I_{OL}$ 空载电流；$V_{O2}$ 允许瞬态电压峰值；$V_{O1}$ 设定电压。

在这个 100 A/1.5 A 电源设计中，限制瞬态所需的电容明显大于所需的电容，以保持纹波电压足够低。8 个 220 μF POSCAP 电容器（每个 ESR＝15 mΩ）与 4 个 22 μF MLCC 电容器并联，可满足输出电容有足够大的电容量和足够低的 ESR，使设计符合技术要求。

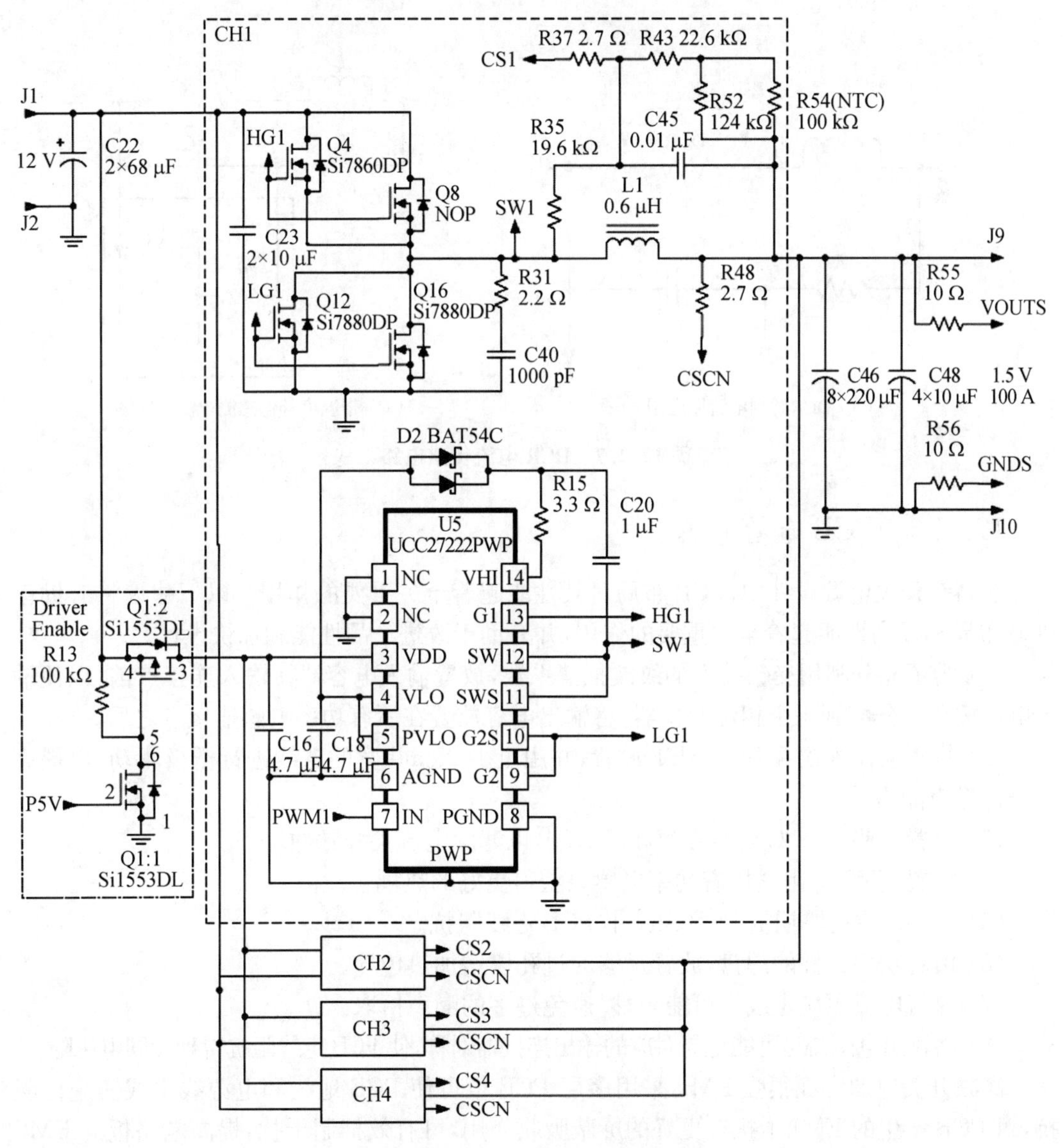


图 12.2.6　驱动与输出功率电路

4. 电流感测电路

TPS40090 支持 DCR 电流检测方法。本设计采用输出电感的 DCR 作为电流传感元件。DCR 电流传感电路如图 12.2.7 所示。这个感测原理是在电感器上并联一个 RC 网络，如图(a)所示。如果两个时间常数相同($L$/DCR=$RC$)，则 $V_C=V_{DCR}$。由于电感线圈是铜线绕制的，铜线电阻正温度系数为 0.385%/℃。在实际应用中，电感线圈的温度变化可超过 100 ℃，导致输出信号变化约 40%，进而会超过电流阈值和负载线。图(b)是一个带温度补偿简单 RC 网络，用一个负温度系数(NTC)电阻 $R_{NTC}$ 来补偿电感线圈正温度系数(0.385%/℃)的电阻。

根据已选用电感的参数，计算得到：$R_{35}=19.6$ kΩ；$C_{45}=10$ nF；$R_{54}$(NTC)=100 kΩ；$R_{52}=124$ kΩ；$R_{43}=22.6$ kΩ。详细计算过程参见 TPS40090 数据手册。

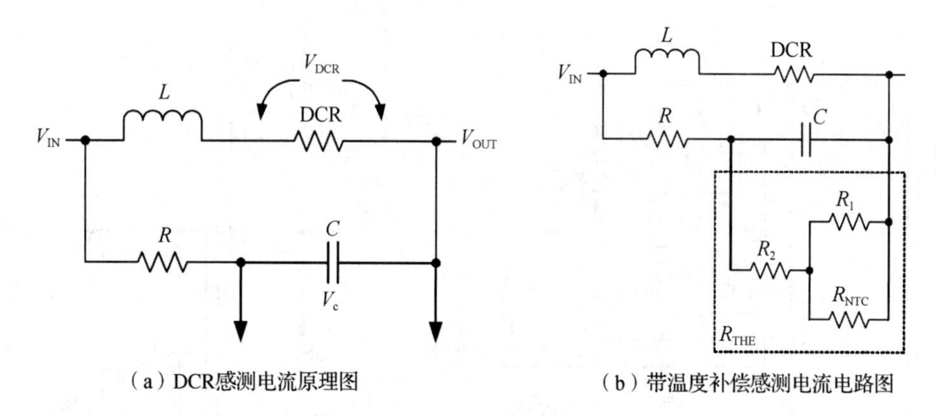


**图 12.2.7 DCR 电流传感电路**

## 12.2.6 PCB 布局考虑

在高频开关电源设计中，PCB 布局对其性能起着至关重要的作用。以下建议将有助于 PCB 布局和提高性能起着至关重要的作用，并有助于改进产品性能和加快设计。

(1) 为了充分利用交错技术的纹波抵消系数，放置输入电容器在输入连接点前，以便输入电压按顺序分配到每个相位变换器；将输出电容放置在所有功率电感连接点之后。

(2) 将驱动器紧挨着 MOSFET 放置，并用至少 25 mil 宽的走线进行栅极驱动，以提高信号抗噪声能力。

(3) 放置一些 MLCC 电容在每相输入端，以滤除电流尖峰脉冲。

(4) 放置 NTC 电阻紧挨着功率电感以获得更好的热耦合。

(5) 用 2oz 或更厚铜箔 PCB 来减小 PCB 走线阻抗。

(6) 沿着功率元件的焊盘，放置足够的过孔以增加热传导。

(7) 保持电流感应走线尽可能短，以避免过多的噪声拾取。

(8) 将输出电感器尽可能地与对应的输出连接器对称，使 PCB 走线阻抗得到相同电压降。

高频开关电源存在很强 EMI，采用多层 PCB 板可使 PCB 地线和电源线走线实现低阻抗，对 PCB 产生的 EMI 干扰有更好的屏蔽吸收作用，可有效抑制干扰，提高电路板的 EMC 性能。本实验板采用 6 层 PCB 板，6 层 PCB 布局依次 Top/Internal1(Gound Plane)/

Internal2(Power Plane)/Internal3(Power Plane)/Internal4(Gound Plane)/Bottom。Top 层 PCB 布局如图 12.2.8 所示。组装后电路板如图 12.2.9 所示。

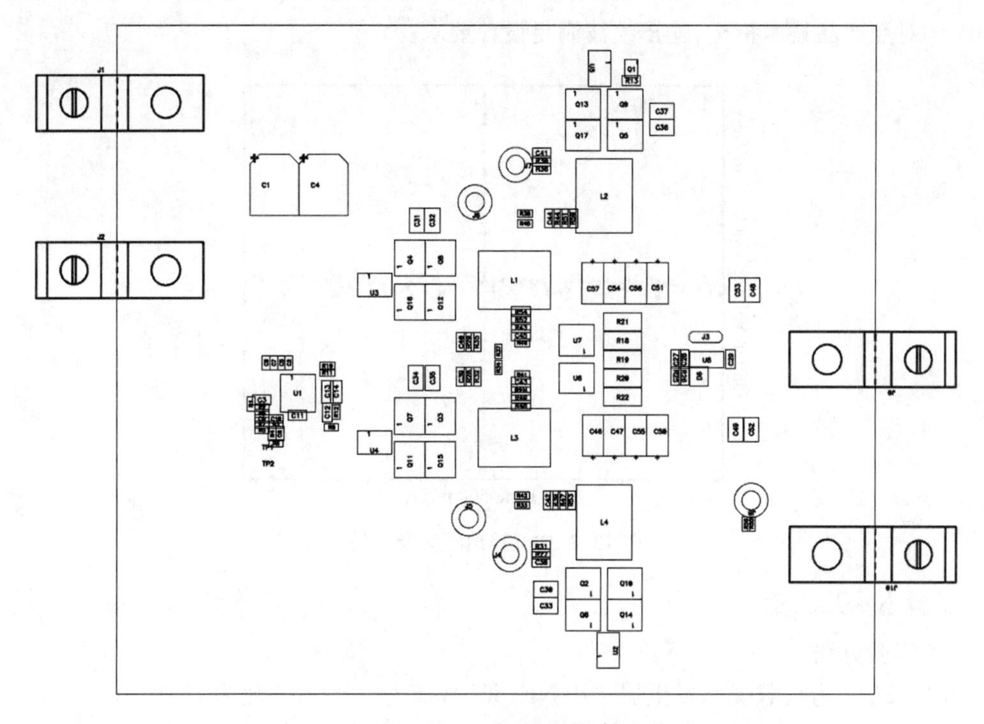


**图 12.2.8　Top 层 PCB 布局**

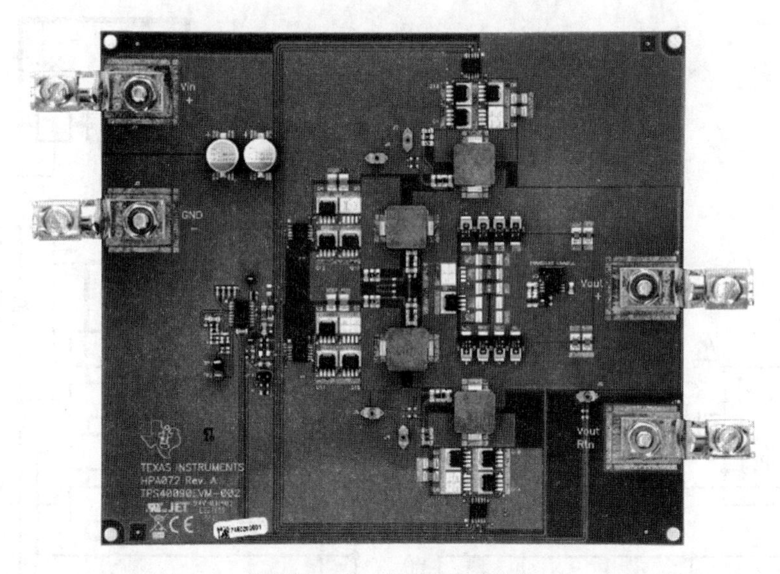


**图 12.2.9　组装后电路板**

## 12.2.7　电源板测试

电路板组装调试后，对其纹波和瞬态响应技术指标进行测试测量，以检验设计效果。

1. 输出电压纹波和噪声测量

在 $V_{IN}$=12 V，$I_O$=100 A 工况下，图 12.2.10 给出了输出噪声及纹波。输出纹波小于 10 mV。对照产品技术指标，输出纹波满足设计要求。

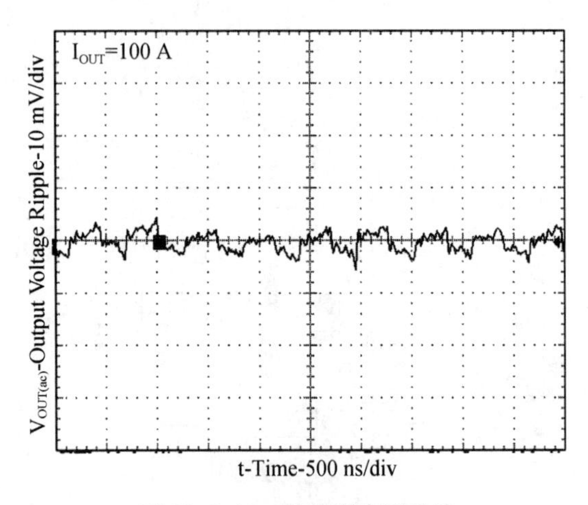


图 12.2.10 输出噪声及纹波

2. 瞬态响应测量

（1）实验方法

图 12.2.11 为负载瞬态发生器。用 NE555PW 产生一个占空比为 1%的 100 Hz 脉冲信号，驱动 MOS 管 U6 栅极，U6 与 3 个 50 mΩ 电阻串联，因此创建了 90 A 阶跃负载。

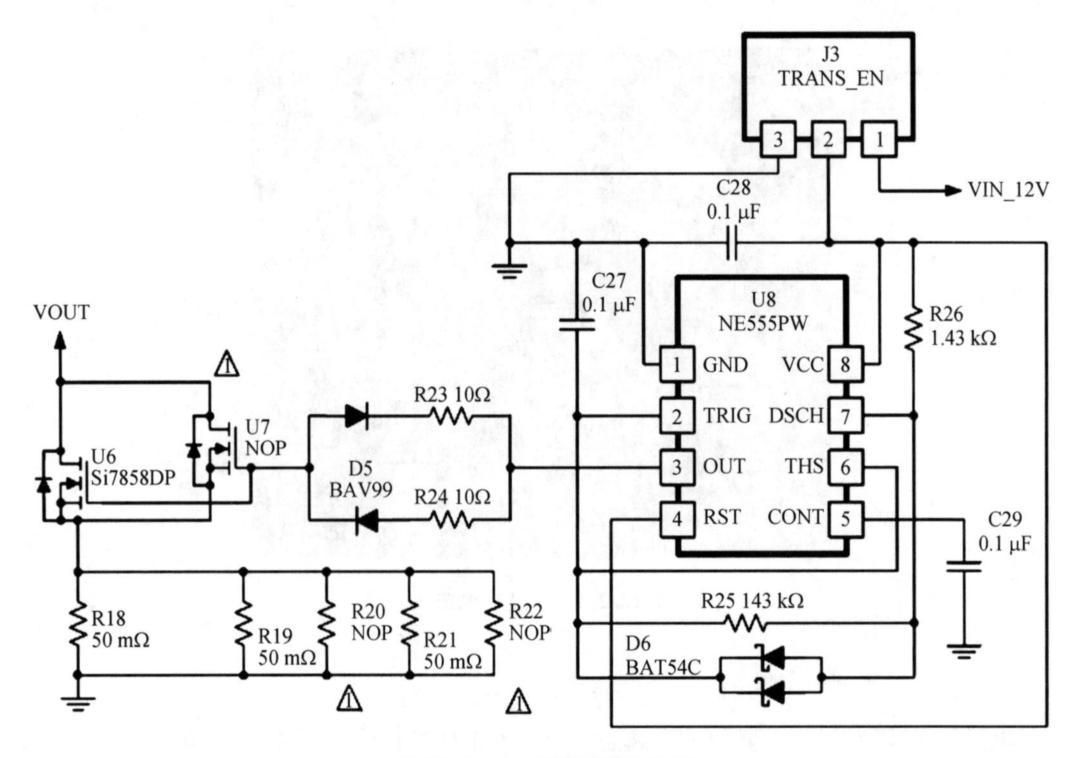


图 12.2.11 负载瞬态发生器

(2) 图 12.2.12 显示了负载从 10 A 阶跃到 100 A 时的瞬态响应。输出偏差约 200 mV，沉降时间小于 15 $\mu$s。对照产品技术指标，瞬态响应满足设计要求。

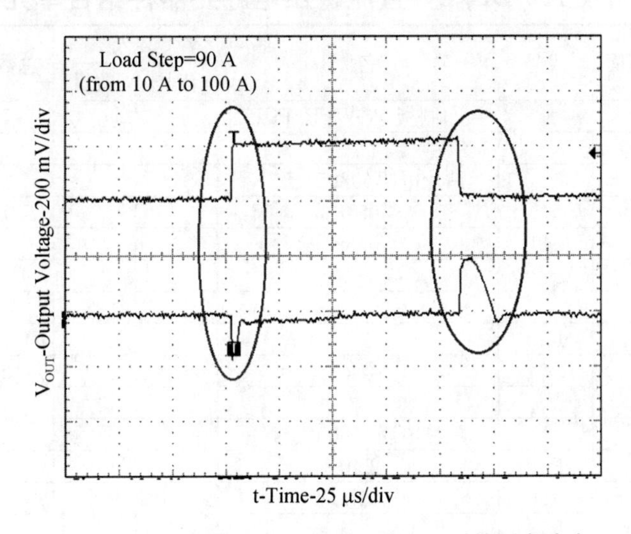


**图 12.2.12　负载从 10 A 阶跃到 100 A 时的瞬态响应**

### 思考题与习题

12.1　制定 USP PD 标准，推行 Type－C1.0 接口标准作用和意义是什么？

12.2　图 12.1.2 中，L100、L101 是什么器件？在电路中作用是什么？

12.3　写出功率因数表达式，为什么电气或电子设备功率因数要求大于 0.9？

12.4　4 层 PCB 板通常如何配置？与双层板比较，有什么优点？

12.5　对电源产品进行 EMI 测量作用和意义是什么？如购买了无 EMC 认证产品有什么后果？

12.6　多相交错 BUCK 变换器与单相变换器比较，主要解决了电源设计中哪些技术问题？

12.7　介绍几种减小输出电容 ESR 方法？

# 附录

## 附录 A　DC/DC 直流稳压电源元器件组合单元

| 单位 | 份数 |
|---|---|
| | |

| 序号 | 幅面 | 代号 | 名称 | 装入 | | 总数量 | 备注 | 更改 |
|---|---|---|---|---|---|---|---|---|
| | | | | 代号 | 数量 | | | |
| 1 | | | 印制板 POWER. PCB | | | 1 | | |
| 2 | | | | | | | | |
| 3 | | | 贴片电阻(0805)±5% | | | | | |
| 4 | | R1 | 0.18 | | | 1 | | |
| 5 | | R9 | 0.39 | | | 1 | | |
| 6 | | | | | | | | |
| 7 | | | | | | | | |
| 8 | | R12 | 180 | | | 1 | | |
| 9 | | R7,17 | 1k | | | 2 | | |
| 10 | | | | | | | | |
| 11 | | | 贴片电阻(0805)±1% | | | | | |
| 12 | | R18 | 240 | | | 1 | | |
| 13 | | R4 | 1k | | | 1 | | |
| 14 | | R14 | 2.2k | | | 1 | | |
| 15 | | R5 | 3k | | | 1 | | |
| 16 | | R13 | 47k | | | 1 | | |
| 17 | | | | | | | | |
| 18 | | | 功率电阻器 | | | | | |
| 19 | | R6 | RY15-0.5 W-100±5% | | | 1 | | |
| 20 | | R15 | RY15-0.5 W-2.4k±5% | | | 1 | | |
| 21 | | R16 | RX27-5 W-5.1±5% | | | 1 | | |
| 22 | | | | | | | | |
| 23 | | RP1 | 电位器 3296-2K | | | 1 | | |
| 24 | | | | | | | | |
| 25 | | | 贴片电容(0805) | | | | | |
| 26 | | C4 | 680pF | | | 1 | | |
| 27 | | C11 | 820pF | | | 1 | | |
| 28 | | | 0.1 μF | | | 14 | | |
| 29 | | | | | | | | |

| 旧底图总号 | | | | | |
|---|---|---|---|---|---|
| | 更改标记 | 数量 | 更改单号 | 签名 | 日期 |

| 底图总号 | 拟制 | 李宏 | 元器件组合单元<br>(DC/DC 直流稳压电源)<br>明细表 | NGY2.022.150MX | | |
|---|---|---|---|---|---|---|
| | 审核 | 成志明 | | | | |
| | | | | 等级标记 | 第 1 张 | 共 2 张 |
| 日期签名 | | | | | | |
| | 标准化 | 王平 | | | | |
| | 批　准 | 赵明 | | | | |

格式(5)　　描图　　幅面:4

| 单位 | 份数 |
|---|---|
| | |

| 序号 | 幅面 | 代号 | 名称 | 装入 | | 总数量 | 备注 | 更改 |
|---|---|---|---|---|---|---|---|---|
| | | | | 代号 | 数量 | | | |
| 1 | | | 电解电容器 | | | | | |
| 2 | | C20,25 | CD110－16 V－470 μF ±20 % | | | 2 | | |
| 3 | | C18 | CD110－16 V－1000 μF ±20 % | | | 1 | | |
| 4 | | C1－2,8,16 | CD110－25V－100 μF ±20 % | | | 4 | | |
| 5 | | C5～6 | CD110－25V－470 μF ±20 % | | | 3 | | |
| 6 | | C12,14 | CD110－50 V－220 μF ±20 % | | | 2 | | |
| | | | | 7 | | | | |
| 8 | | | | | | | | |
| 9 | | | 二极管 | | | | | |
| 10 | | D7 | 1N4004 | | | 1 | | |
| 11 | | D3～4 | 1N5819 | | | 2 | | |
| 12 | | VD1～2 | 1N5822 | | | 2 | | |
| 13 | | D4,6 | LED Φ3 红 | | | 2 | | |
| | | | | | | | | |
| 14 | | | 电感器 | | | | | |
| 15 | | L3 | 250 μH | | | 1 | 自制 | |
| 16 | | L1 | 68 μH | | | 1 | 自制 | |
| 17 | | L2,4 | 4.7 μH | | | 2 | 自制 | |
| 18 | | | | | | | | |
| 19 | | | 集成电路 | | | | | |
| 20 | | U3 | LM7805（TO－220） | | | 1 | | |
| 21 | | U5 | LM317 （TO－220） | | | 1 | | |
| 23 | | U4 | LM1117（SOT－223） | | | 1 | | |
| 24 | | U1—2 | MC34063（DIP8） | | | 1 | | |
| 25 | | FU1 | RXE1000/30V(1 A) | | | 1 | | |
| 26 | | | | | | | | |
| 27 | | P1 | 直流插座 CK－20－01(D2.1) | | | 1 | | |
| 28 | | P4 | 接线柱 DG126－5.0－3 | | | 1 | | |
| 29 | | P5 | 接线柱 DG126－5.0－4 | | | 1 | | |
| 30 | | K2 | 拨位开关 2X3 | | | 1 | | |
| 31 | | K1 | 船型开关 1X2 | | | 1 | | |
| 32 | | | 散热器 DSJ－40 | | | 2 | 配 U3,U5 | |
| 33 | | | M3X8 螺钉 | | | 2 | 配 U3,U5 | |

旧底图总号

底图总号

日期 签名

| | | | | | 拟制 | 李宏 | NGY2.022.150MX |
|---|---|---|---|---|---|---|---|
| | | | | | 审核 | 成志明 | |
| | | | | | | | |
| 更改标记 | 数量 | 更改单号 | 签名 | 日期 | | | 第 2 页 |

格式(5a) 描图 幅面：4

# 附录 B　DC/DC 直流稳压电源电路图

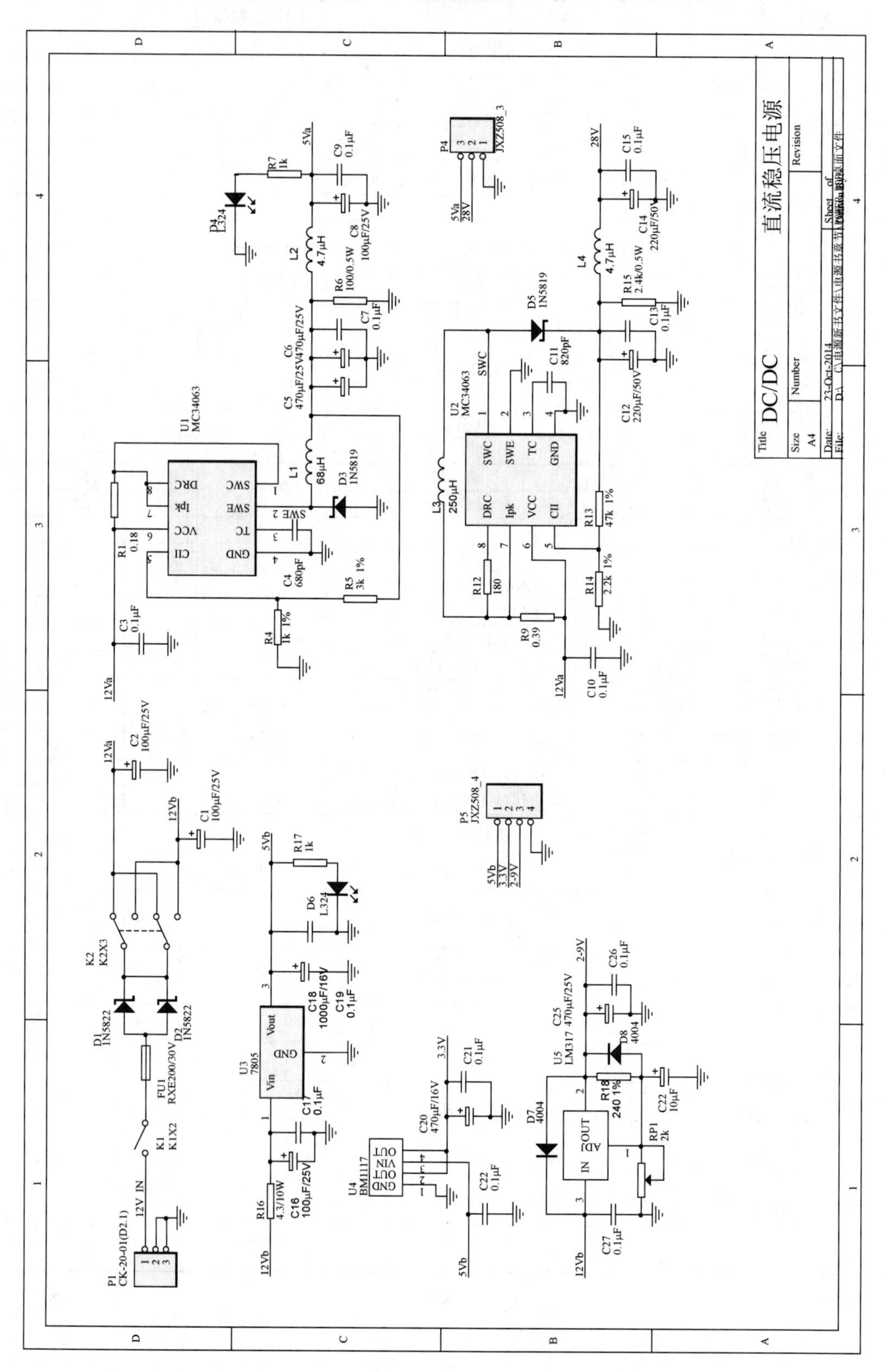

# 附录 C　DC/DC 直流稳压电源调试说明

## 一、仪器

1. 0～20 MHz 双踪示波器　　一台
2. 直流稳压电源 DF1731SD2A　　一台
3. 3 1/2 数字万用表　　一台
4. 0～200/20 W　欧姆可变电阻器　　一台
5. 0～50/20 W　欧姆可变电阻器　　一台

## 二、技术指标

1. 线性直流稳压电源技术指标

5VDC/0.8 A,精度≤±3%

3.3VDC/0.5 A,精度≤±3%

2～9VDC/0.3 A,电压范围≥2～9VDC

5 VDC/0.8 A 电源性能:

电压调整率 $S_u \leq 2\%$

负载调整率 $S_I \leq 2\%$

2. 开关直流稳压电源技术指标

28VDC/0.15 A,精度≤±3%

电压调整率 $S_u \leq 5\%$

负载调整率 $S_I \leq 2\%$

纹波≤0.28Vpp(1%)

效率≥70%

5VDC/0.6 A,精度≤±3%

电压调整率 $S_u \leq 5\%$

负载调整率 $S_I \leq 2\%$

纹波≤0.05 Vpp(1%)

效率≥70%

3. 功能

用开关切换的方式,分别实现 DC/DC 开关变换方式和 DC/DC 线性变换方式。

## 三、调试与测试

1. 调试接线图

DC/DC 直流稳压电源板输入输出接口及指示如图 1 所示。测量接线图如图 2 所示。实际测量实验平台如图 3 所示。

| 创建时间： | | | | | | |
|---|---|---|---|---|---|---|
| | | | | | | |
| | | | 更改标记 | 数量 | 更改单号 | 签名 | 日期 |
| 底图总号 | 拟制 | 江国栋 | DC/DC 直流稳压电源调试说明 | NGY2.022.150S | | |
| | 审核 | | | | | |
| | | | | 等级标记 | 第 1 张 | 共 2 张 |
| 日期 | 签名 | | | | | |
| | 标准化 | | | | | |
| | 批 准 | | | | | |

格式(4) 扫图 幅面:4

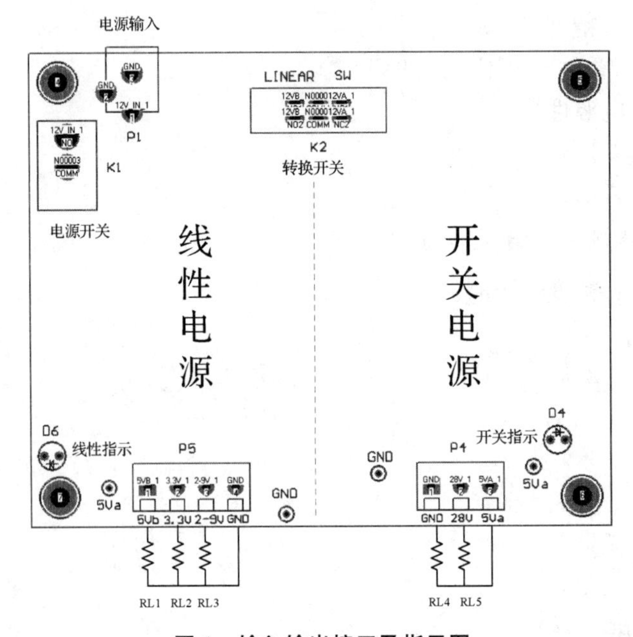


**图 1 输入输出接口及指示图**

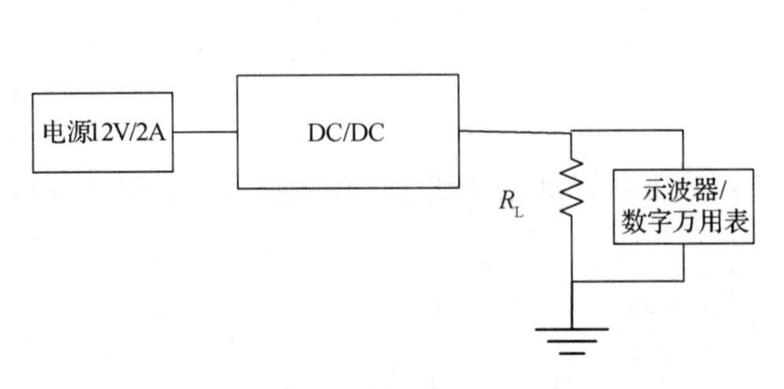


**图 2 测量接线图**

**图 3 实际测量实验平台**

2. 电路板机械检查

电路板焊接完成后，目测检查带元件的电路板有无虚焊、漏焊和错焊；用万用表测量各路电源是否存在与地短路现象。

3. 线性电源调试

电源输入插座 $P_1$ 输入 12 V/2 A 电源，转换开关 $K_2$ 置于“LINEAR(线性)”位置；接入 2 组电源 2 个负载，5VDC/0.8 A(6.2 Ω)和 2～9 V/0.3 A(30 Ω)。如接入 3.3 V/0.5 A(6.6 Ω)，5 V 负载改为 16.7 Ω。

(1) 打开电源开关，线性指示灯 D6 点亮，说明 5 V 供电基本正常。

(2) 用数字万用表测量 2 组固定电源电压值，并检查电压值精度；调节电位器 $R_{P1}$，检查 2～9 V 电压调整范围。

(3) 5VDC/0.8 A 电压调整率与负载调整率测量

① 电压调整率测量

电源满载工作，输入电源电压+10%，测量输出电压值 $U_{o1}$；输入电源电压－10%，测量输出电压 $U_{o2}$，由式

$$S_u = \frac{|U_{o1} - U_{o2}|}{U_o} \times 100\%$$

计算电压调整率 $S_u$，要求 $S_u \leqslant 2\%$合格。

② 负载调整率测量

当输入电源电压不变时，测量电源满载工作时输出电压 $U_{o1}$；测量电源空载工作时输出电压 $U_{o2}$，由式

$$S_I = \frac{|U_{o1} - U_{o2}|}{U_o} \times 100\%$$

计算负载调整率 $S_I$，要求 $S_I \leqslant 2\%$合格。

4. 开关电源调试

转换开关 $K_2$ 置于“SW(开关)”位置，接入 2 组电源 2 个负载，5VDC/0.6 A(8.2 Ω)、28 V/0.15 A(186 Ω)。

(1) 打开电源开关，开关指示灯 D4 点亮，说明 5 V 供电基本正常。

(2) 28VDC/0.15 A 测量

① 电源电压精度测量

电源输入标称电压 12 V，28 VDC 接入 186 Ω 负载，测量其输出电压值并检查电压精度。

② 电压调整率测量

测量方法同线性电源。

③ 负载调整率测量

测量方法同线性电源。

④ 电源纹波测量

示波器接在电源输出端负载电阻上，将示波器探头设置在“×10”挡，示波器工作界面设置在“交流、比例×10”。实时测量电源波形，读取其纹波的峰峰值电平。实测 28 V 纹波波形如图 4 所示，纹波电压峰峰值约 40 mVpp，远小于技术要求规定≤280 mVpp。

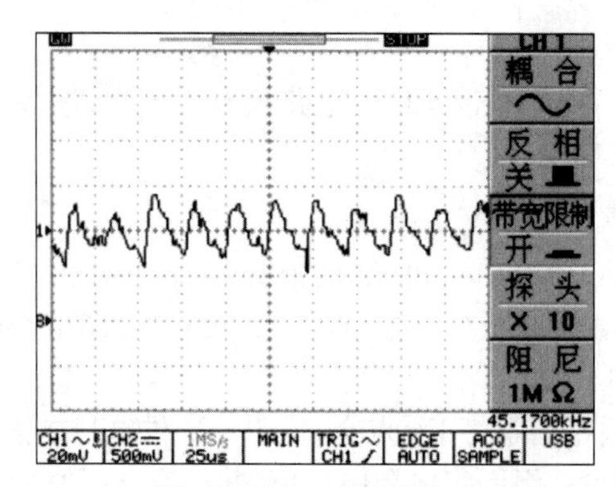


**图 4　实测 28V 纹波波形**

⑤ 开关电源转换效率测量

电源输入标称电压 12 V,28VDC 接入 186 Ω 负载,从直流稳压电源中直接读取输入电流 $I_i$;用万用表测量负载输出电压 $U_o$ 和输出电流 $I_o$,由式

$$\eta = U_o I_o / U_i I_i$$

计算出开关转换效率,并检查其是否达到技术要求。

(3) 5VDC/0.6 A 测量

① 电源电压精度测量

电源输入标称电压 12 V,5VDC 接入 8.2 Ω 负载,测量其输出电压值并检查电压精度。

② 电压调整率测量

测量方法同线性电源。

③ 负载调整率测量

测量方法同线性电源。

④ 电源纹波测量

示波器接在电源输出端负载电阻上,用示波器交流挡实时测量电源波形,可读取其纹波的峰峰值电平。实测 5 V 纹波波形如图 5 所示,纹波电压峰峰值约 20 mVpp,小于技术要求规定≤50 mVpp。

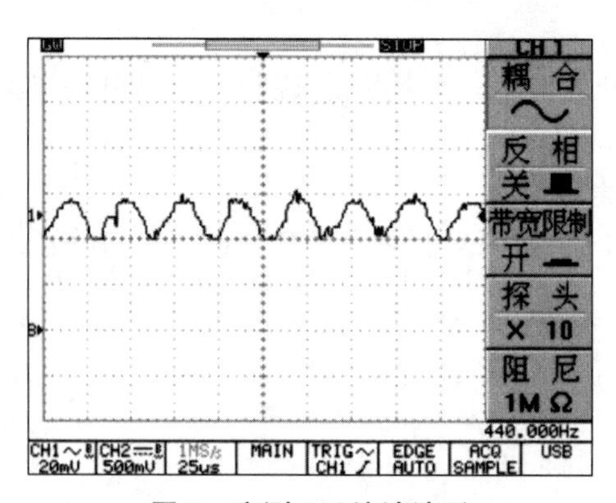


**图 5　实测 5 V 纹波波形**

⑤ 开关电源转换效率测量

电源输入标称电压 12 V,5VDC 接入 8.2 Ω 负载,从直流稳压电源中直接读取输入电流

$I_i$；用万用表测量负载输出电压 $U_o$ 和输出电流 $I_o$，由式

$$\eta = U_o I_o / U_i I_i$$

计算出开关转换效率，并检查其达到技术要求。

## 四、DC/DC 直流电源测试表

DC/DC 直流稳压电源测试表如表 1 所示。

**表 1　DC/DC 直流稳压电源测试表**

<table>
<tr><th>序号</th><th>项目</th><th colspan="2">测试条件与指标</th><th>测量数据</th><th>结论</th></tr>
<tr><td rowspan="6">1</td><td rowspan="6">线性电源</td><td rowspan="4">5VDC/0.8 A</td><td>电源指示灯 D6</td><td rowspan="6">$U_{o1}=$　　；$U_{o2}=$<br>$U_{o1}=$　　；$U_{o2}=$</td><td rowspan="6"></td></tr>
<tr><td>精度≤±3%</td></tr>
<tr><td>电压调整率 $S_u$≤2%</td></tr>
<tr><td>负载调整率 $S_I$≤2%</td></tr>
<tr><td>3.3VDC/0.5 A</td><td>精度≤±3%</td></tr>
<tr><td>2－9VDC/0.3 A</td><td>电压范围≥2～9VDC</td></tr>
<tr><td rowspan="5">2</td><td rowspan="5">开关电源1</td><td rowspan="5">28VDC/0.15 A</td><td>精度≤±3%</td><td rowspan="5">$U_{o1}=$　　；$U_{o2}=$<br>$U_{o1}=$　　；$U_{o2}=$<br><br>$P_{DC}=$　　；$P_o=$</td><td rowspan="5"></td></tr>
<tr><td>电压调整率 $S_u$≤5%</td></tr>
<tr><td>负载调整率 $S_I$≤2%</td></tr>
<tr><td>纹波≤0.28 Vpp(1%)</td></tr>
<tr><td>效率≥70%</td></tr>
<tr><td rowspan="6">3</td><td rowspan="6">开关电源2</td><td rowspan="6">5VDC/0.6 A</td><td>精度≤±3%</td><td rowspan="6">$U_{o1}=$　　；$U_{o2}=$<br>$U_{o1}=$　　；$U_{o2}=$<br><br>$P_{DC}=$　　；$P_o=$</td><td rowspan="6"></td></tr>
<tr><td>电压调整率 $S_u$≤5 %</td></tr>
<tr><td>负载调整率 $S_I$≤2%</td></tr>
<tr><td>纹波≤0.05 Vpp(1%)</td></tr>
<tr><td>效率≥70%</td></tr>
<tr><td>电源指示灯 D4</td></tr>
</table>

整机测试结果：________________

测试人：________________

日期：________________

## 五、芯片工作点及波形

给出芯片直流工作点及波形，可为调试人员分析与排除电路板的故障提供技术参考，提高工作效率。

1. MC34063 直流工作点

MC34063 芯片 $U_1$ 与 $U_2$ 直流工作点如表 2 所示。

**表 2　$U_1$ 与 $U_2$ 直流工作点**

| 芯片 | 管脚 | 1 | 2 | 3 | 4 | 5 | 6 | 7 | 8 |
|---|---|---|---|---|---|---|---|---|---|
| $U_1$ | 电压值(V) | 11.9 | 5.26 | 0.87 | 0 | 1.25 | 12.0 | 11.9 | 11.9 |
| $U_2$ | 电压值(V) | 11.7 | 0 | 0.76 | 0 | 1.25 | 12.0 | 11.8 | 7.3 |

注：输入电压为 12 V 时，测量芯片管脚所得电压值。

2. 波形

(1) 开关变换 $U_1$ 及各点波形

芯片 $U_1$ 实现了 DC/DC 降压(Step-down)变换功能，即 BUCK 拓扑结构。$U_1$ 各点波形如图 6 所示。

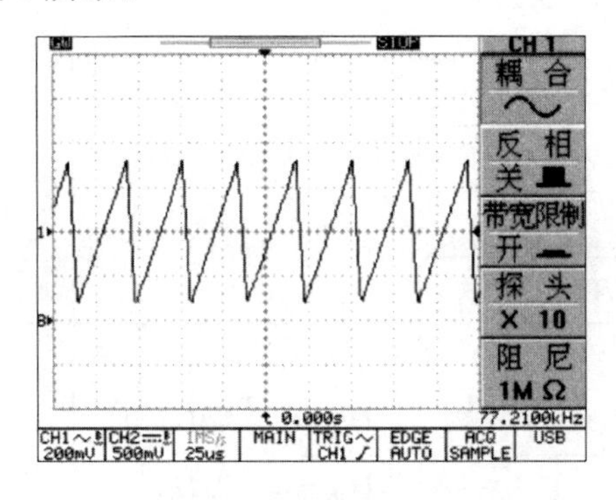


(a) 3脚锯齿波振荡源波形

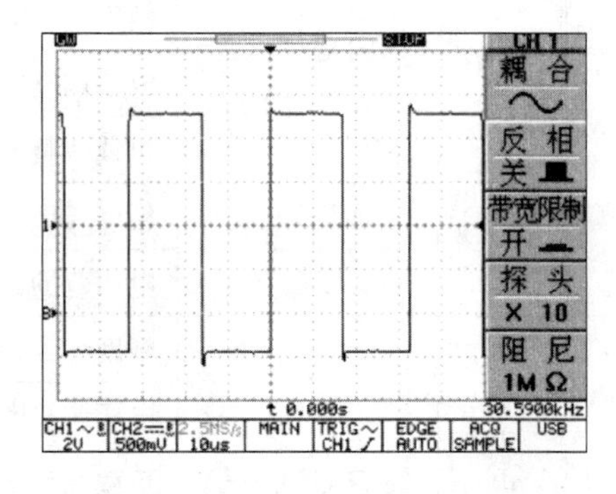


(b) 2脚开关脉冲波形（满载）

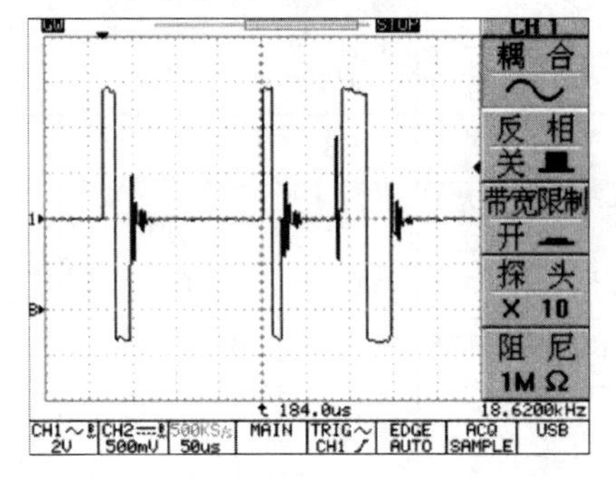


(c) 2脚开关脉冲波形（空载）

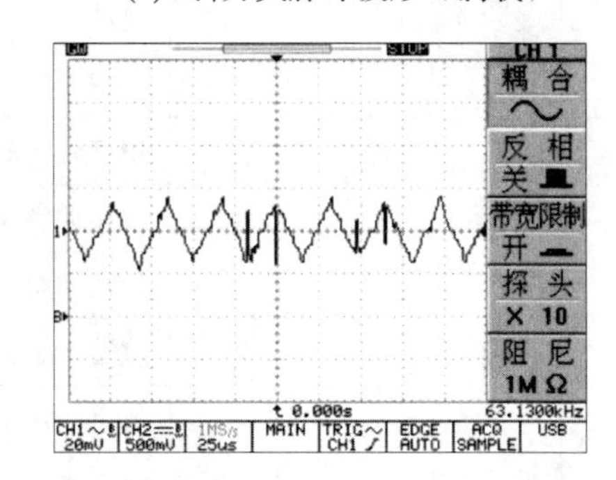


(d) 5V输出 π 型滤波器前纹波

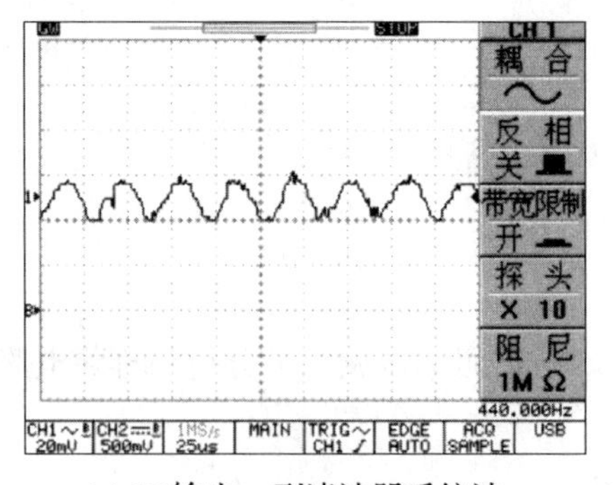


(e) 5V输出 π 型滤波器后纹波

**图 6　$U_1$ 各点波形**

（2）开关变换 $U_2$ 及各点波形

芯片 $U_2$ 实现了 DC/DC 降压(Step-up)变换功能，即 BOOST 拓扑结构。$U_2$ 各点波形如图 7 所示。

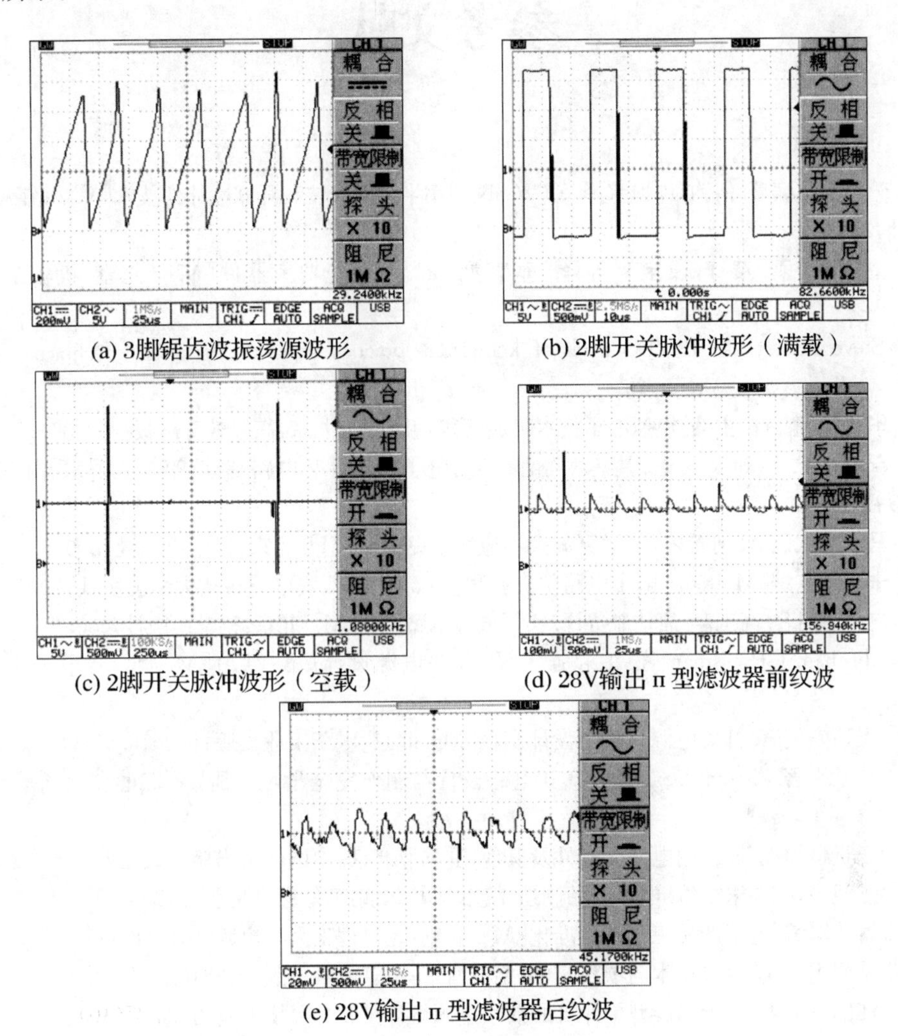


(a) 3脚锯齿波振荡源波形

(b) 2脚开关脉冲波形（满载）

(c) 2脚开关脉冲波形（空载）

(d) 28V输出 π 型滤波器前纹波

(e) 28V输出 π 型滤波器后纹波

**图 7　$U_2$ 各点波形**

# 参考文献


[1] 菅沼克昭编著. 何钧，许恒宇译. SIC/GaN 功率半导体封装和可靠性评估技术[M]. 北京：机械工业出版社，2021.

[2] 望月和浩著. 黄锋，段宝兴等译. 垂直型 GaN 和 SiC 功率器件[M]. 北京：机械工业出版社，2022.

[3] Steve Roberts 著. DC/DC book of knowledge practical tips for the user. Technical Director, RECOM. www. recom—power. com.

[4] 华成英，童诗白主编. 模拟电子技术集成(第四版)[M]. 北京：高等教育出版社，2006.

[5] Scherz，P. ，Motlk，S. 著. 夏建生等译. 实用电子元器件与电路基础(第 3 版)[M]. 北京：电子工业出版社，2014.

[6] 马场清太朗著. 何希才译. 运算放大器应用电路设计[M]. 北京：科学出版社，2007.

[7] 朱彩莲主编. Multisim 电子电路仿真教程[M]. 西安：西安电子科技大学出版社，2007.

[8] 户川治朗著. 高玉苹，唐伯雁等译. 实用电源电路设计[M]. 北京：科学出版社，2005.

[9] Abraham I. Pressman 著. 王志强等译. 开关电源设计(第二版)[M]. 北京：电子工业出版社，2012.

[10] 梁适安编著. 开关电源理论与设计实践[M]. 北京：电子工业出版社，2013.

[11] 陈学平著. Altium Designer 10. 0 电路设计与制作完全学习手册[M]. 北京：清华大学出版社，2006.

[12] 杨贵恒等编著. 常用电源元器件及其应用[M]. 北京：中国电力出版社，2012.

[13] 王卫平，陈粟宋主编. 电子产品制造工艺[M]. 北京：高等教育出版社，2005.

[14] 蔡建军编. 电子产品工艺与标准化[M]. 北京：北京理工大学出版社，2008.

[15] 戴娟主编. 单片机技术与项目实施[M]. 南京：南京大学出版社，2010.

[16] 江国栋等著. 基于 AD 型单片机的数字电源设计[J]. 电源技术应用，2007(10).

[17] 江国栋等著. 便携式蓄电池内阻测试仪的噪声抑制[J]. 电源技术，2013(01).

[18] 江国栋，张兆东著. 基于 PSoC 的电动自行车用无刷直流电动机控制策略及实现[J]. 制造业自动化，2012(16).

[19] 刘庆新，程树英著. 双 Buck 太阳能 LED 路灯照明控制系统[J]. 电子技术应用，2011，37(05).

[20] 张杰著. 高性能开关电容 DC－DC 变换器的研究与设计[D]. 杭州：浙江大学硕士学位论文，2010.

[21] 王志强等译. 开关电源设计[M]. 北京：电子工业出版社，2010.

[22] San java Maniktala. Switching Power Supplies A to Z[M]. Amsterdam：ElseVier，2006.

[23] 周国扬著. 割草机器人 EMC 要求与设计对策[J]. 电动工具，2016(4).

[24] Steffen W，Ralf R 著. ABC OF POWER MODULES[M]. Germany：Wurth Elektronik eiSos Gmbh &Co. KG，2015.

[25] 朱文立等编著. 电磁兼容设计与整改对策及案例分析[M]. 北京：电子工业出版社，2012.